Konrad Bergmeister

**Kohlenstofffasern
im Konstruktiven Ingenieurbau**

Konrad Bergmeister
Kohlenstofffasern

Konrad Bergmeister

Kohlenstofffasern im Konstruktiven Ingenieurbau

Prof. Dipl.-Ing. DDr. Konrad Bergmeister
Institut für Konstruktiven Ingenieurbau
Universität für Bodenkultur
Peter-Jordan-Straße 82
1190 Wien
Österreich

Dieses Buch enthält 212 Abbildungen und 47 Tabellen

Bibliografische Information der Deutschen Bibliothek
Die Deutsche Bibliothek verzeichnet diese Publikation in der
Deutschen Nationalbibliografie; detaillierte bibliografische
Daten sind im Internet über <http://dnb.ddb.de> abrufbar.

ISBN 3-433-02847-8

© 2003 Ernst & Sohn
Verlag für Architektur und Technische Wissenschaften GmbH & Co. KG, Berlin

Alle Rechte, insbesondere die der Übersetzung in andere Sprachen, vorbehalten. Kein Teil dieses Buches darf ohne schriftliche Genehmigung des Verlages in irgendeiner Form – durch Fotokopie, Mikrofilm oder irgendein anderes Verfahren – reproduziert oder in eine von Maschinen, insbesondere von Datenverarbeitungsmaschinen, verwendbare Sprache übertragen oder übersetzt werden.

All rights reserved (including those of translation into other languages). No part of this book may be reproduced in any form – by photoprint, microfilm, or any other means – nor transmitted or translated into a machine language without written permission from the publisher.

Die Wiedergabe von Warenbezeichnungen, Handelsnamen oder sonstigen Kennzeichen in diesem Buch berechtigt nicht zu der Annahme, dass diese von jedermann frei benutzt werden dürfen. Vielmehr kann es sich auch dann um eingetragene Warenzeichen oder sonstige gesetzlich geschützte Kennzeichen handeln, wenn sie als solche nicht eigens markiert sind.

Umschlaggestaltung: blotto design, Berlin
Satz: K+V Fotosatz GmbH, Beerfelden
Druck: betz-druck GmbH, Darmstadt
Bindung: Großbuchbinderei J. Schäffer GmbH & Co. KG, Grünstadt
Printed In Germany

Dieses Buch widme ich meiner Frau Barbara und unseren Kindern Andreas, Anna, Vera.

Vorwort

Wissen hat einen vertieften Sinn, wenn es angewandt wird!

Konfuzius (551–479 v. Chr.)

Dieses Buch über Kohlenstofffasern im Konstruktiven Ingenieurbau fasst die wesentlichen Anwendungen und Bemessungsschritte zusammen. Weltweit wird auf diesem Gebiet experimentell und nummerisch geforscht, weshalb nicht der Anspruch einer vollständigen Dokumentation im Sinne eines „state of the art"-Berichtes erhoben wird. Es soll dem praktisch tätigen Ingenieur vielmehr als Lehr- und Nachschlagbuch und dem Studierenden und Wissenschaftler als gebündelte Wissensvermittlung dienen.

Nach einer kurzen Einleitung werden die Grundlagen der Kohlenstofffasern, vom chemischen Aufbau bis zur verarbeiteten Lamelle beschrieben. Den Prüfverfahren und Überwachungsmethoden von Kohlenstofffaser-Produkten wird ein Abschnitt gewidmet, da für Verstärkungsmaßnahmen eine Qualitätskontrolle nahezu über die gesamte Lebensdauer erfolgen kann. Ein Hauptaugenmerk wurde auf die Anwendungen im Betonbau gelegt. Deshalb werden kurz die wichtigsten mechanischen Parameter von Beton angeführt und die Wirkungsweisen aufgezeigt. In diesem Kapitel werden die wesentlichen Einflussfaktoren beschrieben und die wichtigsten Bemessungsschritte dargestellt. Der Einsatz von Kohlenstofffasern in einem Fasermix wird aufgezeigt und durch Ergebnisse experimenteller Untersuchungen ergänzt. Für die Bauwerksertüchtigung werden sowohl extern aufgeklebte als auch vertikal in den Beton eingeschlitzte Lamellen diskutiert. Auch die Vorspannung mit Kohlenstofffaser-Kabeln und -Lamellen wird dargestellt und die Bemessungsschritte erklärt. Neben der Biegeverstärkung werden auch Anwendungen für den Schubbereich und Torsionsverstärkungen behandelt. Weitere Konstruktionselemente, welche mit Kohlenstofffaser-Elementen verstärkt werden können, sind die Scheiben. Als Berechnungsverfahren eignen sich Stabwerksmodelle, die Analyse mittels Spannungsfeldern und die nichtlineare Finite-Element-Methode. Stützen werden hauptsächlich mit Kohlenstofffaser-Gelegen teilweise oder vollflächig umwickelt. Durch diese Umschnürung kann die Tragsicherheit gesteigert werden. Für die Anwendung im Holzbau können sowohl auf- als auch eingeklebte Lamellen verwendet werden. Die Tragfähigkeit von Brettschichthölzern wird durch die mechanischen Festigkeiten des Holzes und durch die Keilzinkverbindung begrenzt. Um eine effiziente Klebung gewährleisten zu können, wird genauso wie für den Betonbau ein Epoxidharz verwendet. Werden die Lamellen in einen Holzleimbinder vertikal eingeschlitzt, ergibt sich ein steiferes Verhalten bis hin zur Grenztragfähigkeit, als bei einer parallel zu den Holzlamellen angeordneten Verstärkung. Auch auf die Gurte von Stahlprofilen können Kohlenstofffaser-Elemente aufgeklebt und die Tragsicherheit dadurch verbessert werden. Im Mauerwerksbau findet man die Kohlenstofffasern als aufgeklebte Lamellen für Schubwände, als Gelege für eine Umwicklungsverstärkung von Mauerwerkspfeilern und als aufgeklebte Gelege zur Verstärkung von Wandscheiben in Erdbebengebieten.

Allen Mitarbeitern des Instituts für Konstruktiven Ingenieurbau, besonders aber Frau Kerstin Glück, Frau Andrea Guggenberger, Herrn Daniel Hartmann, Herrn Wilhelm Luggin, Herrn Toni Rieder, Herrn Ulrich Santa, Herrn Alfred Strauss und Herrn Jürgen Suda sowie dem Verlag Ernst & Sohn, möchte ich herzlich danken.

Wien, 2003   Konrad Bergmeister

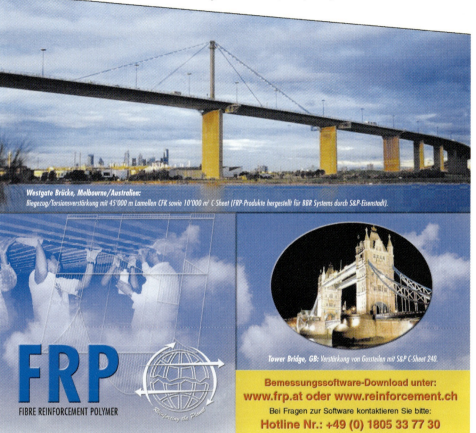

Kompetenz in Verstärkungsfragen

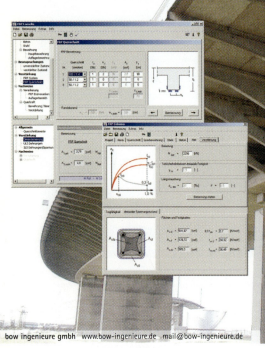

bow ingenieure sind führend in der Beratung und Planung von Verstärkungsmaßnahmen mit Faserverbundwerkstoffen (FRP). Wir bieten in Zusammenarbeit mit Hochschulen und Forschungseinrichtungen hohe fachliche Kompetenz bei der Entwicklung und Anwendung von FRP-Systemen.

Die von **bow ingenieure** entwickelten Bemessungsprogramme werden inzwischen weltweit eingesetzt und erleichtern Ingenieuren den Einstieg in die Mechanik geklebter Bewehrung.

bow ingenieure sind international tätig und haben in den letzten Jahren eine Vielzahl von Bauwerken aus dem Bereich des Hochbaus und Brückenbaus wirtschaftlich und fachkundig mit FRP-Systemen verstärkt.

bow ingenieure helfen bei der Beurteilung und Lösung von Verstärkungsaufgaben und speziellen Anwendungsfällen.

bow ingenieure gmbh   www.bow-ingenieure.de   mail@bow-ingenieure.de

Inhaltsverzeichnis

Vorwort		VII
Abkürzungsverzeichnis		XVII
1	**Einleitung**	1
1.1	Allgemeines über Kohlenstofffasern	1
1.2	Lebensdauer von Bauwerken	2
1.3	Sicherheitsaspekte und Teilsicherheitsfaktoren	3
1.3.1	Teilsicherheitsfaktoren für Baustoffe nach den Emocodes	4
1.3.2	Teilsicherheitsfaktoren für Kohlenstofffaser-Elemente	5
1.3.3	Stochastische Modellierung von Baustoffen	7
1.4	Einwirkungen bei Verstärkungsmaßnahmen	9
1.4.1	Ständige und veränderliche Einwirkungen im Hochbau	10
1.4.2	Ständige und veränderliche Einwirkungen im Brückenbau	12
1.4.3	Erdbebenbelastung	15
1.5	Widerstände von Konstruktionen	16
1.5.1	Tragverhalten und Duktilität	16
1.5.2	Widerstand gegenüber Erdbebeneinwirkung	17
2	**Kohlenstofffaserverstärkte Kunststoffe –** **Grundlagen und bauspezifische Anwendungen**	19
2.1	Historische Entwicklung	19
2.2	Kunststoffe	22
2.2.1	Einteilung	22
2.2.2	Thermoplaste bzw. Plastomere	23
2.2.3	Elastomere	24
2.2.4	Duroplaste bzw. Duromere	24
2.2.5	Eigenschaften von Kunststoffen	25
2.2.5.1	Kriechen und Relaxation	27
2.2.5.2	Zeitstandfestigkeit	27
2.3	Klebstoffe	27
2.3.1	Kleber für Kohlenstofffaser-Elemente	28
2.3.2	Bindungskräfte in der Klebetechnik	29
2.3.3	Oberflächenbehandlung	30
2.3.4	Voraussetzungen für eine gute Verklebung	32
2.3.5	Überprüfung von Verklebungen	33
2.4	Faserwerkstoffe	33

2.5	Kohlenstofffasern	35
2.5.1	Herstellungsprozess	36
2.5.1.1	Herstellung von PAN-gebundenen Kohlenstofffasern (PAN-based Carbonfibers)	37
2.5.1.2	Herstellung von Pech-gebundenen Kohlenstofffasern (Pitch-based Carbonfibers)	37
2.6	Physikalische Eigenschaften	38
2.7	Faserverbundwerkstoffe	41
2.7.1	Fertigung von Verbundbauteilen	43
2.7.1.1	Handlaminierverfahren	43
2.7.1.2	Vakuumsackverfahren	43
2.7.1.3	Faserspritzverfahren	44
2.7.1.4	Injektionsverfahren	44
2.7.1.5	Pressverfahren	44
2.7.1.6	Prepreg- und Autoklavenverfahren	44
2.7.1.7	Pultrusionsverfahren	44
2.7.1.8	Wickelverfahren	44
2.7.1.9	Schleudern	45
2.7.2	Nachbehandlung	45
2.7.3	Eigenschaften von Faserverbundbauteilen aus Kohlenstofffasern	45
2.8	Kohlenstofffaser-Werkstoffe	49
2.8.1	Faserbündel	49
2.8.2	Taue	49
2.8.3	Stränge	49
2.8.4	Garne	49
2.8.5	Gemahlene Fasern	49
2.8.6	Zerhackte Kurzfaserbündel	49
2.8.7	Zerhackte Plättchen und Stäbe	50
2.8.8	Unidirektionale Bänder	50
2.8.9	Gewebe	50
2.8.10	Gelege	52
2.8.11	Kurzfasermatten	52
2.8.12	Vliese	53
2.8.13	Matten	53
2.8.14	Kohlenstofffaser-Lamellen	53
2.8.14.1	Aufrollradius von Lamellen	53
2.8.14.2	Das Verkleben von Kohlenstofffaser-Lamellen	55
2.8.15	Verankerungssysteme für Lamellen	56
2.8.16	Kohlenstofffaser-Kabel	61
2.8.16.1	Herstellung und Anwendung	61
2.8.16.2	Vorspannverluste	64
2.8.17	Verbund von Spanndrähten bei Spannbettvorspannung	64
2.8.18	Verankerungssysteme von Kohlenstofffaser-Kabel	65
2.8.19	Kohlenstofffaser-Schubwinkel	71
2.8.20	Kohlenstofffaser-Strangschlaufen	72

2.9	Brandeinwirkung auf Kohlenstofffaser-Elemente	72
2.10	Prüfmethoden	74
2.11	Mess- und Überwachungsmethoden	75
2.11.1	Dehnungsmessungen mit Glasfasersensoren an Kohlenstofffaser-Elementen	77
2.11.2	Fabry-Pérot-Interferometer	81
2.11.3	Faser-Bragg-Grating-Sensoren	82
2.11.4	SOFO®-Sensoren	83
2.11.5	Microbending-Verformungssensoren	83
2.11.6	Brillouin-Sensoren	84
2.12	Ökologische Aspekte	85

3	**Kohlenstofffaser-Bewehrungen im Betonbau**	**87**
3.1	Faserbewehrung	87
3.1.1	Ausziehversuche	88
3.1.2	Modellierung des Verbundverhaltens	89
3.1.3	Wirkungsweise einer Faserbewehrung	92
3.1.4	Theorie der Verbundwerkstoffe	93
3.1.5	Entwicklung und Abschätzung der Risskonfiguration	95
3.1.6	Äquivalente Biegezugfestigkeit	97
3.1.7	Abschätzung der Biegetragfähigkeit	99
3.2	Mattenbewehrung	101
3.3	Kohlenstofffaser-Kabel	102
3.4	Betonbrücke mit Kohlenstofffaser-Bewehrung	106
3.5	Schleuderbetonrohre mit Kohlenstofffaser-Kabel	108
3.5.1	Versagensarten	108
3.5.1.1	Bruch der Verankerung	108
3.5.1.2	Biegeversagen des Betonfertigteils	108
3.5.1.3	Versagen der Zugzone durch Bruch der Kohenstofffaser-Bewehrung	109
3.5.1.4	Versagen der Druckzone durch Bruch des hochfesten Betons	109
3.5.1.5	Verbundversagen (Drahtverankerungsversagen)	109
3.5.1.6	Kohlenstofffaser-Draht-Druckbruch	110
3.5.1.7	Interlaminarer Drahtbruch	110
3.5.1.8	Spreizrisse	110
3.5.1.9	Kohlenstofffaser-Draht-Zugbruch bei Rissbildung	110
3.5.1.10	Verbundversagen	111
3.5.2	Materialwiderstände	111
3.5.3	Hochfester Schleuderbeton	111
3.5.4	Vorspannverluste	112
3.5.5	Biegebemessung der vorgespannten Rohrquerschnitte	112
3.5.6	Grenzzustände der Gebrauchstauglichkeit	113
3.6	Hybridprofile mit Kohlenstofffaser-Geweben	113

4	**Kohlenstofffaser-Verstärkungen im Betonbau**	117
4.1	Geschichtlicher Überblick	117
4.2	Mechanische Modellierung im Betonbau	117
4.2.1	Druckfestigkeit	118
4.2.1.1	Ermittlung der Betondruckfestigkeit	119
4.2.1.2	Unterschiedliche Abmessungen des Prüfzylinders	119
4.2.1.3	Die Zeitabhängigkeit der Druckfestigkeit	120
4.2.1.4	Beeinflussung der Bohrkerne durch Bewehrungsstäbe	120
4.2.2	Zugkapazität	121
4.2.3	Modellierung des gerissenen Stahlbetons	122
4.3	Mechanische Modellierung von Stahl	124
4.3.1	Betonstahl	124
4.3.2	Spannstahl	124
4.4	Stahl und Kohlenstofffaser-Bewehrung: ein Vergleich	124
4.5	Einflussparameter bei der Biegeverstärkung mit Kohlenstofffaser-Lamellen	126
4.5.1	Einflussparameter des Klebeverbundes	126
4.5.1.1	Einfluss lokaler Unebenheiten – Bereich 1	127
4.5.1.2	Einfluss vertikaler Rissuferversätze – Bereich 2	127
4.5.1.3	Einfluss der Ablösung der Betondeckung am Laschenende durch Schubrisse – Bereich 3	128
4.5.1.4	Einfluss des äußersten Biegerisses – Bereich 4	128
4.5.1.5	Einfluss des Rissfortschrittes im maximalen Momentbereich – Bereich 5	130
4.5.1.6	Einfluss des Rissfortschrittes im Querkraftbereich – Bereich 6	130
4.6	Einflüsse bei der Biegeverstärkung mit Kohlenstofffaser-Gelegen	131
4.7	Verbundfestigkeit	131
4.7.1	Dehnungsgradienten	131
4.7.2	Verteilung der Verbundspannungen	134
4.7.3	Verbundgesetz – Verbundbruchkraft	135
4.8	Berechnung der Zugverankerung	138
4.9	Bemessung eines mit Kohlenstofffaser-Lamellen verstärkten Biegeträgers	140
4.9.1	Kräfte und Dehnungen	140
4.9.2	Spannungen und Dehnungen im ungerissenen Zustand	145
4.9.3	Übergang vom ungerissenen zum gerissenen Zustand	146
4.9.4	Spannungen und Dehnungen im gerissenen Zustand	150
4.10	Nachweisführung für die Querkraftbemessung	151
4.11	Nachweisführung für die Gebrauchstauglichkeit	152
4.11.1	Begrenzung der Gebrauchsspannungen	153
4.11.2	Begrenzung der Durchbiegung	153
4.11.3	Begrenzung der Rissbreite	154
4.12	Eingeschlitzte Kohlenstofffaser-Lamellen	155
4.12.1	Bemessung von eingeschlitzten Kohlenstofffaser-Lamellen	159

4.12.1.1	Biegebemessung	159
4.12.1.2	Verbundbemessung	159
4.12.1.3	Schubbemessung	160
4.12.1.4	Ermüdung	160
4.12.1.5	Gebrauchstauglichkeit	160
4.13	Biegeverstärkung mit vorgespannten Kohlenstofffaser-Lamellen	161
4.13.1	Rechenmodell zur Bemessung von vorgespannten Kohlenstofffaser-Lamellen.	161
4.14	Konzepte und Bemessung der Querkraftverstärkung	161
4.14.1	Verstärkung mit Kohlenstofffaser-Stäben	162
4.14.2	Querkraftverstärkung mit Kohlenstofffaser-Gelegen	163
4.14.3	Querkraftverstärkung mit Kohlenstofffaser-Schlaufen	163
4.14.4	Querkraftverstärkung von Rahmenknoten mit Kohlenstofffaser-Gelegen	164
4.14.5	Bemessung von Querkraftverstärkungen	164
4.15	Bemessung von Torsionsverstärkungen	167
4.16	Befestigung von Kohlenstofffaser-Verstärkungen mit Endplatten	167
4.16.1	Befestigungsysteme für gerissenen Beton	167
4.16.2	Querkraftbemessung einer Dübelgruppe	168
4.16.2.1	Stahlversagen	168
4.16.2.2	Betonausbruch auf der lastabgewandten Seite	169
4.17	Bemessungsnachweise für Kohlenstofffaser-Lamellen aus der bauaufsichtlichen Zulassung	170
4.18	Beispiel: Einfeldträger mit zwei Einzellasten	173
4.18.1	Ungerissener Zustand	173
4.18.1.1	Bemessungswerte	173
4.18.1.2	Schnittgrößen vor der Verstärkung	174
4.18.2	Übergang vom ungerissenen zum gerissenen Zustand	175
4.18.3	Gerissener Zustand	177
4.18.4	Grafische Darstellung der Berechnungsergebnisse	178
4.18.4.1	Abschälen im Biegebereich	178
4.18.4.2	Abschälen im Querkraftbereich durch Schubrisse	180
4.18.4.3	Abschälen im Querkraftbereich durch hohe Querkräfte	181
4.18.4.4	Verankerungslänge	182
5	**Kohlenstofffaser-Verstärkungen von Betonscheiben**	**183**
5.1	Modellierung der Tragwirkung von Scheiben	183
5.1.1	Fachwerk- und Druckfeldmodelle	183
5.1.2	Gerissenes Scheibenmodell	185
5.1.3	Fachwerkmodelle in Normvorschriften	187
5.2	Tragverhalten und Bemessung von verstärkten Wandscheiben	187
5.2.1	Stabwerksmodelle für verstärkte Scheiben	188
5.2.2	Spannungsfeldtheorie für verstärkte Wandscheiben	189
5.2.3	Nichtlineare Finite-Elemente-Methode (FEM) für Scheiben	192

5.3	Beispiele für eine Modellbildung von Kohlenstoffaser-Verstärkungen an Wandscheiben	194
5.3.1	Verwendete Verstärkungsmaterialien	194
5.3.2	Wandscheibe ohne Öffnung	196
5.3.3	Wandscheibe mit Öffnung	197
5.3.4	Ausgeklinkter Träger	198
5.3.4.1	Nichtlineare Finite-Element-Berechnung	199
5.3.4.2	Modellierung mit den Stabwerken	201
5.3.4.3	Berechnung mit Spannungsfeldern	204
5.4	Fazit	207
6	**Kohlenstofffaser-Verstärkungen von Stützen**	**209**
6.1	Tragfähigkeit und Duktilität	209
6.2	Stabilitätskriterien bei Ausfall von Bewehrungsbügeln	211
6.2.1	Ausweichen der mittleren Längsstäbe unter Druck	211
6.2.2	Ausweichen der Eckstäbe unter Druck	213
6.3	Druckfestigkeit des mit Kohlenstofffasern umwickelten Betons	213
6.3.1	Bemessungsvorschlag nach Monti	214
6.3.2	Bemessungsvorschlag nach Mander	214
6.3.3	Bemessungsvorschlag nach Seible et al.	215
6.3.4	Wirkungsparameter der Kohlenstofffaser-Umschnürung	215
6.3.4.1	Volle Umwicklung	216
6.3.4.2	Teilweise Umwicklung	217
6.3.4.3	Einfluss der Faserausrichtung	218
6.3.4.4	Einfluss durch die Stützenform	218
6.4	Querkraftverstärkung von Stützen mit Kohlenstofffaser	220
7	**Kohlenstofffaser-Verstärkungen im Holzbau**	**221**
7.1	Eigenschaften von Holz	221
7.1.1	Neues Konstruktionsholz	221
7.1.2	Altes Konstruktionsholz	223
7.2	Verstärkungen von Holz	225
7.2.1	Verstärkungen in eingefräster Nut parallel zur Faserrichtung	227
7.2.2	Parallel zur Faserrichtung aufgeklebte Kohlenstofffaser-Lamellen	229
7.2.3	Kohlenstofffaser-Verstärkungen quer zur Faserrichtung	229
7.2.4	Kohlenstofffaser-Verstärkungen an ausgeklinkten Holzträgern	229
7.2.5	Verstärkungen von Trägerdurchbrüchen	230
7.2.6	Verstärkungen von gekrümmten Trägern	230
7.2.7	Verstärkungen im Bereich konzentrierter Lasteinleitungen	231
7.2.8	Vorgespannte Kohlenstofffaser-Verstärkungen	232
7.3	Bemessung von Kohlenstofffaser-Verstärkungen im Holzbau	233
7.3.1	Elastische Bemessung	233
7.3.2	Plastische Bemessung	233

7.3.2.1	Unverstärkter Holzquerschnitt	233
7.3.2.2	Bemessungskonzept für einen verstärkten Querschnitt	236
7.4	Verbund	238
7.5	Versagensarten	242
7.6	Nachweise	246
7.6.1	Tragsicherheit (Spannungsnachweise)	246
7.6.1.1	Allgemeine Biegemessung für Kohlenstofffaser-Verstärkungen	246
7.6.1.2	Nachweis in der Biegedruckfaser	247
7.6.1.3	Nachweis in der Biegezugfaser	247
7.6.1.4	Schubbemessung	247
7.6.1.5	Nachweise in der Kohlenstofffaser-Lamelle	248
7.6.2	Gebrauchstauglichkeit	248
7.7	Bemessungsbeispiele	249
7.7.1	Materialkennwerte	250
7.7.2	Unverstärkter Querschnitt (Holz- oder Brettschichtholzträger)	250
7.7.3	Einseitig verstärkter Querschnitt	252
7.7.3.1	Linear-elastische Berechnung	252
7.7.3.2	Plastische Berechnung	254
8	**Kohlenstofffaser-Verstärkungen im Stahl- und Verbundbau**	**259**
8.1	Eigenschaften von Stahl	259
8.1.1	Neue Stahlbezeichnungen und -eigenschaften	259
8.1.2	Historische Stahlbezeichnungen und -eigenschaften	261
8.2	Verstärkungen von Stahlprofilen	262
8.3	Bemessung von Kohlenstofffaser-Verstärkungen an Stahlprofilen	263
8.3.1	Elastische Bemessung	263
8.3.2	Plastische Bemessung	265
8.4	Versagensarten	266
8.5	Vorgespannte Kohlenstofffaser-Elemente	266
9	**Kohlenstofffaser-Verstärkungen von Mauerwerk**	**267**
9.1	Materialverhalten von neuem Mauerwerk	269
9.2	Materialverhalten von historischem Mauerwerk	270
9.2.1	Geschichtliche Entwicklung der Formgebungsverfahren	270
9.2.1.1	Streichen	270
9.2.1.2	Pressen	270
9.2.2	Kennwerte von historischen Mauerziegeln	271
9.2.2.1	Rohdichte	272
9.2.2.2	Druckfestigkeit	272
9.2.2.3	Spaltzugfestigkeit	272
9.2.2.4	Elastizitätsmodul	272
9.2.2.5	Richtungsfaktoren	273

9.3	Bemessung von unbewehrtem Mauerwerk	273
9.4	Bemessung von bewehrtem Mauerwerk	275
9.5	Verstärkungsmaßnahmen von Mauerwerk	276
9.5.1	Verstärkung mit Kohlenstofffaser-Lamellen	276
9.5.2	Verstärkung mit Geweben und Gelegen	278
9.6	Berechnungsmethoden	279
9.6.1	Elastizitätstheorie	279
9.6.1.1	Bruchbedingungen für verstärktes Mauerwerk	280
9.6.2	Plastizitätstheorie und Spannungsfelder	282
9.7	Nachweise bei der Verstärkung von Mauerwerk	284
9.7.1	Unverstärkte Tragwand	284
9.7.2	Verstärkte Tragwand	285
9.8	Endverankerung von Kohlenstofffaser-Lamellen	285
9.8.1	Injektionsdübel	286
9.8.2	Kunststoffdübel	288
9.8.3	Bemessung von Kunststoffdübeln durch Versuche am Bauwerk	288
9.8.4	Bemessung nach den Zulassungsfaktoren	289
9.9	Verstärkung von Mauerwerkspfeilern mit Kohlenstofffaser-Gelegen	291
10	**Konstruktive Anwendungen von Kohlenstofffaser-Elementen**	**293**
10.1	Ertüchtigung einer Bogenbrücke	293
10.2	Ertüchtigung eines Beton-Fachwerkbinders	294
10.3	Ertüchtigung eines Kirchengewölbes	296
10.4	Vorgespannte Kohlenstofffaser-Lamellen zur Verstärkung einer Hochbaudecke	296
10.4.1	Einwirkungen und Geometrie	298
10.4.2	Tragsicherheitsnachweis	299
10.5	Koppelfugensanierung einer Durchlaufträgerbrücke	301
10.5.1	Nachweis der Schwingweite in Koppelfugen	302
10.5.2	Koppelfugensanierung mittels Kohlenstofffaser-Oberflächenvorspannung	302
10.6	Internet-Adressen von Herstellern und Anwendern	304

Literaturverzeichnis 307

Stichwortverzeichnis 323

Abkürzungsverzeichnis

Geometrische Größen

A	Querschnittsfläche (allgemein)
A_c	Querschnittsfläche des Betons
A_{cf}	Faserquerschnitt (Kohlenstofffasern)
A_L	Querschnitt der Lamelle
A_s	Querschnittsfläche des Betonstahls in der Zugzone
L	Abstand vom Auflager bis zum Beginn der externen Kohlenstofffaser-Verstärkung
L_o	Faserlänge eines optischen Sensors
R	Aufrollradius bzw. Krümmungsradius bei Spanngliedern
a	Achsabstand von Dübel bzw. Abstand vom Auflager zur Haupteinwirkung
a_{cr}	Abstand vom Auflager bis zum äußersten Biegeriss
b	Breite bei Rechteckquerschnitten, Plattenbreite bei Plattenbalken
c	Betondeckung
d	statische Nutzhöhe
d_{cf}	Durchmesser eines Kohlenstofffaser-Kabels(-Drahtes)
d_f	Durchmesser der Faser
d_{max}	Größtkorn
d_s, ϕ_s	Grenzdurchmesser
$d_{Bü}, \varnothing_{Bü}$	Bügeldurchmesser
e	Ausmitte einer Längskraft
h	Gesamthöhe eines Querschnittes
h_b	Steinhöhe von Mauerziegeln
h_{cf}	Höhe des Kohlenstofffaser-Elementes
h_g	Lagerfugendichte
l	Länge, Stablänge (allgemein), Stützweite
l_{bd}	Verankerungslänge
l_{crit}	Kritische Faserlänge
l_f	Faserlänge
$l_{lb,cf}$	Haftlänge der Fasern
l_s	Übergreifungslänge von Bewehrungsstäben
r_g	Radius der Glasfaser
r_{pc}	Radius des polymeren Mantels
s	Abstand (allgemein), Schwerpunktsabstand
s_{rm}	mittlerer Rissabstand
s_{ro}	maximaler Rissabstand
t_{ad}	Dicke des Klebers
w	Rissbreite
x	Druckzonenhöhe bzw. Abstand der Nulllinie vom (stärker) gedrückten Querschnittsrand
x_k	Druckzonenhöhe nach der Verstärkung

x_o	Druckzonenhöhe vor der Verstärkung
z	Hebelsarm der inneren Kräfte
ρ_{cf}	geometrischer Bewehrungsgrad für Kohlenstofffasern $\rho_{cf}=A_{cf}/A_c$
ρ_s	geometrischer Bewehrungsgrad für den Bewehrungsstahl $\rho_s=A_s/A_c$

Sicherheitsrelevante Zeichen

P_f	Versagenswahrscheinlichkeit
R_d	Bemessungswert des Tragwerk- bzw. Bauteilwiderstandes
S_d	Bemessungswert der aufzunehmenden Schnittgrößen
s	Standardabweichung
v	Variationskoeffizient
β	Sicherheitsindex
γ_G	Teilsicherheitsbeiwert für ständige Einwirkung
γ_N	Teilsicherheitsbeiwert für Baustoffe
γ_c	Teilsicherheitsbeiwert für Beton
γ_s	Teilsicherheitsbeiwert für Betonstahl und Spannstahl
$\gamma_{cf,c}$	Teilsicherheitsbeiwert für Kohlenstofffaser-Kabel
$\gamma_{cf,l}$	Teilsicherheitsbeiwert für Kohlenstofffaser-Lamellen
$\gamma_{cf,s}$	Teilsicherheitsbeiwert für Kohlenstofffaser-Gelege
γ_b	Teilsicherheitsbeiwert für den Verbund
γ_l	Teilsicherheitsbeiwert für die Ablösesicherheit
γ_m	Teilsicherheitsbeiwert für die Montagesicherheit
γ_f	Teilsicherheitsbeiwert für die Fertigungsqualität

Widerstände

E_{ad}	Elastizitätsmodul des Klebers
E_c	Elastizitätsmodul von Normalbeton
E_{cf}	Elastizitätsmodul des Kohlenstofffaser-Elementes
E_f	Elastizitätsmodul der Fasern
E_{ff}	Effektiver Elastizitätsmodul
E_g	Elastizitätsmodul der Glases
E_{id}	Ideeller Elastizitätsmodul
E_m	Elastizitätsmodul der Matrix
E_{pc}	Elastizitätsmodul des polymeren Mantels der Sensoren
E_s	Elastizitätsmodul von Betonstahl und Spannstahl
G_{ad}	Schubmodul des Klebers
G_{Fm}	Verbundbruchenergie
G_f	Bruchenergie
G_{pc}	Schubmodul des polymeren Mantels der Sensoren
a_{cf}	Verhältnis des Elastizitätsmoduls der Kohlenstofffaser zum Betonstahl
f	Festigkeit (allgemein)
f_a	Abreißfestigkeit

f_{bd}	Bemessungswert der aufnehmbaren Verbundspannungen im Grenzzustand der Tragfähigkeit
f_b	Druckfestigkeit der Mauersteine
$f_{b,t}$	Steinzugfestigkeit
f_c	Druckfestigkeit des Betons
$f_{c,cube}$	Würfeldruckfestigkeit
$f_{c,cyl}$	Zylinderdruckfestigkeit
$f_{c,m}$	Mittelwert der Zylinderdruckfestigkeiten
f_{cd}	Bemessungswert der Zylinderdruckfestigkeit f_{ck}
f_{cf}	Zugfestigkeit von Kohlenstofffasern
$f_{ck}, f_{ck,cyl}$	charakteristischer Wert der Zylinderdruckfestigkeit des Betons
$f_{ck,cube}$	charakteristischer Wert der Würfeldruckfestigkeit des Betons
f_{ct}	Zugfestigkeit des Betons
$f_{ct,d}$	Bemessungswert von f_{ct} im Grenzzustand der Tragfähigkeit
$f_{D,N}$	Prismendruckfestigkeit von Mauermörtel
f_{D1}	Prismendruckfestigkeit ermittelt mit dem Würfeldruckverfahren
f_{D2}	Prismendruckfestigkeit ermittelt mit dem Plattendruckverfahren
f_{D3}	Prismendruckfestigkeit ermittelt mit dem ibac-Druckverfahren
f_m	Zugfestigkeit der Matrix
f_{mc}	Fugenmörteldruckfestigkeit
f_{mt}	Zugfestigkeit
f_{yd}	Bemessungswert der Fließfestigkeit des Benehmungsstahls
f_{yk}	charakteristischer Wert der Fließfestigkeit des Benehmungsstahls
f_{ys}	Fließfestigkeit des Bewehrungsstahls
s_{ro}	oberer Grenzwert des maximalen Rissabstandes
α, α_s	Verhältnis der Elastizitätsmoduli von Stahl und Beton
α_{cf}	Verhältnis der Elastizitätsmoduli Kohlenstofffaser zu Betonstahl
ε	Dehnung (allgemein)
ε_c	Stauchung des Betons
ε_{cf}	Dehnung des Kohlenstofffaser-Elements
$\varepsilon_{cf,d}$	Bemessungswert der Dehnung des Kohlenstofffaser-Elements
$\varepsilon_{cf,p}$	Vordehnung im Kohlenstofffaser-Element durch eine Vorspannung
$\varepsilon_{cf,0}$	Vordehnung im Kohlenstofffaser-Element
ε_{co}	Betondehnung (-stauchung) bei Erreichen der Druckfestigkeit
ε_{ct}	Zugdehnung des Betons
ε_{cu}	Bruchdehnung des Betons
ε_{sm}	mittlere Stahldehnung
ε_{cm}	mittlere Betonstauchung
ε_{yd}	Bemessungswert der Fließdehnung
ε_{yk}	charakteristischer Wert der Fließdehnung
ε_p	Dehnung des Spannstahls
ε_s	Stahldehnung
ε_{sm}	mittlere Stahldehnung unter Berücksichtigung des Mitwirkens des Betons auf Zug zwischen den Rissen („tension stiffening")
ν	von der Betonfestigkeitsklasse abhängiger Beiwert (Wirksamkeitsfaktor) zur Bestimmung der Tragfähigkeit der geneigten Betondruckstreben
ν_{pc}	Poisson'sche Zahl des polymeren Mantels von optischen Sensoren

σ_{cf} Normalspannung im Kohlenstofffaser-Element
$\Delta\sigma_{cf,d,max}$ Bemessungswert des maximalen Spannungsinkrements zwischen zwei Rissen
$\sigma_{cf,max}$ maximale Längszugspannung in der Kohlenstofffaser-Lamelle
σ_{cm} mittlere Betondruckspannung
σ_{ct} Zugspannung im Beton
σ_{c3r} Betondruckspannung am Riss
σ_f Spannungen der Fasern
σ_M Spannungen der Matrix
σ_p Spannstahlspannung
σ_s Betonstahlspannung
σ_{sr} maximale Stahlspannung am Riss bzw. Betonstahlspannung im Zustand II Erstrissbildung ($\sigma_{ct=fctm}$)
σ_0 Anfangsspannung und Rissbildung
$\tau_{ad,k}$ charakteristische Schubfestigkeit des Klebstoffs
τ_m mittlere Verbundspannung
$\tau_{ad,a}$ Verbundspannung der aufgeklebten Lamelle
$\tau_{ad,e}$ Verbundspannung der eingeschlitzten Lamelle
μ Duktilitätsindex

Einwirkungen, Kräfte, Schnittgrößen, Spannungen, Dehnungen

F Einwirkung, Kraft, Last (allgemein)
F_k charakteristischer Wert von F
M Biegemoment (allgemein)
M_a Biegemoment mit aufgeklebter Lamelle
M_e Biegemoment mit eingeschlitzter Lamelle
M_{cr} Rissmoment
$M_{cr,m}$ mittleres Rissmoment
M_I Biegemoment nach Theorie I. Ordnung
M_{II} Biegemoment nach Theorie II. Ordnung
M_k wirksames (charakteristisches) Biegemoment nach der Verstärkungsmethode
M_o Einwirkendes Biegemoment vor der Verstärkungsmaßnahme
M_{pl} plastisches Moment
M_{Sd} Bemessungswert des aufzunehmenden Biegemoments
N_{Rd} Bemessungswert der aufnehmbaren Längskraft
N_{Sd} Bemessungswert der aufzunehmenden Längskraft
P Vorspannkraft
P_0 anfängliche Vorspannkraft, d.h. Vorspannkraft am Spannanker des Spannglieds unmittelbar nach dem Vorspannen
V Querkraft, Vertikallast (allgemein)
V_{Rd} Bemessungswert der aufnehmbaren Querkraft
V_{Rd1} Bemessungswert der aufnehmbaren Querkraft bei Bauteilen ohne Schubbewehrung
V_{Rd2} Bemessungswert der durch die geneigten Betondruckstreben aufnehmbaren Querkraft

V_{Rd3}	Bemessungswert der durch die Schubbewehrung aufnehmbaren Querkraft
V_{Sd}	Bemessungswert der aufzunehmenden Querkraft

Weitere Zeichen

t	Zeit (allgemein)
t_0	Betonalter bei Belastungsbeginn in Tagen
v_{fcrit}	kritischer Fasergehalt
φ	Faservolumenanteil, Reibungswinkel
n	Steifigkeitsverhältnis (E_f/E_m)

1 Einleitung

*Auf der Hochschule fängt die Erziehung an,
beim Bücherstudium darf sie nicht aufhören,
sondern sie gelangt erst durch eigene Erfahrung
zur Vervollständigung der Urteilsbildung.*

E. Torroja (1899–1961) in seiner „Logik der Form"

1.1 Allgemeines über Kohlenstofffasern

Kohlenstofffasern sind in der Flug- und Raumfahrt bewährte Konstruktionsmaterialien. Durch ihre Rohdichte (ca. 1700 kg/m^3) und die hohe Zugfestigkeit (ca. 3000 bis 5000 N/m^3) haben sie dort schon lange vor dem Bauwesen interessante Anwendungsfelder eröffnet. Ästhetisch anspruchsvolle Flächentragwerke sowie hybride Konstruktionen erleben durch die verstärkten Kunststoffe einen Innovationsschub. Gerade Kohlenstofffasern eignen sich in verschiedenen Kombinationen für eine interne und externe Bewehrung von Tragstrukturen. Aufgrund ihrer Flexibilität und ihrer mechanischen Eigenschaften finden sie verstärkt Anwendung in der Bauwerkserhaltung und Strukturerneuerung. Gerade die Bauerhaltung und -erneuerung entwickelt sich überdurchschnittlich. In wenigen Jahren überwiegt in Europa die Bauerhaltung und der Neubau fällt unter die 50%-Grenze der gesamten Bautätigkeit [1]. Aber auch Nutzungsänderungen, schadhafte Bauteile, Fehler in der Projektierungs- oder Ausführungsphase machen Ertüchtigungen von Konstruktionen erforderlich.

Die günstigen Materialeigenschaften legen es nahe, diese Verstärkungen mit kohlenstofffaserverstärkten Kunststoffen (CFK) durchzuführen. Eine wichtige Rolle spielen auch die Verstärkungsmaßnahmen, welche an Gebäude und Strukturteilen nach einem Erdbeben angewandt werden. So wurden spezielle Ertüchtigungsmethoden mittels Kohlenstofffaser-Elementen nach dem Kobe Erdbeben und jenem in Kalifornien (1989) für erdbebenbeschädigte Bauteile eingesetzt [2].

In Europa werden die Kohlenstofffasern primär für konstruktive Verstärkungsmaßnahmen angewandt. Man hat durch eine erfolgreiche Praxiseinführung wichtige Grundsteine für weitere Kohlenstofffaser-Entwicklungen im Bauingenieurwesen gelegt. Die neuen Entwicklungen sollen dazu dienen, die vorhandenen mechanischen Eigenschaften des Werkstoffs spezifisch besser zu nützen. So können neben Kohlenstofffaser-Lamellen, -Bändern, -Geweben, -Gelegen und Strangschlaufen auch Bewehrungsstäbe und -kabel hergestellt werden. Zur Zeit werden auch Faserzusätze aus Kohlenstofffasern erforscht, um die Duktilität des Konstruktionsbetons zu verbessern. Ein größerer Einsatz wird zur Zeit noch durch einen relativ hohen Preis des Grundwerkstoffes verhindert.

Weltweit werden jährlich etwa 1000 t Kohlenstofffasern im Bauwesen eingesetzt. Experimentelle Untersuchungen (seit etwa 20 Jahren) haben ein positives Verhalten von nachträglich verstärkten Bauteilen gezeigt. Die Mehrzahl der Untersuchungen war jedoch auf das Bruchverhalten ausgerichtet, während die Auswirkungen auf die Gebrauchstauglichkeit, wie Verformungen, Rissebildung und Schwingungen, nur wenig erforscht wurden. So werden Hinweise zur Bemessung von Kohlenstofffaser, -Lamellen für die Verstärkung von Bauteilen für eine maximale Spannung (z.B. 2000 MPa), eine Dehngrenze (z.B. 0,6 bis 0,8%) und einen maximalen Verstärkungsgrad (Verhältnis der Widerstände von verstärktem zum unverstärktem Bauteil ≤2,0) angegeben. Für eine gezieltere Bemessung zur Berücksichtigung der erhöhten Dehnungen aus der Biegezugbewehrung, Zugkraftdeckung in Bereichen mit großen Querkräften und Fehlstellen bei der Klebung wurden neue Ergebnisse aus der experimentellen Forschung herangezogen [3].

Die Verstärkung durch Elemente aus Kohlenstofffasern beschränkt sich nicht nur auf den konstruktiven Betonbau; es können auch Holztragsysteme, Mauerscheiben und -pfeiler sinnvoll damit verstärkt werden. Unter bestimmten Bedingungen können sogar Stahltragwerke mit Kohlenstofffaser-Lamellen verstärkt werden.

Für die Verklebung von Kohlenstofffasern werden in Deutschland und Österreich bauaufsichtliche Zulassungen erteilt [4], wodurch die Funktionstüchtigkeit und die Anwendungssicherheit überprüft wird. In der Schweiz hat die Arbeitsgruppe 162-8 ein Dokument bzw. eine Vornorm SIA 166 für die Verstärkung von Bauteilen erarbeitet, welche bereits auf die Swisscodes ausgerichtet ist [5]. Ein sehr wichtiges Dokument wurde von der fib Task Group 9.3 (Fibre Reinforced Polymer) im Jahre 2001 erstellt [6], in welchem detaillierte Hinweise von der Bemessung über die Anwendung bis zur Qualitätskontrolle zusammengestellt wurden. In Österreich wurde im Dezember 2002 eine Richtlinie über nachträgliche Verstärkung von Betonbauwerken mit geklebter Bewehrung veröffentlicht, in der Bemessungs- und Konstruktionshinweise sowie Ausschreibungsempfehlungen zu finden sind [7].

1.2 Lebensdauer von Bauwerken

Die Lebensdauer beschreibt den Zeitabschnitt von der Bauausführung bis zum Ende der Funktionsfähigkeit eines Bauwerkes. Eine Ingenieurkonstruktion ist so lange funktionstüchtig, wie die Grenzzustände der Tragsicherheit, der Gebrauchstauglichkeit und der Dauerhaftigkeit mit einer gewissen Sicherheit gegeben sind. In der Wahrscheinlichkeitstheorie wird die Lebensdauer mit Kenngrößen wie der Ausfallrate verbunden mit einem Zeitintervall beschrieben [9, 10]. Die Beurteilung der Sicherheit von bestehenden Bauwerken kann mit den Methoden der Probabilistik erfolgen [11]. In den Eurocodes werden Werte für den Sicherheitsindex β bezogen auf das Ende der theoretischen Nutzungsdauer angesetzt. Am Ende eines „Bauwerkslebens" sollen noch Mindestwerte nach Tabelle 1.1 vorhanden sein.

Tabelle 1.1 Zuverlässigkeit für Tragsicherheit und Gebrauchstauglichkeit

	Bemessungszeitraum 1 Jahr		Gesamte Lebensdauer	
	β	P_f	β	P_f
Gebrauchstauglichkeit	3,0	$1,5 \cdot 10^{-3}$	1,5	$6,7 \cdot 10^{-2}$
Tragsicherheit	4,7	$1,3 \cdot 10^{-6}$	3,8	$7,2 \cdot 10^{-5}$

In allen Fällen muss eine Grenzzustandsfunktion definiert werden:

$$p_f = \int_{D_f} f(X_1, X_2, \ldots, X_n)\, dX_1, dX_2, \ldots, dX_n \qquad (1.1)$$

Der Versagensraum D_f wird durch die Dichtefunktion der Versagenswahrscheinlichkeit $f(X_1, X_2, \ldots, X_n)$ mit den Basisvariablen $\mathbf{X} = X_1, X_2, \ldots, X_n$ darstellt, wobei $g(\mathbf{X}) < 0$ ist. Bei $Z = 0$ wird der n-dimensionale Raum $\mathbf{X} = X_1, X_2, \ldots, X_n$ in einen sicheren und unsicheren Bereich unterteilt. Zur quantitativen Berechnung der Versagenswahrscheinlichkeit stehen probabilistische Verfahren und Programme (COSSAN 1996, CALREL 1988, SARA 2002 etc.) zur Verfügung.

Die Prozesse der Schädigung können aufbauend auf Labormodelle oder auf Ergebnisse einer Überwachung erarbeitet werden. Wichtig ist dabei die zeitliche Abhängigkeit des Schädigungsprozesses.

Die Grenzzustandsfunktion zur Beurteilung der Sicherheit wird explizit durch Basisvariablen $X_i(t)$ im Bereich der Widerstände angeschrieben, die auch die zeitliche Veränderung der Eigenschaften erfassen. Im Bereich des Konstruktionsbetons kann dies zum Beispiel

- die Abnahme des Stahl- und Spannstahlquerschnittes durch korrosive Vorgänge,
- die Reduzierung des Haftverbundes und
- die vermehrte Rissbildung sein.

Nun kann auch die Lebenserwartung, aufbauend auf die analytischen Ergebnisse oder die Messdaten, durch eine Extrapolation über die Zeit erfolgen. Die Abnahme der Widerstandswerte oder das Ansteigen eines Schädigungspotentials kann dann auf eine bestimmte Zeit (Lebensende) hochgerechnet werden. Die erforderliche Zuverlässigkeit im Endzustand sollte dann für die Tragsicherheit ausgedrückt nach Hasofer Lindt noch mindestens einen Sicherheitsindex von $\beta_{min} = 3{,}8$ und für die Gebrauchstauglichkeit noch $\beta_{min} = 1{,}5$ aufweisen [12]. Durch solche Abschätzungen der erforderlichen Zuverlässigkeit kann der Zeitpunkt von Erhaltungsmaßnahmen wesentlich besser identifiziert werden [13].

1.3 Sicherheitsaspekte und Teilsicherheitsfaktoren

Die Definition einer Lebensdauer hängt eng mit dem Sicherheitskonzept und den nach dem Level-II-Verfahren für die Bemessung verwendeten Teilsicherheitsfaktoren zusammen. Diese Faktoren wurden für herkömmliche Baustoffe und Einwirkungen bereits in den Bemessungsnormen geregelt. Für die Bemessung von faserverstärkten Kunststoffen, im Speziellen für Kohlenstofffaser-Elemente, werden diese Sicherheitsfaktoren für die gleiche Versagenswahrscheinlichkeit von $P_f = 10^{-6}$ (Bemessungszeitraum für 1 Jahr) bzw. für einen Sicherheitsindex von $\beta_{min} = 4{,}7$ definiert. Allgemein müssen bei Ertüchtigungsmaßnahmen der Kenntnisstand über die mechanischen und geometrischen Kenndaten eines Bauelements auf die Teilsicherheitsfaktoren der Widerstandsseite γ_M bezogen werden.

So kann bei einem mittleren Kenntnisstand (z. B. gemessene Druckfestigkeit von Beton und Zugfestigkeit der Stahlbewehrung) mit den Teilsicherheitsfaktoren der Eurocodes und für die Kohlenstofffaser-Bewehrung mit den nachfolgend vorgeschlagenen Werten gerechnet werden ($1{,}0 \cdot \gamma_M$).

1.3.1 Teilsicherheitsfaktoren für Baustoffe nach den Emocodes

Nachfolgend werden in Tabellenform die Teilsicherheitsbeiwerte für verbreitete Werkstoffe im Bauwesen nach den Eurocodes aufgezeigt.

In den Tabellen 1.2 bis 1.5 sind die wichtigsten Teilsicherheitsfaktoren für die Konstruktionswerkstoffe Konstruktionsbeton, Stahl, Holz und Mauerwerk auf der Eurocode-Basis zusammengestellt.

Tabelle 1.2 Teilsicherheitsbeiwerte γ_M für Baustoffeigenschaften von Konstruktionsbeton nach EC 2

Kombination	Beton		Betonstahl Spannstahl
	Unbewehrtes Bauteil	Stahlbeton-/ Spannbetonbauteil	
Grundkombination	$\gamma_c = 1{,}80$	$\gamma_c = 1{,}50$ [1)]	$\gamma_S = 1{,}15$
Außergewöhnliche Kombination	$\gamma_c = 1{,}56$	$\gamma_c = 1{,}30$	$\gamma_S = 1{,}00$

[1)] Bei Fertigteilen mit einer Betonfestigkeitsklasse bis C50/60 darf der Teilsicherheitsbeiwert für Beton (in Stahlbeton und Spannbetonbauteilen) auf $\gamma_c = 1{,}30$ herabgesetzt werden, wenn die Herstellung werksmäßig ständig überwacht und sichergestellt ist, dass Fertigteile mit zu geringer Festigkeit ausgesondert werden.

Tabelle 1.3 Teilsicherheitsbeiwerte γ_M für Baustoffeigenschaften im Stahl- und Verbundbau nach EC 3 und EC 4

Grenzzustände der	Tragfähigkeit		Gebrauchstauglichkeit
	Grundkombination	Außergewöhnliche Kombination	
Baustahl oder profiliertes Stahlblech	$\gamma_M = 1{,}1$	$\gamma_M = 1{,}0$	$\gamma_M = 1{,}0$
Verbundmittel	$\gamma_M = 1{,}25$		

Tabelle 1.4 Teilsicherheitsbeiwerte γ_M für Baustoffeigenschaften im Holzbau nach EC 5

Grenzzustände der	Tragfähigkeit		Gebrauchstauglichkeit
	Grundkombination	Außergewöhnliche Kombination	
Holz	$\gamma_M = 1{,}3$	$\gamma_M = 1{,}0$	$\gamma_M = 1{,}0$
Stahl in Verbindungen	$\gamma_M = 1{,}1$		

Tabelle 1.5 Teilsicherheitsbeiwerte γ_M für Baustoffeigenschaften bei unbewehrtem Mauerwerk nach EC 6

Kombination	Normale Einwirkungen	Außergewöhnliche Einwirkungen
Mauerwerk	$\gamma_M = 1{,}70$	$\gamma_M = 1{,}20$
Verbund-, Zug- und Druckwiderstand von Wandankern und Bändern	$\gamma_M = 2{,}50$	$\gamma_M = 2{,}50$

Bei sehr geringen oder ungewissen Kenntnissen über die mechanischen Eigenschaften sollten die Teilsicherheitsfaktoren der Bauteilwiderstände mit 1,2 multipliziert werden ($1{,}2 \cdot \gamma_M$).

Nur wenn eine sehr genaue und abgesicherte Kenntnis über die Geometrie und über die Baustoffkennwerte vorliegt, können die Teilsicherheitsfaktoren der Bauteilwiderstände mit 0,8 abgemindert werden ($0{,}8 \cdot \gamma_M$).

1.3.2 Teilsicherheitsfaktoren für Kohlenstofffaser-Elemente

Für die Berechnung der Fraktilwerte (5%) kann von den Mittelwerten ausgehend unter Annahme einer log-Normalverteilung der charakteristische Wert errechnet werden. Sollten keine genaueren Kenntnisse über die statistischen Verteilungen der Materialkennwerte vorliegen, kann von einer Normalverteilung mit einem Variationskoeffizienten von etwa 12% sowohl für die Zugfestigkeit als auch für die Zugdehnung ausgegangen werden. Damit errechnet sich der Fraktilwert folgendermaßen:

$$f_k = f_{5\%} = f_m \cdot (1 - 1{,}645 \cdot 0{,}12)$$

$$f_k = f_m \cdot 0{,}8$$

Die Zugdehnung sollte außer in nachgewiesenen Ausnahmesituationen folgende Werte nicht überschreiten:

- Vorgespannte Lamellen, Gelege, Gewebe und Kabel: $\varepsilon_{cf,d} \leq 1{,}0\%$
- Schlaff geklebte Lamellen, Gelege, Gewebe und Kabel: $\varepsilon_{cf,d} \leq 0{,}6\%$
- Schlaff geklebte Umschnürungsbewehrungen von Druckgliedern: $\varepsilon_{cf,d} \leq 0{,}4\%$

Die wesentlichen Einflussfaktoren für die Bemessung von Kohlenstofffaserelementen sind die Zugfestigkeit und die Zugdehnung. Auf der Grundlage von probabilistischen Analysen wurden folgende Werte ermittelt (siehe auch [8]):

Kohlenstofffaser-Lamelle – Zugfestigkeit:

$$f_{cf,l,d} = \frac{f_{cf,l,k}}{\gamma_{cf,l,t} \cdot \gamma_1 \cdot \gamma_m \cdot \gamma_f}$$

$\gamma_{cf,l,t} = 1{,}2$ (siehe dazu auch [6])

Kohlenstofffaser-Lamelle – Zugdehnung:

$$\varepsilon_{cf,l,d} = \frac{\varepsilon_{cf,l,k}}{\gamma_{cf,l,\varepsilon} \cdot \gamma_1 \cdot \gamma_m \cdot \gamma_f}$$

$$\gamma_{cf,l,\varepsilon} = 1,2$$

Kohlenstofffaser-Gelege-Gewebe – Zugfestigkeit:

$$f_{cf,s,d} = \frac{f_{cf,s,k}}{\gamma_{cf,s,t} \cdot \gamma_1 \cdot \gamma_m \cdot \gamma_f}$$

$$\gamma_{cf,s,t} = 1,3$$

Kohlenstofffaser-Gelege-Gewebe – Zugdehnung:

$$\varepsilon_{cf,s,d} = \frac{\varepsilon_{cf,s,k}}{\gamma_{cf,s,\varepsilon} \cdot \gamma_1 \cdot \gamma_m \cdot \gamma_f}$$

$$\gamma_{cf,s,\varepsilon} = 1,3$$

Kohlenstofffaser-Kabel (Draht) – Zugfestigkeit:

$$f_{cf,c,d} = \frac{f_{cf,c,k}}{\gamma_{cf,c,t} \cdot \gamma_m \cdot \gamma_f}$$

$$\gamma_{cf,c,t} = 1,2$$

Kohlenstofffaser-Kabel (Draht) – Zugdehnung:

$$\varepsilon_{cf,c,d} = \frac{\varepsilon_{cf,c,k}}{\gamma_{cf,c,\varepsilon} \cdot \gamma_m \cdot \gamma_f}$$

$$\gamma_{cf,c,\varepsilon} = 1,2$$

Schubmodul Kleber:

$$G_{a,d} = \frac{G_{a,k}}{\gamma_{ad}}$$

$\gamma_{ad} = 1,5$ (auch in [6] wird ein Teilsicherheitsfaktor von 1,5 vorgeschlagen) (Teilsicherheitsfaktor für den Kleber und die Verbundtragfähigkeit)

Verbund-Schubfestigkeit:

$$\tau_{ad,d} = \frac{\tau_{ad,k}}{\gamma_{ad}}$$

Diese Teilsicherheitsfaktoren beziehen sich auf die Versagensarten der Tragsicherheit für den Bruch der Kohlenstofffaser-Elemente. Sollte die Gefahr eines Abschälens der extern aufgebrachten Kohlenstofffaser-Bewehrung vorliegen und durch eine Begrenzung der Dehnungen diese Effekte bzw. Bruchart vermieden werden können, wird ein Teilsicherheitsfaktor γ_1 eingeführt.

$\gamma_l = 1{,}0$, wenn kein vorzeitiges Ablösen durch zu große Dehnungen im Beton auftritt (peeling-off),

$\gamma_l = 1{,}4$, wenn die Gefahr zu großer Betondehnungen und damit von Ablöseeffekten vorliegt.

Für das Verbundversagen, bei guter Qualitätskontrolle und einer fachgerechten Montage der Kohlenstofffaser-Elemente unter Verwendung eines geeigneten Klebers erfolgt der Bruch meistens in den oberflächennahen Schichten des Betonuntergrundes. Als Teilsicherheitsfaktor wird, wie für Beton, deshalb der Wert $\gamma_{ad} = \gamma_b = 1{,}5$ vorgeschlagen.

Neben den Teilsicherheitsfaktoren für die mechanischen Eigenschaften müssen bei der Verwendung von Kohlenstofffaser-Produkten für Verstärkungsmaßnahmen auch die Kontrollmaßnahmen der Anwendungstechnik und der Anwendungsart beachtet werden. Bei einer Anwendung durch geschultes Fachpersonal und einer Überprüfung der Eingangsparameter der Kohlenstofffaser-Produkte sowie einer anschließenden mechanischen Überprüfung der geklebten Elemente braucht kein zusätzlicher Faktor berücksichtigt werden. In diesem Falle kann mit einem Montage-Teilsicherheitsfaktor

$$\gamma_m = 1{,}1$$

gerechnet werden.

Sollten die Baustellenbedingungen entweder durch das Fachpersonal oder durch die Anwendungsbedingungen eine größere Variation aufweisen, kann der Montage-Teilsicherheitsfaktor

$$\gamma_m = 1{,}2$$

gesetzt werden.

Für normale Montagequalität mit teils nicht kontrollierbaren Anwendungsbedingungen kann $\gamma_m = 1{,}4$ gesetzt werden.

Solche nicht genau definierten Baustellenbedingungen können beispielsweise sein:

- geometrische Ungenauigkeiten bzw. Unebenheiten der Oberfläche > l/300,
- heterogene Zusammensetzung des Betonuntergrundes,
- Temperaturen bei der Anwendung im Grenzbereich: <+3°C,
- Möglichkeiten von Fehlstellen bei der Klebung.

Der Teilsicherheitsfaktor γ_f berücksichtigt die Herstellungsqualität der Kohlenstofffaser-Produkte. Im Normalfall bei einem überwachten Produktionsprozess kann $\gamma_f = 1{,}0$ angesetzt werden. Dabei kann eine Normalverteilung mit einem Variationskoeffizienten von 0,05 angenommen werden (siehe auch [14]). Unterliegt der Produktionsprozess Schwankungen oder sind Mängel nicht auszuschließen, muss ein entsprechender Teilsicherheitsfaktor errechnet werden (Vorschlag dazu: $\gamma_f = 1{,}4$).

1.3.3 Stochastische Modellierung von Baustoffen

Auf der Grundlage von Literaturrecherchen experimenteller Untersuchungen wurden statistische Verteilungsfunktionen erarbeitet.

Für eine probabilistische Berechnung von Verstärkungsmaßnahmen mit verstärkten Kunststoffen sind die statischen Verteilungsfunktionen und deren maßgeblichen Parameter von Wichtigkeit. Für einige wesentliche mechanische Eigenschaften von Werkstoffen im Bauwesen werden in den Tabellen 1.6 bis 1.10 aus der Arbeit von Strauss [15] Verteilungstypen und deren Variationskoeffizienten angegeben.

Für nichtlineare Berechnungen (z. B. für die Strukturanalyse bei Ertüchtigungsmaßnahmen) kann der Vorschlag von Mancini [21] verwendet und entsprechend erweitert werden, welcher neben einem globalen Sicherheitsbeiwert für die Traglast einen konsistenten Übergang zu den Teilsicherheitsfaktoren vorschlägt. Die nichtlineare Traglastberechnung wird mit dem Mittelwert der Fließgrenze für die Stahlbewehrung „f_{ym}", dem charakteristischen Wert der Bruchfestigkeit von Kohlenstofffasern „$f_{cf,k}=0,8\,f_{cf,m}$" und dem reduzierten charakteristischen Wert der Druckfestigkeit von Beton „$0,85\,f_{ck}$" durchgeführt. Die dabei ermittelte Traglast „F_{ult}" wird mit einem globalen Sicherheitsfaktor „γ_{gl}" reduziert und den Einwirkungen gegenübergestellt.

$$\gamma_{Sd} \cdot \gamma_{Rd} \cdot S(\gamma_g \cdot G + \gamma_q \cdot Q) \leq R\left(\frac{F_{ult}}{\gamma_{gl}}\right) \quad (1.2)$$

$$\gamma_{Sd} = 1,15$$

$$\gamma_{Rd} = 1,1$$

$$\gamma_{gl} = 1,2$$

Dabei werden Teilsicherheitsfaktoren für die Modellungenauigkeiten sowohl für die Widerstands- als auch für die Einwirkungsseite angesetzt. Die Vorschläge von Mancini [21] wurden für die Widerstandsseite leicht modifiziert und der Wert von 1,08 auf 1,1 aufgerundet. Festgehalten werden muss jedoch, dass bei einer nichtlinearen Berechnung von Verstärkungsmaßnahmen die Modellungenauigkeiten oft sehr groß sein können und daher der Teilsicherheitsbeiwert der Widerstandsseite von 1,1 bis 1,2 variieren kann.

Die bereits bekannten Teilsicherheitsfaktoren für die ständigen ($\gamma_g = 1,35$) und veränderlichen Einwirkungen ($\gamma_q = 1,5$) werden analog dem semiprobabilistischen Sicherheitskonzept beibehalten.

Tabelle 1.6 Werte für Transportbeton nach JCSS; Proben: Zylinder mit h = 300 mm, d = 150 mm. Die Richtwerte gelten für eine Probenanzahl n = 10, wenn keine Angaben über Betongüteprüfergebnisse vorliegen (aus [11, 15])

		Einheit	C15		C25		C35		C45	
			m	v	m	v	m	v	m	v
f_c	LN	MPa	30	0,14	38	0,13	47	0,09	53	0,07
f_{ct}	LN	MPa	3,4	0,33	3,5	0,3	3,9	0,30	4,27	0,30
E_c	N	MPa	27 000	0,04	27 300	0,04	30 000	0,03	31 000	0,025
ε_u	N	–	0,0042	0,19	0,0042	0,19	0,0041	0,175	0,0040	0,175

Tabelle 1.7 Werte für Fertigteilbeton nach JCSS Proben: Zylinder mit h = 300 mm, d = 150 mm. Die Richtwerte gelten für eine Probenanzahl n = 10, wenn keine Angaben über Betongüteprüfergebnisse vorliegen (aus [11, 15])

		Einheit	C25		C35		C45		C55	
			m	v	m	v	m	v	m	v
f_c	LN	MPa	44	0,09	52	0,08	58	0,06	64	0,05
f_{ct}	LN	MPa	3,8	0,29	4,2	0,29	4,6	0,29	4,8	0,29
E_c	N	MPa	28 700	0,03	30 100	0,03	31 500	0,02	32 300	0,02
ε_u	N	–	0,0041	0,175	0,0040	0,175	0,0039	0,179	0,0039	0,179

Tabelle 1.8 Werte für Bewehrungsstahl nach JCSS (aus [11, 15])

		Einheit	Bst 420 S		Bst 500 S		Bst 500 M	
			m	v	m	v	m	v
f_y	LN	MPa	470	0,07	560	0,07	590	0,07
f_u	LN	MPa	...	0,04	...	0,04	...	0,04
E_s	N	MPa	200 000	0,03	200 000	0,03	200 000	0,03
v	N	–	0,28	0,03	0,28	0,03	0,28	0,03
ε_u	N	–	0,055	0,06	0,055	0,06	0,028	0,06

Tabelle 1.9 Werte für Vorspannstahl nach JCSS Hartly, and Frangopol (nach [11, 16])

		v
f_y	LN	0,07
E_p	LN	0,03
A_p	LN	0,001

Tabelle 1.10 Werte für Kohlenstofffaser-Lamellen (nach [15])

		v
f_{cf}	LN	0,045
$E_{cf(0,4-0,8\%)}$	LN	0,055

1.4 Einwirkungen bei Verstärkungsmaßnahmen

Die Definition der Einwirkungen auf zu verstärkende Tragwerke ist besonders wichtig. Nachfolgend werden einige Beispiele erwähnt, welche eine Verstärkung notwendig machen:

- Erhöhen der Nutzlast: z. B. Verbreiterung von Brücken, Erhöhen der zulässigen Achslast, schwerere Maschinen in Fabriken usw.
- Änderung des statischen Systems: Entfernen von tragenden Wänden oder Stützen zur besseren Nutzung.

- Ermüdungsgefährdete Bauteile: Reduktion der Spannungsamplitude in der Bewehrung,
- Erhöhung der Steifigkeit: Reduzieren der Durchbiegung oder Ändern des dynamischen Verhaltens.
- Schäden am Tragwerk: Korrosion der Bewehrung, gerissene Bereiche.

Bei der Definition dieser Einwirkungen sollte die Belastungsgeschichte des Bauwerkes bekannt sein oder durch Prüfungen nachvollzogen werden. Bei einer Verstärkungsmaßnahme für Strukturen in nicht seismisch gefährdeten Zonen kann die zusätzliche Belastung als statische Einwirkung definiert werden. Ein besonderes Augenmerk muss aber auf Erdbebeneinwirkungen gelegt werden, da länderspezifisch oft recht unterschiedliche Lastwerte zu verwenden sind. Aus diesem Grund werden in Abschnitt 1.4.3 einige grundsätzliche Annahmen für solche Erdbebenbelastungen angeführt.

1.4.1 Ständige und veränderliche Einwirkungen im Hochbau

In dieser Betrachtung werden ständige und veränderliche Einwirkungen im Hochbau diskutiert. Schnee- und Windlasten werden hier nicht berücksichtigt, für detaillierte Ausführungen sei auf [21] verwiesen.

Die Verkehrslasten in Gebäuden werden durch das Gewicht von Möbeln, Einrichtungen, Lagergütern und Personen verursacht. Sie sind zufällige Funktionen des Ortes und der Zeit.

Zur wirklichkeitsnahen stochastischen Beschreibung teilt man die Last in zwei Anteile:

- die langzeitig wirkende Verkehrslast, die ständig vorhanden ist und sich nur selten ändert,
- die kurzzeitig wirkende Verkehrslast, die mit außergewöhnlichen Situationen von kurzer Dauer und großer Lasthöhe verbunden ist.

Die langzeitigen Lasten wirken mehrere Jahre relativ unveränderlich, bis sich ein plötzlicher Wechsel in der Lasthöhe z.B. durch Umzug oder Änderung in der Nutzung ergibt. Mathematisch lässt sich das zeitabhängige Verhalten dieser Lasten sehr gut durch zweiparametrige Pulsprozesse mit rechteckiger Pulsform modellieren.

Mit den kurzzeitigen Lasten werden Zustände erfasst, die nicht sehr häufig auftreten, auch nicht sehr lange wirken, aber relativ hohe Lastintensitäten besitzen und deshalb für die Extremwerte der Lasten während der Nutzungsdauer wichtig sind.

Mathematisch lassen sich solche Lasten durch dreiparametrige Pulsprozesse mit sehr kurzer Lastdauer D bzw. durch Spikeprozesse beschreiben. Der zeitliche Verlauf der superponierten Gesamtlast kann durch eine Funktion nach Bild 1.1 dargestellt werden.

Die zufällige Lastintensität ist aber auch vom Ort abhängig. Stochastische Lastmodelle, die diese Abhängigkeit modellieren, findet man unter anderem im CIB-Report 116 [17] und bei Peier und Cornell [19]. Sowohl diese theoretischen Untersuchungen als auch experimentelle Lastmessungen zeigen, dass die Standardabweichung einer äquivalenten örtlich gleichmäßig verteilten Last stark von der Größe der betrachteten Fläche abhängt. Je größer die zu einer Schnittgröße gehörende Einzugsfläche ist, desto kleiner sind die Standardabweichungen der äquivalenten gleichmäßig verteilten Lasten.

1.4 Einwirkungen bei Verstärkungsmaßnahmen

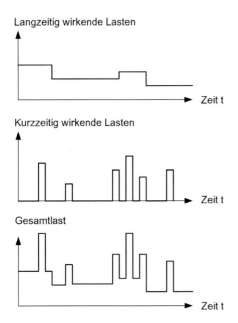

Bild 1.1 Zeitlicher Verlauf der Verkehrslasten im Hochbau

Tabelle 1.11 Mittelwert, Standardabweichungen und Variationskoeffizient der Momentanverteilungen der langzeitigen Verkehrslasten (nach [17])

	Untersuchte Fläche [m^2]	Bezugsfläche [m^2]	Mittelwert [kN/m^2]	Standard-Abweichung [kN/m^2]	Variationskoeffizient [/]
Büros	353 400	18,6	0,52	0,28	0,54
Bürogebäude, Lobbies	1 580	18,6	0,22	0,16	0,73
Wohnungen	18 970	18,6	0,29	0,13	0,45
Hotelräume	62 300	18,6	0,22	0,06	0,27
Krankenzimmer	7 350	18,6	0,36	0,31	0,86
Laboratorien und Operationsräume in Krankenhäusern	3 160	18,6	0,68	0,39	0,57
Bibliotheken, Archive	560	18,6	1,66	0,52	0,31
Klassenzimmer	2 900	93	0,58	0,13	0,22
Warenhäuser					
Erdgeschoß	11 530	93	0,86	0,24	0,28
Obergeschoß	102 300	93	0,58	0,46	0,79
Lagerhäuser	18 320	93	3,43	2,78	0,81
Leichtindustrie	73 470	93	0,91	0,91	1,00
Schwerindustrie	6 880	93	2,88	1,63	0,57

Tabelle 1.12 Parameter der Verteilung der kurzzeitigen, außergewöhnlichen Lasten (nach [19])

	Mittelwert [kN/m^2]	Standard-Abweichung [kN/m^2]	Erneuerungsrate [1/Jahr]	Mittlere Dauer [Wochen]
Läden und Warenhäuser $A_b = 93$ m^2	0,42	0,20	0,2	2
Büros $A_b = 93$ m^2	0,41	0,48	0,25	2
Hotels $A_b = 93$ m^2	0,13	0,12	0,50	2
Wohnungen $A_b = 93$ m^2	0,23	0,21	0,10	2

In Tabelle 1.11 sind die Ergebnisse umfangreicher Lastmessungen von Chalk und Corotis [20] angeführt. Die Häufigkeitsverteilungen zeigen stets eine ausgeprägte positive Schiefe. Als Verteilungstypen werden daher sehr häufig Gammaverteilungen, aber auch logarithmische Normalverteilungen und Extremwertverteilungen Typ 1 verwendet. Die Schiefe nimmt mit wachsender Einzugsfläche „A_b" ab. Bei großen Flächen nähert sich die Verteilung in Übereinstimmung mit dem zentralen Grenzwertsatz immer mehr der Normalverteilung.

Kurzzeitig wirkende Lastzustände bedürfen weitgehend einer ingenieurmäßigen Einschätzung. In Tabelle 1.12 sind einige Parameter der Verteilung der kurzzeitigen, außergewöhnlichen Lasten nach [20] angeführt.

Sowohl für kurzzeitige Lasten als auch für Eigenlasten [22] kann genähert die Normalverteilung als geeigneter Verteilungstyp angenommen werden.

1.4.2 Ständige und veränderliche Einwirkungen im Brückenbau

Die ständigen Lasten können im Brückenbau genügend genau durch eine Normalverteilung mit einem Variationskoeffizienten je nach Genauigkeit der Bestandspläne oder der Bauaufnahme von 5% bis maximal 10% angenommen werden.

Für die veränderlichen Einwirkungen wurde im Rahmen von Forschungsarbeiten durch Bogath [23] und Ablinger [24] auf die Problematik der Verkehrslasten auf Brückenobjekten eingegangen. Im Rahmen von kontinuierlichen Achslastmessungen (weigth in motion system) wurden nachfolgende häufig vorkommende Fahrzeugklassen mit den Achsabständen a festgelegt und nach diesen die Auswertungen vorgenommen (Bild 1.3). Die Daten wurden durch relative Klassenhäufigkeiten beschrieben und durch statistische Dichtefunktionen angepasst. Dabei wurden auch sogenannte Mischverteilungen, also gleichdimensionale Verteilungen additiv miteinander verknüpft. Der mathematische Ansatz für die Formulierung der Kombinationsverteilungen kann folgendermaßen

1.4 Einwirkungen bei Verstärkungsmaßnahmen

$$f(x) = \sum_{i=1}^{n} g_i \cdot f_i(x) \ (n = 1, 2, 3) \tag{1.3}$$

definiert werden [22]. Als Optimierungsverfahren wurde die Evolutionstheorie angewandt und die Überprüfung der Anpassung durch den Kolmogoroff-Smirnow-Test (KS-test) durchgeführt [24].

Für die Achslasten zeigte sich, dass bei den Schwerfahrzeugen die Kombination zweier Normalverteilungen die beste Anpassung ergab. Für das Gesamtgewicht ergaben sich je nach Fahrzeugklasse Mischungen von Normal-, logNormal-, oder Gumbelverteilungen (siehe Bild 1.3).

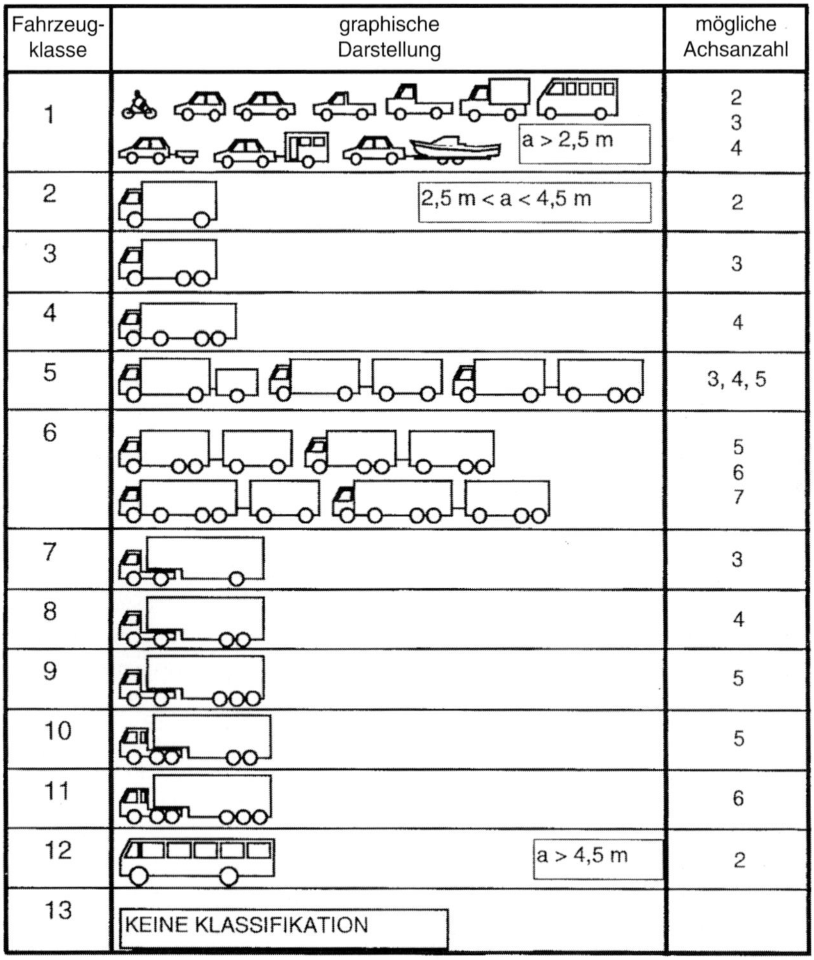

Fahrzeug-klasse	graphische Darstellung	mögliche Achsanzahl
1	a > 2,5 m	2, 3, 4
2	2,5 m < a < 4,5 m	2
3		3
4		4
5		3, 4, 5
6		5, 6, 7
7		3
8		4
9		5
10		5
11		6
12	a > 4,5 m	2
13	KEINE KLASSIFIKATION	

Bild 1.2 Fahrzeugklassen (aus [23])

Fahrzeugklasse 1 mit 2 Achsen	$f_1(x)$ LN			Fahrzeugklasse 5	$f_1(x)$ N		
	g_1	λ_1	ζ_1		g_1	μ_1	σ_1
	0.94	3.0905	0.2742		0.05	169.65	25.71
	$f_2(x)$ LN				$f_2(x)$ N		
	g_2	λ_2	ζ_2		g_2	μ_2	σ_2
	0.06	3.2441	0.1032		0.49	297.13	57.09
Fahrzeugklasse 1 mit 3 Achsen	$f_1(x)$ LN				$f_3(x)$ N		
	g_1	λ_1	ζ_1		g_3	μ_3	σ_3
	-	3.5362	0.2395		0.46	365.28	36.36
Fahrzeugklasse 1 mit 4 Achsen	$f_1(x)$ LN			Fahrzeugklasse 6 mit 5 Achsen	$f_1(x)$ N		
	g_1	λ_1	ζ_1		g_1	μ_1	σ_1
	-	3.8583	0.2046		0.03	182.44	14.88
Fahrzeugklasse 2	$f_1(x)$ N				$f_2(x)$ N		
	g_1	μ_1	σ_1		g_2	μ_2	σ_2
	0.50	34.41	6.76		0.60	292.24	56.76
	$f_2(x)$ N				$f_3(x)$ N		
	g_2	μ_2	σ_2		g_3	μ_3	σ_3
	0.04	18.07	3.08		0.37	364.61	25.76
	$f_3(x)$ LN			Fahrzeugklasse 6 mit 6 Achsen	$f(x)$ Gumbel E T1L		
	g_3	λ_3	ζ_3		g_1	u_1	α_1
	0.46	3.9268	0.3978		-	398.31	0.0228
Fahrzeugklasse 3	$f_1(x)$ N			Fahrzeugklasse 7	$f_1(x)$ N		
	g_1	μ_1	σ_1		g_1	μ_1	σ_1
	0.59	201.28	31.71		0.81	40.64	7.38
	$f_2(x)$ N				$f_2(x)$ N		
	g_2	μ_2	σ_2		g_2	μ_2	σ_2
	0.38	126.72	17.79		0.19	130.36	40.28
	$f_3(x)$ N			Fahrzeugklasse 8	$f_1(x)$ Gumbel E T1L		
	g_3	μ_3	σ_3		g_1	u_1	α_1
	0.03	74.77	15.04		0.62	158.14	0.0392
Fahrzeugklasse 4	$f_1(x)$ LN				$f_2(x)$ N		
	g_1	λ_1	ζ_1		g_2	μ_2	σ_2
	-	4.8930	0.3638		0.38	5.6104	0.2593
	Oder $f_1(x)$ Gumbel E T1L			Fahrzeugklasse 9	$f_1(x)$ N		
	g_2	u_2	α_2		g_1	μ_1	σ_1
	-	117.67	0.0236		0.07	178.35	29.27
Fahrzeugklasse 5 mit 3 Achsen	$f_1(x)$ LN				$f_2(x)$ N		
	g_1	λ_1	ζ_1		g_2	μ_2	σ_2
	-	3.6931	0.2644		0.31	309.52	56.82
	$f_2(x)$ Gumbel E T1L				$f_3(x)$ N		
	g_2	u_2	α_2		g_3	μ_3	σ_3
	-	36.97	0.1051		0.61	365.28	25.34
Fahrzeugklasse 5 mit 4 Achsen	$f_1(x)$ Gumbel E T1L			Fahrzeugklasse 10	$f_1(x)$ Gumbel E T1L		
	g_1	u_1	α_1		g_1	u_1	α_1
	0.12	53.18	0.0690		0.21	273.55	0.0306
	$f_2(x)$ N				$f_2(x)$ Gumbel E T1L		
	g_2	μ_2	σ_2		g_2	u_2	α_2
	0.57	176.98	37.15		0.79	351.15	0.0231
	$f_3(x)$ Gumbel E T1L			Fahrzeugklasse 11	$f(x)$ Gumbel E T1L		
	g_3	α_3	u_3		g_1	u_1	α_1
	0.31	262.49	0.0382		-	363.71	0.0188
				Fahrzeugklasse 12	$f_1(x)$ LN		
					g_1	λ_1	ζ_1
					0.30	4.4173	0.2596
					$f_2(x)$ Gumbel E T1L		
					g_2	u_2	α_2
					0.70	169.50	0.0406

Bild 1.3 Häufigkeitsverteilung der Fahrzeuggesamtgewichte (aus [24])

In den Normen werden die dynamischen Krafteinwirkungen durch den Verkehr in quasi-statische Lasten umgerechnet. Die dynamische Lastwirkung kann entweder in die Modellbelastung eingerechnet (Eurocode 1) oder mit einem dynamischen Beiwert (viele nationale Normen) berücksichtigt werden.

1.4.3 Erdbebenbelastung

Alle gängigen Normen berücksichtigen die Belastung aus Erdbeben durch horizontale Ersatzkräfte Q_{acc}. Diese Ersatzkräfte sind unter anderem abhängig von den Massen, der horizontalen Beschleunigung und der Steifigkeit der Bauteile.

$$Q_{acc} = \frac{a_h}{g} \cdot \frac{1}{K} \cdot C_d \cdot (G_m + \Sigma\psi_{acc}Q_r) \tag{1.4}$$

Die Massen stellt man sich für diesen Zweck in den Deckenebenen konzentriert vor und setzt dementsprechend die horizontalen Ersatzkräfte auch in den Deckenebenen an. Als Massen werden alle ständig wirkenden Massen (Eigengewichte) und der ständig wirkende Anteil der Nutzlasten angesetzt, wobei der Kombinationsbeiwert ψ_{acc} für außergewöhnliche Lastfälle zu berücksichtigen ist. Die horizontale Beschleunigung a_h ist von der Erdbebenzone abhängig und den entsprechenden Normen zu entnehmen.

Mit der Steifigkeit K wird berücksichtigt, dass steifere Bauteile mehr Last anziehen als weichere. Gedrungene Bauteile sind steif, weisen deshalb eine geringere Rotations- und Verschiebeduktilität auf und müssen auf eine höhere Ersatzlast bemessen werden. Schlanke Bauteile hingegen sind weich und können große Verschiebungen ertragen. Aus diesem Grund ist es ein Ziel der Verstärkung von Wandscheiben aus Beton und Mauerwerk, primär die Duktilität, und erst sekundär die Steifigkeit zu erhöhen.

Da die Erdbebenersatzkräfte in den Geschossdecken angesetzt und über die Fundamente in den Baugrund abgeleitet werden, sind die Tragwände in der untersten Ebene am meisten beansprucht. Die Erdbebenkräfte bewirken in diesen untersten Tragwänden vor allem eine Biege- und Schubbeanspruchung neben der üblichen Normalbeanspruchung aus den vertikalen Kräften. Für die Bemessung der Tragwände in den obersten Geschossen ist meist die Schubbeanspruchung maßgebend, da dort die Biegebeanspruchung noch relativ gering ist.

Durch eine gezielte Anordnung von extern angeordneten Kohlenstofffasern können sowohl Zug-, Druck-, Biege-, als auch Schub- und Torsionselemente verstärkt und ertüchtigt werden.

1.5 Widerstände von Konstruktionen

1.5.1 Tragverhalten und Duktilität

Das Gesamtverhalten von Tragsystemen wird in erster Linie vom statischen System, vom verwendeten Werkstoff und der konstruktiven Ausbildung der Knoten- und Verbindungsbereiche beeinflusst. Dabei spielt die Duktilität, die Fähigkeit eines Werkstoffes Energie aufzunehmen, eine gewichtige Rolle. Werden Bauwerke verstärkt, so gilt es, das Gesamtverhalten unter Lasteinwirkung im Gebrauchslastbereich zu verbessern. Bei Erdbebeneinwirkung muss dazu hauptsächlich die Duktilität erhöht werden. Das Bauteil soll unter Aufrechterhaltung der Tragfähigkeit plastische Verformungen aufnehmen können.

Bei elastischem bzw. linear-elastischem Materialverhalten wird kaum Energie verbraucht, während bei allgemein nichtlinearem Materialverhalten durch die plastischen Verformungen Energie aufgenommen bzw. verbraucht wird.

Die Duktilität ist als Quotient der plastischen Grenzverformung u und der Fließverformung y definiert.

$$\mu = \frac{u}{y} \tag{1.5}$$

Die Dehnungsduktilität μ_ε gibt an, bis zu welchem Vielfachen der Fließdehnung der Werkstoff verformbar ist.

$$\mu_\varepsilon = \frac{\varepsilon_u}{\varepsilon_y} \tag{1.6}$$

Bei Stahl beträgt die Dehnungsduktilität μ_ε typischerweise 10 bis 20, während sie bei Kohlenstofffasern, bedingt durch das linear-elastische Verhalten, nahezu 1,0 ist.

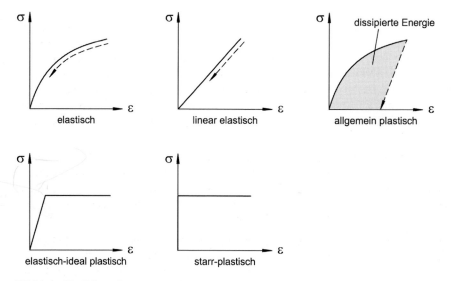

Bild 1.4 Idealisierte Spannungs-Dehnungsbeziehungen

Gleicherweise kann die Krümmungsduktilität definiert werden. Diese hängt aber stark von der Querschnittsform, dem Bewehrungsgehalt und den verwendeten Materialien ab.

Der Begriff der Duktilität kann auch auf ein Tragwerk oder ein Tragelement ausgedehnt werden. Dabei ist dann nicht mehr das Verhalten der Werkstoffe sondern das gesamte Verhalten des Tragwerkes von Bedeutung. Diese Duktilität wird System- oder Verschiebeduktilität genannt. Sie gibt an, um welchen Betrag die Verschiebung bei Erreichen des ersten Fließgelenkes gesteigert werden kann, bis der Bruch des Systems eintritt.

Kohlenstofffasern weisen an sich kein duktiles Verhalten auf; sie verhalten sich linear-elastisch bis zum Bruch. Werden sie in ein Tragwerk zur Verstärkung eingebaut, kann man trotzdem ein duktiles Verhalten des Tragwerks erzielen, indem eine gleichmäßige Rissbildung im verstärkten Bauteil bewirkt wird oder es zu teilweisen Ablösungen und damit zu einem nichtlinearen Verhalten kommt.

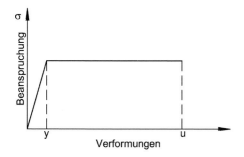

Bild 1.5 Definition der Duktilität

1.5.2 Widerstand gegenüber Erdbebeneinwirkung

Unter Erdbebenwiderstand versteht man die Fähigkeit eines Tragwerkes, Verformungen und Kräfte schadlos aufnehmen zu können. Die Fläche unter der Schubkraft-Verschiebungskurve des 1. Verformungszyklus kann als Maß für den Erdbebenwiderstand angesehen werden. Die Erdbebenbeanspruchung von Bauteilen wird meistens mit mehreren Verformungszyklen (meist 10) in Form einer wiederholten Belastung simuliert. Dabei entstehen größere Dehnungen, die sich als Risse äußern, wodurch es zu Steifigkeitsänderungen während dieser Zyklen und zu Änderungen der Schubkraft-Verformungskurve des Bauteiles kommt.

Der Widerstand gegen Erdbebeneinwirkungen kann durch Erhöhen des Schubwiderstandes und durch Erhöhen der Duktilität verbessert werden. Die Erhöhung des Schubwiderstandes ist oft mit einer Erhöhung des Biegewiderstandes und damit mit der Erhöhung der Steifigkeit verbunden. Aus diesem Grund versucht man die Verstärkungsmaßnahmen so anzubringen, dass primär die Duktilität erhöht wird.

Ein gleichmäßiges Rissbild bewirkt eine gute Systemduktilität, wodurch die Erdbebenkräfte schadlos abgeleitet werden können. Verstärkungsmaßnahmen an Erdbebenwänden sollten möglichst nicht die Steifigkeit der Wand erhöhen, da sonst zusätzliche Schnittkräfte angezogen werden.

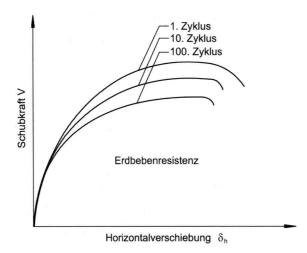

Bild 1.6 Schematischer Verlauf des Widerstandes gegen Erdbebeneinwirkung

Werden Erdbebenwände mit Kohlenstofffasern verstärkt, die ein linear-elastisches Verhalten und somit kaum Duktilität aufweisen, kann das angestrebte duktile Verhalten des Bauteils nur durch Ablösungen erreicht werden. Tritt ein Riss in der Wandscheibe auf, so würde es zu sehr großen (unendlich großen) Dehnungen und Spannungen in den Fasern kommen, falls sich diese nicht über eine bestimmte Strecke von der Wand ablösen würden. Durch das Ablösen ist es möglich, die Dehnungen und Spannungen über eine gewisse Länge zu verteilen und dadurch zu reduzieren. Der Verbund Matrix–Faser soll aus diesem Grund so gewählt werden, dass sich die Faser vor Erreichen ihrer Zugfestigkeit vom Verbund lösen kann. Das Ablösen der Fasern vom Bauteil über eine gewisse Länge bewirkt außerdem, dass der nächste Riss erst dort auftreten kann, wo der Verbund zwischen der Faserverstärkung und der Wandscheibe noch intakt ist. Dadurch wird eine gleichmäßige Risseverteilung erreicht und einzelne breite Risse vermieden. Das verstärkte Bauteil kann schadlos große Verformungen aufnehmen und weist damit eine höhere Duktilität auf.

Erfolgt die Verstärkung mit Kohlenstofffaser-Lamellen, kann sich dieses gewünschte Verhalten einstellen. Wird die Verstärkung aber mit Geweben durchgeführt, lösen sich die Fasern kaum vom Bauteil ab. Kohlenstofffaser-Gewebe versagen spröde, sobald sich der erste Riss öffnet. Polyestergewebe ermöglichen große Verformungen und eine gleichmäßige Risseverteilung bereits bei geringen Zugkräften. Sie eignen sich von den Geweben am besten. Gewebe aus Aramid stellen einen Mittelweg dar. Durch die Verwendung eines elastischen Klebstoffes kann das Verhalten von Gewebeverstärkungen verbessert werden.

2 Kohlenstofffaserverstärkte Kunststoffe – Grundlagen und bauspezifische Anwendungen

Denken heißt Vergleichen.

Walter Rathenau (1867–1922)

Kunststoffe haben im letzten Jahrhundert in nahezu jeden Lebensbereich des Menschen Einzug gehalten. „Plastik" ist die geläufigere Bezeichnung für dieses Material, dem die Chemieindustrie bei der Herstellung fast jede beliebige Eigenschaften geben kann. Zu diesen Kunststoffen gehören genauso die Schalenstrukturen der Flugzeuge, die Einkaufstaschen, die Joghurtbecher, das Kinderspielzeug, der Gartenschlauch genauso wie CDs und Tastatur des täglich verwendeten Computers.

Kunststoffe sind bei der Herstellung ein Harz, das geformt wird und erstarrt. Um die Festigkeit dieser Kunststoffe zu verbessern, verstärkt man sie mit Fasern. Die höchste Festigkeit erreicht man, wenn man Kohlenstofffasern, oder kurz Kohlefasern, zur Verstärkung verwendet. Es entstehen kohlenstofffaserverstärkte Kunststoffe, abgekürzt auch als CFK (FRP in englisch) bezeichnet.

Diese kohlenstofffaserverstärkten Kunststoffe haben im Bauwesen noch nicht den großen Durchbruch erfahren, da der Preis verhältnismäßig hoch ist und damit die Anwendungsmöglichkeiten begrenzt. Die Vorteile liegen aber auf der Hand: größtmögliche Festigkeit bei geringem Gewicht. Aus diesem Grund werden kohlenstofffaserverstärkte Kunststoffe im Bauwesen zur Verstärkung und Instandsetzung von Bauwerken wie Hochbaudecken und -trägern, bei Flächentragwerken und Brücken eingesetzt [1]. Hier relativieren sich die hohen Materialkosten, da für die gesamten Erhaltungsmaßnahmen der Materialaufwand in einem Bereich zwischen 20 und 40% liegt.

2.1 Historische Entwicklung

Bereits 1890 nutzte Thomas Alva Edison pyrolysierte Bambusfäden als Glühfäden für Lampen, was einer ersten Nutzung der Kohlenstofffasern entspricht. 1942 schuf H. Rein im IG-Werk Bitterfeld die technischen Voraussetzungen zur Herstellung von Spinnfasern. Durch den 2. Weltkrieg wurde die industrielle Nutzung verzögert. Die US-amerikanische Firma DuPont nutzte diese Verzögerung und brachte 1945 die PAN-Fasern (Polyacrylnitril) unter der Bezeichnung Orlon® auf den Markt. Etwas später erschien die Faser Dralon® der Firma Bayer AG, die auf den Grundlagen von Rein entwickelt wurden. Kurz darauf entwickelte die Hoechst AG die Faser Dolan®.

Durch die Entwicklungen der Royal Aircraft Establishment und der US Airforce Material Laboratories gelang den Kohlenstofffasern in den 60er Jahren des letzten Jahrhunderts der Durchbruch in der Raumfahrtindustrie. Im Bauwesen leistete Heinz Isler seit den 1960er Jahren wirkliche Pionierarbeit, um Schalen, Faltwerke, Silos und Rohre aus Mehrschichtverbundsysteme zu konstruieren [2]. Bereits 1982 wies Urs Meier [3] darauf hin, dass unidirektionale Kohlenstofffaser-Profile für Kabel im Hängebrückenbau eingesetzt werden können. Im Jahr 1987 berichtete dann Urs Meier [4] von der Verstärkung von Brücken mit Hochleistungs-Verbundwerkstoffen aus Kohlenstofffasern. Erste nennenswerte Untersuchungen über den Einsatz von Faserverbundkunststoffen als Betonbewehrung wurden von Rehm et al. [5] durchgeführt. Im Jahr 1994 wurde dann an der EMPA ein Verankerungssystem für Kohlenstofffaser-Paralleldrahtbündel entwickelt, welches dann auch zur weltweit ersten Anwendung bei der Storchenbrücke, Winterthur führte [6].

Die Fasern wurden von der Industrie bevorzugt aus Pech (Petrolium- oder Kohleteerpech) hergestellt, weil dieses billig zu haben war und mit 85% besser ausgenutzt werden konnte als Fasern, die aus PAN (Polyacrylnitril) hergestellt wurden.

Nachfolgend seien einige geschichtliche Daten über die Kohlenstoff- und andere Kunststofffasern zusammengestellt [7]:

1907 Patent zur Herstellung von Phenolharzen (L. H. Baekeland).

1935 Großtechnische Herstellung von Glasfasern (Owens-Corning Fiberglas Cooperation).

1938 Patent zur Herstellung von Epoxidharzen (P. Castan).

1942 Erste glasfaserverstärkte ungesättigte-Polyester-Laminate für den Flugzeug-, Boots-, und Automobilbau.

1951 Erstes Pultrusionspatent (Meyer, L.; Howell, A.).

1959 Produktionsbeginn von Kohlenstofffasern (Union Carbide).

1967 Flugerprobung des ersten nahezu vollständig aus Glasfaser-Kunststoff aufgebauten Flugzeuges (Windecker Research Incorporated).

1971 Produktionsbeginn von Aramidfasern (DuPont).

1975 Überlegungen zu kunstharzgebundenen Glasfaserstäben (Rehm).

1986 Erste Straßenbrücke (Uhlenbergstraße, Düsseldorf) mit vorgespannten Glasfaserkabel (GFK) (Bayer, Strabag).

1991 Erste Spannbetonbrücke mit 4 Spannbündeln aus je 19 Litzen aus Kohlenstofffasern auf dem Werksgelände der BASF, Ludwigsburg.

1996 Einbau von 2 Spannkabeln an der Storchenbrücke, Winterthur, bestehend aus 241 Kohlenstofffaser-Drähten zu 5 mm Durchmesser (je 12 MN Kabelkraft) und Anwendung von faseroptischen Sensoren [6, 8].

1997 Einsatz von schlaffen Kohlenstofffaser-Bewehrungsstäben bei der Erneuerung der Hochbaudecke im Präsidiumsgebäude der Autonomen Provinz Bozen [9].

1998 Einsatz von 4 externen Kohlenstofffaser-Spannkabeln (91 Kohlenstofffaser-Drähte zu je 5 mm) mit 2,4 MN Kabelkraft an der „Kleinen Emme Brücke", Luzern [10].

1999 Einbau von umgelenkten externen Vorspannkabeln mit einem Vorspanngrad von 65% und einer Spannkraft von je 600 kN an der Brücke über den Rio di Verdasio [11].

2000 Bau der 62 m langen, über drei Felder (21,3 + 20,3 + 21,4 m) laufenden Straßenbrücke in Southfield, Michigan, USA. Eine Fahrtrichtung dieser Straßenbrücke besteht aus Fertigteilträgern (AASHTO Typ III). In der zweiten, getrennten Fahrtrichtung wurden vier mit vorgespannten Kohlenstofffaser-Stäben (Leadline: hergestellt von Mitsubishi, Chemical Corporation, Japan) hergestellte Doppel-T-Fertigteilbalken verwendet [12]. Zusätzlich erfolge eine Längs- und Quervorspannung mit externen verbundlosen Kohlenstofffaser-Kabeln (CFCC Litzen: hergestellt von der Fa. Tokyo Rope Mfg. C., Ltd., Japan). Die externe Längsvorspannung erfolgte zwischen den Stegen des T-Plattenbalkenquerschnittes mit vier Kohlenstofffaser-Kabeln mit einem Durchmesser von 40 mm (E-Modul: 129 GPa, Bruchdehnung 1,5%). Zusätzlich wurde eine Kohlenstofffaser-Mattenbewehrung (NEFMAC: hergestellt von der Fa. Autocon Composites, Inc., Ontario, Kanada, E-modul: 86,5 GPa, Bruchdehnung 1,8%) und eine nichtrostende Bügelbewehrung verwendet. Auch die seitlichen Leitwände wurden mit Kohlenstofffaser-Matten und -Stäben bewehrt.

2001 Hohlkastenbrücke (86,5 m + 185 m + 86,5 m) mit externer Vorspannung aus Kohlenstofffaser-Kabeln über den Fluß Dintelhaven, Niederlande (siehe auch Abschnitt 2.8.18).

2002 Einbau von 21 Kohlenstofffaser-Drähten (d = 5 mm) mit einer Spannkraft von ca. 1600 kN bei der „Passerelle de Laroin" mit einer Spannweite von 100 m.

2003 Ertüchtigung einer Autobahnbrücke bei Golling, Salzburg, bestehend aus einem zweiteiligen Hohlkasten über drei Felder mit einer mittleren Spannweite von 33,5 m mittels 16 extern geführter und mit 700 kN vorgespannten Kabeln aus Kohlenstofffasern. Die 37 drahtigen Kabel weisen einen Einzelstabdurchmesser von 5 mm, einen E-Modul von 165 GPa und eine Bruchdehnung von etwa 1,5% auf. Das Verankerungssystem wurde vom Institut für Stahlbeton- und Massivbau der TU-Wien gemeinsam mit der Fa. Vorspann-Technik GmbH & Co KG Salzburg entwickelt.

Tabelle 2.1 Auszug einiger Hersteller von Kohlenstofffasern

Marktbezeichnung	Hersteller	Land
Apollo	Courtaulds	Großbritannien, USA
Besfight	Toho	Japan
Carboflex (isotrope C-Fasern)	Ashland	USA
Celion	BASF	USA
Conoco	Conoco Cevolution	USA
Filkar	Soficar	Frankreich
Grafil	Hysol Grafil (Courtaulds)	Großbritannien
Magnamite	Hercules	USA
Mitsubishi	Mitsubishi Rayon	Japan
Panex	Zoltek Companies	USA
Sigrafil	Sigri (Hoechst)	Deutschland
Tenax	Tenax Fibers	Deutschland
Thornel und ThermalGraph	Cytec Industries	USA
Torayca	Toray Carbon Fibers	USA

Interessante Entwicklungsmöglichkeiten liegen auch in der Verwendung von ultrahochfestem Beton mit einer internen oder externen Kohlenstofffaser-Bewehrung.

Heute stellen drei Betriebe ein Drittel der Kohlenstofffasern weltweit her. Die PAN-Fasern stellen 20% der Chemiefasern dar, bzw. 10% der gesamten Faserproduktion (Natur- und Chemiefasern), was der weltweiten Erzeugung von Wolle entspricht.

Einige Hersteller von Kohlenstofffasern werden in Tabelle 2.1 angegeben (siehe auch [13]).

Der weltgrößte Produkthersteller für Kohlenstofffasern (Zoltek Companies, Inc., St. Louis, Missouri, USA mit dem Produkt Panex) erreichte im Jahre 2002 eine Produktion von etwa 20 Mio. kg. Der Bedarf an Kohlenstofffasern steigt nunmehr jährlich an, wobei das Bauwesen jedoch nur einen geringen Anteil davon ausmacht.

Um den Markt weiter für Kohlenstofffasern zu erschließen, müssen die Herstellungskosten reduziert werden, was vor allem durch eine Erhöhung der Produktion und durch die Eröffnung von neuen Anwendungsfeldern möglich gemacht werden kann.

2.2 Kunststoffe

2.2.1 Einteilung

In der Technik werden Kunststoffe auch als Polymere bezeichnet, da in ihnen Moleküle zu Molekülketten verbunden sind. Dieses Zusammenfügen erfolgt durch Polymerisation, Polykondensation oder Polyaddition. Ihre Eigenschaften hängen in erster Linie vom Grad ihrer Vernetzung und nur in zweiter Linie von ihrer chemischen Zusammensetzung ab. Die Polymerisation und die Polyaddition sind exotherme Prozesse, bei denen keine flüchtigen Stoffe frei werden. Eine Polymerisation findet z. B. bei der Reaktion von ungesättigtem Polyesterharz (UP) mit Peroxid (Härter) statt, während eine Polyaddition durch das Aushärten von Epoxidharz oder Polyurethan entsteht. Die Polykondensation ist ein endothermer Prozess, bei dem Wasser frei wird (z. B. Phenolformaldehydharz).

Im Bauwesen werden Kunststoffe meist durch Fasern verstärkt. Es entstehen faserverstärkte Kunststoffe (FVK), die auch Faserverbundwerkstoffe (FVW) genannt werden. Der Kunststoff stellt in diesen Werkstoffen die Matrix (Harz) dar, durch welche die Fasern in der gewünschten Form gehalten werden. Die Matrix überträgt die Belastung zwischen den Fasern, bzw. zwischen den Fasern und dem zu verstärkenden Bauteil. Die Anforderungen an die Matrix, also an den Kunststoff, sind im Bauwesen relativ gering. Sie soll leicht verarbeitbar sein, so dass sie unter Baustellenverhältnissen hergestellt werden kann. Das Aushärten soll normalerweise bei Raumtemperatur, also kalt, erfolgen. Während der vorgesehenen Lebensdauer sollte die Matrix ausreichend duktil bleiben und nicht verspröden. Die Kunststoffe werden unterteilt in:

- Thermoplaste bzw. Plastomere (amorphe und teilkristalline),
- Elastomere,
- Duroplaste bzw. Duromere.

Eine gewisse Ausnahme stellt die Möglichkeit dar, Kohlenstoff, der kein Kunststoff ist, als Matrix zu verwenden. Dabei entsteht eine kohlenstofffaserverstärkte Kohlenstoffmatrix

(CFC), die auch noch bei Temperaturen von 450 °C Eigenschaften wie bei Raumtemperatur aufweist.

2.2.2 Thermoplaste bzw. Plastomere

Die Moleküle der Thermoplaste sind nicht miteinander vernetzt. Bei Erreichen der Glasübergangstemperatur (ca. 80 °C) können die Moleküle ihre Plätze wechseln. Der thermoplastische Kunststoff wird weich und verformbar. Sinkt die Temperatur wieder unter die Glasübergangstemperatur, erstarren die Plastomere und behalten ihre Form. Dabei läuft keine chemische Reaktion ab. Sie befinden sich bereits vor der Verarbeitung im chemischen Endzustand. Plastomere sind schweißbar und können recycelt werden.

Das Fertigen von Formteilen aus Plastomeren erfolgt in Formpressen bei Temperaturen von 300 bis 400 °C und Drücken von 3 bis 10 bar. Das hohe Leistungspotential der Kohlenstofffasern kann in einer thermoplastischer Matrix besser ausgenutzt werden. Zu den Plastomeren gehören unter anderem:

Tabelle 2.2   Kurzbezeichnung von Plastomeren nach DIN 7728

Plastomer bzw. Thermoplast	Kurzbezeichnung nach DIN 7728	Plastomer bzw. Thermoplast	Kurzbezeichnung nach DIN 7728
Polyethylen	PE	Polycarbonat	PC
Polyethylenterephthalat	PET	Polystyrol	PS
Polypropylen	PP	Polysulfon	PSU
Polyamid	PA	Polyethersulfon	PES
Polyamidimid	PAI	Polyphenylensulfid	PPS
Polyimid	PI	Polyacetal	POM
Polyetherimid	PEI	Polyetherketon	PEK
Polyvinylchlorid	PVC	Polyetherketon	PEEK
Polymethylmetacrylat	PMMA	Polyurethan	PUR

PE, PP, PA und PVC werden im Bauwesen zur Herstellung von Rohren und Behältern verwendet. Dach- und Wandbauteile werden aus PMMA und PC hergestellt. PS wird meist als Schaum zu Dämmungen verarbeitet. Kabel, Seile, Bänder und Gewebe werden aus Kohlenstofffasern oder aus ARAMID hergestellt.

Polycarbonate sind durchsichtig, zeitfest und weisen eine gute Wärmebeständigkeit auf. Ab −90 °C sind sie sehr schlagzähe Thermoplaste. Aus ihnen werden unter anderem CDs hergestellt. Polyacryloxide und Sulfone (z. B. PEEK, PES) zeichnen sich durch ihre Zeitstandfestigkeit und geringe Kriechneigung aus. Ihre Glasübergangstemperatur liegt bei ca. 300 °C. Die linearen Polyamide (z. B. PI, PAI, PEI) weisen unter den Plastomeren die höchste Wärmebeständigkeit und die höchste Flammwiderstandsfähigkeit auf.

Die Plastomere werden im Bauwesen oft in modifizierten Formen eingesetzt, wodurch spezielle Eigenschaften erzielt werden können. Zu diesen Modifikationen gehören unter anderem geschäumte, gefüllte, chlorierte Polymere sowie Polymere mit Weichmachern und Stabilisatoren. Als Stabilisatoren werden oft Cadmium und Bleiverbindungen verwendet, durch die bei Verbrennung toxische Gase entstehen. Mischt man Matrixsysteme bestehend aus Duromeren thermoplastische Partikel zu, entsteht ein Matrixhybrid mit höchster Schlagzähigkeit.

2.2.3 Elastomere

Die Glasübergangstemperatur von Elastomeren liegt unterhalb der Raumtemperatur und die Moleküle sind sehr weitmaschig vernetzt. Diese zwei Eigenschaften bewirken, dass Elastomere unter normalen Verhältnissen sehr elastisch sind. Sie können Dehnungen von mehreren 100% schadlos aufnehmen. Durch Erwärmen werden sie zwar weicher, verlieren aber ihre Form nicht. Im Bauwesen werden die Elastomere nur als Einbauteile verwendet, wie z. B. als bewegliche Lager und flexible Rohre.

2.2.4 Duroplaste bzw. Duromere

Die Moleküle der Duromere sind engmaschig dreidimensional vernetzt. Aus diesem Grund sind Duromere kaum verformbar, unschmelzbar, nicht schweißbar und unlöslich. Bei Erwärmen auf ihre Glasübergangstemperatur (ca. 300 °C) werden sie zwar weich, behalten aber ihre Form. Sie bestehen aus Harzen, die durch chemische Reaktionen aushärten. Die Bruchenergie der Duromere ist gering, kann aber durch Beimengen von Additiven verbessert werden. Im Bauwesen werden sie als Bindemittel (z. B. Reaktionsharzbeton) und als Kleber verwendet. Wegen der einfachen Handhabung gelangen vor allem Epoxidharze, Polyesterharze und Acrylatharze im Bauwesen zum Einsatz. Zu den Duromeren zählen:

- **Epoxidharze:** Jene Harze, die bei Raumtemperatur kalt aushärten, weisen eine niedrige Vernetzung auf. Die warme Aushärtung bei 80 °C führt zu einer hohen Vernetzung. Wenn bei Epoxidharzen die Mischung zwischen Reaktionsmittel und Harz genau stimmt, erfüllen sie höchste Ansprüche. Die chemische Reaktion beim Aushärten läuft zwischen Phenolen, Mercaptanen und Aminen ab. Epoxidharze werden sowohl als Kleber zur Herstellung von Kohlenstofffaser-Produkten als auch zum Ankleben und Einkleben von externen Bewehrungselementen aus Kohlenstofffasern verwendet.

- **Phenolharze:** Die richtige Bezeichnung für dieses Harz ist Phenolformaldehydharz. Es ist das älteste im technischen Gebrauch und deshalb sehr preisgünstig. Bei der Reaktion kommt es zu Schwindvorgängen von 2 bis 4%, und es entsteht Wasserdampf. Durch den Wasserdampf neigt dieses Harz zur Lunkerbildung. Die Glasübergangstemperatur liegt bei 300 °C.

- **Polyamidharze:** Diese Harze sind zwar schwierig zu verarbeiten, aber für den Hochtemperaturbereich bis 370 °C geeignet. Sie bestehen aus einer Mischung von Duromeren und thermoplastischen Bestandteilen.

- **Bismaleinimid:** Auch dieses Harz besteht aus Duromeren und thermoplastischen Elementen. Bei der Reaktion werden keine flüchtigen Stoffe frei. Auch bei hohen Temperaturen weist es eine gute Festigkeit und Steifigkeit auf. Weiter zeichnet sich dieses Harz durch ungiftige Verbrennung, Alterungsbeständigkeit und Lösungsmittelresistenz aus.

- **Polyesterharz:** Polyesterharz wird meist als ungesättigtes Polyesterharz (UP) verwendet. Es ist kostengünstig und leicht verarbeitbar. Die Aushärtung kann bei Raumtemperatur oder bei Wärme erfolgen. Als Flüssigharz ist es mit 30 bis 40% Styrol gefüllt. Da es aber nur für geringe mechanische Anforderungen geeignet ist und eine schlechte Ermüdungsfestigkeit aufweist, wird es selten mit Kohlenstofffasern verwendet.
- **Vinylesterharze:** Vinylesterharz wird ähnlich wie das UP-Harz verarbeitet. Der Vorteil liegt in der hohen chemischen Beständigkeit und dem gleichmäßigen Aushärten, was zu geringen Eigenspannungen führt. Dieses Harz weist außerdem eine gute Haftung mit Glasfasern auf.
- **Acrylharze:** Acrylharze zeichnen sich durch hohen Feuerwiderstand und geringe Rauchentwicklung bei der Verbrennung aus. Ansonsten sind sie den UP-Harzen sehr ähnlich. Ein Vorteil gegenüber den UP-Harzen liegt im geringen Schwinden beim Aushärten.

Ein weiteres Duromer ist Polyurethan (PU), das als gefüllter oder ungefüllter Schaum in Verbundbauteilen Anwendung findet (z.B. Sandwichplatten). Polyurethan kann auch ein Elastomer sein.

2.2.5 Eigenschaften von Kunststoffen

Die mechanischen Eigenschaften von Kunststoffen werden, wie auch die aller anderen Werkstoffe, in Versuchen ermittelt. Normalerweise werden als Probekörper Prismen von $40 \times 40 \times 160$ mm verwendet. Um vergleichbare Versuchsergebnisse zu erzielen, müssen die äußeren Einwirkungen auf den Versuchskörper genau festgelegt werden. So haben Temperatur, Feuchtigkeit und Belastungsgeschwindigkeit bei Kunststoffen einen wesentlichen Einfluss auf die Versuchsergebnisse. Die Prüftemperatur ist mit 20 bis 23 °C festgelegt. Die Belastungsgeschwindigkeit wird so gewählt, dass der Bruch in 2 bis 3 Minuten eintritt.

Da die Temperatur wesentlich die Eigenschaften der Kunststoffe beeinflusst, wird für jeden Kunststoff als Kennwert die Glasübergangstemperatur angegeben (engl.: Heat-Distortion-Temperature, kurz HDT). Unterhalb der Glasübergangstemperatur ändern sich die mechanischen Eigenschaften kaum. Die Kunststoffe weisen einen harten, glasartigen Zustand auf. Steigt die Temperatur über die Glasübergangstemperatur, nehmen der E-Modul und die Festigkeit stark ab. Der Kunststoff wird weicher. Das Beimischen von Weichmachern bewirkt ein Herabsetzen der Glasübergangstemperatur.

Da Kunststoffe wasserdampfdurchlässig sind, werden sie auch bei Lagerung unter Wasser weicher. Dabei dringt Wasser in den Kunststoff ein und weicht ihn regelrecht auf.

Das Spannungs-Dehnungs-Verhalten von Kunststoffen ist nicht-linear. In [14] werden die Eigenschaften einiger Kunststoffe wie folgt angegeben (siehe Tabelle 2.3):

Tabelle 2.3 Eigenschaften verschiedener Kunststoffe

Kunststoff	Dichte [g/cm^3]	E-Modul [N/mm^2]	Zugfestigkeit [N/mm^2]	Bruchdehnung [%]	Kerbschlagzähigkeit [kJ/m^2]
PE-LD	0,92	600	8–15	600	–
PE-HD	0,94	800	20–30	400	–
PP	0,92	1000	20–33	20	12
PVC	1,39	3000	55	10	2
PMMA	1,18	3300	60–80	2,5–4,5	2
PC	1,22	2200	65	9–11	28

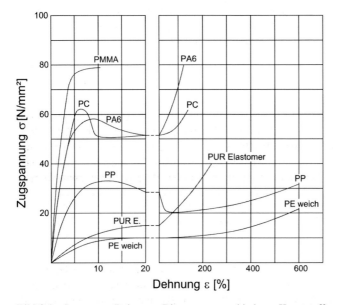

Bild 2.1 Spannungs-Dehnungs-Diagramm verschiedener Kunststoffe

Kunststoffe müssen gegen UV-Licht geschützt werden, da dieses die Polymerketten zerstört und den Kunststoff dadurch versprödet. Dabei nimmt zwar der E-Modul etwas zu, aber die Festigkeit und die Bruchdehnung nehmen ab. Dieser Effekt tritt vor allem bei lichtdurchlässigen Kunststoffen auf; bei lichtundurchlässigen Kunststoffen beschränkt sich der Einfluss auf die Oberfläche.

Der Einfluss von Chemikalien auf Kunststoffe ist sehr unterschiedlich und muss gegebenenfalls speziell untersucht werden.

Um Eigenschaften, wie UV-Beständigkeit, Schwinden beim Aushärten und die chemische Beständigkeit von Kunststoffen zu verbessern, enthalten sie oft Füllstoffe. Zu diesen Füllstoffen zählen u. a. Kreide, Holzmehl und Quarzsand. Durch das Füllen der Kunststoffe ist es möglich, diese auch billiger herzustellen.

Werden Kunststoffe durch Müllverbrennung entsorgt, kann ihr hoher Heizwert ausgenutzt werden, wodurch weniger Energie zur Verbrennung des Restmülls zugeführt werden muss. Die meisten Kunststoffe verbrennen zu Kohlendioxid und Wasser.

2.2.5.1 Kriechen und Relaxation

Als Kriechen wird die zeitabhängige Zunahme von Dehnungen unter konstanter Belastung bezeichnet. Unter Relaxation versteht man die zeitabhängige Abnahme der Spannungen bei konstanter Dehnung. Kunststoffe neigen zum Kriechen und zur Relaxation. Sie kriechen bereits bei sehr geringen Spannungen. Bis zu ca. 30% der Bruchlast nehmen die Dehnungen mit der Zeit linear zu. Bei höheren Belastungsniveaus ist die Dehnungszunahme überproportional und damit progressiv. Ein Teil der Kriechverformungen ist reversibel (viskoelastische Verformungen). Bei geringen Lasten nehmen die Kriechverformungen im Laufe der Zeit ab. Bei hohen Belastungen, über 70% der Kurzzeitfestigkeit, nehmen die Verformungen mit der Zeit zu, was auch zum Versagen führen kann.

2.2.5.2 Zeitstandfestigkeit

Werden Kunststoffe einer Belastung ausgesetzt, die über 70% der Kurzzeitfestigkeit liegt, tritt nach endlicher Zeit der Bruch ein. Über Zeitstandfestigkeitskurven kann die Mindestzeit bis zum Bruch berechnet werden. Wird die Last nach einer gewissen Zeit bis zum Bruch gesteigert, kann die Reststandfestigkeit ermittelt werden. Da es sich um eine Schädigungsakkumulation handelt, kann die Bruchkurve nach der Minerregel ermittelt werden.

2.3 Klebstoffe

Unter Kleben versteht man eine adhäsive Verbindung zweier oder mehrerer Körperoberflächen, welche durch Ausbildung von Bindungen, Kraftübertragungen und Belastungen in Zugrichtung und/oder in der Scherebene der Berührungsflächen zustande kommen [15]. Die DIN 16920 definiert das Kleben als „die Fähigkeit eines Stoffes, Fügeteile durch Flächenhaftung und innere Festigkeit, Adhäsion und Kohäsion zu verbinden".

Die ersten Klebstoffe waren tierische und pflanzliche Leime, welche vor rund 4000 Jahren aus Knochen- und Fischabfällen von den Römern und Phöniziern hergestellt wurden. Pflanzliche Leime setzten dann die Ägypter beim Bau von Tempeln ein. Zur Abdichtung von Holzplanken bei Booten diente Erdpech. Ab dem Spätmittelalter kam es in Europa zu einer Verbesserung der Leimherstellung, was höhere Qualitäten und eine bessere Schutzwirkung gegen Schädlingsbefall brachte.

Mitte des 19. Jahrhunderts, im Zeitalter der Industrialisierung, waren immer leistungsfähigere Klebstoffe gefragt. Pflanzliche Leime wurden verbessert, um den geänderten Anforderungen gerecht zu werden. So wurde um 1850 erstmals Kautschuk hergestellt. Zelluloid, der erste halbsynthetische Kunststoff konnte um 1900 erstmals produziert werden. Die rasche Entwicklung brachte um 1920 die ersten Phenolharzklebstoffe. Fortschritte in der

Herstellung von Kunststoffen führten noch vor 1940 zu ungesättigten Polyester- bzw. Epoxidharz-, Polyurethan- und Polyvinylacetat-Klebstoffen. Nach Ende des 2. Weltkrieges kamen die Cyanacrylat-Klebstoffe, auch Sekundenkleber genannt, auf den Markt.

2.3.1 Kleber für Kohlenstofffaser-Elemente

Die für Kohlenstofffaser-Lamellen verwendeten Klebstoffe sind hauptsächlich zweikomponentige Epoxidharze. Je nach Anwendung werden die Eigenschaften dieser Harze durch Quarzsande gefüllt und durch die Korngrößenverteilung und den Füllgrad bestimmt. Für das Verkleben von Kohlenstofffaser-Lamellen wird eine Maximalkorngröße von ca. 0,5 mm verwendet. Harze für das Verkleben von Kohlenstofffaser-Geweben oder -Gelegen sind entweder ungefüllt (reine Harze) oder weisen einen lediglich geringen Anteil an feinsten Quarzpartikeln auf.

Eine der wichtigsten Anforderungen an die Klebstoffe ist die geringe Kriechneigung unter einer Dauerbelastung. Auch soll der Klebstoff hohe mechanische Festigkeiten aufweisen, da gerade in der Klebeschicht die Beanspruchungen sehr groß sind. Dabei kommt dem Abbau und der Reduzierung auftretender Spannungsspitzen eine besondere Bedeutung zu. Diese Spannungsspitzen können entweder durch eine Belastung oder von außen durch eine große Temperaturdifferenz erzeugt werden. Für langzeitig hoch beanspruchte Verklebungen sollten nur systemüberprüfte Epoxidharzklebstoffe verwendet werden.

Auch das Verwenden von korrekten Mischwerkzeugen und die Berücksichtigung einer entsprechenden Mischdauer sollten beachtet werden. Die gefüllten Klebstoffe sollen mit einer Mischspindel gemischt werden, damit der unzulässige Lufteintrag aufgrund der höheren Viskosität verhindert wird. Die maximale Gebrauchstemperatur der meisten Produkte liegt bei +50°C.

Neuere Entwicklungen lassen die künftige Anwendung von modifizierten Kunstharzen bei Temperaturen bis –20°C möglich erscheinen. Gleichzeitig könnte eine deutlich höhere Gebrauchstemperatur im Betrieb erreicht werden. Durch die Tatsache, dass Epoxidharze bei erhöhten Temperaturen schneller aushärten, und sich auch die Glasübergangstemperatur erhöht, können diese bei höheren Gebrauchstemperaturen eingesetzt werden. Dabei wird die elektrische Leitfähigkeit der Kohlenstofffasern ausgenutzt. Es wird also eine Spannung an beide Seiten an die Kohlenstofffaser-Lamelle angelegt und mittels eines Heizgerätes

Tabelle 2.4 Vergleich mechanischer Kenndaten einzelner Harze [11]

Kennwerte	Einheit	Polyimid	Epoxidharz	Ung. Polyester	Polyamid 12	Polysulfon	Polyethylen
Biegefestigkeit	MPa	120–200	140–160	60–120	125–130	100–110	30–50
Biege E-Modul	GPa	5,3–5,5	4,5–6,0	4,0–5,0	4,0–5,0	2,7–2,8	0,5–1,0
Zugfestigkeit	MPa	75–100	30–40	30	65	70–80	18–35
Zug E-Modul	GPa	23–28	21,5	14–20	1,6	2,6–2,7	0,7–1,4
Bruchdehnung	%	4–9	4	0,6–1,2	300	25–30	100–1000

die Lamelle aufgeheizt. Die Temperatur in der Klebschicht wird gemessen und über die elektrische Leistung das Heizgerät geregelt. Durch diese Technik kann der Kleber bei etwa 80°C ausgehärtet werden, wodurch die Gebrauchstemperatur auf 70°C ansteigt [16].

Nachfolgend werden im Vergleich einige Festigkeitskennwerte von verschiedenen Harzen angeführt.

2.3.2 Bindungskräfte in der Klebetechnik

Die Haltbarkeit von Verklebungen hängt neben der geometrisch konstruktiven Gestaltung und der Art der Belastung auch von der Festigkeit der Fügeteile sowie der Festigkeit der Grenzschicht und der Klebeschicht ab [15]. Die Kräfte, die innerhalb einer Klebeschicht wirken, sowie jene, welche die Festigkeit einer Grenzschicht ausmachen, die sogenannten Bindungskräfte, können wie folgt eingeteilt werden:

- chemische Bindungen,
- Hauptvalenzbindungen,
- zwischenmolekulare Bindungen,
- Nebenvalenzbindungen,
- homöopolare Bindung,
- heteropolare Bindung,
- Wasserstoffbrückenbindung,
- Van der Waals-Bindungen.

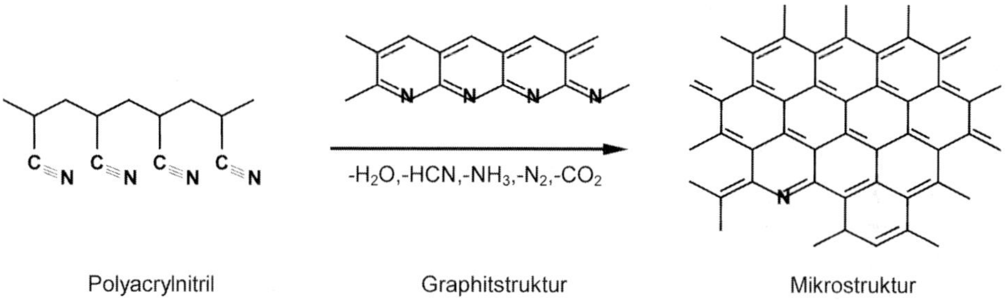

Polyacrylnitril   Graphitstruktur   Mikrostruktur

$-H_2O, -HCN, -NH_3, -N_2, -CO_2$

Bild 2.2 Bindungsarten

Die Adhäsionsvorgänge basieren auf Sorptionserscheinungen. Sorption bezeichnet die Fähigkeit von Oberflächen, Reaktionen mit Substanzen aus ihrer Umgebung einzugehen. Ein wesentlicher Unterschied besteht zwischen der Absorption, dem Eindringen von Flüssigkeiten oder Gasen in feste Stoffe und Flüssigkeiten, und der Adsorption, der Anreicherung von Stoffen an den Grenzflächen fester oder flüssiger Körper. Je nach Art der Bindungskräfte kann zwischen zwei Arten der Adsorption unterschieden werden [18]:

- Die *physikalische Adsorption* begründet sich in der Ausbildung von „Van-der-Waals-schen-Kräften". Es findet kein Elektronenaustausch statt. Dieser Prozess ist druck- und temperaturabhängig sowie reversibel.
- *Chemische Adsorption*, auch Chemisorption, entsteht durch chemische Bindungskräfte. Hier handelt es sich um einen irreversiblen Prozess.

Der Begriff Adhäsion fasst alle Haftkräfte an den Oberflächen zweier Fügeteile zusammen.

Neben der angeführten Adsorption ist noch die mechanische Verklammerung zu erwähnen. Sie entsteht durch das Eindringen von Klebstoff in Unebenheiten und Vertiefungen der Fügeteiloberflächen.

Als Kohäsion bezeichnet man jene Anziehungskräfte, die den Zusammenhalt zwischen Atomen und Molekülen in einem Stoff herstellen. Sie wird auch als innere Festigkeit bezeichnet. Die für die Ausbildung der Kohäsion verantwortlichen Kräfte sind identisch mit jenen, die bei der Adhäsion wirksam sind. Der Parameter Kohäsion ist werkstoff- und temperaturabhängig. Werte für die Kohäsionsfestigkeit liefern Zugversuche oder das Dehnungsvermögen eines Materials.

Eine Klebung ist ein Verbundsystem mit unterschiedlichen Werkstoffeigenschaften. Ihre Gesamtfestigkeit ist abhängig von den Festigkeiten der einzelnen mitwirkenden Schichten bzw. Fügeteile sowie deren Abstimmung aufeinander. In der Grenzschicht Klebung-Fügeteil wirken Adhäsionskräfte, im Inneren der Klebschicht Kohäsionskräfte. Für die Leistungsfähigkeit einer Verklebung ist das Verhältnis dieser beiden Kräfte, das möglichst ausgewogen sein sollte, von großer Bedeutung. Auch die Klebstoffverarbeitung, die Oberflächenvorbehandlung sowie das Langzeitverhalten der Fügeteile und der Klebeschicht haben großen Einfluss auf die Haltbarkeit [19].

Da die Ausbildung von Bindungskräften in der Grenzschicht im Atom- bzw. Molekülabstandsbereich (< 1 nm) verläuft, müssen Fügeteil und Klebstoff in diesem Bereich zueinander gebracht werden. Voraussetzung dafür ist ein möglichst gutes Benetzungsvermögen der Fügeteiloberfläche. Die wichtigsten Parameter sind hier der Benetzungswinkel, die Oberflächenspannung und die Oberflächenenergie.

2.3.3 Oberflächenbehandlung

Um optimale Voraussetzungen für eine gute und dauerhafte Verklebung zu erreichen, ist immer eine Oberflächenbehandlung notwendig. Die verschiedenen Verfahren, welche sich speziell für den Betonbau eignen, können wie folgt dargestellt werden:

- **Mechanische Behandlung:** Schleifen, Meißeln, Hammerschlagen, Behandlung mit der Nadelpistole.
- **Druckverfahren:** Sandstrahlen, Hochdruckwasserstrahlen.
- **Laserbestrahlung:** durch diese neue Technik, welche bereits an Naturstein eingesetzt wurde [20], werden kurze Laserimpulse mit hoher Energie auf die Materialoberfläche aufgestrahlt. Entsprechend der gewählten Laserstrahlparameter können unterschiedliche Bearbeitungsziele erreicht werden. So können entweder zeilen- oder schichtweises Abtragen erfolgen, aber auch durch die sehr gute Fokussierbarkeit der Laserstrahlung auf Durchmesser unter 100 µm dreidimensionale Formen herausgearbeitet werden. Es lassen sich damit beliebige Krater oder Strukturen an der Oberfläche erzeugen. Dieses berührungslose Verfahren könnte in Zukunft sehr gut für stark geschädigte und formkomplizierte Oberflächen eingesetzt werden. Es kann werkstoffübergreifend sowohl für Beton, Naturstein, Stahl und Holz, Mauerwerk als auch Glas eingesetzt werden. Wie

2.3 Klebstoffe

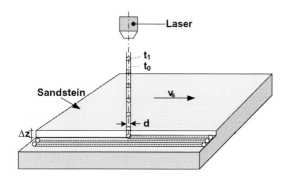

Bild 2.3 Prinzipskizze des Laserformabtrages

durchgeführte Arbeiten durch das Fraunhofer Institut für Werkstoff- und Strahltechnik, Dresden, an Holzoberflächen zeigten, wurden bei optimalen Laserparametern Oberflächentemperaturen von maximal 70°C erreicht.

- **Chemische Behandlung:** Aufsprühen von Haftvermittlern. In allen Fällen geht es darum, die zu verklebende Oberfläche so aufzurauen, dass eine ausreichende Adhäsion hergestellt werden kann. Um das Verbundverhalten zwischen Kleber und Beton einzuschätzen, kann die Oberflächenrauigkeit der Kontaktfläche ermittelt werden.

Die Definition der Oberflächenrauigkeit kann aus den Normvorschriften [21, 22] entnommen werden. Die Oberflächenrauigkeit kann mit zwei Kenngrößen beschrieben werden:

- **Arithmetischer Mittenrauwert R_a:** Dieser Wert ergibt sich als der arithmetische Mittelwert der Abstände des Rauheitsprofils von der mittleren Linie innerhalb der Messstrecke. Dies ist gleichbedeutend mit der Höhe eines Rechteckes, dessen Länge gleich der Gesamtmessstrecke l und das flächengleich mit der Summe der zwischen Rauheitsprofil und mittlerer Linie eingeschlossenen Flächen ist.

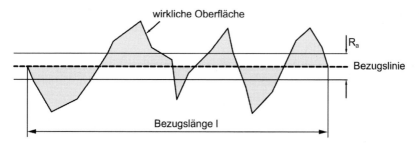

Bild 2.4 Darstellung des arithmetischen Mittenrauwertes (R_a)

- **Profiltiefe P_t:** Die Profiltiefe ergibt sich aus dem Abstand zwischen dem höchsten und dem tiefsten Punkt der Oberfläche im Bereich der Bezugslänge l. Dieser Kennwert ist sehr empfindlich in Bezug auf Ausreißereinflüsse.

Auf Baustellen kann das Sandflächenverfahren nach Kaufmann [23] zur Ermittlung der mittleren Rautiefe verwendet werden. Dabei wird die interessierte Fläche mit Quarzsand

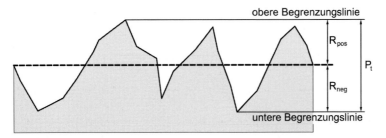

Bild 2.5 Profiltiefe (P_t)

eingestrichen und das hierfür benötigte Sandvolumen auf eine mittlere Rautiefe umgerechnet. Laut Untersuchungen an unterschiedlichen Oberflächen von Betonplatten (Festigkeiten: C20 bis C45) von Randl und Wicke [24] ergaben sich folgende Werte:

- ungestrahlte Betonoberfläche: R = 0,1 mm
- sandgestrahlte Betonoberfläche: R = 0,5 mm
- HDW-gestrahlte Betonoberfläche: R = 2,7 mm

Für die Klebung von Kohlenstofffaser-Lamellen an Betonoberflächen [25] wurden auch die Rauigkeiten ermittelt. Dabei ergaben sich für die Oberflächen der Lamelle folgende Werte:

Vorderseite einer Kohlenstofffaser-Lamelle: R_a = 2,8 bis 5,1 µm, P_t = 48 bis 58 µm
Rückseite einer Kohlenstofffaser-Lamelle: R_a = 0,5 µm, P_t = 5 bis 18 µm

Als statistische Verteilungsfunktion für die Oberflächenrauigkeit werden von Trausch, Wittmann [26] eine Lognormal-Verteilung angenommen.

2.3.4 Voraussetzungen für eine gute Verklebung

Für eine gute Verklebung, im Falle von Kohlenstofffaser-Elementen mit einer Betonfläche, sind folgende Voraussetzungen zu erfüllen:

- Sämtliche Verunreinigungen sind von den Betonoberflächen vor dem Aufbringen einer Klebeschicht zu entfernen um die Adhäsion des Verbundmörtels nicht zu verhindern. Weiterhin sollten die Grenzflächen trocken sein.
- Um eine exzentrische Belastung zu vermeiden, ist eine gleichmäßig dicke, symmetrische Klebschicht anzustreben.
- Lufteinschlüsse sind, da sie eine Schwächung der Klebschicht darstellen, zu vermeiden.
- Die Klebeschichtdicke sollte mit 2 mm begrenzt werden. Eine ähnliche Schichtdicke (0,5 bis 2 mm) findet man auch beim Verkleben von Spannbeton-Segmentbauten.

2.3.5 Überprüfung von Verklebungen

Für die nachträgliche Überprüfung der Festigkeiten von Epoxidharz-Verklebungen sollten für jede neue Verklebung mindestens sechs (von Meier [16] werden nur zwei vorgeschlagen) Kontrollprismen (4×4×16 cm) erstellt werden. Nach vollständiger Erhärtung sollen dann die Biegezug- (drei Prüfkörper) und die Druckfestigkeit (drei Prüfkörper) ermittelt werden. Diese Festigkeiten bei den jeweils herrschenden Aushärtungsbedingungen sind ein Maß für den Aushärtungsgrad des Klebstoffs. Bei Arbeiten über mehrere Tage mit dem gleichen Epoxidharz und den gleichen Füllgraden können nach dem ersten Tag für die weitere Qualitätsüberprüfung pro Tag jeweils eine Druckfestigkeits- und eine Biegezugfestigkeitsprüfung durchgeführt werden.

Um eine Bemessung für verschiedene Temperaturbereiche durchführen zu können, sollte das Spannungs-Gleitungs-Diagramm bzw. die Arbeitslinie des Klebers bei verschiedenen Temperaturen vorliegen [27].

2.4 Faserwerkstoffe

Als Fasern bezeichnet man lange, feine Gebilde, die eine gestreckte Struktur aufweisen. In der Natur kommen Fasern als Muskelfasern, Nervenfasern, Haare usw. vor. Synthetische Fasern können praktisch unendlich lang hergestellt werden. Man spricht von Endlosfäden oder Filamenten. Abhängig vom Ausgangsmaterial und der Herstellungsweise können die Fasern in folgende Gruppen unterteilt werden:

- natürliche organische Fasern [28]: z. B. Jute und Sisal (Fasern der Agavenblätter),
- natürliche anorganische Fasern auf mineralischer Basis,
- synthetische organische Fasern: z. B. Aramid-, PE-Fasern und Zellulose,
- synthetische anorganische Fasern: z. B. Kohlenstoff-, Glas-, Aramid-, Borfasern, keramische Fasern und Wiskers.

Die natürlichen Fasern werden zur weiteren Nutzung meist zu Fäden und Garnen versponnen. So ist es möglich, aus den relativ kurzen Fasern ein unendlich langes Produkt herzustellen. Die Festigkeiten sind vergleichsweise gering; so besitzt Sisal eine Zugfestigkeit von etwa 800 MPa und eine Bruchdehnung von etwa 3%. Die Alkalibeständigkeit der natürlichen Fasern ist nicht ausreichend um sie wirkungsvoll als Faserbewehrung im Betonbau einzusetzen. Auch ist es sehr schwierig eine konstante Qualität herzustellen. Versuche an Betonkörpern haben gezeigt, dass durch die Zugabe von Hanffasern die Zugfestigkeit um ca. 5% steigt, die Druckfestigkeit jedoch um 5 bis 10% sinkt [28].

Ausgangsstoffe für die synthetischen Fasern sind hauptsächlich Polypropylen (PP), Polyacrylnitril (PAN) und Polyamide, welche nach verschiedenen Verfahren zu Fasern mit Durchmesser zwischen 10 und 15 µm verarbeitet werden. Damit ergeben sich Fasern von 10 bis 20 mm Länge und 8 bis 15 tex. Diese Einheit „tex" bezieht sich auf das Gewicht in Gramm bezogen auf eine Faserlänge von 1000 m. (1 tex = 1 g Fasermaterial auf 1000 m Faserlänge). Polypropylen-Fasern weisen einen E-Modul zwischen 7 und 12 GPa auf, während Polyacrylnitril-Fasern einen zwischen 15 und 20 GPa aufweisen. Durch eine besondere Wärmebehandlung (Warmrecken) können Zugfestigkeit und E-Modul weiter gesteigert werden. Die Kevlar-Faser besitzt eine Zugfestigkeit von etwa 1800 bis

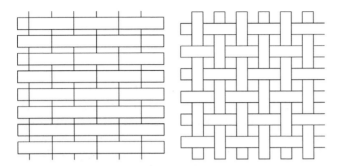

Bild 2.6 Faseranordnung bei Gelegen (links) und Geweben (rechts)

3800 MPa, eine Bruchdehnung zwischen 2 und 4% und einen E-Modul zwischen 80 und 190 GPa. Die Polyesterfasern weisen dagegen nur einen E-Modul von etwa 10 GPa und eine Zugfestigkeit von 1000 MPa auf. Die Kunststofffasern sind alkalibeständig.

Da synthetische Fasern fast unendlich lang produziert werden können, ist ein Verspinnen nicht unbedingt notwendig. Sie werden entweder zu Gelegen (Sheets) und Geweben zusammengefasst oder als Rovings für die Weiterverarbeitung aufgespult.

Von besonderer Bedeutung für die Herstellung von Faserverbundwerkstoffen sind Vertreter aus den ersten beiden Gruppen: Glas-, Kohle- Aramid- und Borfasern.

Während Borfasern als relativ dicke Monofilamente (über 100 µm) erhältlich sind, werden die drei anderen Fasertypen aus sehr dünnen Einzelfasern (um 10 µm) zu Rovings zusammengefaßt. Sie werden dann entweder zu unidirektionalen Gelegen oder zu Geweben verschiedenster Art verarbeitet. Rovings sind auch das Ausgangsmaterial für Kurzfasern (Länge: 0,1 bis 0,5 mm), die für die Verstärkung von Thermoplasten eingesetzt werden. Des Weiteren gibt es Langfasern aus Siliziumkarbid (SiC) und Aluminiumoxid (Al_2O_3) sowie einkristalline Fasern (Whiskers) aus SiC und Al_2O_3, die allesamt sehr teuer sind und bisher kaum praktische Anwendung gefunden haben.

Für die Betonertüchtigung werden aufgrund der großen Anforderung an die Verformung gerne Aramidgelege und -gewebe verwendet. Aramid weist eine sehr hohe Zähigkeit auf und ist gerade für die Betonerhaltung ein sehr interessanter Werkstoff. Die Zugfestigkeit liegt zwischen 3000 und 4000 MPa, der E-Modul zwischen 60 und 180 GPa und die Bruchdehung zwischen 2 und 4%. Dadurch ist dieser Verstärkungskunststoff weicher als

Tabelle 2.5 Eigenschaften einiger Fasertypen

Faser	E-Modul [N/mm^2]	Zugfestigkeit [N/mm^2]	Alkaliwiderstand
C-Faser	150 000–500 000	2500–4500	sehr gut
Aramid	80 000–190 000	1800–3800	–
E-Glas	50 000– 80 000	1500–3500	wenig
AR-Glas	60 000–100 000	3000–4500	gut

die Kohlenstofffasern. Die Dichte liegt zwischen 1,4 und 1,45 g/cm³. Die Aramidfasern weisen ähnlich den Kohlenstofffasern negative Werte für den linearen Temperaturausdehnungskoeffizienten auf (-2 bis -4×10^{-6} [1/K]).

Erstmals wurde 1971 mit der Produktion von Aramidfasern begonnen (DuPont). Die Aramidfasern sind organische Fasern, aufgebaut auf aromatische Polyamide.

Glasfasern weisen Durchmesser zwischen 5 und 20 µm auf. Für die verstärkten Kunststoffe werden hauptsächlich Fasern vom E-Glas verwendet. Die Herstellung erfolgt mit dem Düsenzieh- und Schleuderverfahren aus der Glasschmelze heraus. Der E-Modul liegt zwischen 50 und 100 GPa, die Zugfestigkeit zwischen 2000 und 4500 MPa und die Bruchdehnung zwischen 1,5 und 5%. Glasfasern sind feuerbeständig. Ein Nachteil ist die geringe Alkalibeständigkeit, welche nur durch eine optimierte Zusammensetzung erreicht werden kann. AR-Glasfasern sind alkalibeständiger.

Borfasern bzw. Borfäden werden in einem Abscheideverfahren aus einer Bortrichloridwasserstoff-Gasphase um eine 12 µm dicke Wolframfaser im Temperaturbereich von 1200 °C hergestellt. Die Borfäden zeichnen sich durch eine hohe Steifigkeit bedingt durch die großen zwischenmolekularen Bindungskräfte aus. Sie werden in Metallmatrizen (z. B. Aluminium) verwendet und zeigen auch bei höheren Temperaturen kaum einen Festigkeitsabfall.

Faserwerkstoffe weisen im Allgemeinen weniger Materialfehler als andere Werkstoffe auf. Da immer viele Fasern zusammen verwendet werden, führt der Bruch einer einzelnen Faser nicht zum Versagen des gesamten Faserbündels. Für die Herstellung von Faserverbundwerkstoffen sind besonders die synthetischen Fasern interessant. Glas-, Aramid- und Kohlenstofffasern haben einen Durchmesser von ca. 10 µm, während die Borfasern ca. 100 µm (= 1/10 mm) dick sind und deshalb auch als Borfäden bezeichnet werden.

2.5 Kohlenstofffasern

Kohlenstofffasern werden auf synthetischem Weg durch stufenweises Verkoken organischer Ausgangsstoffe hergestellt. Das Endprodukt ist eine Modifikation fast reinen Kohlenstoffs und wird deshalb als anorganisch bezeichnet.

Kohlenstofffasern haben einen runden Querschnitt und eine glatte, strukturlose Oberfläche. Ihr Durchmesser beträgt ca. 10 µm (= 1/100 mm) und ihre Länge mindestens das 100fache des Durchmessers, also mindestens 1 mm. Je nach Herstellungstemperatur erhält man Kohlenstofffasern unterschiedlichen Kohlenstoffgehaltes. Die Standardkohlenstofffaser hat einen Kohlenstoffgehalt von 80 bis 95% und wird als Kohlenstofffaser bezeichnet. Fasern mit einem Kohlenstoffgehalt von 70 bis 80% werden als partiell verkokte Fasern bezeichnet. Werden Kohlenstofffasern unter Hitzezufuhr, dem sogenannten Graphitieren, weiterverarbeitet, erhält man Graphitfasern, die einen Kohlenstoffgehalt von 99% aufweisen. Der Rest ist Wasser-, Stick- und Sauerstoff. Der Einfachheit halber werden alle Fasern mit einem Kohlenstoffgehalt größer als 80% als Kohlenstofffasern oder Carbonfibers (cf) bezeichnet.

2.5.1 Herstellungsprozess

Als Ausgangsmaterial für den Herstellungsprozess von Kohlenstofffasern verwendet man organische Vormaterialien, die sogenannten Precursors. Bei diesen Vormaterialien handelt es sich entweder um ein Pech (engl.: pitch) oder um bereits versponnene Fasern. Peche, meist Teerpeche, sind ein sehr billiges Vormaterial. Es entstehen daraus sogenannte Pech-gebundene Kohlenstofffasern (pitch-based Carbonfibers). Als bereits versponnenes Vormaterial wird meistens das PAN (Polyacrylnitril) verwendet, was zu guten Materialeigenschaften führt. Die auf diese Art und Weise hergestellten Fasern werden PAN-gebundene Kohlenstofffasern (PAN-based Carbonfibers) genannt. Ein weiteres versponnenes Vormaterial ist das Rayon, welches aber wegen der hohen Herstellungstemperatur sehr teuer ist und deshalb kaum verwendet wird.

Die organischen Vormaterialien (precursors) müssen temperaturbeständig bis 3000 °C sein, damit sie zur Herstellung von Kohlenstofffasern geeignet sind. Außerdem dürfen die „C-Atome" während des Pyrolyseprozesses nicht verdampfen und sollen eine längs der Faser ausgerichtete Kristallstruktur aufweisen.

Da die mechanischen Eigenschaften der Kohlenstofffasern von der Gleichmäßigkeit der Herstellung abhängig sind, müssen Strukturfehler und Verunreinigungen vermieden werden. Aus diesem Grund kann aus 1,8 kg organischem Vormaterial (Precursor) nur ca. 1 kg Kohlenstofffaser hergestellt werden.

Im Wesentlichen werden Kohlenstofffasern aus Pech oder PAN in folgenden drei Schritten hergestellt:

- **Stabilisierung des organischen Vormaterials (precursors):** Teerpeche bilden bei ca. 350 °C unter Abspaltung von Wasserstoff eine nematische Phase (nema = griech. Faden, Gespinst), welche in eine unschmelzbare Form übergeführt und versponnen werden. Durch Anlegen einer Längsspannung (Verstrecken) wird die längsorientierte Faserstruktur verstärkt.
- **Verkokung:** Die stabilisierten Fasern werden durch Festphasenpyrolyse, also Wasserstoffabspaltung, in reine Kohlenstofffasern umgewandelt. Dabei entstehen bei einer Temperatur von 1600 °C die Hast-Fasern (High Tension).
- **Graphitierung:** Durch eine Glühbehandlung bei 3000 °C kommt es zu kristallisationsähnlichen Umordnungsvorgängen. Durch eine gleichzeitige Faserstreckung kann diese noch verstärkt werden. Es entstehen HM-Fasern (High Modulus) und UHM-Faser (Ultra High Modulus).

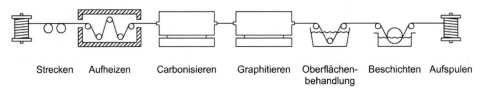

Strecken   Aufheizen   Carbonisieren   Graphitieren   Oberflächen-   Beschichten   Aufspulen
behandlung

Bild 2.7 Schematische Darstellung der Herstellung von PAN-gebundenen Kohlenstofffasern

2.5.1.1 Herstellung von PAN-gebundenen Kohlenstofffasern (PAN-based Carbonfibers)

Mehr als die Hälfte der weltweit erzeugten Kohlenstofffasern werden nach diesem Verfahren hergestellt. Das Verfahren wurde von den japanischen Firmen Toray und Toho entwickelt. Diese Firmen vergeben die Lizenzen zur Produktion an andere Hersteller. Die Fasern werden in großen Mengen unter verschiedenen Namen (Courtelle, Dralon, Dolan) hergestellt und sind relativ billig. Die Kohlenstoffausbeute des polymeren Ausgangsmaterials beträgt ca. 50%.

Die wesentlichen Herstellungsschritte sind folgende:

- Strecken der 1000 bis 32 000 Precursorfasern: axiales Ausrichten der Polymermoleküle.
- Stabilisieren: in 3 bis 24 Stunden werden die Precursorfasern auf 200 bis 250°C in einer oxidierenden Atmosphäre aufgeheizt. Es entstehen schwarze Fasern.
- Verkokung: langsames Aufheizen auf 1000 bis 1600°C. Dabei steigt der Kohlenstoffgehalt von ca. 60 auf ca. 90%.
- Pyrolyse: diese dient zum Entfernen der restlichen Verunreinigungen (z.B. Blausäure und Ammoniak) aus den Kohlenstofffasern. Man erhält Fasern hoher Festigkeit und mit mittlerem E-Modul, bzw. hoher Festigkeit (High-Tensil) (Hast) und mittlerem E-Modul (Intermediate-Modulus) (IM).
- Graphitierung: auf 2000 bis 3000°C werden in einem Argonstrom die Fasern aufgeheizt. Dabei kommt es zu kristallisationsähnlichen Umordnungen. Es entstehen HM- (High Modulus) und UHM-Fasern (Ultra High Modulus) mit einem Durchmesser von 6 bis 8 µm. Je höher die Temperatur, desto höher fällt auch der E-Modul aus.
- Oxidation oder elektrolytische Behandlung: Oberflächenbehandlung der Fasern, um die Haftung zur Matrix zu verbessern.
- Beschichtung: die Oberfläche wird mit Epoxidharz ohne Härter beschichtet, damit die Fasern besser weiterverarbeitet werden können. Die Beschichtung soll ein elektrostatisches Aufladen der Fasern verhindern und die Haftung zwischen Matrix und Faser verbessern.
- Aufspulen der Fasern.

2.5.1.2 Herstellung von Pech-gebundenen Kohlenstofffasern (Pitch-based Carbonfibers)

Dabei werden die Fasern durch Verspinnen einer Pechschmelze hergestellt. Das Pech besteht meist aus Steinkohleteerpech, Erdölrückständen und Petroleum und ist deshalb ein sehr billiges Precursormaterial. Die Kohlenstoffausbeute beträgt ca. 85%, erfordert aber eine teure Vorbehandlung.

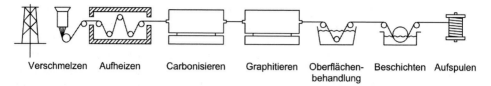

Bild 2.8 Schematische Darstellung der Herstellung von Pech-gebundenen Kohlenstofffasern

Die Herstellung erfolgt hauptsächlich in drei Schritten:
- Verkoken,
- Graphitieren,
- Oxidieren.

Durch zusätzliche Behandlungen des Pechs können Bruchdehnungen von 2% und Zugfestigkeiten von 3000 bis 4000 N/mm^2 erreicht werden. Da diese Vorbehandlung aber sehr teuer ist, stellen so hergestellte Fasern keine preisgünstige Alternative zu den PAN-Fasern dar. Sie werden wegen ihrer speziellen physikalischen Eigenschaften (Wärmeableitung und Ableitung von elektrostatischer Aufladung) vor allem in der Luft- und Raumfahrt eingesetzt.

2.6 Physikalische Eigenschaften

Kohlenstofffasern sind schichtweise aufgebaut, wobei die Schichten in Faserrichtung verlaufen sollten. Die Festigkeit erhalten sie aus ihrer starken kovalenten Bindung der Atome in den Schichtenebenen. Zwischen den Schichten herrschen nur sehr schwache Bindungs-

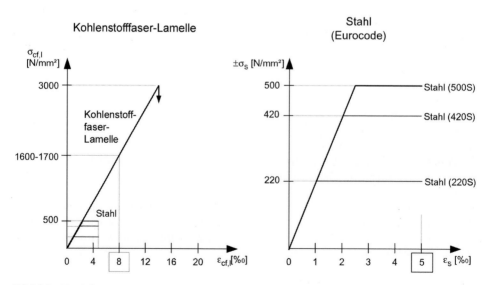

Bild 2.9 Vergleich der Spannungs-Dehnungs-Diagramme von Kohlenstofffaser-Lamellen und Betonstahl

2.6 Physikalische Eigenschaften

kräfte, was sich durch das ausgeprägte anisotrope Werkstoffverhalten bemerkbar macht. Kohlenstofffasern weisen in Faserrichtung ein linearelastisches Verhalten bis zum Bruch auf; das bedeutet, sie verfügen über keine plastische Reserve. Aus den Bindungsenergien in der Schichtebene kann der maximale mögliche E-Modul zu 1 000 000 N/mm² und die maximale mögliche Zugfestigkeit zu 100 000 N/mm² errechnet werden. Der E-Modul zwischen den Schichten liegt bei ca. 35 000 N/mm² und die entsprechende Zugfestigkeit ist fast Null. So ist es möglich, Kohlenstofffasern mit der Schere abzuschneiden, während sie in Faserrichtung eine weit höhere Zugfestigkeit haben als Stahl.

Zur Zeit werden Kohlenstofffasern mit einem E-Modul zwischen 150 000 und ca. 500 000 N/mm² hergestellt. Es ist denkbar, dass in Zukunft diese Werte noch weiter gesteigert werden können. Für den E-Modul ist die Temperatur beim Graphitieren maßgebend. Mit steigender Temperatur beim Graphitieren nimmt der E-Modul zu. Die Festigkeit der Kohlenstofffasern erreicht bei 1200 bis 1600°C ihr Maximum.

Da es nicht möglich ist, alle Eigenschaften gleichzeitig zu optimieren, werden verschiedene Fasertypen hergestellt:

- HT-Fasern: Hohe Zugfestigkeit,
- UHT-Fasern: Sehr hohe Zugfestigkeit,
- LM-Fasern: Niedriger E-Modul,
- HM-Fasern: Hoher E-Modul,
- UHM-Fasern: Sehr hoher E-Modul,
- HS-Fasern: Hohe Bruchdehnung,
- IM-Fasern: Mittlerer (intermediate) E-Modul,
- HMS-Fasern: Hoher E-Modul + hohe Dehnlänge.

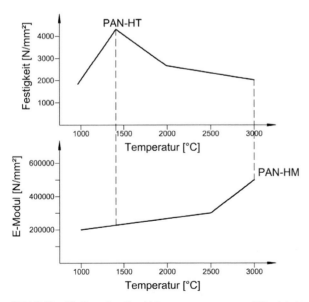

Bild 2.10 Einfluss der Graphitierungstemperatur auf Festigkeit und E-Modul

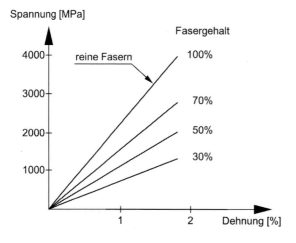

Bild 2.11 Spannungs-Dehnungs-Diagramm von Kohlenstofffasern in Abhängigkeit vom Fasergehalt

Die hochfesten Fasern (HT) decken 90% des Kohlenfaser-Bedarfs im Bauwesen ab. Der Wärmeausdehnungskoeffizient ist bei Kohlenstofffasern in Faserrichtung leicht negativ und zwar ca. $-0{,}5 \cdot 10^{-6}$ K^{-1}. Quer zur Faser liegt er bei ca. $7 \cdot 10^{-6}$ K^{-1}. Die elektrische und thermische Leitfähigkeit von Kohlenstofffasern auf PAN-Basis ist gut, das Ermüdungsverhalten bei Schwingungen sehr gut. Kohlenstofffasern auf Pech-Basis weisen eine elektrische Leitfähigkeit auf, die größer ist als jene des Kupfers. Durch eine aufwändige und teuere Spezialbehandlung erreichen Kohlenstofffasern auf Pechbasis sehr gute Eigenschaften. So ist es möglich die Bruchdehnung auf über 2% zu erhöhen und dadurch ein duktiles Verhalten der Fasern zu erzielen.

In der Textiltechnik werden die Materialeigenschaften oft auf die Dichte bezogen, um die unterschiedlichen Materialien besser vergleichen zu können. Man erhält die spezifische Steifigkeit E* (Dehnlänge) und die spezifische Festigkeit f* (Reißlänge), deren Einheit ein Längenmaß ist. Die Reißlänge gibt an, ab welcher Länge ein Faden unter seinem Eigengewicht reißt.

$$E^* = \frac{E}{\rho \cdot g} \, [\text{km}] \tag{2.1}$$

$$f^* = \frac{f}{\rho \cdot g} \, [\text{km}] \tag{2.2}$$

In [29] und [30] werden die in Tabelle 2.6 aufgezeigten Materialkennwerte für Kohlenstofffasern angegeben.

Tabelle 2.6 Materialeigenschaften von Kohlenstofffasern

Physikalische Eigenschaften		Einheit	Kohlenstofffasern auf PAN-Basis				
			HT	HS	IM	HM	HMS
Durchmesser	d	[µm]	7–8	7	7	5–7	5
Dichte	ρ	[g/cm³]	1,75 1,8	1,8	1,7 1,9	1,80 1,95	1,85
Zugfestigkeit	$f_{cf,t,k}$	[N/mm²]	2700 5000	3900 7000	3400 5900	2000 3000	2500 3500
Druckfestigkeit	$f_{cf,c,k}$	[N/mm²]	2500	-	4200	1500	1800
E-Modul (Zug)	$E_{cf,t}$	[N/mm²]	200 000 240 000	230 000 270 000	280 000 400 000	350 000 500 000	400 000 500 000
Bruchdehnung	ε_u	[%]	1,2 2,0	2,0 3,0	1,0 1,9	0,4 0,9	0,5 0,9
Wärmeausdehnung	$\alpha_{T,axi}$	[10^{-6} K^{-1}]	–0,7 bis –0,5	–0,7 bis –0,5	–0,7 bis –0,5	–0,7 bis –0,5	–0,7 bis –0,5
Wärmeausdehnung	$\alpha_{T,rad}$	[10^{-6} K^{-1}]	7–10	7–10	7–10	7–10	7–10
Reißlänge (min)	$f_{cf,t,k}/\rho g$	[km]	150	220	180	140	120
Dehnlänge (min)	$E_{cf,t}/\rho g$	[km]	12 000	13 000	15 000	18 000	22 000
Einsatztemperatur	$T_{E,lang}$	[°C]	500	500	500	500	500
Sublimationspunkt	T_S	[°C]	3600	3600	3600	3600	3600

2.7 Faserverbundwerkstoffe

Die Fasern kommen meistens in Form von Faserverbundwerkstoffen (FVW) zur Anwendung. Durch Kombination verschiedener Materialien versucht man die Vorteile der einzelnen Komponenten auszunutzen und so einen Verbundwerkstoff mit optimierten Eigenschaften zu erzielen. Dieser Materialaufbau ist auch in der Natur zu beobachten, z.B. bei Pflanzen, Holz oder in Knochenmaterial.

Bei diesen Faserverbundwerkstoffen (fiber-reinforced polymers „FRP") werden die Fasern durch Einbettung in die Matrix (Harz) in der gewünschten Form zusammengehalten und die Belastung wird zwischen den Fasern bzw. den Fasern und dem zu verstärkenden Bauteil übertragen. Außerdem schützt die Matrix die Fasern vor Umwelteinflüssen und Beschädigungen beim Verarbeiten. Als Verstärkungsfasern werden Glasfasern (GF), Kohlenstofffasern (Carbonfasern, CF), Aramidfasern (AF, Kevlar), Borfäden (BF) sowie auch Metallfasern verwendet. Im Bauwesen werden vielfach glasfaserverstärkte Kunststoffe (glasfiber-reinforced plastics „GFRP") und kohlenstofffaserverstärkte Kunststoffe „Kohlenstofffaser" (carbonfiber-reinforced plastics „CFRP") verwendet.

Je nach Länge der Verstärkungsfasern unterscheidet man:
- **Partikelverstärkte Verbundwerkstoffe:** es entsteht ein quasi-isotropes Material. Diese Verstärkungsart ist nur für geringe bis mittlere Anforderungen geeignet.

- **Kurzfaserverstärkte Verbundwerkstoffe:** die Fasern haben eine Länge von etwa 0,5 bis 100 mm und werden entweder ausgerichtet (unidirektional) oder wirr verarbeitet.
- **Langfaserverstärkte Verbundwerkstoffe:** die kontinuierlichen, langen Fasern werden in mehreren Einzelschichten übereinandergelegt. Die Einzelschichten können unidirektional gewoben oder wirr sein. Meist werden unidirektionale Einzelschichten verwendet, die entweder in allen Lagen parallel, um 90° verdreht (Kreuzverbund, crossply laminate) oder mit beliebiger Faserorientierung (multidirektional laminate) übereinander angeordnet werden. Die Einzelschichten werden mit Harz vorimprägniert, damit auch bei einem hohen Faseranteil die vollständige Durchtränkung der Fasern mit Matrix gewährleistet werden kann.

In Übersichtsform werden in Bild 2.12 die Möglichkeiten der Fasergebilde für die verstärkten Kunststoffe dargestellt. Prinzipiell sind alle Varianten der Faserkombination möglich, jedoch werden für das Bauwesen im Bereich der Kohlenstofffasern hauptsächlich Lamellen, Gelege, Kabel und Kurzfasern verwendet.

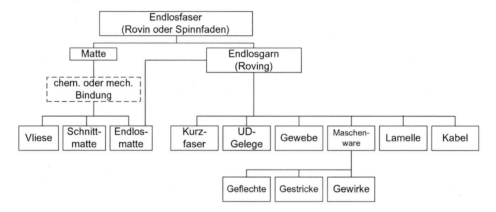

Bild 2.12 Übersicht über Fasergebilde als Verstärkungskomponenten in Kunststoffen

Nachfolgend werden einige Festigkeitskennwerte der wichtigsten Faserverbundwerkstoffe im Bauwesen dargestellt (Tabelle 2.7).

Tabelle 2.7 Vergleich der Fasereigenschaften verschiedener Faserverbundwerkstoffe

Kennwerte	Einheit	Glasfaser		Kohlenstofffaser				Aramidfaser	
		E	R/S	HT	UHT	HM	UHM	LM	HM
Zugfestigkeit	GPa	1,9–3,0	3,5–4,8	2,7–5,0	3,5–7,0	2,1–3,0	2,0–2,4	3,5–4,1	3,5–4,0
E-Modul	GPpa	70–73	85–90	200–240	210–240	350–500	500–700	70–80	110–140
Bruchdehnung	%	3,0–4,5	4,2–5,5	1,2–2,0	1,5–2,4	0,4–0,9	0,2–0,4	4,3–5,0	2,5–3,5
Filamentdurchmesser	µm	3–25	3–25	7–8	5–7	5–7	6,5–8,0	12	12
Dichte	g/cm³	2,6	2,6	1,7–1,8	1,7–1,8	1,8–1,9	1,8–1,95	1,4–1,45	1,45–1,5

Im konstruktiven Bereich werden häufig langfaserverstärkte Verbundwerkstoffe verwendet, da diese interessante Tragfähigkeiten aufweisen. Faserverbundwerkstoffe werden schichtweise hergestellt, damit der Faseranteil, die Faserorientierung und die vollständige Durchtränkung gewährleistet werden können. Das lagenweise Zusammenfügen zum Schichtverbund wird auch Laminieren genannt. Werden als Einzelschichten vorimprägnierte Faserprodukte verwendet, spricht man von Prepregs. Bei den Prepregs kann es sich um Rovings, Tapes, Gewebe, Gelege oder Wirrfasermatten handeln. Prepregs können bei $-18\,°C$ ca. ein Jahr, bei Raumtemperatur bis zu zwei Monaten gelagert werden.

2.7.1 Fertigung von Verbundbauteilen

Die Fertigung von Verbundbauteilen erfolgt mittels Formwerkzeugen. Beim Nassverfahren werden die Fasern zuerst in einem Harz getränkt und dann lagenweise auf den Formwerkzeugen abgelegt. Beim Trockenverfahren werden Prepregs lagenweise auf die Formwerkzeuge gelegt. Anschließend werden die Fasern und die Matrix unter Druck und Temperatur zum gewünschten Bauteil gepresst. Nach dem Aushärten der Matrix werden die Bauteile aus der Form genommen und einer Nachbehandlung unterzogen. Es ist zu berücksichtigen, dass verschiedene Imperfektionen bei der Fertigung von Verbundbauteilen kaum vermieden werden können. Dazu zählen ungleichmäßige Faserverteilung, kleine Lufteinschlüsse, Lunker und harzfreie Faserstellen. Großflächige und beliebig geformte Bauteile lassen sich nicht herstellen. Nachfolgend werden einige Verfahren beschrieben.

2.7.1.1 Handlaminierverfahren

Das Handlaminierverfahren ist vor allem zur Herstellung komplexer Bauteile geeignet. Die Fasern werden auf den Formwerkzeugen ausgelegt und das Harz mit Pinsel, Roller und Spachtel aufgetragen. Die so hergestellten Bauteile erreichen nur Faservolumenanteile von ca. 30%. Zum Handlaminierverfahren zählt weiter das Bandlegen. Dabei werden Prepregs, meist Tapes, mit einer Ablegevorrichtung auf die Formteile aufgelegt. Die Ablegevorrichtung besteht aus einer Legerolle, die möglichst konstante Ablegekräfte erzeugen soll. Richtungsänderungen können jedoch nicht sauber vorgenommen werden. Das Handlaminierverfahren kann auch zum Verstärken von Betonbauteilen mit Gelegen und Geweben verwendet werden. Die Fasern können mit Rollern auf die Betonoberfläche aufgebracht werden.

2.7.1.2 Vakuumsackverfahren

Die Vorbereitungen der Fasern und der Matrix erfolgen gleich wie beim Handlaminierverfahren. Anschließend wird eine luftdichte Folie aufgebracht und durch Absaugen der Luft die Matrix verdichtet. So können Lufteinschlüsse vermieden werden. Der Faservolumenanteil bei diesem Verfahren liegt bei 40 bis 50%.

2.7.1.3 Faserspritzverfahren

Beim Faserspritzverfahren werden Fasern mit Harz und Härter mittels Pressluft auf das Formwerkzeug gesprüht. Die Fasern werden von einem Roving abgeschnitten. Es entsteht ein Wirrfaserverbund. Da die notwendige Gleichmäßigkeit der Faserverteilung nicht garantiert werden kann, sind so hergestellte Verbundbauteile einer Qualitätsprüfung zu unterziehen.

2.7.1.4 Injektionsverfahren

Die Fasern werden in eine geschlossene Form gelegt und das Harz unter Druck injiziert. Lufteinschlüsse können zwar weitgehend vermieden werden, aber der mögliche Faservolumenanteil liegt nur bei etwa 30%.

2.7.1.5 Pressverfahren

Mit diesem Verfahren lassen sich Bauteile begrenzter Größen, aber hoher Qualität herstellen. Verstärkungsmaterial und Harz werden in einer Form unter Druck (bis zu 10 bar) gepresst. Der Faservolumenanteil liegt bei etwa 60%. Man unterscheidet bei diesem Verfahren zwischen Kalt- und Warmpressverfahren. Erst durch eine ausreichend große Stückzahl kann dieses Verfahren wirtschaftlich eingesetzt werden.

2.7.1.6 Prepreg- und Autoklavenverfahren

Dabei werden die Prepregs in einem geschlossenen Behälter unter Druck und Temperatur ausgehärtet.

2.7.1.7 Pultrusionsverfahren

Das Pultrusions- oder Strangziehverfahren wird zur Herstellung von Lamellen, Drähten und Kabeln verwendet. In einem kontinuierlichen Ziehprozess werden einfache Profile mit Vollquerschnitt hergestellt. Als Ausgangsmaterial verwendet man Rovings. Der maximale Faservolumenanteil liegt bei etwa 70%. Das Aushärten erfolgt unter Druck und Temperatur.

2.7.1.8 Wickelverfahren

Durch Wickeln können prismatische und zylindrische Körper, wie zum Beispiel Rohre mit 400 bis 4000 mm Durchmesser, hergestellt werden. Unter dem Begriff Wickeln fallen auch Verseil- und Flechttechniken, mit denen man unter anderem Kastenträger, Rohrprofile und Schalenelemente herstellen kann. Kugelbehälter für große Innendrücke werden

2.7 Faserverbundwerkstoffe

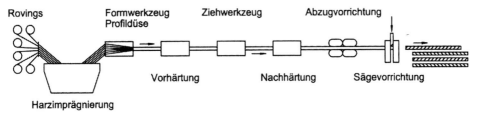

Bild 2.13 Schematischer Ablauf des Pultrusionsverfahrens

mit Präzisionswickelanlagen hergestellt. Dabei werden extrem dünne Einzelschichten aufgetragen.

2.7.1.9 Schleudern

Dieses Verfahren eignet sich zur Herstellung rotationssymmetrischer Körper und anderer geschlossener geometrischer Formen. Dabei ist es möglich, die Wanddicken entlang der Körperachse zu variieren. Bei Durchmessern von 25 bis 500 mm können Rohre auch aus endlos langen Fasern hergestellt werden.

2.7.2 Nachbehandlung

Um die Verbundbauteile gegen chemische Angriffe zu schützen, verwendet man Liner. Liner sind Schutzbezüge, mit denen Rohre und Behälter ausgekleidet werden können.

2.7.3 Eigenschaften von Faserverbundbauteilen aus Kohlenstofffasern

Die Eigenschaften von Faserverbundbauteilen hängen vom Zusammenwirken der Komponenten ab und müssen deshalb meist experimentell ermittelt werden. Die einzelnen Fasern erreichen Werte der Zugfestigkeit zwischen 35 und 50 GPa. Die verarbeiteten Faserprodukte weisen aber nur 5 bis 20% dieser Zugfestigkeitswerte auf. Der E-Modul kann über die Mischregel und dem Faservolumenanteil φ berechnet werden. Falls die Querdehnzahlen der Faser und der Matrix gleich sind (ca. 0,25), kann die vereinfachte Mischregel angewandt werden:

$$E_{FVW} = \varphi \cdot E_F + (1 - \varphi) \cdot E_M \qquad (2.3)$$

Analog dazu können die Spannungen des Faserverbundbauteils σ aus den Spannungen der Matrix σ_M und den Verstärkungsfasern σ_F berechnet werden:

$$\sigma = \sigma_F \left(\varphi + (1 - \varphi) \frac{E_M}{E_F} \right) = \sigma_M \left(\varphi \frac{E_F}{E_M} + (1 - \varphi) \right) \qquad (2.4)$$

Der E-Modul der Kohlenstofffasern liegt zwischen 150 000 und 500 000 N/mm², jener der Matrix zwischen 1000 und 10 000 N/mm². Der Faservolumenanteil für Kohlenstofffaser-Lamellen liegt bei 70%. Wie man aus den Zahlenwerten erkennen kann, sind die Beiträge

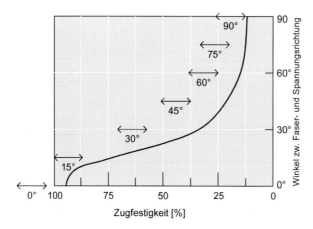

Bild 2.14 Zugfestigkeit in Abhängigkeit von der Faserorientierung

der Matrix zur Steifigkeit und zur Spannungsverteilung gering und können deshalb vernachlässigt werden.

Einen großen Einfluss auf die Zugfestigkeit und den E-Modul hat die Faserorientierung.

Werden die Festigkeitswerte mit der Mischregel berechnet, so ergeben sich laut den Untersuchungen von Deuring [31, 44] für die Zugfestigkeit um 17 bis 25% höhere Werte als im Zugversuch feststellbar. Dieser Festigkeitsunterschied ist auf eine nicht gleichmäßige Verteilung der Fasern im Verbundwerkstoff einerseits und andererseits auf eine Beschädigung der Fasern beim Herstellen der Lamellen im Pultrusionsverfahren zurückzuführen.

Ruhende Kurzzeitbelastung führt meist zu einem Versagen der Matrix oder der Grenzfläche. Dadurch reduziert sich die Gebrauchstauglichkeit, jedoch bleibt die Tragfähigkeit erhalten. Die betroffene Schicht übernimmt lediglich weniger Last. Bei ruhender Langzeitbelastung tritt ein Fließen der Einzelschichten in der Matrix ein. Dabei wird die Last auf die Verstärkungsfasern umgelagert, da diese steifer sind als die Matrix. Veränderliche Langzeitbelastung kann zu einer Beschädigung der Matrix, nicht aber der Fasern führen. Kohlenstofffasern weisen ein ausgezeichnetes Ermüdungsverhalten auf, weshalb daraus gefertigte Verbundbauteile die Ermüdungsfestigkeit von Metallen übertreffen.

Temperatur und Feuchtigkeit beeinflussen die Eigenschaften von Faserverbundbauteilen wesentlich. Da Kunststoffe wasserdampfdurchlässig sind, stimmt der Wassergehalt in den Kunststoffen nahezu mit dem der Umgebung überein. Der Wassergehalt ist aber nicht gleichmäßig über den Querschnitt verteilt. Die Temperatur in den Kunststoffen stimmt in der Regel auch mit der Umgebungstemperatur überein und ist über den Querschnitt gleichmäßig verteilt. Da Verstärkungsfasern und Matrix unterschiedliche Temperaturausdehnungskoeffizienten aufweisen, kommt es bei Temperaturänderungen zu Eigenspannungszuständen, die zu einem „frühzeitigen" Versagen führen können. Werden Faserverbundwerkstoffe bei erhöhter Temperatur gehärtet, kommt es beim Abkühlen zu Druckspannungen in den Fasern und zu Zugspannungen in der Matrix. Ein ähnlicher Vorgang erfolgt bei der Aufnahme von Feuchtigkeit. Die Matrix quillt stärker als die Fasern an, wodurch es wiederum zu Eigenspannungszuständen kommt. Glasfaserverstärkte Kunst-

2.7 Faserverbundwerkstoffe

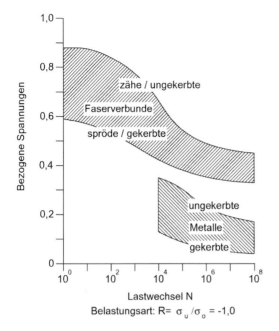

Bild 2.15 Wöhlerlinien von kohlenstofffaserverstärkten Kunststoffen und Metallen

stoffe nehmen am wenigsten (1%), aramidfaserverstärkte Kunststoffe am meisten (2%) Feuchtigkeit auf.

Faserverbundbauteile aus kalthärtendem Epoxidharz oder Polyester können nur bis zu einer Temperatur von ca. 50 °C problemlos eingesetzt werden. Bei heißhärtenden Epoxidharzen liegt die Einsatztemperatur bei 170 °C, bei Polyamiden sogar bei 270 °C. Unter 0 °C werden die Kunststoffe, und somit auch die Verbundbauteile, spröde und glasartig.

Bei Raumtemperatur ändern sich die Eigenschaften der Verbundbauteile unter Einwirkung von Feuchtigkeit kaum. Im Unterwassereinsatz nimmt die Ermüdungsfestigkeit ab. Epoxidharze werden durch Feuchtigkeitsaufnahme etwas duktiler.

Untersuchungen an der Universität Bologna haben gezeigt, dass bis zu 120 Frost-Tau-Wechseln zwischen −20 °C für 6 Stunden und +30 °C für weitere 18 Stunden täglich kaum Schäden am Verbundsystem von Gelegen aus Kohlenstofffasern auf einem Betonuntergrund verursachen [32]. Es zeigte sich, dass der Beton selber durch die Frost-Tau-Wechsel mehr in Mitleidenschaft gezogen wurde als das aufgeklebte Kohlenstofffaser-Gelege. Dies führt zu der Annahme, dass Frost-Tau-beständige Betonkonstruktionen, welche mit Kohlenstofffaser-Produkten verstärkt werden, unbeschadet solchen Wechselbeanspruchungen widerstehen.

Eine direkte UV-Bestrahlung bis zu 60 Tagen nach ASTM G53-96 in einem Abstand von 50 mm führte zu einer geringen Beeinflussung des mechanischen Verhaltens eines mit Kohlenstofffasern verstärkten Betonbauteils. Es zeigte sich durch eine nachträgliche Ultraschallprüfung, dass die Schallgeschwindigkeit nach etwa 5 bis 10 Tagen Bestrahlung um ca. 200 m/sec abnahm, dann aber einen nahezu kontinuierlichen Verlauf aufwies. Diese anfängliche Reduktion könnte auf den Wasserentzug im Beton bei der durch die UV-

Bestrahlung bewirkte Erwärmung des Verbundsystems zurückgeführt werden. Die Schallgeschwindigkeit hängt von der Betonfeuchte ab, wodurch diese These begründet wird. Durch die Erwärmung wurden auch schadhafte Stellen sowie kraterartige Ablösungen in der äußersten Zone der Klebeschicht festgestellt. Dies führte zu einer geringen Abnahme der Biegezugfestigkeit an den Verbundbauteilen.

Glasfaserverstärkte Kunststoffe werden von Blitzen im Gegensatz zu kohlenstofffaserverstärkten durchschlagen. Beide faserverstärkten Kunststoffe werden bei Blitzschlag auf einer Fläche von ca. 1 dm^2 zerstört. Schutz bietet eine gut leitende Oberfläche (z. B. Aluminiumfolie), da sie das elektrische Aufladen des Kunststoffes durch Reibung verhindert.

Gegen übliche chemische Angriffe im Bauwesen sind Faserverbundbauteile beständig, wobei jene auf Epoxidharzbasis beständiger sind als jene auf Polyesterbasis. Glasfaserverstärkte Kunststoffe sind im allgemeinen nicht alkalibeständig, was zu Problemen mit der Dauerhaftigkeit bei der Verstärkung von Betonbauteilen führen kann. Das Epoxidharz bietet für die Glasfasern keinen ausreichenden Schutz vor der alkalischen Umgebung des Betons. Für temporäre Verstärkungen können Glasfasern auch im alkalischen Bereich verwendet werden. Zur langfristigen Verstärkung von Betonbauteilen kommen meist Kohlenstofffasern zum Einsatz.

Einige Vor- und Nachteile der kohlenstofffaserverstärkten Kunststoffe sind in Tabelle 2.8 aufgelistet:

Tabelle 2.8 Vor- und Nachteile von kohlenstofffaserverstärkten Kunststoffen

Vorteile	Nachteile
• hohe Zugfestigkeit	• kaum plastische Verformungen
• hohe Steifigkeit	• geringe Querbeanspruchbarkeit
• hohe elastische Dehnbarkeit	• anisotropes Verhalten
• sehr gutes Ermüdungsverhalten	• schlechtes Brandverhalten
• geringe Rohdichte	• relativ hoher Materialpreis
• leicht handhabbar (z. B. Transport)	
• keine Korrosion	
• Alkalibeständigkeit	
• endlose Lieferlänge, keine Stöße	

2.8 Kohlenstofffaser-Werkstoffe

Es gibt eine große Vielfalt von möglichen Werkstoffen aus Kohlenstofffasern, wobei die Wesentlichen für das Bauwesen kurz beschrieben werden. Nach der Herstellung und der Oberflächenbeschichtung werden die Fasern entweder direkt verwendet oder einer weiteren Verarbeitung unterzogen.

2.8.1 Faserbündel

Die Faserbündel (strands) bestehen aus 104 oder 204 Fasern, die ohne Verwindung, also parallel, zusammengefasst werden.

2.8.2 Taue

Bei den Tauen (tows) werden einige hundert bis einige tausend Fasern ohne Verwindung zu losen Bündeln zusammengefasst.

2.8.3 Stränge

Die Stränge (rovings) bestehen aus 20 Faserbündeln (strands), die ohne Verwindung auf einer Spule aufgewickelt werden. Das Abwickeln erfolgt aus dem Inneren der Spule heraus, so dass sich die Stränge dabei verwinden.

2.8.4 Garne

Garne (yarns) bestehen aus mehreren Faserbündeln, die mit 28 bis 40 U/m verwunden werden. Werden anschließend mehrere Garne miteinander verwunden, entstehen die sogenannten „Plied Yarns".

2.8.5 Gemahlene Fasern

In diesem Fall werden Faserbündel auf eine Länge von 0,2 bis etwa 5 mm zerkleinert (milled fibers) und auf bestimmte Längen abgeschnitten bzw. zermahlen. Dadurch können sie problemloser in Beton oder andere Werkstoffe eingebaut werden.

2.8.6 Zerhackte Kurzfaserbündel

Dabei werden Faserbündel oder Stränge gleichmäßig auf eine Länge von 5 bis ca. 50 mm geschnitten (chopped strands). Weisen die Fasern eine Orientierung auf, so wirken sie primär in einer Ebene; andernfalls wirken sie in allen Richtungen. Für die Verarbeitbarkeit und die Einmischbarkeit in den Beton ist das Verhältnis von Faserlänge zu Faserdurchmesser maßgebend. Jene kritische Menge, die problemlos eingemischt werden kann, hängt von der Zusammensetzung und der Konsistenz des Frischbetons, den Eigenschaften der Fasern und dem Mischverfahren ab.

2.8.7 Zerhackte Plättchen und Stäbe

Aus der Produktion von Kohlenstofffaser-Lamellen fallen Restanteile ab, welche zu Plättchen und Stäben verarbeitet werden können. Die Längen können dabei 10 bis 100 mm betragen. Die Breiten liegen zwischen 1,0 und 5,0 mm.

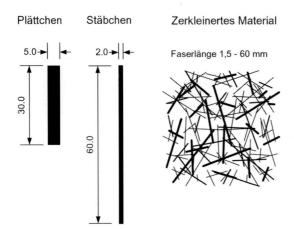

Bild 2.16 Arten von Plättchen und Stäben (aus [25])

2.8.8 Unidirektionale Bänder

Taue oder Stränge werden dicht aneinandergereiht und durch ein Harz in Position gehalten, so dass nicht verwebte, unidirektionale (hast) Bänder (unidirectional tapes) entstehen. Um ein Zusammenkleben der Bänder auf der Rolle zu verhindern, wird auf einer Seite eine silikonbeschichtete Folie angeordnet, die vor dem weiteren Verarbeiten abgezogen wird. Die zweite Möglichkeit ist, die Tows oder Rovings durch Schussfäden zusammenzuhalten, so dass verwebte Bänder entstehen. Die Schussfäden bestehen aus feinem Garn der Polyester- oder Glasfasern, die in großen Abständen quer in die Bänder eingeschossen werden. Die Breite der Bänder ist auf etwa 30 cm limitiert.

2.8.9 Gewebe

Gewebe (woven fabrics) bestehen aus Kettfäden und Schussfäden, die miteinander verwebt werden. Die Kettfäden verlaufen in Längsrichtung des Gewebes und die Schussfäden quer dazu. Beim Weben wird immer ein Teil der Kettfäden angehoben und der Schussfaden zwischen den nun oben und unten liegenden Kettfäden durchgeschossen. Durch unterschiedliches Anheben der Kettfäden können verschiedene Bindungsarten erzeugt werden (z.B. Leinwandbindung, Atlasbindung, Köperbindung). Durch die verschiedenen Bindungen wird die Drapierbarkeit, das ist die Anpassungsfähigkeit des Gewebes an sphärische Oberflächen, beeinflusst. Die HD-Bindung weist die beste Drapierbarkeit auf. Normalerweise wird bei Kunstfasergeweben die Leinenbindung verwendet. Dabei wechseln die Kett- und Schussfäden bei jedem Kreuzungspunkt die Seite. Je nach verwendeten Schuss- und Kettfäden unterscheidet man folgende Gewebe:

- **Bidirektionales Gewebe:** werden als Kett- und Schussfäden annähernd die gleichen Fäden verwendet, entsteht ein bidirektionales Gewebe. Die Festigkeit und Steifigkeit der bidirektionalen Gewebe ist in beiden Richtungen dieselbe.
- **Unidirektionale Gewebe:** bei unidirektionalen Geweben überwiegen die Kettfäden. Die dünnen Schussfäden dienen nur der Fixierung der Kettfäden. Diese Gewebe weisen nur eine hohe Festigkeit und Steifigkeit in Längsrichtung auf. In Querrichtung können sie nicht beansprucht werden.
- **Mischgewebe:** werden als Schuss- und Kettfäden unterschiedliche Fasertypen verwendet, entstehen Mischgewebe. So werden z.B. oft Kohlenstofffasern als Kettfäden und Glasfasern als Schussfäden bei Mischgeweben verwendet. Die Festigkeit und Steifigkeit ist in Längs- und Querrichtung unterschiedlich.
- **Hybridgewebe:** bei diesen Geweben werden unterschiedliche Fasertypen in Kett- und Schussrichtung verwendet, um die positiven Eigenschaften der verschiedenen Fasern zu nutzen. Die Festigkeit und Steifigkeit kann in beiden Richtungen dieselbe sein.

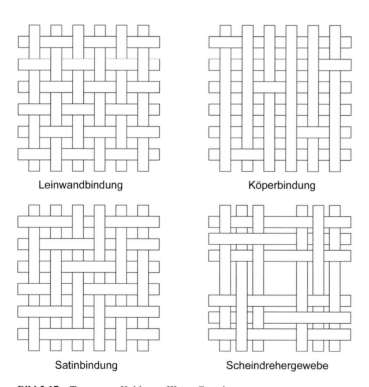

Bild 2.17 Typen von Kohlenstofffaser-Geweben

In mechanischer Hinsicht sind Gewebe für Kohlenstofffasern eher ungünstig. Durch das Verweben der Fäden kommt es zu Fadenablenkungen und somit zu Beanspruchungen quer zur Faserrichtung. Da Kohlenstofffasern ein ausgeprägtes anisotropes Verhalten aufweisen, ist die Beanspruchbarkeit quer zur Faser gering und sollte deshalb vermieden werden. Weiterhin kommt es durch das Verweben zu einer gewellten, also nicht gestreckten, Faserführung, welche zu Steifigkeitsverlusten führt. Die Ablenkungen sind bei der Leinenbindung am größten und bei der Atlasbindung am geringsten.

Bild 2.18   Schematische Darstellung eines Gewebes (Einzelzelle)

2.8.10   Gelege

In den Gelegen (sheets) liegen alle Fasern in der selben Ebene und verlaufen in einer Richtung (unidirektional). Die Fasern werden als Tows oder Rovings dicht aneinander gelegt und durch Wirkfäden aus Polyester zusammengehalten. Durch die gestreckte Faseranordnung werden die Faserablenkungen und die damit verbundenen Festigkeits- und Steifigkeitsverluste vermieden. Für Kohlenstofffasern ist diese Anordnung günstiger und wird meist den Geweben bevorzugt.

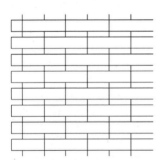

Bild 2.19   Kohlenstofffaser-Gelege

2.8.11   Kurzfasermatten

Die Kurzfasermatten (chopped strands mats) bestehen aus zerhackten Kurzfaserbündeln, die möglichst gleichmäßig auf einer Fläche verteilt und durch das Aufsprühen eines Binders (Harz) aneinander gebunden werden. Die Breite dieser Matten liegt zwischen 50 mm und 2 m. Nachdem die Fasern wirr angeordnet werden, spricht man bei diesen Kurzfasermatten auch von Wirrfasermatten. Mit dem Wasserstrahlschneider können diese Matten staubfrei geschnitten werden.

2.8.12 Vliese

In Vliesen sind die Fasern wirr angeordnet. Durch das Verfilzen der Fasern ineinander ist das Zusammenhalten der Vliese gegeben. Da Vliese als textiles Flächengebilde nur geringe Zugfestigkeiten und Steifigkeiten aufweisen, kommen meist nur Glasfasern zum Einsatz.

2.8.13 Matten

Bewehrungsmatten können unterschiedlich hergestellt werden. Weltweit sind zahlreiche Versuche mit Kohlenstofffaser-Matten durchgeführt worden, wie beispielhaft das System NEFMAC [33]. Bei diesem Produkt werden einzelne Fasern direkt zu einer Matte verwoben. Im Unterschied dazu wurden, wie in [34] berichtet, aus Recyclingmaterial bei der Lamellenproduktion Matten aus einzelnen Laminatsträngen hergestellt. Allgemein sollte die Maschenweite dieser Matten mindestens 50 mm betragen. Die Breite der Laminatstränge beträgt 5 bis 10 mm, wobei mit zunehmender Breite der Einfluss der Laminatrauigkeit abnimmt.

2.8.14 Kohlenstofffaser-Lamellen

Kohlenstofffaser-Lamellen (kurz CFK-Lamellen) werden im Pultrusionsverfahren (Strangziehverfahren) hergestellt. Die Lamellen haben eine Dicke von 1 bis 3 mm, eine Breite von 50 bis 300 mm und Lieferlängen bis zu 500 m. Die Kohlenstofffasern sind in den Lamellen gestreckt unidirektional angeordnet. Der Faservolumengehalt liegt bei ca. 70%. In einer 1,2 mm dicken und 50 mm breiten Lamelle sind ca. 1,3 Mio. Kohlenfasern enthalten. Im letzten Jahrzehnt haben die Kohlenstofffaser-Lamellen weitgehend die Stahllamellen verdrängt, weil die Stahllamellen sehr korrosionsanfällig sind und bereits nach wenigen Jahren Rostspuren an der Kleberschicht aufweisen. Kohlenstofffaser-Lamellen können entweder schlaff oder vorgespannt an die zu verstärkenden Bauteile angeklebt werden. Vorgespannte Lamellen werden meist zur Verbesserung der Gebrauchstauglichkeit eingesetzt. Es ist möglich, bestehende Rissbreiten und Durchbiegungen begrenzt zu kontrollieren. Die Festigkeit der Kohlenstofffaser-Lamellen hängt von der verwendeten Faser und dem Faservolumengehalt ab. Da die Fasern nicht perfekt parallel liegen und auch nicht gleichmäßig in der Lamelle verteilt sind, kann es zu Umlenkungen und folglich zu Schubkräften in der Faser kommen, die ein frühzeitiges Versagen bewirken. Deshalb sollten Kohlenstofffaser-Lamellen einer Prüfung unterzogen werden. Die Grenzdehnung der Lamellen liegt zwischen 1,0 und 2,0%, der Bemessungswert der Dehnung zwischen 0,6 und 1,0%.

2.8.14.1 Aufrollradius von Lamellen

Kohlenstofffaser-Lamellen werden auf Rollen auf die Baustelle geliefert. Aus den folgenden Überlegungen kann der minimale Aufrollradius berechnet werden:

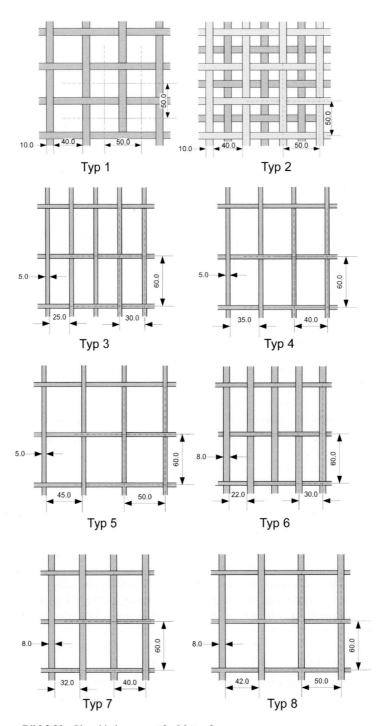

Bild 2.20 Verschiedene geprüfte Mattenformen

Es ergibt sich:

$$\alpha = \frac{dx}{R} = \frac{\varepsilon \cdot dx}{\frac{1}{2}t} \tag{2.5}$$

$$R = \frac{t}{2\varepsilon} \tag{2.6}$$

Aus einer maximal zulässigen Randdehnung ε kann der minimale Aufrollradius berechnet werden. Setzt man einen Sicherheitsfaktor von 1,5 für ein Stahlblech Fe 360, dessen Fließgrenze $f_y = 235$ N/mm² und dessen E-Modul E = 210000 N/mm² ist, an, ergibt sich der minimale Aufrollradius mit der 670fachen Blechstärke, bei 3 mm Stahlblech also ca. 2 m. Mit dem gleichen Sicherheitsfaktor ergibt sich für eine Kohlenstofffaser-Lamelle mit einer Grenzdehnung von $\varepsilon_u = 2\%$ der Mindestradius zum 38 Fachen der Lamellendicke, was bei einer Lamellendicke von 1 mm einen Radius von ca. 40 mm bedeutet. Aus praktischen Gründen wird man die Lamelle immer auf größeren Rollen aufrollen.

2.8.14.2 Das Verkleben von Kohlenstofffaser-Lamellen

Die möglichen Verfahren für das Anbringen von schlaffen Kohlenstofffaser-Lamellen wurden von Kaiser [35] erforscht und beschrieben. Weltweit kam dieses Verfahren mit der nachträglichen Verstärkung erstmals an der Ibachbrücke in der Schweiz zur Anwendung, wo 1991 ausgefallene Spanndrähte durch extern aufgeklebte Kohlenstofffaser-Lamellen ersetzt wurden (Firma Stahlton AG, Zürich; Ingenieurarbeit: Meier, Deuring, EMPA, Dübendorf) [36].

Voraussetzung für das einwandfreie Übertragen der Schubspannungen von der Kohlenstofffaser-Lamelle auf den Beton ist ein sauberes Verkleben der Lamelle. Die Lamelle muss sauber und aufgeraut sein. Die Oberfläche der Lamelle kann mit Aceton gereinigt werden, bis eine saubere Kontaktfläche vorliegt. Die Betonoberfläche ist durch Abschleifen, Sand- oder Wasserstrahlen (zukünftig auch Laserstrahlen) von Verunreinigungen zu säubern und anschließend mit einem Staubsauger zu reinigen. Die Haftzugfestigkeit der Betonoberfläche muss bei Raumtemperatur (ca. 20 °C) mindestens 1,5 N/mm² betragen. Weiters muss die Oberfläche trocken (<4 Massen-%), fett- und staubfrei sein.

Mit einem Reprofilierungsmörtel müssen die Unebenheiten im Betonuntergrund ausgeglichen werden, da es sonst zu ablösenden Kräften kommt (Bild 2.21). Die Unebenheiten sollen geringer als 4 mm gemessen an einer 2 m Latte (entspricht 1/500), bzw. 1 mm gemessen auf einer Bezugslänge von 300 mm sein. Entsprechende Versuche von Niedermeier [37] am Institut für Massivbau an der TU München haben gezeigt, dass die vom Klebeverbund maximal aufnehmbare Verbundbruchkraft infolge lokaler Unebenheiten der Betonoberfläche (z.B. durch eine durchgebogene Schalung) um bis zu 20% geringer ausfällt als bei einer ebenen Verbundfläche.

Zum Verkleben auf Betonuntergrund wird in den meisten Fällen ein gefüllter Epoxidharzkleber verwendet. Als Füllung dieser Kleber wird meist Quarzmehl oder Quarzsand verwendet und dadurch die Viskosität gesteuert. Der Kleber wird dachförmig auf die Lamelle und auf die Betonoberfläche aufgetragen. Anschließend wird die Lamelle mit einem Gummiroller an die Betonoberfläche gepresst, so dass seitlich der überschüssige Kleber und die Luft entweichen kann. Im Endzustand beträgt die Höhe der Kleberschicht 1 bis 2 mm. Nach dem Aushärten müssen die Lamellen durch Abklopfen auf Hohlstellen überprüft werden.

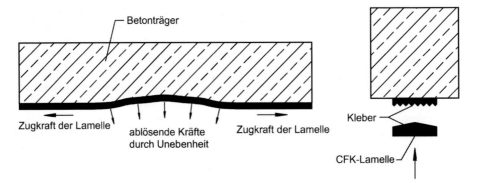

Bild 2.21 Ablösen durch Unebenheit im Betonuntergrund und Verkleben einer Kohlenstofffaser-Lamelle

Beim Kleben muss eine ausreichende Temperatur des Untergrundes und der Luft gewährleistet sein. Die Feuchtigkeit des Untergrundes darf wie bereits erwähnt, bei der Verwendung von Epoxidharzen maximal vier Massenprozent betragen. Außerdem wird die Luftfeuchtigkeit gemessen, um die Aushärtungszeit bestimmen zu können. Auf die weiteren Einflussfaktoren des Verbundverhaltens, wie Rissebildung, Dehnungsverteilungen etc., wird in den spezifischen Kapiteln näher eingegangen.

2.8.15 Verankerungssysteme für Lamellen

Um nun eine Kohlenstofffaser-Lamelle wirtschaftlich über einen bestimmten Dehnbereich (z.B. von 0,8%) hinaus nutzen zu können, kann durch eine Vorspannung eine zusätzliche Dehnung vor der Erhärtung des Klebeverbundes als Vordehnung in das Tragwerk eingetragen werden. Durch eine solche Vorspannung können Verbesserungen für den Bruchzustand und die Gebrauchstauglichkeit, also verminderte Rissebildung und daher verminderte Verformungen, erreicht werden. Die zwei konzeptionellen Vorgangsweisen bei in Verbund vorgespannten Kohlenstofffaser-Lamellen sind, entweder zuerst den Kleber aufzubringen und dann vorzuspannen oder auf die bereits vorgespannte Lamelle den Kleber aufzutragen (Spannbalken-Prinzip). Anschließend muss die Lamelle angeklebt bzw. angepresst werden.

Ohne zusätzliche Verankerungen, das bedeutet bei flach aufgeklebten Lamellen, können nur Schubspannungen $\tau_{max} \leq 10$ N/mm^2 (für C25/30) übertragen werden, was bei hohen Spanngraden meist nicht ausreicht. Niedere Spanngrade haben keinen Sinn, weil die Vorspannkraft durch das Kriechen im Laufe der Zeit reduziert würde.

Man versucht nun durch Anpressen oder spezielle Verankerungssysteme höhere Schubspannungen zu aktivieren. Dabei können Anpressdrücke auf die Lamellenenden aufgebracht werden und so durch die Verzahnung im Beton höhere Schubspannungen übertragen werden.

2.8 Kohlenstofffaser-Werkstoffe

Der Anpressdruck sollte bei 5 N/mm² liegen. Dadurch ist es möglich, bei einem Beton C25/30 Schubspannungen von bis zu $\tau_{max} = 15$ N/mm² zu übertragen. Die einfachste Möglichkeit, den notwendigen Anpressdruck aufzubringen, wäre das Einklemmen unter die Auflager, was aber meist arbeitstechnisch nicht möglich ist. Eine andere Möglichkeit, den Anpressdruck zu erzeugen, sind Ankerplatten oder Aramidschläuche, die im Druckbereich des Trägers verankert werden. Solche Verankerungssysteme bringen nun die Spannkräfte als Normalkräfte in das Tragwerk ein. Zur Zeit gibt es bereits einige Systeme, die nicht nur im Labor, sondern bei realen Bauwerken im Rahmen von Verstärkungsmaßnahmen angewandt wurden.

Die ersten Untersuchungen zu vorgespannten Lamellen gibt es von Deuring [31]. Zuerst wurden biegesteife Platten an die Lamellen gepresst. Diese Anpressplatten wurden entweder mittels Stahlstangen oder durch vorgespannte Aramidschläuche gehalten. Dabei wurde eine Druckspannung von 5 N/mm² für die Lamellenverankerung gewählt.

Von Leonhardt, Andrä und Partner, Beratende Ingenieure VBI, Stuttgart, wurde eine Endverankerung entwickelt, welche als Klebe-Klemmverankerung für vorgespannte Lamellen eingesetzt werden kann [38]. Erstmals kam 1998 ein Spannsystem mit dem Namen „LEOBA-CARBODUR" bei einer Bauwerksertüchtigung über die Lauter bei Gomadingen zum Einsatz. Dabei wurden Lamellen mit einem Querschnitt $A_l = 60$ mm², eine Vorspannung mit Dehnungen um 0,6%, eine Vorspannkraft von 60 kN eingesetzt, wodurch eine Lamellenspannung von ca. 1000 N/mm² erreicht wurde (ca. 40% der Bruchspannung).

Mit dem verbesserten Verankerungssystem „Leoba-Carbodur 2" können nun bei Lamellen mit einem Querschnitt von $A_l = 126$ mm² ($90 \times 1,4$ mm), eine Vorspannungskraft von 165 kN und eine Dehnung von 0,75% erreicht werden (Mindestbruchkraft von 325 kN) [39]. Durch eine Vergrößerung der Endverankerungsfläche konnte die Klebeverbundspannung reduziert werden. Zur Überprüfung dieser Verankerung werden in einem einfachen Zugversuch zwei durch eine verankerte Kohlenstofffaser-Lamelle verbundene Betonkörper mittels einer Presse auseinandergedrückt.

Bild 2.22 Zugprüfung eines Verankerungssystems von LAP, Stuttgart: Versuchsaufbau der Verankerungsversuche (Quelle: LAP, Stuttgart)

Der Spannvorgang wird wie folgt abgewickelt:

- Spannen der Kohlenstofffaser-Lamelle auf eine bestimmte Sollkraft mittels eines Klemmankers und Halten der Vorspannkraft für die Dauer der Aushärtungsphase.
- Umsetzen der Vorspannkraft auf ausgehärtete Verbundanker zur dauerhaften Verankerung am Bauwerk.

Bild 2.23 Detail des Spannmechanismus von System LC-2 (Quelle: LAP, Stuttgart)

Untersuchungen haben gezeigt, dass mit steigender Lamellenkraft und mit größer werdender Lamellenbreite die Anforderungen an die Verankerung nichtlinear wachsen [39]. Der Zwischenraum zwischen der Grundplattenstirnseite und der in die Betondeckung eingefrästen Nische wird mit einem schwindfreien Betonersatzsystem bzw. Reprofilierungsmörtel ausgefüllt. Die Grundplatte wird mit Verbundankern gesichert, die neben der Querkraft auch Zugkräfte aufnehmen muss, da die resultierende Momentenbeanspruchung aus dem Versatz zwischen Lamelle und Klebefuge auf die dem schlaffen Ende der Lamelle zugewandten Dübel entsprechende Zugkräfte erzeugt.

Ein weiteres Konzept zur Verankerung vorgespannter Kohlenstofffaser-Lamellen ist das „Gradientenverfahren". Durch die Erfahrungen mit den vorgespannten Kohlenstofffaser-Kabeln wurde an der EMPA dieses Verfahren für das Vorspannen von Kohlenstofffaser-Lamellen konzipiert [40]. In der praktischen Anwendung wird die benötigte Spannvorrichtung, bestehend aus zwei Spannelementen, zu einem Spannbalken mit der gewünschten Länge zusammengebaut. Dieser wird dann auf das zu verstärkende Objekt hingefahren und provisorisch mit Dübeln befestigt. Bei diesem variiert die Vorspannung entlang der Lamelle, weshalb es als Gradientenverfahren bezeichnet wurde. Der Vorgang kann wie folgt beschrieben werden:

- Zusammenstellen des Spannbalkens mit den zwei Spannelementen,
- Kohlenstofffaser-Lamelle wird zu ca. drei Viertel um Spannwalzen geführt und gespannt,
- Aufbringen des Klebemörtels auf die gespannte Kohlenstofffaser-Lamelle,
- Verkleben der voll vorgespannten Lamelle in der Mitte des zu verstärkenden Konstruktionselementes,

- Reduktion der Spannkraft im System,
- Verkleben der daneben liegenden Bereiche,
- weitere Reduktion der Spannkraft und Ankleben.

Bei diesem Verfahren wird die Verankerungskraft entlang einer längeren Strecke aufgeteilt, wodurch auch graduell abgestufte Verbundspannungen entstehen. Die sonst üblichen Spannungsspitzen können auf diese Weise vermieden werden, weshalb auch die Beanspruchung des Betonuntergrundes geringer ausfällt.

Ein weiteres System, bekannt unter dem Namen „AVENIT", verwendet zur Verankerung der Kohlenstofffaser-Lamellen Stahlplatten, die durch Dübel am Betonuntergrund verankert werden (Bild 2.24). Folgende Vorgangsweise kennzeichnet dieses Verankerungssystem [41]:

- Eine feste Verankerung der Kohlenstofffaser-Lamelle wird durch das Aufkleben einer Stahlplatte auf die Betonoberfläche erreicht. Diese Verankerungsplatte wird zusätzlich mit sechs Dübeln am Betonuntergrund befestigt.
- Aufspachteln des Klebemörtels auf die freie Länge der Lamelle.
- Das Lamellenende wird zwischen zwei Stahlplatten geklebt und verschraubt. Diese bewegliche Verankerung wird nach dem Vorspannen und dem Erhärten des Klebers wieder entfernt.
- Eine weitere Stahlplatte wird mit Dübeln über der Betonoberfläche und der Kohlenstofffaser-Lamelle verschraubt. Auf dieser Stahlplatte wird der Hydraulikzylinder befestigt, um die bewegliche Verankerung zu spannen, während die Kohlenstofffaser-Lamelle unter der Stahlplatte durchgleitet.
- Spannen der Kohlenstofffaser-Lamelle.
- Die mechanisch verriegelte Presse bleibt unter der Vorspannlast bis der Klebemörtel die notwendige Verbundfestigkeit erreicht hat.
- Entfernen der Presse und Abbau der Montageplatte (bewegliche Verankerung).

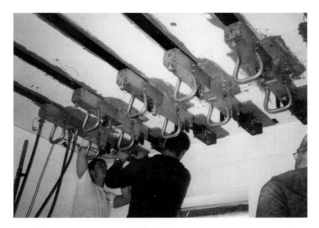

Bild 2.24 AVENIT-Verankerungssystem bei der Montage

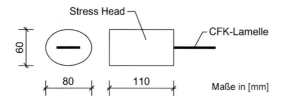

Maße in [mm]   **Bild 2.25** Ansicht des Stress Head

Die auf dem Bauwerk verbleibenden Stahlplatten müssen aus nichtrostendem Stahl sein, außer bei einer Anwendung in trockenen Innenräumen (EN 206: X0). Dieses System wurde bis zu einer Vordehnung von 0,6% unter Verwendung von Lamellen mit einer Bruchdehnung von 1,7% und einem E-Modul von 165 GPa geprüft [42]. Die maximale Dehnung dieser Lamellen (einschließlich der Vordehnung) sollte mit 1,2% begrenzt werden.

Ein weiteres spezielles Verankerungssystem ist der sogenannte „Stress Head" (Bild 2.25), welcher auch zum verbundlosen Vorspannen von Kohlenstofffaser-Lamellen dient. Die Lamelle wird in einem elliptischen Spannkopf mit einem Querschnitt von 80/60 mm und einer Länge von 110 mm verankert [43]. Durch diesen Spannkopf werden über die Befestigungselemente die Kräfte in den Untergrund geleitet. Der Verankerungskopf besteht aus Kohlenstofffasern und ist daher gegen Korrosion unempfindlich. Er kann bis 2,4 mm dicke Lamellen mit einer Vorspannkraft von etwa 250 kN verankern. Da er mit 550 g ein sehr geringes Eigengewicht aufweist, ist die Handhabung auf der Baustelle einfach. Die wesentlichen Eigenschaften dieses Verankerungssystems sind, dass keine kontinuierliche Verklebung notwendig ist und auch kleine Umlenkradien möglich sind (min. 1 m ohne spezielle Maßnahmen).

In Bild 2.26 sind einige Prinzipskizzen solcher Verankerungsmechanismen dargestellt.

Interessant ist die Möglichkeit zur Versenkung der Spannvorrichtung, wodurch ein maximaler Überstand von 30 mm verbleibt.

Der Spannvorgang kann wie folgt beschrieben werden:

- Einbau der Endverankerungen,
- Kleber auf Lamelle auftragen oder verbundlos die Lamelle in einen Hüllquerschnitt geben,
- Spannen mit hydraulischer Presse,
- Blockieren der Verankerung und Entfernung der Presse.

Dieses Verankerungssystem kann für verbundlose und mittels Kleber verbundene Kohlenstofffaser-Lamellen angewandt werden. Die Zugglieder (Lamellen und Spannkopf) werden bereits im Werk auf ihre Länge vorbereitet und mit einer 10% erhöhten Vorspannkraft geprüft.

2.8 Kohlenstofffaser-Werkstoffe   61

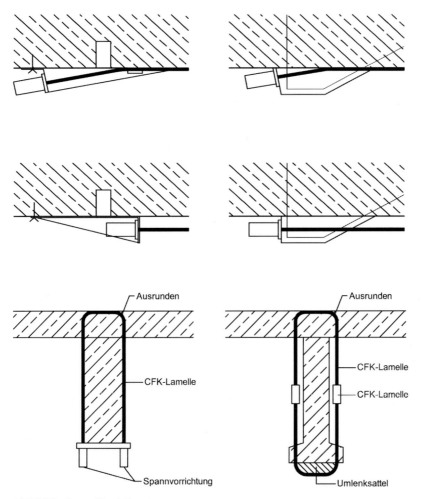

Bild 2.26 Stress Head-Verankerungssysteme

2.8.16 Kohlenstofffaser-Kabel

2.8.16.1 Herstellung und Anwendung

Kohlenstofffaser-Litzen können im Pultrusionsverfahren mit einem Mindestdurchmesser von 5 mm hergestellt werden. Der Faservolumengehalt liegt zwischen 65 und 75%. Jede Litze besteht aus mindestens 12 000 Kohlenstofffasern. Die Drähte werden parallel angeordnet, so dass bei einer Zugbelastung aus der fertigungsbedingten Anordnung kaum Querkräfte entstehen. Aus diesem Grund haben sich geschlagene Seile aus Kohlenstofffaser-Drähten nicht bewährt. Kohlenstofffaser-Drähte korrodieren zwar nicht, müssen aber gegen UV-Strahlung geschützt werden. Die Bruchdehnungen von Kohlenstofffaser-Kabeln liegen in einer Größenordnung von 1,6%, während Spannkabel aus Stahl 1570/1770 eine Bruchdehnung von etwa 8% aufweisen.

In den Kohlenstofffaser-Kabeln werden viele Litzen zu Bündeln zusammengefasst, so dass Paralleldrahtbündel entstehen. So erreicht z. B. ein Kohlenstofffaser-Kabel mit 241 Litzen eine Traglast von etwa 12 000 kN. Ein Kabel aus Stahldrähten würde bei gleicher Bruchlast ungefähr das Achtfache wiegen. Aus diesem Grund sind Kohlenstofffaser-Kabel für Schrägseil- und Hängebrücken eine interessante Alternative. Das relativ geringe Gewicht wirkt sich auch günstig auf den ideellen E-Modul aus. Wegen des Durchhanges der Kabel kann nicht mit dem effektiven E-Modul gerechnet werden, sondern nur mit dem ideellen.

$$E_{id} = \frac{E_{eff}}{\left[1 + \left(\frac{\gamma^2 \cdot l^2}{12 \cdot \sigma^3}\right)\right]} \qquad (2.7)$$

In Tabelle 2.9 werden die ideellen E-Moduli von Stahl- und Kohlenstofffaser-Kabeln für verschiedene Spannweiten miteinander verglichen, wobei für die Spannstahlspannung 1570 N/mm^2 und für die Kohlenstofffaser-Kabel eine Spannung von 2500 N/mm^2 angenommen wurde (siehe auch [44]).

Tabelle 2.9 Vergleich ideeller E-Moduli von Stahl- und Kohlenstofffaser-Kabel

Horizontale Spannweite des Kabels [m]	Ideeller E-Modul Stahlkabel [N/mm^2]	Ideeller E-Modul Kohlenstofffaser-Kabel [N/mm^2]
0 (= vertikal)	210 000	210 000
500	208 550	209 980
1000	204 310	209 920
2000	188 940	209 690
4000	145 240	208 790

Zukünftig könnten bei speziellen Brückenbauten die Stahlkabel durch Kohlenstofffaser-Kabel vor allem bei größeren Spannweiten ersetzt werden, da diese einen höheren ideelen E-Modul und ein viel besseres Ermüdungsverhalten aufweisen sowie korrosionsbeständig sind. Die Kohlenstofffaser-Kabel sind aber erst ab einer großen Spannweite (ca. 1000 m, siehe auch [45]) unter den derzeitigen Kostenparametern wirtschaftlich einsetzbar. Gerade die Dauerhaftigkeit kann im Laufe der Lebenszeit einer Brücke durch geringere Wartungsarbeiten verbessert werden, so dass eine Kohlenstofffaser-Lösung die wirtschaftlichere Variante darstellen kann. Gegenwärtig sind aber die hohen Materialkosten und die konstruktiv schwierigen Verankerungssysteme dafür verantwortlich, dass bis heute kein Durchbruch dieser innovativen Kabelsysteme erzielt werden konnte. Optisch unterscheiden sich Kohlenstofffaser-Kabel kaum von Stahlkabeln.

Kohlenstofffaser-Litzen können auch zum Vorspannen von Beton verwendet werden. Dabei ist zu berücksichtigen, dass die Kohlenstofffaser-Litzen durch ihr linear-elastisches Verhalten bis zum Bruch im Gegensatz zu üblichen Spannstählen keine Duktilität aufweisen. Die Duktilität des Bauteiles kann durch Einlegen schlaffer Bewehrung verbessert werden [46].

Eine interessante Entwicklung wird in [47] beschrieben, wo ungebundene Fasern verwendet werden. Ein Kohlenstofffaser-Filament besteht aus 12 000 bis 70 000 kontinuierlichen

2.8 Kohlenstofffaser-Werkstoffe

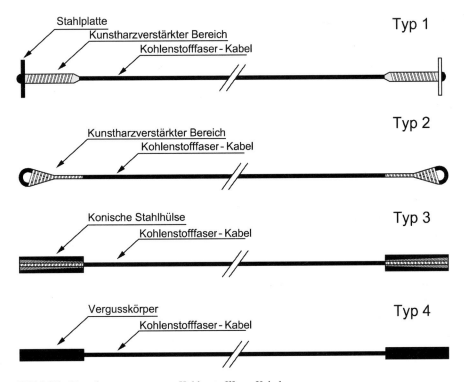

Bild 2.27 Verankerungstypen von Kohlenstofffaser-Kabeln

Fasern mit einem Faserdurchmesser von etwa 7 μm. Im Normalfall werden diese Drahtbündel mit einem ungehärteten Harz vorimprägniert und dann einer thermischen Härtung zwischen 120 und 150 °C unterzogen.

Bei diesen Bewehrungsstäben mit nahezu losen Kohlenstofffasern werden spezielle Verankerungssysteme für die Kraftübertragung notwendig. Dabei wurden in dieser Studie [47] Schlingenverankerungen, Klemmschalen und Endplatten vorgeschlagen. Die erreichbaren Zugfestigkeiten sind geringer als bei im Pultrusionsverfahren gebundenen Faserbündeln und erreichen Werte zwischen 1300 und 1700 N/mm^2. Der E-Modul kann Werte in der Größenordnung des Stahls von 200 GPa erreichen. Experimentelle Untersuchungen mit solchen in sich ungebundenen Faserstäben als Plattenbewehrung zeigten einen nahezu linearen Kraft-Verformungsanstieg und dann einen ca. 30%igen Abfall der Lastwerte. Insgesamt weisen die Plattenversuche ein duktiles Verhalten auf, was auf den Schlupf der Bewehrungsstäbe zurückgeführt werden kann.

Eine interessante Kombination wäre es, in die losen Kohlenstofffasern auch einen faseroptischen Sensor einzuziehen. Damit könnte die globale Dehnung des Bewehrungsstabes automatisch erfasst werden.

2.8.16.2 Vorspannverluste

Die Spannkraftverluste berechnen sich aus dem Anteil der elastischen Trägerverkürzung $\Delta\sigma_{pel}$, dem Schwinden $\Delta\sigma_{ps}$, dem Kriechen $\Delta\sigma_{pc}$ und der Relaxation der Kohlenstofffaser-Drähte.

Die Relaxationsverluste bei Kohlenstofffaser-Drähten können im Normalfall, auch im Größenvergleich zu den betonbedingten, zeitabhängigen Spannkraftverlusten, vernachlässigt werden.

2.8.17 Verbund von Spanndrähten bei Spannbettvorspannung

Bei den im Spannbett vorgespannten Trägern spielt der Verbund der Spanndrähte zum Beton eine bestimmende Rolle.

Einerseits werden an den Trägerenden beim Ausbau aus dem Spannbett die Vorspannkräfte von den Drähten in den Beton übertragen. Diese Krafteinleitung erfolgt durch den Aufbau der Verbundspannungen über die Übertragungslänge $l_{ü}$. Andererseits können durch den herrschenden Verbund die zusätzlichen Zugkräfte zur Ableitung von am Balken angreifenden Momenten in die Kohlenstofffaser-Drähte eingeleitet werden. Diese Biegezugkräfte erreichen ihren Maximalwert in den Rissequerschnitten. Die zusätzlich erforderliche Balkenlänge, welche die Einleitung der Spannungszunahme aus externer Belastung ermöglicht, bezeichnet man als Einleitungslänge l_{bv}. Die Mechanik in diesen beiden Bereichen unterscheidet sich, denn im Übertragungsbereich verkürzen sich die Spanndrähte und im Einleitungsbereich dehnen sie sich aus.

Die gesamte Verankerungslänge ergibt sich zu:

$$l_{bd} = l_{bv} + l_{ü} \tag{2.8}$$

Die Verkürzung im Übertragungsbereich ist aufgrund der geringeren Querkontraktionszahl infolge Längsbeanspruchung der unidirektionalen Kohlenstofffaser-Spanndrähte vernachlässigbar. Unter Annahme des starr plastischen Verbundspannungs-Schlupf-Gesetzes kann die Übertragungslänge abgeschätzt werden. Die zu übertragende Gesamtkraft F entspricht dabei der Kraft, welche vom Einzeldraht auf den umgebenden Beton zum Zeitpunkt der Betrachtung übertragen wird.

$$l_{ü} = \frac{\sigma_{cf,t} \cdot A_{cf}}{\tau_b \cdot \pi \cdot d_{cf}} \tag{2.9}$$

Die Einleitungslänge, die ausgehend vom ersten Riss notwendig ist, um die im Rissquerschnitt herrschende, maximale, zusätzliche Drahtzugkraft aufgrund externer Belastung einzuleiten, kann analog abgeschätzt werden. Die zu verankernde Kraft F entspricht der in den äußersten Spanndraht einzuleitenden Biegezugkraft.

$$l_{bv} = \frac{(\sigma_{cf,m,max} - \sigma_{cf,t}) \cdot A_{cfF}}{\tau_b \cdot \pi \cdot d_{cf}} \tag{2.10}$$

$$\text{mit } (\sigma_{cf,m,max} - \sigma_{cf,t}) = E_{ll} \cdot (\Delta\varepsilon_{cf,m} - \varepsilon_{cf,o,m}) \tag{2.11}$$

Für die Verankerung der Kohlenstofffaser-Spanndrähte ist nun die Interaktion der Verbundspannungen im Einleitungsbereich und im Übertragungsbereich bestimmend. Das

2.8 Kohlenstofffaser-Werkstoffe

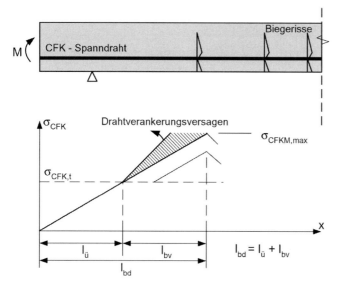

Bild 2.28 Kriterium für das Verankerungsversagen

Versagenskriterium für die Drahtverankerung kann so abgeleitet werden, dass der Dehnungsgradient des Drahtes im Einleitungsbereich l_{bv} größer oder gleich ist, wie der Dehnungsgradient im Übertragungsbereich $l_{ü}$.

$$\left|\frac{d\varepsilon_{cf}}{dx}\right|_{x=l_{ü}^+} \geq \left|\frac{d\varepsilon_{cf}}{dx}\right|_{x=l_{ü}^-} \quad \text{oder} \quad \tau(x=l_{ü}^+) \geq \tau(x=l_{ü}^-) \quad (2.12), (2.13)$$

Nach dem angenommenen Verbundspannungs-Schlupf-Gesetz ist die Verbundspannung im Übertragungsbereich konstant und beträgt τ_b. Nach der Bedingung erfolgt das Drahtverankerungsversagen, falls auch auf der Seite des Einleitungsbereiches die Schubspannung im Punkt $x=l_{ü}$ den Wert τ_b annimmt. Dies ist gleichbedeutend mit der Aussage, dass die Drahtverankerung versagt, wenn kein Raum mehr zum Aufbau zusätzlicher Verbundspannungen vorhanden ist.

2.8.18 Verankerungssysteme von Kohlenstofffaser-Kabeln

Kohlenstofffaserverstärkte Kunststoffe weisen hervorragende mechanische Eigenschaften in ihrer Achsrichtung auf. Senkrecht zu ihrer Längsachse ist die mechanische Beanspruchbarkeit gering, was zu einem ausgeprägt anisotropen Verhalten führt. Drähte und Kabel aus Kohlenstofffasern können also sehr großen Längskräften ausgesetzt werden, jedoch ist die Querkrafttragfähigkeit gering. Aus diesem Grund können Kohlenstofffaser-Drähte nicht auf die gleiche Art und Weise verankert werden wie Stahldrähte. Die Verankerung von Stahldrähten erfolgt primär über die Eintragung von Querkräften, was bei Kohlenstofffaser-Drähten zu einem frühzeitigen Versagen führen würde.

Zur Verankerung stehen mehrere Systeme zur Verfügung, wobei die nachfolgende Grobeinteilung angenommen wird. Die meisten Systeme weisen im Verankerungsmechanismus eine Kombination von Form- und Stoffschluss auf.

1. Verankerungsklemme,
2. Vergossene zylindrische Verankerungsmanschette,
3. Vergossene konische Verankerungsmanschette,
4. Verankerungsschale mit aufgefasertem Kabelende.

Bei Klemmen werden die Kräfte des Kohlenstofffaser-Drahtes über Reibung, also Querkräfte, in zwei Stahlplatten eingeleitet. Um die Kräfte möglichst gleichmäßig einzuleiten und die Querbeanspruchung der Drähte gering zu halten, können die Klemmschrauben unterschiedlich stark angezogen werden. Dieses System konnte sich nicht durchsetzen, da einerseits die Montage kompliziert ist (unterschiedliches Anziehen der Schrauben) und es andererseits bei dynamischer Beanspruchung zum Versagen der Drähte führt.

Vergossene zylindrische Verankerungsmanschette

Im Fall der zylindrischen Verankerungsmanschette wird eine zylindrische Stahlmanschette (Schalenelement) über den Kohlenstofffaser-Draht geschoben und der verbleibende Hohlraum mit einer Epoxidharz-Matrix ausgegossen. Die Zugkraft des Kohlenstofffaser-Drahtes wird über die Klebewirkung der Matrix und durch Verkeilen derselben zwischen Manschette und Draht auf den Stahlzylinder übertragen. Die Matrix sollte die Zugkraft möglichst gleichmäßig über die Verankerungslänge in die Stahlmanschette übertragen, was automatisch auch eine gleichmäßige Verteilung der Schubspannungen zur Folge hätte. Im Kohlenstofffaser-Draht herrscht im Verankerungsbereich ein mehraxialer Spannungszustand: Ist die Normalspannung hoch, muss die Schubspannung gering gehalten werden, damit es nicht zum Versagen kommt. Andererseits kann die Schubspannung größer wer-

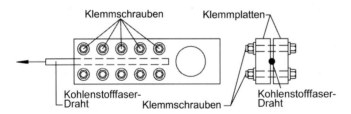

Bild 2.29 Verankerungsklemme

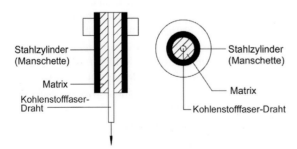

Bild 2.30 Zylindrische Verankerungsmanschette

2.8 Kohlenstofffaser-Werkstoffe

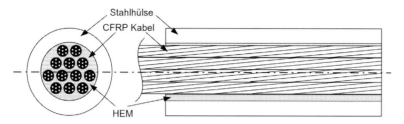

Bild 2.31 HEM-Verankerungssystem mit zwölf Kohlenstofffaser-Drähten

den, falls der Draht nicht mehr sehr hohen Normalspannungen ausgesetzt ist. Da es am kraftseitigen Ende der Manschette zu Verkeilungen und starken Querpressungen kommt, herrschen an dieser Stelle hohe Normal- und Schubspannungen, die leicht zum Versagen führen. Die Zugkraft wird anschließend sehr schnell abgebaut und die angestrebte gleichmäßige Schubbeanspruchung zwischen Kohlenstofffaser-Draht und Matrix kann nicht erreicht werden.

Durch die Verwendung eines hoch expansiven Verfüllmörtels gelang es auch bei zylindrischen Verankerungssystemen 2500 kN Kabelkraft zu verankern [48]. Dabei wurden zwölf Kohlenstofffaser-Drähte mit einem Durchmesser von 15,2 mm im Abstand von minimal 4 mm in einem 82,4 mm großen Innenring verankert (Bild 2.31). Dieses 500 mm lange Verankerungssystem wurde mit einem hochexpansivem Mörtel (HEM highly expansive material) verfüllt, wodurch Innendrücke von 50 MPa auftraten.

Konische Verankerungsmanschette mit Konusöffnung zum Kabelende

Die konische Verankerungsmanschette wird wie die zylindrische über den Kohlenstofffaser-Draht geschoben und der verbleibende Ringspalt mit einer Epoxidharz-Matrix vergossen. Da es am kraftseitigen Ende nicht zu starken Verkeilungen in der Matrix kommt, ist die Schubspannungsverteilung im Verankerungsbereich etwas gleichmäßiger aber trotzdem wenig zufriedenstellend. Am kraftseitigen Ende nehmen die Schubspannungen ein Maximum an und fallen dann sehr schnell auf Null ab, falls die Matrix einen konstanten

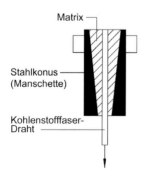

Bild 2.32 Konische Verankerungsmanschette

E-Modul aufweist. Damit die Spannkräfte trotzdem möglichst gleichmäßig in den Ankerkörper eingeleitet werden können, muss die Längsabmessung der konischen Verankerungsmanschette möglichst groß gestaltet werden. Bei steigendem Druckanteil reduziert sich auch der Wirkungsgrad der Verankerungsmanschette.

Konische Verankerungsmanschette mit graduell abgestuftem E-Modul des Füllmörtels

An der EMPA Dübendorf wurde dieses Verankerungssystem verbessert, indem eine Matrix mit veränderlichem E-Modul, ein sogenannter Gradientenwerkstoff, verwendet wurde [49] (Bild 2.33). Der E-Modul am kraftseitigen Ende ist viel geringer, als jener am freien Ende. Da die Zugkraft gewissermaßen über Druckstreben in den Stahlkonus eingeleitet wird und diese Druckstreben zum freien Ende hin immer länger werden, konnte mit der Variation des E-Moduls eine gleichmäßigere Schubbeanspruchung und ein gleichmäßiger Abbau der Zugkraft erreicht werden. Ein ähnliches Prinzip wurde bereits für das Gradientenverfahren im Abschnitt 2.8.15 beschrieben. Der E-Modul der Epoxidharz-Matrix kann durch das Füllen derselben mit Aluminiumoxidgranulat mit einem Durchmesser von ca. 2 mm gesteuert werden. Je stärker die Matrix mit diesem keramischen Granulat gefüllt wird, um so höher ist ihr E-Modul [50].

Auch bei der „Dintelhaven-Brücke" in den Niederlanden wurde diese konische Verankerungsmanschette mit dem Gradientenfüllmörtel verwendet. Dieses System wurde bereits bei mehreren Brückenobjekten seit 1996 eingesetzt. Dort wurden die negativen Stützenmomente auf einer Länge von jeweils 75 m mit 2 Vorspannkabeln, bestehend aus 91 Kohlenstofffaser-Drähten mit einem Durchmesser von 5 mm, abgedeckt. Die Endverankerung erfolgte mit einer konischen Hülse der Firma BBR, in welcher ein graduell abgestufter Epoxidharzmörtel eingefüllt wurde. Dabei wurden sechs unterschiedliche Abstufungen der Mörtelsteifigkeit gewählt. Die Enden der Kohlenstofffaser-Drähte wurden mit drei scheibenartigen glasfaserverstärkten Abstandselementen aufgefächert. Dabei konnte ein Verankerungskoeffizient von über 81% (Bruchlast in der Verankerung zur Kabelbruchlast) erreicht werden [51].

Bild 2.33 Modell der Verankerungsmanschette mit dem Gradientenwerkstoff

Ein abgestufter Füllmörtel wurde auch in [52] vorgestellt, wobei der Gradientenaufbau mit Epoxidharz vom Kabelende mit einem groben Keramikgranulat beginnt, über ein feinkörniges Keramikgranulat weitergeführt wird bis hin zum letzten kraftseitigen Bereich, wo ein Epoxidharz mit Glasfasern eingefüllt wurde. Bei einer statischen Versuchsreihe trat ein Versagen stets im freien Kabel auf und die Verankerung funktionierte gut. Auch bei dynamischen Versuchen mit 2 Mio. Lastwechseln und einer Oberspannung von 1222,6 MPa bzw. einer Unterspannung von 872,6 MPa trat kein Versagen im Verankerungssystem auf.

Dieses Verankerungssystem erfüllt absolut die geforderten Anforderungen, ist aber etwas schwierig in der Handhabung. Das Einfüllen des Gradientenmörtels kann meist nur in vertikaler Position durchgeführt werden.

Konische Verankerungsmanschette mit Konusöffnung in Kraftrichtung

Um die Ausführung einfacher zu gestalten, dreht man den Konus um, so dass er zur Kraftseite hin weiter wird (Bild 2.34). Diese Aufweitung bewirkt, dass auch die Druckstreben in der Matrix länger und somit nachgiebiger werden. Der Konus kann dann mit einer Matrix konstanten E-Moduls verfüllt werden [53]. Durch die Variation der Steifigkeit im Verankerungsbereich wird die Zugkraft relativ gleichmäßig abgetragen und die Schubspannungen gleichmäßig verteilt. Bei diesem Verankerungssystem ist der Klebeverbund zwischen Matrix und Kohlenstofffaser-Draht sowie zwischen Matrix und Stahlmanschette sehr wichtig und kann durch Rippen oder Abstufungen (Bild 2.34) an der Innenseite des Konus erzielt werden. Die primäre Kraftübertragung zwischen dem Kohlenstofffaser-Draht und dem Verfüllmörtel erfolgt durch eine Kombination von Stoffschluss und Formschluss.

An der TU Wien wurden von Gaubinger [54] Berechnungen mit der Finiten-Elemente-Methode (FEM) durchgeführt, um die Spannungsverhältnisse im Inneren des Ankerkörpers auch analytisch nachvollziehen zu können.

In Bild 2.35 sind die Normalspannungs- und Schubspannungsverteilungen in konischen Manschetten dargestellt. Auf der Abszisse ist die Distanz vom kraftseitigen Ende des Ankerkörpers aufgetragen. Dieses Verankerungssystem mit der Konusöffnung in Kraftrichtung und gegenläufig geneigten Konussegmenten wurde auch bei der externen Vorspannung der Autobahnbrücke Golling (37 Drähte, d = 5 mm) eingesetzt.

Werden die glatten Kohlenstofffaser-Drähte mit einem Sandstrahlverfahren aufgeraut, verbessert sich die Verbundfestigkeit (ca. 40%). Dieses Aufrauverfahren kann aber die Fasern beschädigen, so dass sinnvollerweise Kohlenstofffaser-Drähte oder -Kabel mit einer Profilierung verwendet werden sollten.

Ein verbessertes System konnte durch die kraftseitig (in Kabelrichtung) konisch abgestufte Hülse erreicht werden. Die numerisch ermittelten Verbundspannungen wiesen einen wesentlich konstanteren Verlauf über die gesamte Verankerungslänge auf als das zum Verankerungsende hin konisch offene System.

Ein einfaches Verankerungssystem wurde von der Fa. BBR-Systeme, Zürich entwickelt, bei dem das Kabelende aufgefasert wird [55]. Man geht von einem Standarddurchmesser zwischen 5 und 6 mm aus und spaltet das Kabelende auf. In dieses Faserbündel wird eine

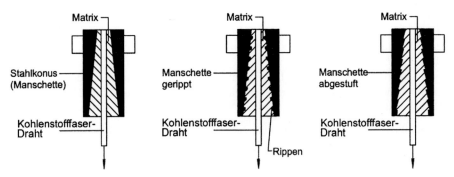

Bild 2.34 Konische Verankerung mit Rippen und Abstufungen

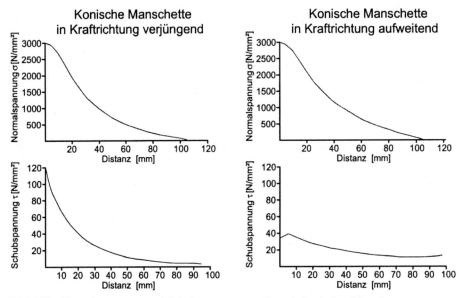

Bild 2.35 Normalspannungs- und Schubspannungsverteilung in konischen Manschetten

dreiteilige Spreizschale mit halbrunden Außenflächen eingesetzt. In diese Segmentschalen wird dann ein dreieckförmiger Bolzen eingeführt.

Die Verankerungsschale besteht aus einem Gewindestab M24 mit einer mittigen Bohrung. Sie ist 75 mm lang und hat eine 5,5 mm Öffnung für einen 5 mm starken Kohlenstofffaser-Stab. Durch diese Faseraufspaltung wird die wirksame Verklebeoberfläche im Gegensatz zu geschlossenen Kabeln vergrößert. Die Freiräume zwischen Faserbündel und Verankerungssystem werden mit einem Epoxidharz, gefüllt mit keramischen Zuschlagskörnern, verklebt.

Dieses Konzept wurde auch für Kohlenstofffaser-Bündel erweitert. Der Verankerungskörper weist dann je nach Anzahl der zu verankernden Kohlenstofffaser-Drähte Öffnungen auf, in welche diese eingeführt werden. Die Verklebung erfolgt wieder mit einem gefülltem Epoxidharz aus keramischen Zuschlägen.

Bild 2.36   Verankerungsschale mit aufgefasertem Kabelende

2.8.19   Kohlenstofffaser-Schubwinkel

Kohlenstofffaser-Schubwinkel unterscheiden sich von Kohlenstofffaser-Lamellen durch ihre unterschiedliche Herstellung und ihre Formgebung. Sie werden auch mit Epoxidharzen hergestellt. Die Oberflächen sind werkseitig auf beiden Seiten mit einem trennmittelfreien Abreißgewebe vorbereitet. Dieses Schutzgewebe wird unmittelbar vor der Anwendung abgezogen [56]. Der Biegewinkel weist einen Ausrundungsradius von etwa 25 mm auf. Die auf dem Markt befindlichen Kohlenstofffaser-Schubwinkel (Fa. Sika CarboShear L) haben eine Schenkelbreite von 40 mm und eine Dicke von etwa 1,4 mm. Der E-Modul erreicht Werte von 120 GPa. Die Verankerungszone der Winkel kann mit einer Haftbrücke aus Epoxidharzen verbessert werden. Diese Schubwinkel sollten bei Biegebauteilen geschlossen um die Druckzone geführt werden. Da dies aber baupraktisch kaum möglich ist, wäre es von Vorteil, die Kohlenstofffaser-Schubwinkel durch Öffnungen in der Druckzone zu verankern. Noch wirkungsvoller wäre eine Vorspannung dieser Schubwinkel [57]. Der theoretisch maximale Abstand sollte nach der Fachwerkanalogie den inneren Hebelarm des Querschnittes nicht überschreiten ($s_{max} = 0{,}8$ h). Die Schubwinkel nehmen etwa 20 bis 30% der Querkraft auf. Wie sich durch Versuche an der EMPA zeigte, traten folgende Versagensarten auf [58]:

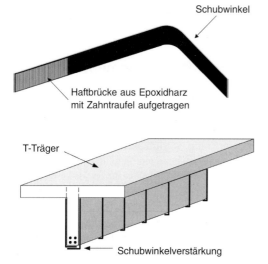

Bild 2.37   Schubwinkel

Bild 2.38 Strangschlaufen; links: laminierte Strangschlaufe (voller Querschnitt im Verbund); rechts: CARBO-LINK (diskrete Schichten ohne Verbund)

- Herausziehen in der Verankerungszone,
- Ablösen des Schubwinkels und Bruch des Kohlenstofffaser-Elementes,
- Öffnen der Überlappungsbereiche der Schubwinkel.

Durch spezifische Versuche zeigte sich, dass die maximale Kohlenstofffaser-Schubwinkel-Dehnung 0,7% nicht überschreiten sollte. Im Gebrauchszustand sollte die Kohlenstofffaser-Schubwinkeldehnung nach Czaderski [57] einen Wert von 0,2% nicht erreichen [57].

2.8.20 Kohlenstofffaser-Strangschlaufen

Das Kettenglied ist im Maschinenbau schon lange bekannt und nimmt eine wichtige Rolle ein. Das Ziel einer Forschungsarbeit an der EMPA von Winistörfer [59] war die Entwicklung eines Hochleistungs-Kettenelementes, das gegen Korrosion und Ermüdung ausreichend widerstandsfähig ist. Es wurden kohlenstofffaserverstärkte thermoplastische Bänder entwickelt, die um Umlenkkörper gewickelt wurden [60]. Diese Strangschlaufen können sehr einfach für die nachträgliche Verstärkung eingesetzt werden, da sie aus vorgefertigten Bändern zusammengesetzt sind. Diese Bänder werden im kontinuierlichen Rolltrusionsverfahren produziert. Werden diese Bänder untereinander nicht laminiert, können sich die benachbarten Schichten aufgrund von auftretenden Relativverschiebungen bewegen, was zu einer regelmäßigen Dehnungsverteilung führt.

2.9 Brandeinwirkung auf Kohlenstofffaser-Elemente

Im Falle eines Brandes stellt die Matrix die Schwachstelle dieser Verbundbauteile dar. Werden Stahlbetonbauteile mit Kohlenstofffaser-Lamellen verstärkt, so versagt der Epoxidharzkleber bereits bei Temperaturen unter 100 °C, während diese Temperatur den Lamellen noch nichts ausmacht. Die Glasübergangstemperatur von üblichen Epoxid-Baukleberm liegt zwischen 50 und 100 °C. Bei ungeschützten Verstärkungen geht der Verbund zwischen dem Kohlenstofffaser-Element und dem Beton sehr schnell verloren, da der Kleber versagt. Verstärkungen müssen, um einen entsprechenden Brandwiderstand zu erreichen und die Temperatur unter der Glasübergangstemperatur zu halten, geschützt werden. Faserverbundwerkstoffe können entweder mit Brandschutzplatten oder mit schäumenden Schutzmitteln gegen Brandeinwirkung geschützt werden (Bild 2.39). Eingeschlitzte Kohlenstofffaser-Lamellen und -Kabel werden zwar durch den umgebenden Beton im Normal-

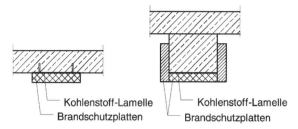

Bild 2.39 Brandschutzbekleidung für Kohlenstofffaser-verstärkte Deckenplatten und Balken

fall genügend geschützt, jedoch muss die Temperatur im Bereich der Kohlenstofffaser-Elemente auf 45 °C begrenzt werden (laut DIBt-Zulassungen).

Kohlenstofffaser-Elemente werden als normal entflammbar eingestuft. Für Bauteile, bei denen eine Feuerwiderstandsdauer verlangt wird, kann folgende Vorgangsweise gewählt werden [61]:

- **Statisch-konstruktiver Nachweis im Brandfall:** Dieser Nachweis der Feuerwiderstandsdauer wird nach DIN 4102-4 am Bauteil ohne entsprechende Verstärkung (mit Ausfall der Kohlenstofffaser-Verstärkung) geführt. Nach den europäischen Regelungen des Eurocode 2 (EC2-1-2): Tragwerksbemessung für den Brandfall können auch verstärkte Bauteile im Brandfall berechnet werden. Dabei kann diese Bemessung unter Beibeziehung des DIN-Fachberichtes 92 [62] nur aufbauend auf eine so genannte „kalte" Bemessung nach Eurocode 2, Teil 1-1 erfolgen. Beim so genannten „vereinfachten Verfahren" nach EC 2-1-2 sind folgende Bemessungsschritte notwendig:
  – Bestimmung der Einwirkungen,
  – Bestimmung des Temperaturprofils im verstärkten Querschnitt nach ETK,
  – Reduktion des rechnerischen Betonquerschnitts der mechanischen Festigkeit und gegebenenfalls des E-Moduls,
  – Querschnittberechnung im Grenzzustand der Tragfähigkeit mit den reduzierten Eingangsgrößen.

- **Begrenzung der Bauteiltemperatur:** Im Brandfall darf es nicht zu einer unzulässigen Erwärmung der aufgeklebten oder eingeschlitzten Kohlenstofffaser-Bewehrung kommen. Die Temperatur im Bereich des Verstärkungselements wird laut den derzeitigen Zulassungsbescheiden auf 45 °C begrenzt.

Blontrock [63] hat an der Universität Ghent, Belgien, Versuche zum Brandverhalten kohlenstofffaser-verstärkter Träger, versehen mit Brandschutzelementen, durchgeführt. Durch das Schützen von Trägern mit Brandschutzplatten wird nicht nur die Kohlenstofffaser-Verstärkung, sondern auch die Stahlbewehrung geschützt. In diesen Versuchen versagte die Kleberschicht bei einer Temperatur von ca. 70 bis 80 °C. Es ist ausreichend, wenn die Brandschutzverkleidung in den Verankerungszonen der Kohlenstofffaser-Lamelle angebracht wird. Im Bereich dazwischen kann der Kleber versagen, so dass anschließend die Lamelle wie ein externes Spannglied wirkt. Werden die Brandschutzplatten in U-Form seitlich und unten am Träger angebracht, wird ein besserer Brandschutz erzielt als mit

Platten, die nur an der Unterseite angeklebt werden. Als Kleber ist ein hitzeresistenter Baukleber zu verwenden.

Bei einem Brand entstehen immer toxische (giftige) Gase. Die größte Gefahr für den Menschen stellt Kohlenmonoxid (CO) dar. Die Gefährdung durch Chlorwasserstoffe (Verbrennung von PVC) und Salzsäure ist im Gegensatz dazu gering. Die meisten Kunststoffe verbrennen zu Kohlendioxid und Wasser. Durch Stabilisatoren, wie Cadmium und Bleiverbindungen, werden bei der Verbrennung toxische Gase frei.

Für den Brandfall ist zu beachten, dass durch den hohen Heizwert der Kunststoffe sehr viel Hitze bei deren Verbrennung frei werden kann (hohe Brandlast).

2.10 Prüfmethoden

Für die Anwendung von Kohlenstofffaser-Elementen bzw. Kunstfasern im Beton- und Mauerwerksbau wurden in den USA [64] Anwendungskriterien erstellt.

Standardisierte Prüfmethoden zur Ermittlung der mechanischen Eigenschaften sind speziell für diese Art von Konstruktionselementen von großer Bedeutung. Die Entwicklung internationaler Prüfstandards für diese Kohlenstofffaser-Elemente sind zur Zeit noch nicht weit fortgeschritten. Zu erwähnen ist dabei die ISO 14129 [65], wo die Ermittlung der ebenen Schubspannungs- und Schubverzerrungsgrößen beschrieben wird. Dabei wird aus einem $\pm 45°$ Zugversuch auf die Schubspannung geschlossen und bei einer Schubverzerrung von 5% das Bruchkriterium angesetzt. Es sollten mindestens fünf Versuchskörper verwendet und wenn möglich die Fraktilwerte mit einer 95%-Aussagewahrscheinlichkeit ermittelt werden.

Die Rechenwerte der Kohlenstofffaser-Drähte werden über Zugversuche, bei denen die Messung der Zugfestigkeit und der Bruchdehnung erfolgt, bestimmt. Pro Lieferung müssen jeweils mindestens fünf gültige Zugversuche durchgeführt werden. Diese Proben müssen von einer einzelnen Pultrusionsspur beziehungsweise Spule, auf welche die Kohlenstofffaser-Drähte gerollt werden, stammen. Dies bedeutet, dass bei Pultrusion mit einem vierspurigen Werkzeug mindestens 20 Zugversuche zu erfolgen haben.

Weit verbreitet sind die sogenannten Abreißtests, welche nach ASTM D4541 und ISIS STM (1998) mit aufgeklebten Stahlrondellen (Durchmesser von 15 bis 75 mm) durchgeführt werden. Bastianini [66] berichtet von Untersuchungen mit unterschiedlichen Plattendurchmessern, wobei die Mittelwerte der Ergebnisse kaum beeinflusst wurden, jedoch der Variationskoeffizient bei Plattendurchmesser >60 mm kleinere Werte als 10% aufwies. Primär wird bei dieser Prüfmethode die oberflächennahe Zugfestigkeit des Betonuntergrundes gemessen.

Eine weitere Prüfmethode stellt der Abschertest dar. Dabei kann entweder ein rechteckiger Streifen vom Kohlenstofffaser-Element oder eine rechteckige aufgeklebte Stahlplatte (meistens 6 mm stark) parallel zur Klebefuge abgezogen werden. Die dabei gemessene Schubkraft ergibt einen Richtwert über die vorhandene Schubfestigkeit der Klebefuge.

Für die Beurteilung der Klebung findet man in den deutschen Zulassungen sogenannte Eignungsversuche, welche auf der Baustelle eine Verklebung von zwei Stahllaschen und zwei Kohlenstofffaser-Lamellen vorschreiben. Die Stahllaschen haben unterschiedliche Abmessungen von 100×10×3500 mm und 200×10×3500 mm. Die Kohlenstofffaser-Lamellen weisen auch zwei verschiedene Breiten auf, wobei nur die Länge mit 3500 mm vorgeschrieben ist. Nach der Erhärtung des Klebstoffes werden die Stahllamellen abgehebelt. Es muss ein vollständiger Betonbruch vorliegen. Die Beurteilung der Kohlenstofffaser-Lamelle erfolgt durch Abreißversuche. Der Prüfstempel wird auf die Lamelle geklebt und es sind fünf Abreißversuche durchzuführen. Auch hier muss ein vollständiger Betonbruch vorliegen.

Kohlenstofffaser-Lamellen oder -Kabel können mit Zugprüfungen auf ihr mechanisches Verhalten hin untersucht werden.

Die erforderlichen mechanischen Festigkeiten des Betonuntergrundes und deren Prüfmethoden werden im Abschnitt 3.1.1 beschrieben. Die Prüfformen des Klebers wurden bereits im Abschnitt 2.3.5 kurz erläutert.

Eine Möglichkeit zur Überprüfung des Verbundwerkstoffes wäre auch der Einsatz der Impuls-Thermographie. Dabei wird die Oberfläche entweder abgekühlt oder aufgewärmt, wodurch Lufteinschlüsse oder Fehlstellen bei der Klebung durch den höheren Wärmeleitwiderstand erkannt werden können [67]. Durch diese Methode können Fehlstellen jedoch erst ab einer Größe von einigen Zentimetern festgestellt werden.

Als ein weiteres mögliches zerstörungsfreies Prüfverfahren hat sich das Echo-Ultraschallverfahren gezeigt. Durch experimentelle Untersuchungen [68] wurde festgestellt, dass Fehlstellen in der Klebung bereits ab 1 cm und in einer Stärke ab 0,1 mm erkannt werden können. Die Methode ist allerdings sehr zeitaufwendig und daher für den praktischen Gebrauch noch nicht geeignet.

Neue Untersuchungen mit dem Laserscanner-Doppler-Vibrometer (LSDV) [66] haben vielversprechende Ergebnisse gezeigt. Es konnte eine höhere Auflösung als bei der Thermographie und dem Ultraschallverfahren erreicht werden.

2.11 Mess- und Überwachungsmethoden

Prinzipiell sollten bei dem Verbundsystem zwischen Kohlenstofffaser-Elementen, Kleber und Betonuntergrund alle drei Materialien überwacht werden. In die Matrix der Kohlenstofffaser-Lamellen oder -Kabel können faseroptische Sensoren für eine kontinuierliche Überwachung eingebaut werden [69]. Auch können sie in der Interaktionszone zwischen dem Kleber und dem Betonuntergrund eingesetzt werden, um die Dehnungen während der Bruchphase besser zu erfassen.

Als adaptive Baustoffsysteme oder intelligente Werkstoffe (multifunktionale Werkstoffe, Smart Materials, intelligente Strukturen etc.) werden Baustoffe bezeichnet, welche während ihrer Funktionsdauer die Eigenschaften verändern. Zur Wahrnehmung der Einwirkungen bzw. der Umgebung werden piezoaktive Materialien, piezoelektrische Fasern oder faseroptische Sensoren (Glasfasern) [70] verwendet. Es stellt sich zum Beispiel eine kontinuierlich überwachte Struktur auf einen bestimmten Verformungszustand auch unter unterschiedlichen Einwirkungen automatisch ein. Dazu werden in dem Verbundwerkstoff so-

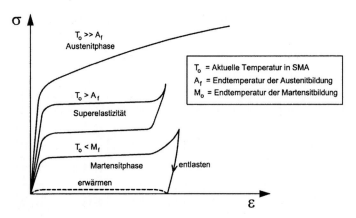

Bild 2.40 Schematische Spannungs-Dehnungs-Beziehungen einer adaptiven Nickel-Titanium-Legierung

wohl faseroptische Sensoren zur Verformungsmessung als auch aktive Steuerungselemente, welche beispielhaft unter Temperatur ihre Steifigkeit verändern, eingebaut werden. Die wichtigsten Steuerungswerkstoffe (memory metals, memory alloys) werden nachfolgend kurz beschrieben [71]:

- Nickel-Titanium-Legierungen: Entsprechend der Temperatur ändert dieser Werkstoff seine Steifigkeit (Elastizitätsmodul) und seine Festigkeit (Fließgrenze). Diese Effekte beruhen auf der Tatsache, dass der Werkstoff je nach Temperatur in zwei unterschiedlichen Kristallgitterstrukturen vorliegt. Es ist eine Martensitphase in einem Tieftemperaturzustand oder eine Austenitphase in einem Hochtemperaturzustand. Die Phasenumwandlung findet entweder durch mechanische Einwirkung (Superelastizität) oder durch die Zufuhr von Energie und damit Temperaturveränderung statt. Die Umwandlungstemperaturen weisen ein Hystereseverhalten auf.

Die mechanischen Eigenschaften können wie folgt zusammengefasst werden [72]:

- E-Modul Martensit: ca. 25–40 GPa
- E-Modul Austenit: ca. 70–80 GPa
- Fließspannung Martensit (Plateau): 70–200 MPa
- Fließspannung Austenit (Plateau): 200–700 MPa
- Zugfestigkeit (kaltverfestigt): ca. 1900 MPa

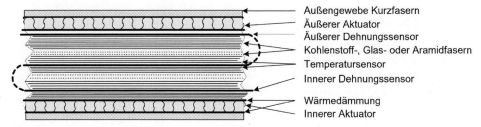

Bild 2.41 Möglicher Aufbau eines „intelligenten Faserverbundwerkstoffes"

Bereits eine Temperaturveränderung von 10 °C bewirkt eine wesentliche Steigerung des elastischen E-Moduls.

- FeNiCoTi-Eisenbasis-Memory-Metalllegierungen: Diese Werkstoffkombination als Aktuator ist gerade aufgrund des billigeren Preises für das Bauwesen interessant.

Der Einsatz von adaptiven Baustoffsystemen in Faserverbundwerkstoffen eröffnet neue Möglichkeiten der aktiven Verformungssteuerung. Dabei können sowohl Kabel als auch Lamellen oder andere Verbundaufbauten angedacht werden. Beispielhaft wird nachfolgend die Überwachung eines solchen Verbundwerkstoffes aufgezeigt, wobei die Dehnungen über intern oder extern angebrachte Sensoren gemessen und der Verformungszustand bestimmt.

Nachfolgend werden eine Reihe von faseroptischen Sensoren vorgestellt, welche in Kohlenstofffaser-Produkte eingebaut werden können. Teilweise werden in der Forschung diese Art von Sensoren für die Überwachung bereits eingesetzt; gerade mit dem Fabry-Pérot-Interferometer konnten bereits gute Erfolge erzielt werden [73]. Beim Einsatz an Kohlenstofffaser-Elementen konnte ein nahezu linearer Anstieg der Verbundspannungen bis zum Bruch festgestellt werden [74].

2.11.1 Dehnungsmessungen mit Glasfasersensoren an Kohlenstofffaser-Elementen

Neben den herkömmlichen Dehnungsmessstreifen, welche auf Trägermaterialien (z. B. Kohlenstofffaser-Lamellen) aufgeklebt werden, gewinnen die optischen Glasfasersensoren immer mehr an Bedeutung. Für diese Sensoren gibt es, ähnlich wie für die herkömmlichen Dehnungsmessaufnehmer, bereits umfangreiche Untersuchungen bezüglich des Übertragungsfehlers der Dehnung zwischen dem Trägermaterial und dem Sensor. Nun müssen aber auch die Fälle entweder einer externen Aufklebung oder einer internen mittigen Anbringung dieser Dehnungsaufnehmer unterschieden werden. Strauss [75] baut auf Untersuchungen von Yuan et al. [76] auf welche eine Abschätzung des Übertragungsfehlers für auf das Trägermaterial geklebte optische Sensoren erarbeiteten.

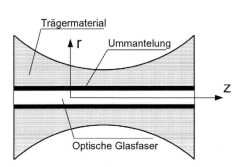

Bild 2.42 Glasfaser Sensor in das Trägermaterial eingebettet

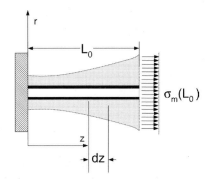

Bild 2.43 Modell zur Formulierung des Ansatzes nach [72]

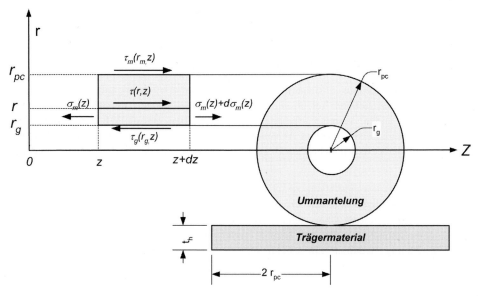

Bild 2.44 Modell zur Formulierung des Ansatzes nach [76]

$$k_1 = \sqrt{\left(\frac{2 \cdot G_{pc}}{r_g^2 \cdot E_g \cdot \log[r_{pc}/r_g]}\right)} \qquad (2.14)$$

$$\varepsilon_g(z) = \varepsilon_0 \cdot \left[(1 - \beta \cdot z) - \left(1 - \beta \cdot L_0 \frac{\sinh(k_1 \cdot z)}{\sinh(k_1 \cdot L_0)}\right)\right] \qquad (2.15)$$

Ausgangspunkt dieses Ansatzes ist die lineare Elastizitätstheorie. Der Glasfasersensor wird im Model von Yuan et al. [76] (siehe Bild 2.42) einer konstanten Spannungsverteilung σ_m unterworfen. Wenn der Sensor einseitig auf das Trägermaterial aufgebracht wird, entsteht aufgrund der exzentrischen Beanspruchung des Dehnungsaufnehmers eine lineare Spannungsverteilung im Bereich des Sensors (siehe Bilder 2.46 und 2.47). Dieses Verhalten wird zur Ermittlung des zusätzlichen Übertragungsfehlers von an der Oberfläche aufgeklebten Sensoren genützt (siehe Gleichung 2.29) und es wird auf die Ergebnisse von Yuan et al. (Gleichung 2.15) zurückgegriffen. Der Parameter β kann mit 1/1000 [1/mm] angesetzt werden.

Die Bilder 2.44 bis 2.46 zeigen in kurzer Form den Weg zur Ermittlung des zusätzlichen Übertragungsfehlers $\varepsilon_{g,\,surface}(z)$ auf.

Im ersten Schritt wird die Schwerpunktslage im Bereich des Sensors berechnet:

$$s = \frac{(r_{pc} \cdot 2 \cdot 2 \cdot r_g) \cdot (r_{pc} + t_h) + (t_h \cdot 2 \cdot r_g) \cdot t_h/2}{(r_{pc} \cdot 2 \cdot 2 \cdot r_g) + (t_h \cdot 2 \cdot r_g)} \qquad (2.16)$$

In der Folge werden die statischen Momente und die Trägheitsmomente ermittelt.

$$A_g = r_g^2 \cdot \pi\,; \quad A_{pc} = r_{pc}^2 \cdot \pi - A_g\,; \quad A_h = 2 \cdot r_{pc} \cdot t_h \qquad (2.17)$$

2.11 Mess- und Überwachungsmethoden

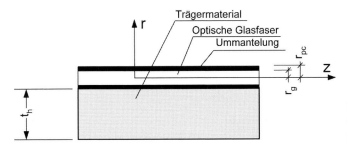

Bild 2.45 Glasfasersensor auf dem Trägermaterial aufgebracht

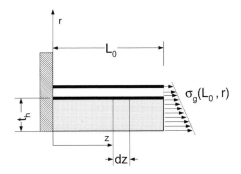

Bild 2.46 Lineare Verteilung der Spannung bei einseitig aufgebrachten Glasfasern

$$A_{sum} = A_g + A_{pc} + A_h \tag{2.18}$$

$$a_{pc} = r_{pc} + t_h - s \,;\, a_g = a_{pc} \,;\, a_h = \frac{t_h}{2} - s \tag{2.19}$$

$$I_{FiberCoating} = \left(\frac{r_{pc}^4 \cdot \pi}{4} - \frac{r_g^4 \cdot \pi}{4}\right) + A_{pc} \cdot a_{pc}^2 \tag{2.20}$$

$$I_{GlassOpticalFiber} = \frac{r_g^4 \cdot \pi}{4} + A_g \cdot a_g^2 \tag{2.21}$$

$$I_{HostMaterial} = \frac{2 \cdot r_{pc} \cdot t_h^3}{12} + A_h \cdot a_h^2 \tag{2.22}$$

$$I_{sum} = I_{FiberCoating} + I_{GlassOptical} + I_{HostMaterial} \tag{2.23}$$

Nachdem die geometrischen Daten des Querschnittes zur Verfügung stehen, können die Spannungsverteilungen und somit auch die Dehnungsverteilungen ermittelt werden.

$$M = \bar{\sigma} \cdot A_h \cdot \left(s - \frac{t_h}{2}\right) \tag{2.24}$$

$$N = \bar{\sigma} \cdot A_h \tag{2.25}$$

$\bar{\sigma}$ ungestörte Spannung außerhalb des Sensors im Trägermaterial

$$\sigma_{g,\,before} = \frac{N}{A_g} \cdot \frac{E_g}{E_p + E_g + E_h} \tag{2.26}$$

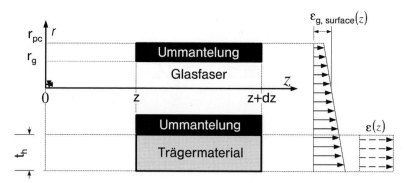

Bild 2.47 Vergleich der Spannungsverteilung eines eingebetteten und eines extern aufgeklebten Sensors

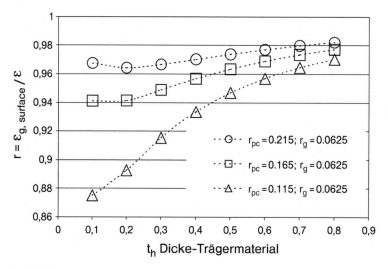

Bild 2.48 Dehnungsfehler W_u von applizierten faseroptischen Sensoren

$$\sigma_{g,\,after} = \left(\frac{N}{A_g} - \frac{M}{I_{sum}}\right) \cdot \left(\frac{E_g}{E_{pc} + E_g + E_h}\right) \cdot (r_{pc} + t_h - s) \tag{2.27}$$

Die Reduktion der Spannung im Zentrum der Glasfaser kann verwendet werden, um den zusätzlichen Übertragungsfehler aufgrund der exzentrischen Lage aus Gleichung (2.28) zu berechnen.

$$r = \frac{\sigma_{g,\,before} - \sigma_{g,\,after}}{\sigma_{g,\,before}} \tag{2.28}$$

$$\varepsilon_{g,\,surface}(z) = \varepsilon(z) \cdot r \tag{2.29}$$

Zur Überprüfung dieses Ansatzes wurden einige Parameterstudien durchgeführt. Die verwendeten Parameter können aus Tabelle 2.9 entnommen werden. Von Interesse ist, wie

Tabelle 2.9 Typische Parameter nach Yuan et al. [76]

Material Parameter	Symbole	Werte	Einheiten
Elastizitätsmodul des Glases	E_g	$7{,}2 \times 10^{10}$	Pa
Elastizitätsmodul des Trägermaterials (Eoxidharz)	E_m	$2{,}5 \times 10^9$	Pa
Elastizitätsmodul des Mantels des Sensors	E_{pc}	$8{,}5 \times 10^5$	Pa
Poisson's Zahl des polymeren Mantels des Sensors	ν_{pc}	0,49	
Schubmodul des polymeren Mantels des Sensors	G_{pc}	$2{,}7 \times 10^5$	Pa
Faserlänge des eingebetteten optischen Sensors	L_0	$0 \sim 300$	mm
Radius des polymeren Mantels	r_{pc}	$115 \sim 215$	µm
Radius der Glasfaser	r_g	62,5	µm
Parameter	β	0,001	1/mm

groß die Abnahme der Spannung im Zentrum des Glasfasersensors ist, falls der Sensor nicht wie im Modell von Yuan et al. [76] eingebettet ist, sondern auf das Trägermaterial appliziert wird. Die Auswertung des mathematischen Modells zeigt, dass zwei wesentliche Einflussgrößen dieses Verhalten bestimmen. Diese Einflussgrößen sind die Dicke des Trägermaterials t_n und der Radius der Ummantelung r_{pc}. In Bild 2.47 ist das Dehnungsverhältnis der beiden Sensoren, extern aufgeklebt und intern eingebettet, als Funktion der Dicke des Trägermaterials aufgetragen. Dieses Diagramm enthält die Darstellung von drei verschiedenen Ummantelungsdicken.

Die Ergebnisse dieser Untersuchungen wurden in zahlreichen Punkten mit einem nichtlinearen FE-Modell (Atena) überprüft und zeigten eine gute Übereinstimmung.

Die erweiterte Formulierung für optische Sensoren, welche auf die Oberfläche des Trägermaterials aufgeklebt werden, zeigt, dass der Übertragungsfehler der Dehnungen zu bis 15% im Vergleich zu dem Modell mit den eingebetteten Sensoren gesteigert wird. Die dominanten Einflussfaktoren für diesen zusätzlichen Fehler sind die Stärke des Trägermaterials und der Radius der Ummantelung.

2.11.2 Fabry-Pérot-Interferometer

Es können verschiedene faseroptische Sensoren, wie z. B. der Fabry-Pérot-Interferometer mit einer Genauigkeit von 0,05% eingesetzt werden. Fabry-Pérot-Interferometer (EFPIs) bestehen typischerweise aus einem Röhrchen aus Silizium, in dem sich zwei glatt gebrochene Faserenden eines optischen Lichtwellenleiters im Abstand von wenigen µm gegenüberstehen. Das stumpf endende Faserstück ist fest mit der Kapillare verbunden. Die Anschlussfaser, die zugleich zum Auswertegerät führt, ist gleitfähig in der Kapillare gelagert. Dem Messprinzip liegen Phasenänderungen interferierender Lichtwellenpakete zugrunde. Das Interferenzsignal entsteht durch Reflexion der Lichtwellenanteile an beiden Reflektoren, welche durch die Stirnflächen der optischen Fasern erzeugt wird. Diese Interferenz kann zur Nachbildung der Änderungen der Faserlänge mittels kohärenter oder niederkohärenter Techniken verwendet werden. Da die zwei Fasern am Rohr nahe den Ausgängen

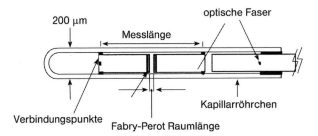

Bild 2.49 Aufbau eines Fabry-Pérot-Interferometer

fixiert und mit einem Abstand von 5 bis 25 mm befestigt sind, korrespondieren die Änderungen des Luftzwischenraumes zum Mittelwert der Dehnungsänderungen zwischen den zwei Verankerungspunkten. Der Messbereich liegt typischerweise im Bereich von ±2,5% bei einer Genauigkeit von 0,01% vom Messbereich. Dieser faseroptische Sensor wurde bereits in Kohlenstofffaser-Elemente mit vielversprechendem Erfolg eingebaut.

2.11.3 Faser-Bragg-Grating-Sensoren

Als Bragg-Gitter werden eine Reihe periodischer Reflexionsstellen im Kern eines Lichtwellenleiters bezeichnet. Die Reflexionsstellen sind eine Folge von aneinandergereihten Schichten mit unterschiedlicher Brechzahl n, an denen beim Einkoppeln von Licht in die Glasfaser Teilreflexe entstehen. In Abhängigkeit von der Brechzahl n und der Periodenlänge Λ des Gitters wird jeweils eine bestimmte Wellenlänge des eingekoppelten Lichtes reflektiert. Dieser Fall tritt genau dann ein, wenn die Gleichung (2.30) erfüllt wird.

$$\lambda_0 = 2 \cdot n_{eff} \cdot \Lambda \tag{2.30}$$

Licht, dessen Wellenlänge diese Bedingung nicht erfüllt, passiert die Gitter unbeeinflusst und ist als Transmissionsspektrum bestimmbar. Durch eine mechanische Beanspruchung

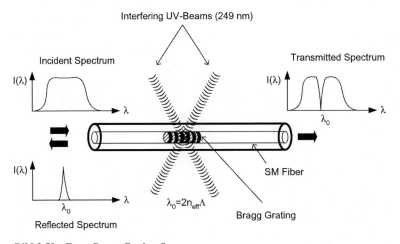

Bild 2.50 Faser-Bragg-Grating-Sensor

der Faser (Dehnung/Stauchung) wird in erster Linie die Periodenzahl des Gitters verändert, während die Brechzahl vor allem durch die Temperatur beeinflusst wird. Dieses Faktum wird in der Sensorik ausgenutzt. Bei Änderung der beiden genannten Größen verschiebt sich die Bragg-Wellenlänge im zu messenden Reflexions- bzw. Transmissionsspektrum. Die Verschiebung der Bragg-Wellenlänge ist ein Maß für die durch Zug- und Druckkräfte bzw. Temperaturänderungen hervorgerufene Dehnung oder Stauchung der Glasfaser an der Stelle des Bragg-Gitters.

Bragg-Grating-Sensoren sind also punktuelle Dehnungssensoren mit einer Messbasis von 2 bis 25 mm bei einer Auflösung von $1\,\mu\varepsilon$ bei einem maximalen Dehnungsbereich von etwa ±3%. Von besonderem Interesse ist die Anwendung einer kaskadierten Anordnung der Bragg-Gitter (Multiplexing) auf einer Glasfaser. Verschiedene Gitter in derselben Faser und an verschiedenen Stellen können so reguliert werden, dass sie verschiedene Wellenlängen reflektieren. Dabei ist anzumerken, dass die Anzahl der Gitter in einem indirekt proportionalen Verhältnis zum dynamischen Bereich der Messung steht. Auf der Grundlage der hohen Zuverlässigkeit wurden solche Sensoren bereits in Kohlenstofffaser-Kabel wirkungsvoll eingesetzt [77].

2.11.4 SOFO®-Sensoren

Beim interferometrischen SOFO®-Verformungssensor wird über eine LED infrarotes Licht in einen Lichtwellenleiter (Standard-Monomode-Faser) emittiert und über einen Koppler in zwei Fasern (Messfaser, Referenzfaser) übertragen. Die Messfaser ist kraftschlüssig mit dem Messobjekt verbunden. Die Referenzfaser ist parallel zur Messfaser frei im Messrohr installiert. Ein Spiegel am Ende der Fasern reflektiert das Licht, das über den Koppler in den Analysator geführt wird. Der Analysator besteht auch aus zwei Fasern, deren Längenunterschied exakt mit einem beweglichen Spiegel vermessen wird. Beim Verschieben des Spiegels erzielt man nur dann eine Modulierung des von der Photodiode detektierten Signals, wenn der Längenunterschied zwischen den Fasern im Analysator den Unterschied zwischen den in der Struktur installierten Fasern kompensiert. Die Messlängen liegen im Bereich von 25 cm bis 10 m, Messbereich –0,5% bis 1% bei einer Auflösung von 2 µm. Die direkte Koppelung von solchen SOFO®-Sensoren an Kohlenstofffaser-Elemente ist zur Zeit Gegenstand der Forschung. Ein Vorteil würde in den langen Messstrecken liegen.

Eine Neuentwicklung stellen sehr dünne faseroptische Sensoren dar, welche auf die Kohlenstofffaser-Elemente aufgeklebt werden können. Sinnvoll wäre der direkte Einbau solcher Faserelemente während des Pultrusionsverfahren, jedoch würden die Sensoren während des Produktionsprozesses beschädigt werden.

2.11.5 Microbending-Verformungssensoren

Microbending-Systeme bestehen aus Paaren von Lichtwellenleitern (bis zu 10 m lang), die mit anderen Lichtwellenleitern oder mit einem metallischen Draht entlang ihrer aktiven Saiten verdrillt werden. Eine Ausdehnung dieses Kabelstranges induziert durch die stärkere Umschlingung der Wellenleiter eine Flucht eines Teils des Lichtes aus den Fasern.

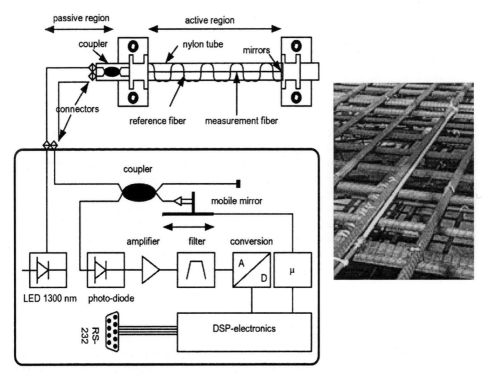

Bild 2.51 Links: Messkette für SOFO®-Sensoren; rechts: Eingebaute SOFO®-Sensoren

Durch eine Messung der Intensität des restlichen übermittelten Lichtes ist es deshalb möglich, die Verformung der Struktur, auf welcher der Sensor (optische Saite genannt) angebracht ist, zu bestimmen. Microbending-Verformungssensoren sind sehr einfach konzipiert, haben allerdings auch einige Schwachstellen, insbesondere die Temperaturkompensation, Intensitätsabweichungen, die Kalibrierung und das nicht lineare Verhältnis zwischen Lichtintensität und Verformung betreffend. Dieser Typ von Sensor scheint aber sehr geeignet für kurzfristige und dynamische Messanwendungen, insbesondere auch zur Dehnungskontrolle von mit Kohlenstofffaser-Elementen verstärkten Biegebauteilen.

2.11.6 Brillouin-Sensoren

Brillouin-Sensoren bieten eine interessante Möglichkeit zur Überwachung von verteilten Temperaturen und Spannungen in bis zu 50 km langen Fasern mit einer auch geringen räumlichen Auflösung. Die Brillouin-Diffusion ist das Resultat der Interaktion zwischen optischen Wellen und Schallwellen in einer Faser. Besteht das Testsignal aus einem kurzen Lichtimpuls und wird seine Intensität als Funktion der benötigten Durchlaufzeit („roundtrip time") und Frequenzverschiebung beschrieben, so ist es möglich, ein Profil der sogenannten Brillouinverschiebung über die ganze Länge der Faser zu erhalten. Die messtechnische Nutzung der Brillouin-Diffusion liegt in der Abhängigkeit der Brillouinverschiebung von Temperatur und Spannung des Lichtwellenleiters. Der Einsatz solcher Sensoren, im Bereich von Kohlenstofffaser-Produkten extern aufgeklebt oder intern eingebunden, wurde bereits bei praktischen Anwendungen erforscht [78]. Dabei konnten auch sehr kleine Dehnungen ($\sim 50\ \mu E$) erfasst werden [79].

2.12 Ökologische Aspekte

Um die Auswirkungen eines Produktes auf seine Umwelt feststellen zu können, kann eine Ökobilanz durchgeführt werden. Dabei werden alle positiven und negativen Auswirkungen des Produktes während seines gesamten Lebenszykluses betrachtet. Prušnik [80] stellte die Schwierigkeit für das Erstellen einer vollständigen Ökobilanz von Kohlenstofffasern fest, da viele Daten und Herstellungsprozesse Eigentum der Produktionsfirmen sind.

Kunststoffe können im Allgemeinen wiederverwertet oder umweltschonend entsorgt werden. Die Kunststoffabfälle der Bauindustrie stellen nur etwa 5% der gesamten Kunststoffabfälle dar, und diese wiederum nur 1,2% der Gesamtmüllmenge. Beim Verbrennen von Kunststoffen in Müllverbrennungsanlagen kann ihr hoher Heizwert ausgenutzt werden. Die meisten Kunststoffe verbrennen zu Kohlendioxid und Wasser. Bei der Verbrennung von PVC werden Chlorwasserstoffgase frei. Ebenso erzeugen manche Kunststoffe bei der Verbrennung giftige Gase, weil sie Stabilisatoren wie Cadmium und Bleiverbindungen enthalten.

Eine sinnvolle Möglichkeit für die Wiederverwendung von Abfällen bei der Lamellenproduktion aus Kohlenstofffasern ist das Zerhacken oder Zermahlen der Abfallstränge. Diese können dann wieder als Bewehrungs- oder Füllmaterialien für spezielle Betone oder andere Werkstoffe im Bauwesen verwendet werden.

Da Kohlenstofffasern mit Hilfe des endlichen Rohstoffes Erdöl hergestellt werden, sind sie ökologisch nur bedingt unbedenklich einzustufen. Die produzierten Mengen an Kohlenstofffasern und deren Auswirkungen auf die Umwelt sind aber im Verhältnis zu anderen Werkstoffen sehr gering.

Tabelle 2.10 Wirkkategorien für die Ökobilanzierung des Materialherstellungsprozesses [81]

Wirkkategorie		Messgröße
Treibhauseffekt	Global Warming Potential	CO_2-Äquivalent
Ozonschichtabbau	Ozone Depletion Potential	CFC11-Äquivalent
Versauerung	Acidification Potential	SO_x-Äquivalent
Eutrophierung	Nutriphication Potential	PO_4-Äquivalent
Sommersmog	Photochemical Ozone Creation Potential	C_2H_4-Äquivalent
Energie	Energy	MJ

Das bekannteste Kompendium der Geotechnik

Teil 1:
Geotechnische Grundlagen
6. Auflage 2000. 802 Seiten,
Gb. € 169,–*/ sFR 250,–
ISBN 3-433-01445-0

Inhalt:
- Internationale Vereinbarungen (Smoltczyk, Bauduin)
- Ermittlung charakteristischer Werte (Bauduin)
- Baugrunduntersuchungen im Feld (Melzer, Bergdahl)
- Eigenschaften von Boden und Fels (von Soos)
- Stoffgesetze (Gudehus)
- Spannungen und Setzungen im Boden (Poulos)
- Plastizitätstheoretische Behandlung geotechnischer Probleme (Nova)
- Bodendynamik und Erdbeben (Klein)
- Erddruckermittlung (Gudehus)
- Numerische Verfahren (Gußmann, Schad, Smith)
- Geodätisch-photogrammetrische Überwachung von Hängen (Linkwitz, Schwarz)
- Geotechnische Messverfahren (Thut)
- Phänomenologie natürlicher Böschungen (Krauter)
- Eisdruck (Hager)
- Böschungsgleichgewicht im Fels (Wittke, Erichsen)

Teil 2:
Geotechnische Verfahren
6. Auflage 2001. 879 Seiten.
Gb. € 169,–*/ sFR 250,–
ISBN 3-433-01446-9

Inhalt:
- Baugrundverbesserung (Kirsch, Sondermann)
- Injektionen (Semprich, Stadler)
- Unterfangungen und Unterfahrungen (Smoltczyk, Witt)
- Bodenvereisung (Jessberger, Jagow-Klaff)
- Verpreßanker (Ostermayer)
- Bohrverfahren (Ulrich)
- Rammen, Ziehen, Pressen, Rütteln (Drees)
- Gründungen im offenen Wasser (de Gijt)
- Böschungsherstellung (Hirschberger)
- Grundwasserströmung – Grundwasserhaltung (Rieß)
- Abdichtungen (Haack, Emig)
- Herstellung von Geländeeinschnitten (Toepfer)
- Rohrvortrieb (Toepfer)
- Erdbau (Schmidt)
- Geokunststoffe in der Geotechnik und im Wasserbau (Saathoff, Zitscher)
- Böschungssicherung mit ingenieurbiologischen Bauweisen (Schiechtl)

Teil 3:
Gründungen
6. Auflage 2001. 751 Seiten.
Gb. € 169,–*/ sFR 250,–
ISBN 3-433-01447-7

Inhalt:
- Flachgründungen (Smoltczyk, Netzel, Kany)
- Pfahlgründungen (Kempfert, Smoltczyk)
- Senkkästen (Lingenfelser)
- Baugrubensicherung (Weißenbach, Hettler)
- Pfahlwände, Schlitzwände, Dichtwände (Stocker, Walz)
- Spundwände für Häfen und Wasserstraßen (Rizkallah, Hering, Kalle, Vollstedt)
- Stützbauwerke und konstruktive Hangsicherungen (Brandl)
- Maschinenfundamente (G. Klein, D. Klein)
- Gründungen in Bergbaugebieten (Placzek)

Ernst & Sohn
Verlag für Architektur und
technische Wissenschaften GmbH & Co. KG

Für Bestellungen und Kundenservice:
Verlag Wiley-VCH
Boschstraße 12
69469 Weinheim
Telefon: (06201) 606-400
Telefax: (06201) 606-184
Email: service@wiley-vch.de

Vorzugspreis bei Abnahme von Teil 1 bis 3
€ 439,– * / sFR 649,–
ISBN 3-433-01448-5

Ernst & Sohn
A Wiley Company
www.ernst-und-sohn.de

* Der €-Preis gilt ausschließlich für Deutschland

3 Kohlenstofffaser-Bewehrungen im Betonbau

*Insofern sich die Sätze der Mathematik auf die Wirklichkeit beziehen,
sind sie nicht sicher, und insofern sie sicher sind,
beziehen sie sich nicht auf die Wirklichkeit!*

Albert Einstein (1879–1955)

Die Herstellung von Matrixwerkstoffen kann durch eine Vielzahl von Fasertypen erfolgen, die sich in ihren Eigenschaften und Lieferformen unterscheiden. Die Technologie der Faserbearbeitung schafft heute verschiedenste Werkstoffe, welche im Konstruktiven Ingenieurbau sinnvoll für dauerhafte Strukturen eingesetzt werden können. In der folgenden Beschreibung werden nur Kohlenstofffasern betrachtet und deren Einsatzmöglichkeiten als Bewehrungsmaterialien für den Betonbau diskutiert. Bereits heute gibt es vorgespannte Fertigteile für den Brückenbau und vorgespannte Masten, in denen gänzlich Bewehrungsmaterialien aus Kohlenstofffasern eingesetzt werden.

3.1 Faserbewehrung

Kohlenstofffasern können für einen faserbewehrten Beton verwendet werden. Die Einsatzmöglichkeiten für den Faserbeton wären sehr vielfältig, jedoch kommt bei den Kohlenstofffasern der ökonomische Aspekt und die geringe Haftfestigkeit im Gegensatz zu Stahl-, Glas-, oder Polypropylen-, bzw. Polyacrylnitril-Fasern dazu [1]. Nachteilig wirkt sich bei der Verarbeitung von Kohlenstofffasern als Faserbewehrung die Knickempfindlichkeit und die Sprödigkeit des Materials aus. Die Wirkung der Fasern soll primär die Rissbildung, die Rissfortpflanzung und die Rissbreite beeinflussen. Auch die Verformungsfähigkeit des Betons wird von den Fasern beeinflusst, wobei hauptsächlich die Energieaufnahme bis zum Bruch und das Arbeitsvermögen entscheidend sind.

Ein Hauptvorteil dieser Faserbewehrung wäre für dauerhafte Betonkonstruktionen der Widerstand gegen chemische und aggressive Medien sowie die hohe Zugfestigkeit. Um die Einsatzmöglichkeiten bewerten zu können, wurden verschiedene experimentelle und theoretische Untersuchungen durchgeführt.

Bei der Einbringung des zerkleinerten Materials sowie auch der Plättchen und Stäbchen aus Kohlenstofffasern im Labor konnte eine relativ gute Verteilung in der Mörtelmasse erreicht werden. Dabei wurden folgende Kohlenstoffbewehrungen verwendet [2]:

- Faser, zerkleinertes Material: d=0,1–2 mm, Faserlänge 5 bis 50 mm
- Stäbchen: $60 \times 2 \times 1{,}4$ mm
- Plättchen: $30 \times 5 \times 1{,}4$ mm

Ein Hauptproblem stellt die Haftfestigkeit dar. Auch verschiedene Optimierungsansätze bezüglich Haftung zeigten, dass eine Vorbehandlung der Oberfläche nur geringfügige Verbesserungen bewirkt. Interessante Ergebnisse konnten durch eine Mischung von Kohlenstofffasern mit anderen Kunststofffasern erzielt werden. Dieser „Fasermix" hilft einerseits die Fasern gleichmäßiger im Beton zu verteilen und andererseits das Faserverbundverhalten durch verschiedene Faserformen zu verbessern.

Aufbauend auf den Ergebnissen der Haftfestigkeit und der Faserverteilung wurden dann mittels Biegeversuchen an Balken mit einer Faserbewehrung aus Kohlenstofffasern das geänderte Verformungs-(Duktilität) und Tragfähigkeitsverhalten erkundet.

3.1.1 Ausziehversuche

Zur Beurteilung der Haftfestigkeit wurden Ausziehversuche mit Kohlenstofffaser-Plättchen an Betonwürfeln mit folgenden Parametern durchgeführt:
- Geometrie und insbesondere die Breite,
- Oberflächenstrukturierung und insbesondere eine glatte/raue Plättchenoberfläche.

Der Versuchsaufbau ist in Bild 3.1 dargestellt, wobei die Plättchenverschiebungen am belasteten und am unbelasteten Ende gemessen wurden. Um einen Betonausbruch zu verhindern, wurde eine verbundfreie Länge von 50 mm gewählt.

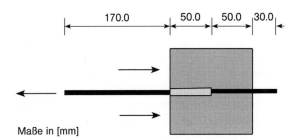

Bild 3.1 Versuchsaufbau

Bei den rauen Plättchenoberflächen steigt die Verbundspannung etwa linear bis zum Maximum an, fällt dann etwas ab und läuft aufgrund der Gleitreibung konstant weiter (Bild 3.2). Die glatten Oberflächen weisen ein ähnliches Verhalten aber geringere maximale Verbundspannungen auf.

In Tabelle 3.1 sind die Ergebnisse der Ausziehversuche abhängig von Plättchenbreite und Oberflächenbeschaffenheit zusammengefasst.

Eine raue Oberfläche bewirkt somit eine Erhöhung der aufnehmbaren Verbundspannung. Diese Erhöhung der Verbundspannung ist bei den 5 mm breiten Plättchen ausgeprägter als bei den 10 mm breiten (35 bzw. 10%).

Auch Ausziehversuche mit geschnittenen Kohlenstofffasern mit Längen von 50 mm zeigten ähnliche Ergebnisse, wobei Mittelwerte von 4,5 N/mm^2 mit einem Variationskoeffizienten von etwa 15% erreicht wurden [3].

3.1 Faserbewehrung

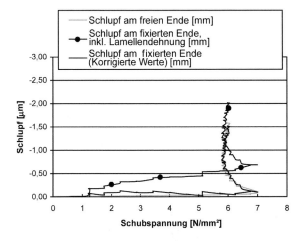

Bild 3.2 Schub-Spannungs-Verschiebungsverhalten von Kohlenstofffaser-Plättchen (30×5×1,4 mm)

Tabelle 3.1 Ergebnisse der Ausziehversuche (siehe [2])

Oberfläche	Plättchenbreite [mm]	Verschiebung bei Versagen [mm]	Verbundspannung bei Versagen [N/mm²]
glatt	5	0,13	5,1
rau	5	0,13	6,9
glatt	10	0,2	4,2
rau	10	0,22	4,6

3.1.2 Modellierung des Verbundverhaltens

Für die Definition des Zuges in der Faserachse und der Verbundkräfte in der Grenzfläche Beton-Faser sind grundlegende analytische Modelle einer Verbund-Schlupf-Beziehung aufzustellen [3]. Die folgenden Modelle für runde Fasern und rechteckige Plättchen zeigen eine vereinfachte Berechnung für das Verbundverhalten mit linear elastischem Materialverhalten im ungerissenen Beton auf.

Die Spannungs-Dehnungs-Beziehung kann folgendermaßen definiert werden:

$$\tau(x) = \kappa \cdot s(x) \tag{3.1}$$

Dabei ist τ die Verbundspannung, κ der Verbundkoeffizient und s der Schlupf. Die Spannungen am Umfang eines eingebetteten Zugelementes sind nachfolgend dargestellt.

Die Gleichgewichtsbedingungen können wie folgt angegeben werden:

$$\frac{dF_f(x)}{ds} = U \cdot \tau(x) = t(x) \tag{3.2}$$

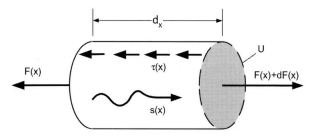

Bild 3.3 Spannungen an einem Bewehrungsstab (aus [1])

Die Relativverschiebung s(x) wird als Differenz der Verschiebung der Faser $u_f(x)$ und der umgebenden Matrix $u_m(x)$ ausgedrückt:

$$s(x) = u_f(x) - u_m(x) \qquad (3.3)$$

Die Dehnungs-Verschiebungs-Beziehung kann wie folgt definiert werden:

$$\frac{ds(x)}{dx} = \varepsilon_f(x) - \varepsilon_m(x) \qquad (3.4)$$

welches zu folgendem Term führt:

$$\frac{d\tau(x)}{dx} = \kappa \cdot \frac{ds(x)}{dx} = \kappa \cdot (\varepsilon_f(x) - \varepsilon_m(x)) \qquad (3.5)$$

und kann weiter nach dx abgeleitet und wie folgt angeschrieben werden:

$$\frac{d^2 F_{(f)}(x)}{dx^2} = U \cdot \frac{d\tau(x)}{dx} U \cdot \kappa \cdot (\varepsilon_f(x) - \varepsilon_m(x)) = U \cdot \kappa \cdot \left(\frac{F_f(x)}{E \cdot A_f} - \frac{F_m(x)}{E \cdot A_m} \right) \qquad (3.6)$$

U ist der tatsächliche Umfang des runden oder rechteckigen Faserelementes. Die Größe der belasteten Matrixfläche A_m kann nur abgeschätzt werden. Es wird angenommen, dass dieser Bereich einen Durchmesser von „5d" aufweist, entsprechend dem Querschnitt eines kreisförmigen Faserelementes.

- Runde Fasern (d=0,1 mm): $\quad A_m=0{,}06\,\pi;\quad U=0{,}3$ mm
- Runde Fasern (d=1,0 mm): $\quad A_m=6\,\pi;\quad U=4$ mm
- Stäbchen: 60×2×1,4 mm (d_{equ}=1,7 mm): $\quad A_m=18\,\pi;\quad U=7$ mm
- Plättchen: 30×5×1,4 mm (d_{equ}=3,2 mm): $\quad A_m=64\,\pi;\quad U=13$ mm

Mit den Gleichgewichtsbedingungen für den Ausziehkörper vom Typ RILEM können die Kräfte vereinfacht angesetzt werden:

$$F_{(f)}(x) = F_m(x) \qquad (3.7)$$

Als Faktor λ wird definiert:

$$\lambda = \sqrt{U \cdot \kappa \cdot \left(\frac{1}{E \cdot A_f} + \frac{1}{E \cdot A_m} \right)} \qquad (3.8)$$

3.1 Faserbewehrung

Das Gleichgewicht wird wie folgt formuliert:

$$F_f''(x) - \lambda^2 F_f(x) = 0 \tag{3.9}$$

Diese Gleichung führt zu Formeln, mit denen die Spannungs- und Schlupfgrößen im eingebetteten Teil der Faserbewehrung (x = l/2) berechnet werden können (Bild 3.4). Sie beinhalten die Bedingung, dass $F_f(x=0)=0$ und $F_f(x=l/2)=P$ ist.

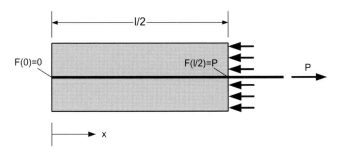

Bild 3.4 Globales System des Ausziehkörpers (aus [1])

Kraft $F_f(x)$ in der Bewehrung:

$$F_f(x) = \frac{P \cdot \sinh \cdot (\lambda \cdot x)}{\sinh \cdot (0{,}5 \cdot \lambda \cdot l)} \tag{3.10}$$

Die Schubspannung $\tau(x)$ ist unabhängig vom Umfang der Bewehrung und kann wie folgt definiert werden:

$$\tau(x) = \frac{P \cdot \lambda \cdot \cosh \cdot (\lambda \cdot x)}{\sinh \cdot (0{,}5 \cdot \lambda \cdot l)} \tag{3.11}$$

Der Schlupf s(x) kann entsprechend angeschrieben werden:

$$s(x) = \frac{P \cdot \lambda \cdot \cosh \cdot (\lambda \cdot x)}{\kappa \cdot U \cdot \sinh \cdot (0{,}5 \cdot \lambda \cdot l)} \tag{3.12}$$

Für die runden Fasern und die rechteckige Form von Kohlenstofffaser-Plättchen (mit einem äquivalenten Radius) werden nachfolgend einige Parameter unter Annahme eines E-Moduls von 150 GPa für die Schubspannungsverteilung dargestellt.

Die Berechnung der Kraftverteilung ergab, dass die größte Abweichung zwischen den Kurven im mittleren Teil der eingebetteten Faser bestand. Die Kraft in der Faser mit einer umgebenden effektiven Betonfläche mit einem Radius von r ≥ 10,0 mm ist nahezu doppelt so hoch wie jene mit einem Radius von r = 2,5 mm. Ein unterschiedliches Verhalten konnte in der Berechnung der Scherkräfte und des Schlupfes beobachtet werden.

Tabelle 3.2 Parameter mit unterschiedlicher Rauigkeit für die Schubspannungsverteilung

Radius [mm]	Faserfläche	Matrixfläche	λ bei $\kappa = 20$	λ bei $\kappa = 50$
0,05	0,00785	0,19625	0,074476	0,117757
0,1	0,0314	0,785	0,052662	0,083267
0,2	0,1256	3,14	0,037238	0,058878
0,4	0,5024	12,56	0,026331	0,041633
0,5	0,785	19,625	0,023551	0,037238
1	3,14	78,5	0,016653	0,026331
2	12,56	314	0,011776	0,018619
4	50,24	1256	0,008327	0,013166
5	78,5	1962,5	0,007448	0,011776

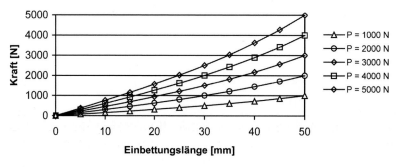

Bild 3.5 Verteilung der Kraft bei einer Lamellenbreite = 5 mm mit unterschiedlichen Laststufen (aus [1])

3.1.3 Wirkungsweise einer Faserbewehrung

Durch die Zugabe von kurzen Fasern bei der Herstellung von Beton entsteht ein Verbundwerkstoff mit erhöhter Zugfestigkeit und Dehnfähigkeit. Gelingt es, einen Verbund zwischen der Zementmatrix und der Faserbewehrung herzustellen, dann steigt die Zugfestigkeit an. Sehr wichtig ist dabei, eine homogene Verteilung der Fasern über den gesamten Betonquerschnitt zu erreichen [5]. Dabei gilt es, zwischen der Faserform, der Verteilungsart und der Effizienz ein Optimum herzustellen [6]. Insbesondere soll die Verformbarkeit und die Energieaufnahme verbessert werden. Der Anstieg der Bruchdehnung und der Bruchenergie hängt mit dem abfallenden Ast des Spannungs-Dehnungs-Diagramms zusammen, welcher immer flacher verläuft. Die Steigerung der Biegezugfestigkeit hängt in entscheidendem Maße davon ab, ob der Fasergehalt über dem kritischen Wert v_{fcrit} (bzw. unter dem kritischen Wert) liegt.

Durch eine Fasermischung von Kohlenstoff- und anderen Kunststofffasern kann die Wirkungsweise verbessert werden. Eine sehr gute Wirkung zeigte die Mischung von Kohlenstofffasern mit einem E-Modul von 150 GPa und Polyacrylnitril (PAN)-Fasern mit einem E-Modul von etwa 15 bis 20 GPa [3]. Die Faserlängen betrugen bei den Polyacrylnitrilfasern etwa 20 bis 22 mm und bei den Kohlenstofffasern 50 mm. Die Fasern, insbesondere die Plättchen und Stäbchen aus Kohlenstofffasern, finden in der Zementmatrix durch ihre Formgestaltung keine ideale Integration. Dies führt teilweise auch zu einem schlechten Verbund in der mit runden und kubusförmigen Zuschlägen besetzten Zementmatrix. Für die Zugkapazität des Betons führt dies zu keiner direkten Verschlechterung, da sie primär von der Zementmatrix und deren Haftung an die Zuschläge beeinflusst wird. Um die Haftung zu verbessern, wurden auf Plättchen aus Kohlenstofffasern Quarzkörner aufgeklebt. Erste Versuche mit einer Sandbestrahlung führten nicht zu einer wesentlichen Verbesserung. Durch ein gezieltes Auffächern der Endbereiche kann jedoch die Haftfestigkeit gesteigert werden.

Die Zugabe von Stäbchen und Plättchen reduziert die Druckfestigkeit, da die Ausbildung der Drucktrajektorien gestört wird. Die Druckabtragung im Beton erfolgt primär über die Kontaktstellen der Zuschlagskörper. Durch die Einlagerung von Kohlenstoffplättchen entstehen Zwischenschichten mit unterschiedlicher Drucksteifigkeit. Dies führt wiederum zu abgelenkten Kraftflüssen und damit zu einer reduzierten Druckfestigkeit.

3.1.4 Theorie der Verbundwerkstoffe

Um den Verbundwerkstoff faserbewehrten Beton besser zu beschreiben, wird nachfolgend eine kurze allgemeine Übersicht über eine theoretische Formulierung dargestellt. Das Tragverhalten eines faserbewehrten Werkstoffes kann durch zwei unterschiedliche Ansätze beschrieben werden:

- Theorie der Verbundwerkstoffe und
- Bruchmechanik.

Mit der klassischen Theorie der Verbundwerkstoffe ergeben sich die von Matrix und Fasern aufgenommenen Spannungsanteile aus der Volumenkonzentration der Fasern v_f und dem Steifigkeitsverhältnis $n = E_f/E_m$ beider Komponenten. Die Wirksamkeit einer Faserbewehrung steigt mit wachsendem v_f und n an. Die Zugfestigkeit des Verbundwerkstoffs hängt vom Fasergehalt, der Faserorientierung und dem Verbund zwischen Fasern und Matrix ab [7]. Eine nennenswerte Erhöhung der Tragfähigkeit von Faserbeton tritt nur ein, wenn der Fasergehalt über einem kritischen Wert $v_{f,crit}$ liegt. Im einfachsten Fall kann dieser folgendermaßen beschrieben werden:

$$v_{f,crit} = \frac{f_m}{\eta_0 \cdot \eta_v \cdot f_{cf}} \tag{3.13}$$

f_m Zugfestigkeit der Matrix
f_{cf} Zugfestigkeit der Kohlenstofffaser
η_0 Beiwert ≤ 0; berücksichtigt, dass nicht alle Fasern in Richtung der angreifenden Spannung orientiert sind
η_v Verbundbeiwert < 1, wenn der Verbund zwischen Matrix und Faser nicht ausreicht, eine Spannung gleich der Zugfestigkeit in die Faser einzuleiten

Dieser kritische Fasergehalt weist nach eigenen Untersuchungen folgende Grenzbereiche für Produkte aus Kohlenstofffasern auf:

- Faserbündel: 0,04
- Stäbchen: 0,03
- Plättchen: 0,02

Nach Überlegungen der Bruchmechanik hängt die Spannung „σ_{w0}", bei der ein zugbeanspruchter Faserverbundwerkstoff reißt, vom mittleren Abstand der Fasern „s_f" ab [8]. Der Zähler stellt in der nachfolgenden Gleichung eine Konstante dar, welche von der Betonzusammensetzung und der Faserform sowie der Haftung abhängt.

$$\sigma_{w0} = \frac{c}{\sqrt{s_f}} \qquad (3.14)$$

Um die Zugfestigkeit in der Matrix voll entwickeln zu können, muss eine Faser (Plättchen oder Stäbchen) ausreichend lang sein. Die dazu erforderliche Haftlänge $l_{f,bd}$ ergibt sich folgendermaßen:

$$l_{f,bd} = \frac{f_{cf}}{4\tau_m} \cdot d \qquad \text{für runde Fasern} \qquad (3.15)$$

$$l_{f,bd} = \frac{h \cdot b \cdot f_{cf}}{2(h+b)\tau_m} \qquad \text{für rechteckige Plättchen} \qquad (3.16)$$

f_{cf} Zugfestigkeit der Faser
d_f Durchmesser der Faser
h Höhe der Plättchen
b Breite der Plättchen
τ_m mittlere aufnehmbare Verbundspannung: dieser Wert beträgt auf der Grundlage eigener Ausziehversuche je nach Form und Oberflächengestaltung der Kohlenstofffaser zwischen 4 und 10 MPa. Der Wert hängt primär von der Haftreibung (Formschluss) und der Faserbewehrung mit der umschließenden Zementmatrix ab

Die kritische Faserlänge l_{crit} entspricht der Mindestlänge einer Faser, in der die Zugfestigkeit der Faser über Haftverbund eingeleitet werden kann. Sie ist mindestens gleich der doppelten Haftlänge und beträgt

$$l_{crit} = \alpha \cdot 2l_f = \alpha \cdot \frac{f_{cf}}{2\tau_m} \cdot d_f \qquad \text{für runde Fasern} \qquad (3.17)$$

$$l_{crit} = \alpha \cdot 2l_f = \alpha \frac{h \cdot b \cdot f_{cf}}{(h+b)\tau_m} \qquad \text{für Plättchen} \qquad (3.18)$$

wobei die seitliche Höhe für den Scherbruch vernachlässigt wird, da kaum Haftübertragung erfolgt:

$$l_{crit} = \alpha \frac{h \cdot f_{cf}}{\tau_m} \qquad \text{für Plättchen} \qquad (3.19)$$

Der Beiwert α berücksichtigt, dass die Risse nicht immer in der Mitte der Faser liegen, weshalb der Wert α größer als 1,0 anzunehmen ist.

Daraus errechnet sich, bei einem Faserdurchmesser von 0,1 mm, einer Verbundfestigkeit von 5 MPa, einer effektiven (maximal entwickelbaren) Zugfestigkeit der Faser von etwa 1200 MPa und einem Wert von $\alpha = 2{,}0$, die kritische Faserlänge zu $l_{crit} = 24$ mm.

Für die Plättchen mit einer Länge von 50 mm, einer Höhe von 1,2 mm, einer Verbundfestigkeit von 6 MPa und einem Wert von $\alpha = 2{,}0$ errechnet sich eine maximal entwickelbare Zugfestigkeit von etwa 500 MPa.

Somit steigt die Wirksamkeit einer Faser mit dem Verhältnis Faserlänge/Faserdurchmesser l_f/d_f. Allerdings nimmt die Verarbeitbarkeit des frischen Faserbetons mit steigendem Verhältnis l_f/d_f ab. Deshalb muss je nach Korngröße der Zuschläge und Mischverfahren ein Optimum der Faserform und -geometrie gefunden werden.

3.1.5 Entwicklung und Abschätzung der Risskonfiguration

Wichtig für den Faserbeton ist die Entwicklungstendenz der Risse, das Rissbild und vor allem eine mögliche Risskontrolle. Auch ist die Größe der vom Faserbeton aufnehmbaren Spannung von der Rissentwicklung und der Rissbreite abhängig. So hat Marti [9] in Abhängigkeit von der Anfangsspannung σ_0 für Stahlfaserbeton, der Faserlänge l_f und der Spannung bei einer bestimmten Rissbreite σ_w eine Formulierung der Rissbreite für zentrischen Zug erstellt. Die Anfangsspannung σ_0 ist jene Spannung, die unmittelbar nach Rissbildung ausschließlich von den Fasern übertragen wird. Versuche in Braunschweig zeigten, dass diese Formulierung bei Stahlfaserbeton auch für Biegebauteile angewandt werden kann. Dabei wird für die Anfangsspannung σ_0 eine sogenannte Residualspannung $\sigma_{Res,0,5}$ verwendet, welche dem Spannungswert bei einer Rissbreite von 0,5 mm entspricht. Bei dieser Rissbreite kann davon ausgegangen werden, dass die gesamte Kraftübertragung über die Fasern erfolgt. Die Formulierung von Marti [9] kann mit einem Korrekturfaktor, wie ihn Falkner et al. [10] für die Gestaltung der Faser (dargestellt von Falkner für Stahlfasern) vorgeschlagen hat, erweitert werden. Für diesen Korrekturfaktor können, sofern keine experimentellen Untersuchungen vorliegen, folgende Anhaltswerte angenommen werden:

$\beta = 1{,}0$ für Fasern mit Endverankerung (Formschluss)
$\beta = 1{,}3$ für Fasern mit guter Haftung durch Reibung und teilweisem Formschluss
$\beta = 1{,}5$ für Fasern mit reiner Haftreibung ohne Formschluss

$$w = \frac{l_f}{2} \cdot \left(1 - \left(\frac{\sigma_w}{\sigma_0}\right)^{0{,}5}\right) \cdot \beta \qquad (3.20)$$

Es gibt einen direkten Zusammenhang zwischen der Dehnung und der Rissbreite. So hat Falkner et al. [11] eine Abhängigkeit über die Faserlänge definiert, und den vorhin besprochenen Korrekturfaktor β berücksichtigt:

$$w = \beta \cdot \varepsilon \cdot l_f \qquad (3.21)$$

Werden die beiden Gleichungen gleichgesetzt, so ergibt sich für die Dehnung folgender Zusammenhang:

$$\varepsilon = \frac{1}{2} \cdot \left(1 - \left(\frac{\sigma_w}{\sigma_0}\right)^{0,5}\right) \tag{3.22}$$

Die Grenzdehnung für Stahlfaserbeton wird im DBV-Merkblatt [12] für den allgemeinen Fall mit 1% und für nachgewiesene Sonderfälle in Anlehnung an die DIN 1045-1 mit 2,5% festgelegt. Die maximale zulässige Rissbreite wird mit 1/20 der Faserlänge angeben.

Allgemein unterscheidet man zwei Arten der Rissbildung:

- Erstrissbildung ($F \approx A_{c,eff} \cdot f_{ct}$),
- abgeschlossene Rissbildung ($F > A_{c,eff} \cdot f_{ct}$).

Während bei der Erstrissbildung die Dehnung des Bewehrungsmaterials in Teilbereichen der Dehnung des Betons entspricht, ist im Zustand der abgeschlossenen Rissbildung die Dehnung des Bewehrungsmaterials immer größer als die Dehnung des Betons. Bei der Erstrissbildung ist die Rissbreite von der Einleitungslänge abhängig, im Zustand der abgeschlossenen Rissbildung vom Rissabstand.

a) Erstriss

$$\tau_{cf} \cdot U \cdot l_{fl} = \varepsilon_c \cdot E_c \cdot A_{eff} = \frac{F}{1 + E_{cf}/E_c \cdot A_{cf}/A_c} \tag{3.23}$$

mit der Faserkraft $F = \sigma_{cf \cdot A_{cf}}$ ergibt sich

$$l_{fl} = \frac{\sigma_{cf} \cdot A_{cf}}{\tau_{cf} \cdot U} = \frac{1}{1 + E_{cf}/E_c \cdot A_{cf}/A_c} \tag{3.24}$$

τ_{cf} Verbundspannung zwischen Faser und Beton
U Umfang
l_{fl} Einleitungslänge
σ_{cf} Spannung der Faserbewehrung
A_{cf} Faserquerschnitt der Kohlenstofffasern

b) Abgeschlossene Rissbildung

Bei der abgeschlossenen Rissbildung ist der Rissabstand s_{cr} von der Betonzugfestigkeit abhängig (siehe auch [13]):

$$s_{cr} = 2 \cdot \frac{f_{ct} \cdot A_{c,eff}}{\tau_{sf} \cdot U} \tag{3.25}$$

f_{ct} Betonzugfestigkeit
$A_{c,eff}$ Effektive Betonfläche

Für die Bewehrung mit Kohlenstofffaser-Plättchen mit den in den Biegeversuchen verwendeten Abmessungen (50 × 5 × 1,2 mm) ergibt sich daraus folgende Beziehung:

$$s_{cr} = \frac{f_{ct} \cdot A_{c,eff}}{\tau \cdot 10} \tag{3.26}$$

Wird nun für die Zugfestigkeit des Betons ein mittlerer Wert von 2 MPa und für die Verbundfestigkeit ein Wert von 10 MPa eingesetzt, so errechnet sich der mittlere Rissabstand wie folgt:

$$s_{cr} = \frac{A_{c,eff}}{50} \tag{3.27}$$

Vergleicht man nun die gemessenen mittleren Rissabstände der experimentellen Untersuchungen $s_{cr,m} = 100$ mm, so errechnet sich eine effektive Betonfläche von 5000 mm². Dies führt zu der Annahme, dass bei den 200 mm breiten Biegebalken die effektive Höhe etwa 25 mm (1/4 der Gesamthöhe) beträgt.

3.1.6 Äquivalente Biegezugfestigkeit

Erste Vorversuche an Vierpunkt-Biegebalken mit den Abmessungen 120×120×360 mm mit einem Anteil von 0,45 bis 0,56 Vol-% an zerhackten Kohlenstofffaser-Lamellen ergaben eine Erhöhung der Biegefestigkeit um etwa 10%.

Im Rahmen von Optimierungsversuchen mit Plättchen, Fasern und einem Fasermix aus Kohlenstoff- und Polyacrylnitrilfasern (PAN) wurden sowohl die Verarbeitbarkeit als auch die Beeinflussung der Druck- und der Biegezugfestigkeit untersucht. Der optimierte Fasermix bestand aus 50 mm langen Kohlenstofffasern und etwa 20 mm langen Polyacrylnitrilfasern. Dabei wurden etwa 2,4 kg PAN-Fasern pro 1 m³ Beton und etwa 0,6 kg Kohlenstofffasern pro 1 m³ Beton dazugemischt. Die Abmessungen der Balken waren: 200 × 200 × 1000 mm. Der verwendete Beton, ein C40/50, wies optimierte Fließ- und Verdichtungseigenschaften auf.

Durch die Verbesserung des Haftverbundes an den Plättchen aus Kohlenstofffasern konnte in den Dreipunkt-Biegeversuchen nur eine geringfügige Verbesserung des Arbeitsvermögens festgestellt werden.

Bild 3.6 Bruchfläche eines Dreipunkt-Biegeversuches mit einer Fasermix-Bewehrung

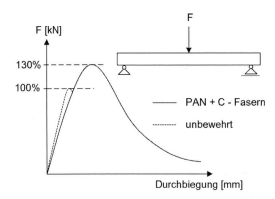

Bild 3.7 Schematischer Kraft-Durchbiegungsverlauf – Einfluss einer „Fasermixbewehrung" auf die Biegetragfähigkeit

Eine wesentliche Steigerung der Tragfähigkeit am Dreipunkt-Biegebalken konnte mit dem Fasermix erzielt werden. Bei einer genauen Analyse der Bruchfläche zeigte sich, dass die Polyacrylnitril-Fasern ausgezogen und abgerissen wurden. Die Kohlenstofffasern wurden entweder ausgezogen oder versagten durch die große Sprödigkeit durch Abscheren.

Auch für die Kohlenstofffasern kann wie beim Stahlfaserbeton die Leistungsfähigkeit mit der äquivalenten, mittleren Biegezugfestigkeit abgeschätzt werden. Diese wurde auf der Grundlage der Biegezugversuche mit normalfestem Beton (C25 bis C50) abgeleitet.

$$f_{cf,fl,eq} = 0,5 \cdot f_c^{2/3} \cdot f^{1/3} \cdot \frac{1}{\beta} \cdot \left(0,6 + \frac{0,4}{h^{1/4}}\right) \qquad (3.28)$$

f Faseranteil für Kunststofffaser, bzw. speziell Kohlenstofffasern pro 1 m³ Beton in kg, wobei der Mindestanteil 0,5 kg/m³ Beton und der Maximalanteil etwa 5 kg/m³ Beton beträgt

β Korrekturfaktor für die Haftung der Fasern (gestaltungsabhängig), siehe auch Abschnitt 3.1.5
  – bei einem Fasermix mit 75 bis 80% 20 mm langen PAN- und 20 bis 25% 50 mm langen C-Fasern kann β = 1,3 angesetzt werden.

h Höhe des Biegebauteils in Metern

Es zeigt sich, dass durch eine verbesserte Haftung der Fasern und einem Fasermix eine Steigerung der Biegetragfähigkeit erzielt werden konnte. Dadurch kann auch die Duktilität beeinflusst und damit das Energiepotential in der Nachbruchphase verändert werden. Der Anteil der Kohlenstofffasern soll dabei zwischen 0,2 und 1 kg, jener der Kunststofffasern zwischen 1 und 4 kg pro 1 m³ Beton liegen. Die Verarbeitbarkeit ist von der Faserart und von der Faserlänge abhängig. Bei niedrigen Fasergehalten ist die Zugabe in den Fahrmischer, bei mittleren Gehalten in den fertigen Beton im Mischer und bei höheren Gehalten nach trockener oder feuchter Vormischung mit Zement oder feinem Zuschlag möglich.

3.1.7 Abschätzung der Biegetragfähigkeit

Nachfolgend wird, aufbauend auf der Idee von Bölcskey und Zajicek [15] eine Formulierung für die Abschätzung der Biegetragfähigkeit von mit Kohlenstofffasern bzw. mit Fasermix bewehrtem Beton erstellt.

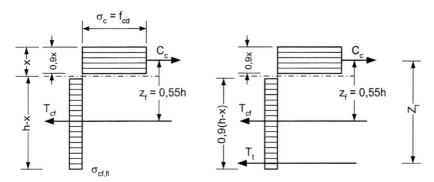

Bild 3.8 Angenommener Spannungsblock (nach [16])

Ausgehend von der Bernoullischen Hypothese ergibt sich die Verschiebung der Nulllinienlage y_0 [16] des ursprünglichen Faserbetonquerschnitts infolge einer zusätzlichen schlaffen Zugbewehrung mit einer Querschnittsfläche A_t:

$$\Delta x = \frac{1,11 A_t \cdot \sigma_t}{b \cdot (\sigma_c + \sigma_{cf,fl})} \tag{3.29}$$

der vergrößerte Abstand x' der Nulllinie vom Druckrand

$$y_0' = y_0 + \Delta y = \frac{\sigma_{cf}^{(Z)} \cdot h + 1,11 T_s(b)}{\sigma_c + \sigma_{cf}^{(Z)}} \tag{3.30}$$

$$x' = x + \Delta x = \frac{\sigma_{cf,fl} \cdot h + 1,11 T_t(b)}{\sigma_c + \sigma_{cf,fl}} \tag{3.31}$$

Hierin kann für die maximal erreichbare Biegezugspannung des mit Kohlenstofffasern bewehrten Betonquerschnitts $\sigma_{cf,fl}$ auch die äquivalente mittlere Biegezugfestigkeit $f_{cf,fl,eq}$ angesetzt werden.

Für den Faserbeton wurde von Bölcskey und Zajicek [15] eine weitere Formulierung aufbauend auf die Verbundspannung angegeben:

$$\sigma_{cf}^{(Z)} = \eta(a,l) \cdot \tau_{cf} \cdot \frac{l_f}{d_f} \cdot v_f \tag{3.32}$$

mit:
$A_{c,f}$ Betonquerschnitt mit Fasern, bewehrt
A_t Querschnitt der schlaffen Bewehrung
σ_t Spannung der Zugbewehrung für die Grenzdehnung im Bruchzustand
$T_t(b)$ Zugkraftanteil bezogen auf die Querschnittsbreite b
      $\eta(a,l) = \eta_a \cdot \eta_l$

η_a Orientierungsfaktor (z. B. $\eta_a = 0{,}45$)
η_l Längeneffizienzfaktor ($\eta_l < 1{,}0$)
τ_{cf} Verbundspannung Betonmatrix-Faser
l_f Faserlänge
d_f Faserdurchmesser
v_f Faservolumen [%]

Für einen betonstahlverstärkten Faserbetonquerschnitt im Zustand II bei reiner Biegung erhält man

$$C_c - T_{cf} - T_t = 0 \tag{3.33}$$

Für den Hebelarm der resultierenden inneren Kräfte der Betondruckzone und Faserzugzone (Abstand C_c und T_{cf}) gilt:

$$z_f = 0{,}55 \cdot h \tag{3.34}$$

Dabei wird für den Spannungsblock sowohl in der Zug- als auch in der Druckzone aufgrund des leicht trapezförmigen Verlaufes jeweils 90% der Höhe angesetzt (siehe auch schematische Darstellung). Im Stahlbetonbau wird bei rechteckiger Spannungsverteilung die Höhe des Spannungsblockes mit 80% der parabelförmigen Druckzonenhöhe angesetzt. Dadurch ergibt sich für den inneren Hebelarm ein 55%-Anteil bezüglich der gesamten Bauteilhöhe. Für den Abstand der Teilresultierenden der Druckzone C_c und der zusätzlichen Zugbewehrung (Stabbewehrung in der Zugzone) T_t ergibt sich für den Hebelarm

$$z_t = d - \frac{0{,}9 x'}{2} \tag{3.35}$$

Die Momentengleichgewichtsbedingung

$$M = T_{cf} \cdot z_f + T_t \cdot z_t \tag{3.36}$$

ergibt unter Berücksichtigung einer weiteren Verstärkung des Betonzugbereiches durch eine eingelegte Zugbewehrung (diese könnte auch aus Kohlenstofffasern sein: Fläche der Zugbewehrung: A_t, Spannung der Zugstäbe: σ_t) ein erweitertes Tragmoment zu

$$M = 0{,}5(h - x') \cdot A_{sf} \cdot \sigma_{cf,fl} + A_t \cdot \sigma_t (d - 0{,}45 x') \tag{3.37}$$

Wird für die Höhe der Druckzone laut dem Vorschlag von Falkner et al. [11]

$$x' = h \cdot 0{,}1 \tag{3.38}$$

und für die statische Höhe ein Wert von

$$d = h \cdot 0{,}85 \tag{3.39}$$

eingesetzt, so ergibt sich, stets unter der Annahme eines rechteckigen Spannungsblockes (Reduktion der Höhe des Spannungsblockes auf 90%), folgendes Tragmoment:

$$M = 0{,}45 \cdot h \cdot A_{c,f} \cdot \sigma_{cf}^{(Z)} + 0{,}8 \cdot h \cdot A_t \cdot \sigma_t \tag{3.40}$$

Der Bemessungswert des Tragmoments kann mit den Teilsicherheitsfaktoren errechnet werden (schlaffe Bewertung = Stahl).

$$M_d = 0{,}45 \cdot h \cdot A_{c,f} \cdot f_{cf,fl,d} + 0{,}8 \cdot h \cdot A_t \cdot f_{yd}$$

$$f_{cf,fl,d} = \frac{f_{cf,fl,k}}{1{,}8}$$

3.2 Mattenbewehrung

Industrialisierte Mattenprodukte, wie NEFMAC bestehen aus übereinandergeklebten Streifen aus Kohlenstofffasern, welche in einer Mattenform miteinander verklebt sind. Die Maschenform kann quadratisch oder rechteckig mit Kantenlängen von 50, 100, 150 mm gewählt werden. Die Streifenbreite beträgt etwa 4 bis 5 mm und die Streifendicke etwa 1,2 mm. Durch die Anzahl der übereinandergeklebten Streifen kann die Tragfähigkeit gesteuert werden. Ein Auszug aus dem Lieferprogramm der Firma ACC (advanced composite cables), Japan [18] über die wichtigsten Kenndaten wird nachfolgend dargestellt:

Tabelle 3.3 Mattenformen

Bezeichnung	Fläche [mm^2]	Zugfestigkeit [MPa]	E-Modul [GPa]
C3	4,4	1400	100
CR4	6,6		
CR5	11		
CR6	17,5		
CR8	26,4		
CR10	39,2		
CR13	65		
CR16	100		
CMR5	11	1200	165
CMR6	17,5		
CMR8	26,4		
CMR10	39,2		
CMR13	65		
CMR16	100		

Im Unterschied dazu wurden von Guggenberger [2] Kohlenstofffaser-Matten aus Recyclingmaterial hergestellt, welches bei der Lamellenproduktion als Abfall entsteht. Diese Matten bestehen aus einzelnen Laminatsträngen. Die Maschenweite dieser Matten beträgt mindestens 25 mm. Die Untersuchungen für Fertigteilelemente zeigten neue Anwendungsmöglichkeiten für Kohlenstofffaser-Matten. Dabei wurde die Breite der Laminatstränge zwischen 5 und 10 mm gewählt. Es zeigte sich, dass mit zunehmender Breite der Einfluss der Laminatrauigkeit abnahm. Ein ausgewogenes Rissebild war mit Maschenweiten von 50 mm zu erreichen.

Aus den Daten der Biegezugprüfungen konnte basierend auf der Formulierung des Stahlbetons folgende Formel für die Rissabstände und die Rissbreite durch Einführung eines Korrekturfaktors erstellt werden:

$$s_{rm}[cm] = 20 - 35\rho[\%] \quad \text{für:} \quad 0,1 \leq \rho[\%] \leq 0,3 \tag{3.41}$$

$$w = \frac{\sigma_{cf,1} \cdot S_{rm}}{E_{cf}} \cdot \left(1 - \left(\frac{\sigma_{cf,n}}{\sigma_{cf,II}}\right)^2\right) \cdot \left(\frac{h-x}{h-x-c-d_{cf}/2}\right) \cdot \beta \tag{3.42}$$

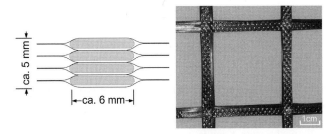

Bild 3.9 Beispiel für eine Faseranordnung eines NEFMAC-Gittersystems

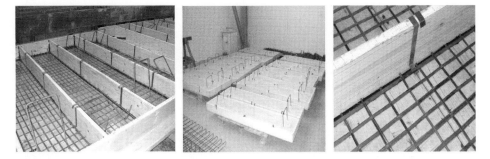

Bild 3.10 v.l.n.r.: Schalungen mit den CKF-Matten, Lagerung der ausgeschalten Bauteile, Detailansicht der Schalung (aus [19])

Der Korrekturfaktor χ hängt sehr von der Endverankerung und der Haftfestigkeit der Mattenbewehrung ab. Für ein gutes Verbundverhalten kann mit $\beta = 1{,}1$, für ein schlechtes Verbundverhalten mit $\beta = 1{,}4$ gerechnet werden.

Mit diesen aus Recyclingmaterial hergestellten Matten wurden unter Verwendung eines selbstverdichtenden Betons Biegeplatten hergestellt. Besonders für die Herstellung von Fertigteilplatten, welche sehr aggressiven Umweltbedingungen ausgesetzt sind, würde sich diese Kombination eignen. Betrachtet man nun im Sinne eines nachhaltigen Bauens bezogen auf eine bestimmte Lebenszeit solche Bauelemente, dann gewinnt diese Technologie sehr an Bedeutung. Für die Kostenstellen der mit Kohlenstofffaser-Matten bewehrten Fertigteile wurden die Produktionskosten, die Erhaltungskosten sowie die Kosten für den Abbruch und die Entsorgung berücksichtigt. Die höheren Materialkosten werden durch hohe Dauerhaftigkeit, leichte Handhabbarkeit und geringere Transportkosten in relativ kurzer Zeit kompensiert [19].

3.3 Kohlenstofffaser-Kabel

Kohlenstofffaser-Kabel können als schlaffe Bewehrung oder als Spannkabel für den Konstruktionsbeton eingesetzt werden. Nachfolgend wird von der Firma ACC (Advanced Composite Cables), Japan, ein Auszug der wichtigsten Kenndaten sowohl für glatte als

3.3 Kohlenstofffaser-Kabel

Tabelle 3.4 Kenndaten für gerippte Stäbe der Firma ACC (Advanced Composite Cables), Japan [18]

Gerippte Stäbe			
d [mm]	A [mm^2]	Zugkraft [kN]	Gewicht [g/m]
5	17,8	40	30
8	46,1	104	77
10	71,8	162	118
12	108,6	245	177

Tabelle 3.5 Kenndaten für glatte Stäbe der Firma ACC (Advanced Composite Cables), Japan [18]

Glatte Stäbe			
d [mm]	A [mm^2]	Zugkraft [kN]	Gewicht [g/m]
3	7,1	16	11
5	19,6	44	32
8	49	111	78
10	75,4	170	119
12	113,1	255	178
17	227	512	360

Bild 3.11 Leadline

auch für gerippte Bewehrungsstäbe dargestellt. Die Zugfestigkeit beträgt etwa 2550 MPa und der E-Modul 147 GPa, während die Bruchdehnung zwischen 2 und 3% liegt.

Die Kabel aus Kohlenstofffasern werden sowohl als Paralleldrahtseile oder verwunden wie patentverschlossene Seile hergestellt.

Bild 3.13 zeigt schematisch die Kraft-Dehnungs-Diagramme eines Kohlenstofffaser-Kabels und einer Stahllitze mit gleicher Querschnittsfläche. Das unterschiedliche Materialverhalten dieser zwei Werkstoffe kommt darin zum Ausdruck [20]; einerseits sieht man ein elastisches Verhalten der Kohlenstofffaser-Kabel bis zum Bruch und andererseits das elastisch-plastische Verhalten der Stahllitze.

Tabelle 3.6 Vergleich einiger Materialkennwerte einer Spannstahllitze mit denen eines Kohlenstofffaser-Kabels

	Spannstahllitze	Kohlenstofffaser-Kabel
Zugfestigkeit [N/mm^2]	1770	2500
Bruchlast (A = 100 mm^2) [kN]	177	250
E-Modul [N/mm^2]	200 000	bis 250 000
Bruchdehnung [%]	5	1,6

Bild 3.12 Kohlenstofffaser-Kabel

Durch Versuche an der EMPA konnte nachgewiesen werden [21], dass vorgespannte Biegeträger mit Kohlenstofffaser-Kabeln auch ein duktiles Bruchverhalten besitzen. Daher treten auch keine spröden Brüche auf. Durch die rein linear elastische Verformung der Kohlenstofffaser-Kabel und des damit fehlenden plastischen Verformungsvermögens ist ein Momentenausgleich wie mit Spannstahl nicht möglich. Dieser Nachteil kann jedoch durch konstruktive Maßnahmen, zusätzlicher schlaffer Bewehrung bzw. zusätzlicher Anordnung von Vorspannkabeln bei Durchlaufbalken im Bereich der Stützenmomente weitgehend ausgeglichen werden. Im Gebrauchszustand bei voller Vorspannung unterscheidet sich Kohlenstofffaser-Spannbeton kaum von Spannbeton mit Stahlvorspannung. Der Nachweis der Gebrauchstauglichkeit von Kohlenstofffaser-Spannbeton kann mit den gleichen

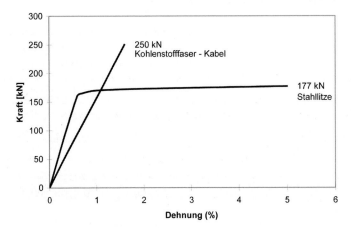

Bild 3.13 Kraft-Dehnungs-Diagramme eines Kohlenstofffaser-Kabels und einer Stahllitze

Berechnungsmethoden wie bei normalem Spannbeton, unter Berücksichtigung des rein elastischen Verformungsverhaltens, erbracht werden.

Der Unterschied von Kohlenstofffaser-Kabeln, welche mit oder ohne Verbund eingebaut werden, liegt im Bruchverhalten. Die Bruchlast aus Versuchen [22] weist bei der Vorspannung mit Verbund einen um ca. 20% höheren Wert als bei der Vorspannung ohne Verbund auf. Bei Systemen mit Verbund ist die Rissbildung auf den ganzen Träger gleichmäßiger aufgeteilt. Das Versagen des vorgespannten Trägers tritt durch einen relativ spröden Bruch der Kohlenstofffaser-Kabel ein. Bei Konstruktionen ohne Verbund tritt primär im Bereich der sich ausbildenden Gelenke eine Rissbildung auf. Bauteile mit Kohlenstofffaser-Kabel ohne Verbund vorgespannt, weisen ein duktileres Verhalten auf. Die Kraftumlagerungen bzw. Momentenausgleich bei statisch unbestimmten Systemen, die mit Kohlenstofffaser-Kabeln vorgespannt sind, sollten durch Anordnung zusätzlicher Bewehrung (schlaffer Bewehrung, Faserzusatz als Faserbeton) duktiler gestaltet werden, damit aufgrund des elastischen Verhaltens der Kohlenstofffaser-Kabel bis zum Bruch nicht sofort ein Versagen des Balkens auftritt.

Die Verbundspannung von in Beton eingebetteten Kohlenstofffaser-Kabel hängt sehr stark von der Strukturierung der Oberfläche ab. Aus Versuchen wurden für gerippte Oberflächen (Leadline siehe Bild 3.11) je nach Produkt Verbundspannungen zwischen 5 und 10 N/mm^2 ermittelt, wobei der Variationskoeffizient der Verbundspannung 15% betrug [23–25].

Die Verbundspannung-Verschiebungs-Beziehung für Kohlenstofffaser-Kabel kann mit folgendem Ansatz am besten beschrieben werden [25]:

$$\tau = \tau_u \cdot \left(\frac{s}{s_u}\right)^{1/4} \tag{3.43}$$

τ bzw. τ_u Verbundspannung bzw. max. Verbundspannung
s bzw. s_u Verschiebung bzw. Verschiebung unter max. Verbundspannung

Wichtig beim Vergleich der Vorspannmaterialien ist auch der Duktilitätsindex. Dieser Index als Quotient der Rotation bzw. Verformung von der Zugfestigkeit zur Fließgrenze

$$\mu = \frac{\phi_u}{\phi_y} \quad \text{bzw.} \quad \mu = \frac{\delta_u}{\delta_y} \tag{3.44}$$

kann auch in energetischer Form wie folgt ausgedrückt werden [26]:

$$\mu = 0{,}5 \cdot \frac{(E_{tot} + E_{el})}{E_{el}} \tag{3.45}$$

Vergleichsrechnungen haben gezeigt, dass der Duktilitätsindex von Konstruktionsbeton, welcher mit Kohlenstofffaser-Kabeln vorgespannt wurde, wesentlich geringer ist als bei Spannstählen. Die Duktilität kann bei der Vorspannung ohne Verbund mit einer zusätzlichen schlaffen Bewehrung oder durch einen Zusatz von Faserbewehrung (SIFCON [27]) auf den Wert des mit Spannstahl vorgespannten Betons steigen [28].

Auch bei neuen Betonkonstruktionen können extern vorgespannte Kohlenstofffaser-Folien oder -Lamellen eingesetzt werden [29].

Tabelle 3.7 Verwendete Kohlenstofffaser-Materialien

Parameter	Stäbe (Leadline)	Kabel (CFCC 1×7)	Kabel (CFCC 1×37)
Durchmesser [mm]	10	12,5	40
Querschnittsfläche [mm^2]	71,6	76	752,6
Zugfestigkeit [(MPa]	2860	2100	1870
E-Modul [GPa]	147	137	127
Bruchdehnung [%]	1,9	1,5	1,5

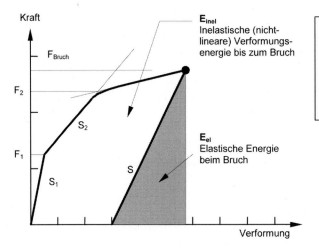

Duktilitätsindex:
$$\mu = \frac{1}{2}\left(\frac{E_{tot}}{E_{el}} + 1\right)$$

Spannstahl $\mu = 4$
CF-Spannkabel $\mu = 1,8$
CF-K + SIFCON $\mu = 3,8$

$$E_{tot} = E_{inel} + E_{el}$$
$$S = \frac{F_1 S_1 + (F_2 - F_1) S_2}{F_2}$$

S, S_1, S_2: Neigung

Bild 3.14 Duktilitätsindex für vorgespannte Kabel

Eine interessante Kombination wäre die Verwendung von Kohlenstofffaser-Kabeln als interne Bewehrung und zusätzlich externen vorgespannten Kohlenstofffaser-Lamellen. Dadurch kann eine maximale Traglast erzielt werden, indem die Bruchart von einem Biegebruch zu einem Schubbruch wechseln kann.

3.4 Betonbrücke mit Kohlenstofffaser-Bewehrung

Die Umsetzung des Konzeptes, eine dauerhafte Brücke mit Kohlenstofffaser-Bewehrung zu erstellen, wurde von Grace et al. [30] konsequent umgesetzt. Für eine 62 m lange Straßenbrücke, bestehend aus 3 Feldern (21,3+20,3+21,5 m) wurden in Fertigteilen aus Doppel-T-Plattenbalken sowohl interne vorgespannte Kohlenstofffaser-Kabel (Leadline), als auch externe verbundlose Quer- und Längsvorspannungen aus Kabeln mit 7 und 37 Litzenspanngliedern aus Kohlenstofffasern verwendet. Auch die schlaffe Bewehrung wurde aus Kohlenstofffaser-Stäben und einer Mattenbewehrung mit einer Maschenweite 300 × 100 mm (NEFMAC) hergestellt. Einzelne Bügelbewehrungen wurden aus nichtrostendem Stahl gefertigt, wodurch das Prinzip einer nachhaltig dauerhaften Struktur aufrecht

3.3 Kohlenstofffaser-Kabel

Tabelle 3.8 Materialkennwerte der Brücke mit Kohlenstofffaser-Bewehrung

Parameter	Matten (NEFMAC)	Beton
Zug-/Druckfestigkeit (MPa)	1500	49,1
E-Modul (GPa)	86,5	34,2
Bruchdehnung (%)	1,8	0,25

gehalten werden konnte. In den Tabellen 3.7 und 3.8 werden die wichtigsten Materialkennwerte für die verwendeten Werkstoffe zusammengefasst.

Die 75 mm starke Deckenplatte wurde in Ortbeton mit einer Betongüte C35/45 erstellt. Aufgrund des umfangreichen Messprogramms konnten einige Schlussfolgerungen über das Verformungsverhalten gezogen werden. Dabei zeigte sich, dass die Vorspannverluste unmittelbar nach dem Spannvorgang gering sind, jedoch nach 40 Stunden Verluste aufgrund der Wärmeentwicklung bei der Hydratation des Betons auftraten. Insgesamt lagen aber die gesamten Verluste aus der externen Vorspannung in der Größenordnung von etwa 10%.

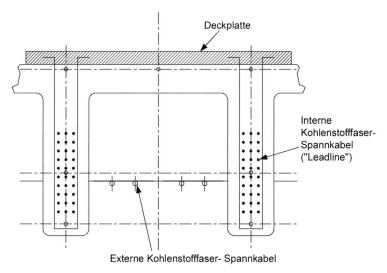

Bild 3.15 Querschnitt der Brücke

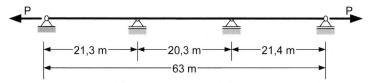

Bild 3.16 Schematisierter Längsschnitt der Brücke

3.5 Schleuderbetonrohre mit Kohlenstofffaser-Kabeln

Diese Betonfertigteile werden in runden, ovalen oder quadratischen (bzw. rechteckigen) Querschnittsformen mit normal bis hochfestem Beton hergestellt. Eine horizontal liegende Schalung wird mit der eingebauten Bewehrung, also mit schlaffen oder vorgespannten Kohlenstofffaser-Stäben, mit Beton befüllt und anschließend verschlossen. Dieser gefüllte Schalungskörper wird dann im Schleuderverfahren einige Minuten mit 400 bis 700 Umdrehungen gedreht. Durch diesen Rotationsvorgang wird aufgrund der Zentrifugalkraft der Beton an der Außenseite der Schalungshaut verdichtet, und es entsteht eine dichte, glatte und sehr porenarme Oberfläche. Im Inneren dieses Betonfertigteils entsteht im wenig verdichteten Kernbereich ein Hohlraum oder es wird dieser durch eine Kernbohrung auch geschaffen. Im Vergleich zu Ortbetonstützen konnte durch einen hohen Bewehrungsgrad von 20% eine Tragfähigkeitssteigerung bis zu 100% erreicht werden.

Auch Schleuderbetonrohre können mit schlaffen oder vorgespannten Kohlenstofffaser-Kabeln bewehrt werden. Terrasi [31] hat durch seine Arbeiten die Grundlagen für eine Anwendung von vorgespannten Kohlenstofffaser-Drähten für Schleuderbetonfertigteile geschaffen. Zum Verständnis der Abtragungsmechanismen hin bis zur Traglast werden nachfolgend die Versagensarten der verschiedenen Schnittkräfte beschrieben.

3.5.1 Versagensarten

3.5.1.1 Bruch der Verankerung

Die größte Gefahr bei der Herstellung von Kohlenstofffaser-vorgespannten Schleuderbetonfertigteilen nach dem Spannbett-Schleuderverfahren ist ein Bruch der Verankerung der Kohlenstofffaser-Drähte. Dies kann während des Spannvorganges, beim Schleudern oder im gespannten Zustand vor dem Absenken erfolgen. Die wahrscheinlichste Ursache eines solchen Bruches ist eine unsachgemäße Verankerung der Drähte in den Spannhülsen. Aufgrund einer Überlastung oder einer zu gering gewählten Haftfläche in der Verankerungshülse kommt es zu einer Delamination des Kohlenstofffaser-Drahtes vom Verbundharz. Die Gefahr eines Drahtversagens auf freier Strecke kann durch eine entsprechende Qualitätskontrolle der Kohlenstofffaser-Drähte minimiert werden.

3.5.1.2 Biegeversagen des Betonfertigteils

Das Biegeversagen eines Betonfertigteils wird in der Regel durch große Verformungen und klaffende Risse angekündigt. Die Kohlenstofffaser-Drähte verhalten sich im Gegensatz zu Spannstahl ideal elastisch bis zum Bruch. Es fehlt eine plastische Verformungsreserve. Durch den Einsatz geringer Bewehrungsgehalte von hochfesten Spanndrähten aus Kohlenstofffasern und eines weichen hochfesten Betons kann wie bei Stahlbetontragwerken eine hohe Durchbiegung im Bruchzustand erreicht werden. Diese dient als Vorwarnung, um die Höhe der Last zu erkennen. Durch die ausgeprägte Bilinearität des Last-Verformungsverhaltens ist eine Systemverformbarkeit gewährleistet.

3.5 Schleuderbetonrohre mit Kohlenstofffaser-Kabeln

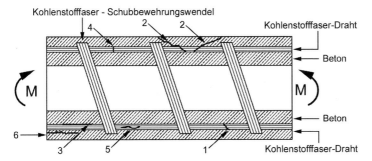

Bild 3.17 Längsschnitt eines mit Kohlenstofffaser-Drähten zentrisch vorgespannten Mastes mit rohrförmigem Querschnitt: Brucharten: (1) Versagen der Zugzone durch Bruch des Kohlenstofffaser-Drahtes; (2) Versagen der Druckzone durch Bruch des hochfesten Betons; (3) Verbundversagen (Drahtverankerungsversagen); (4) Kohlenstofffaser-Draht-Druckbruch; (5) Interlaminarer Drahtbruch; (6) Spreizrisse; (7) Kohlenstofffaser-Draht Zugbruch bei Rissbildung (aus [31])

3.5.1.3 Versagen der Zugzone durch Bruch der Kohlenstofffaser-Bewehrung

Der Kohlenstofffaser-Draht (1), welcher der Zugkante am nächsten liegt, versagt bei Erreichen der Bruchdehnung aufgrund des spröden Verhaltens schlagartig. Der Bruch erfolgt im gerissenen Zustand in einem Biegerissquerschnitt in der Regel aufgrund der Dehnungsüberhöhung, die durch den Verbund des Drahtes verursacht wird.

3.5.1.4 Versagen der Druckzone durch Bruch des hochfesten Betons

Die Betondruckzone versagt, wenn infolge der Druckspannungen aus der Vorspannung und dem Biegedruck die Betonbruchstauchung überschritten wird.

3.5.1.5 Verbundversagen (Drahtverankerungsversagen)

Sofortiges Verbundversagen

Wenn der Verbund nicht ausreicht, um die durch Vorspannung und Biegung in den Drähten aus Kohlenstofffasern erzeugten Zugkräfte zu verankern, fallen die Kohlenstofffaser-Drähte vor dem Erreichen der Zugfestigkeit aus. Ein Drahtverankerungsversagen kann als Kohäsionsbruch in der Epoxidharzschicht, oder als Adhäsionsversagen (Delamination) zwischen dem Beton (Granulat) und dem Klebstoff bzw. an den Grenzflächen Draht-Beschichtungsklebstoff auftreten. Haftungsmindernde Beschichtungsfehler wie Trennmittelreste oder Verunreinigungen der Oberfläche der Bewehrungsstäbe können durch eine entsprechende Qualitätskontrolle minimiert werden.

Zeitabhängiges Verbundversagen

Durch das Kriechen des Beschichtungsklebstoffes der Kohlenstofffaser-Drähte unter Einwirkung von extremen Temperaturen kann auch ein Verbundversagen verursacht werden. In einem hypothetischen Extremfall kann mit der Zeit die gesamte Vorspannkraft verloren gehen. Dieser Fall scheint eher unwahrscheinlich, da die feinen Kohlenstofffaser-Drähte auch beim Gleiten eine minimale Verbundspannung $\tau_{bond,slip}$ in den Beton durch Reibung übertragen.

3.5.1.6 Kohlenstofffaser-Draht-Druckbruch

Ein Druckversagen des am nächsten zur Druckkante liegenden Kohlenstofffaser-Drahtes (4) vor dem Betonbruch ist auszuschließen, da der Kohlenstofffaser-Draht vorgespannt ist und die Druckfestigkeit der im Beton eingebetteten Kohlenstofffaser-Drähte mit etwa 50% von deren Zugfestigkeit angesetzt werden kann. Die Bruchstauchung der Kohlenstofffaser-Drähte kann auch unter ungünstigsten Verhältnissen kaum erreicht werden.

3.5.1.7 Interlaminarer Drahtbruch

Den interlaminaren Drahtbruch (5) verursacht ein Versagen entlang der Kohlenstofffasern durch Überschreiten der Schubfestigkeit der Matrix des Kohlenstofffaser-Drahtes. Durch die Verwendung von Epoxidharzmatrizen mit einer interlaminaren Schubfestigkeit von über 50 N/mm^2 im Pultrusionsprozess ist dieser Schubbruch ausschließbar.

3.5.1.8 Spreizrisse

Spreizrisse (6) sind keine Schäden, welche durch die Biegebeanspruchung verursacht werden. Sie entstehen aufgrund von Querzugkräften durch die Ausbreitung der Vorspannkraft des einzelnen Drahtes auf dem gesamten Betonquerschnitt und können das Aufspalten des Betons verursachen. Gegen solche Risse ist eine geeignete Spreizkraftbewehrung einzulegen, welche nach der Stabwerktheorie unter der Annahme eines 25 bis 45° Ausbreitwinkels bemessen werden kann.

3.5.1.9 Kohlenstofffaser-Draht-Zugbruch bei Rissbildung

Ein solches Versagen kann entweder bei einer Vorschädigung des Kohlenstofffaser-Drahtes oder durch ein Verschieben der Rissufer und damit einer Querbeanspruchung des Kohlenstofffaser-Drahtes erfolgen. Dieser Bruchmodus ist mit sehr geringen Verformungen verbunden und muss unbedingt vermieden werden. Diese Bruchart erfolgt, wenn der Biegewiderstand des Rohrquerschnittes bei der Erstrissbildung größer ist als jener beim Zugversagen des äußeren Kohlenstofffaser-Bewehrungsdrahtes ohne Mitwirkung des Betons in der Zugzone.

3.5.1.10 Verbundversagen

Sofortiges Verbundversagen

Die vorgespannten Rohrabschnitte können auf Schub infolge eines Drahtverankerungsversagens Vorspannkraft verlieren. Grund dafür sind Trennmittelreste aus der Drahtherstellung und weitere haftungsmindernde Verunreinigungen an der Kohlenstofffaser-Oberfläche, die vor dem Beschichten nicht entfernt worden sind. Die auf Zug höchstbelasteten Drähte schlupfen in den Rohrabschnitt ein und verursachen einen Verlust an Vorspannung. Dadurch kann sich im Querkraftbereich ein Schubriss öffnen, der sich stark verbreitet und zum Versagen führt. Eine Schubbewehrung (Kohlenstofffaser-Wendel) kann diese übermäßige Rissöffnung durch Aufnahme der Zugkräfte zu höheren Lasten verlagern, bis das Druckversagen der darüberliegenden Betondruckzone eintritt.

3.5.2 Materialwiderstände

Kohlenstofffaser-Drähte

Das linear-elastische Zugverhalten der Kohlenstofffaser-Spanndrähte wird durch die Drahtzugfestigkeit $f_{cf,k}$, die Drahtbruchdehnung ε_{cf} und den Sekantenmodul E_{ll} beschrieben:

$$f_{cf,k} = E_{ll} \cdot \varepsilon_{cf} \tag{3.46}$$

Der charakteristische Wert der Zugfestigkeit $f_{cf,k}$ errechnet sich aus den Mittelwerten der im Zugversuch maximal erreichten Drahtspannungen σ_{max} und den dazugehörenden Standardabweichungen σ_{n-1}:

$$f_{cf,k} = \sigma_{max} - 3 \cdot \sigma_{n-1} \tag{3.47}$$

3.5.3 Hochfester Schleuderbeton

Für die maximal unter Biegung erreichbare Spannung f_{cu}, wird angenommen, dass die Rohrdruckfestigkeit $f_{c,Rohr}$ der einachsialen Festigkeit eines Druckversuches entspricht:

$$f_{cu} < f_{c,Rohr} \tag{3.48}$$

$$\sigma_o = 0,8 \cdot f_{cu} \quad \text{und} \quad \varepsilon_o = \frac{0,8 \cdot f_{cu}}{E_{co}} \tag{3.49, 3.50}$$

Die so errechnete Kennlinie geht von der Annahme aus, dass der hochfeste Beton unter Biegedruck die im Druckversuch gemessene Maximalspannung $f_{c,Rohr}$ erreicht.

In der Praxis wurden bereits mit Kohlenstofffasern vorgespannte Tragmasten mit einer Höhe von 27 m aus Hochleistungsbeton (f_{ck} = 100 N/mm^2) erstellt [32].

3.5.4 Vorspannverluste

Die Gesamtzugkraft in den Kohlenstofffaser-Drähten wird durch die Summe der Vordehnung aus dem Vorspannen und der im Bruchzustand vorhandenen Biegedehnung berechnet. Die Spannkraftverluste summieren sich aus dem Anteil der elastischen Trägerverkürzung $\Delta\sigma_{pel}$, dem Schwinden $\Delta\sigma_{ps}$, dem Kriechen $\delta\sigma_{pc}$ und der Relaxation der Kohlenstofffaser-Drähte, wobei letztere vernachlässigt werden kann.

3.5.5 Biegebemessung der vorgespannten Rohrquerschnitte

Die Biegebemessung der vorgespannten Rohrquerschnitte soll so erfolgen, dass die Bruchart des Versagens der Zugzone durch einen Bruch der Kohlenstofffaserbewehrung oder ein Versagen der Druckzone bestimmt wird. In beiden Fällen können die Brüche spröd erfolgen. Die maßgebende Bruchart wird durch die Querschnittsabmessungen, die Betongüte, die Kohlenstofffaser-Spannbewehrung und den zur Gewährleistung einer vollen Vorspannung für Gebrauchslasten gewählten Vorspanngrad bestimmt.

Die Berechnung des Biegewiderstandes hat unter Berücksichtigung der Spannkraftverluste sowie der Rechenwerte für den hochfesten Beton und der Kohlenstofffaser-Bewehrung zu erfolgen. Dabei kann auf der Widerstandsseite ein Teilsicherheitsbeiwert von $\gamma_{cf,c,t}=1,2$ (auch von Terrasi vorgeschlagen) und ein Montage-Teilsicherheitsbeiwert $\gamma_m=1,1$ bzw. 1,2 angenommen werden. Der Teilsicherheitsfaktor für die Herstellungsgenauigkeit kann mit $\gamma_f=1,0$ und für die Ablösesicherheit $\gamma_l=1,0$ angesetzt werden.

$$M_d \leq \frac{M_r}{\gamma_{cf,c,t} \cdot \gamma_m \cdot \gamma_f \cdot \gamma_l} \qquad (3.51)$$

Auch die Verankerungslänge $l_{f,bd}$ des am höchsten belasteten Kohlenstofffaser-Drahtes im maßgebenden Querschnitt muss an der Einspannungsstelle nachgewiesen werden und geringer als die Einbettungslänge (=Einspannlänge l_e) des Mastabschnittes im Boden sein.

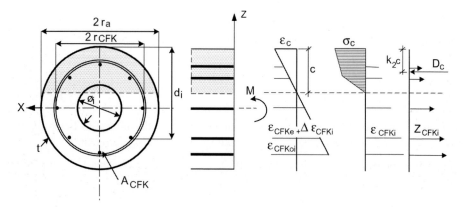

Bild 3.18 Mit n=8 Drähten zentrisch vorgespannter Mastabschnitt mit rohrförmigem Querschnitt: Berechnung des Bruchmomentes (aus Terrasi [3])

UNS KÖNNEN SIE BELASTEN.

STATISCHE VERSTÄRKUNG VON TRAGWERKEN MIT KOHLEFASERKUNSTSTOFF-LAMELLEN UND STAHL-LASCHEN

SCADOCK & HOFMANN GmbH & Co. KG
BAUWERKERHALTUNG • HÖHENSERVICE

IKW-Straße 25-27 • 01979 Lauchhammer-Süd • eMail: Scadock.Hofmann@t.online.de
Telefon (0 35 74) 88 54-0 • Telefax (0 35 74) 86 02 12 • Funk (01 71) 3 18 04 95

LITTERER
KORROSIONSSCHUTZ GMBH

UNSER LEISTUNGSANGEBOT FÜR SIE

Korrosionsschutz und Instandsetzung
von Beton- und Stahlbauwerken

Bauwerksverstärkung durch Verklebung
von CFK- Lamellen oder Stahllaschen
z. B. bei Nutzungsänderung oder
Veränderungen am Tragwerk

Spritzbetonarbeiten

Brandschutzbeschichtungen und
-bekleidungen

Injektion von Epoxidharz, Polyurethan
und Zementsuspension

Bauwerksabdichtung und -trockenlegung

MANNHEIM	**LEIPZIG**	**DRESDEN**
Tel: 0621/ 419 96 – 0	0341/ 245 09 – 0	0351/ 2697 - 250

www.litterer.de

$$l_{f,bd} \leq l_e \tag{3.52}$$

Ausgegangen wird von den am Querschnitt geltenden Kraft und Momentenbedingungen:

$$\sum N = 0 \quad \sum Z_{CFi} - D_c = 0 \tag{3.53}$$

$$\sum M = 0 \quad M_R - \sum [Z_{CFi} \cdot (d_i - c)] - D_c \cdot (c - k_2 c) = 0 \tag{3.54}$$

Die Gleichgewichtsbetrachtung erfolgt also unter indirekter Berücksichtigung des Zugkraftanteiles, der aus der Mitwirkung des Betons resultiert. Über die Länge s des Risselementes nimmt man vereinfachend eine konstante Lage der Kräfte und der Neutralachse sowie auch konstante Betonrandstauchungen an, welche den mittleren Stauchungen entsprechen.

3.5.6 Grenzzustände der Gebrauchstauglichkeit

Bei Herstellung von möglichst leichten Kohlenstofffaser-vorgespannten Schleuderbeton-Masten aus hochfestem Beton kann eine optimale Gebrauchstauglichkeit durch volle Vorspannung für Gebrauchslasten erreicht werden. Dadurch werden die Verformungen begrenzt und keine Biegerisse zugelassen.

Das maximale Biegemoment im Gebrauchszustand (M_r) bestimmt die Höhe von M_{Riss} beziehungsweise die gesamte zentrische Vorspannkraft. Die Berechnung des garantierten Rissmomentes M_{Riss} kann wie folgt durchgeführt werden.

$$M_{Riss} = \left[f_{ct,fl} + \frac{p(t)}{A_i} \right] \cdot \frac{I_i^I}{r_a} \tag{3.55}$$

Dabei ist die unter der gesamten Gebrauchslast an der Biegezugkante des maßgebenden Mastquerschnittes auftretende Zugspannung im Beton auf 50% der Biegezugfestigkeit $f_{ct,fl}$ des hochfesten Schleuderbetons zu beschränken.

Die Betondruckspannungen sind zu begrenzen, um keine zu großen Kriechverformungen im Gebrauchszustand zu erhalten. Durch die Verformungsbegrenzung im Gebrauchszustand darf der Zustand I nicht überschritten werden (volle Vorspannung für Gebrauchslasten). Durch diese Bedingung werden keine Biegerisse zugelassen, und ein Nachweis der Rissabstände und der Rissbreiten entfällt.

Schlanke und rissfreie Tragwerke weisen im elastischen Zustand eine geringe Materialdämpfung auf und sind demzufolge schwingungsanfällig.

3.6 Hybridprofile mit Kohlenstofffaser-Geweben

Im konstruktiven Ingenieurbau werden Bauelemente aus faserverstärkten Kunststoffen aufbauend auf Erfahrungen vom Flugzeug- und Maschinenbau hergestellt. Durch die Orientierung der Faserrichtung können nahezu beliebig gesteuerte Festigkeitseigenschaften von solchen Verbundbauteilen hergestellt werden. Typische Werkstoffteile sind dabei die Bewehrungsstäbe, Lamellen bis hin zu geometrisch geformten Profilteilen wie Rohr-, Rechteck und I-, L-, U-, T-Profilen. Das eröffnet auch neue Perspektiven beim Entwurf von Konstruktionen, wo durch die Kombination von Materialien neue Hybridbauteile entwickelt werden können. Bereits 1991 wurden von Kim [8] Versuche mit Hybridträgern (Aluminiumkern und ein- oder zweiseitig aufgeklebten Kohlenstofffaser-Lamellen) durchgeführt, wo bei einer Gewichtszunahme von 7 bis 14% die Steifigkeit um 36 bis 72% und die Tragfähigkeit um 66 bis 129% gesteigert werden konnte [33].

Bei tiefen Temperaturen zeigten sich auf der Grundlage von Experimenten Ablöseerscheinungen der aufgeklebten Kohlenstofffaser-Schicht auf den Aluminiumflächen. Dieser Vorgang fand bei Temperaturen von $-74\,°C$ statt, wobei die unterschiedlichen Temperaturgradienten von Aluminium ($\alpha = 23{,}4 \cdot 10^{-6}\,K^{-1}$) und Kohlenstofffasern ($\alpha = -0{,}5$ bis $0{,}7 \cdot 10^{-6}\,K^{-1}$) von besonderer Bedeutung sind [34].

Beispielhaft seien Telekommunikationsmasten, bestehend aus einem mit Kohlenstofffaser-Geweben umwickelten Aluminiumkern, erwähnt. Werden aber kohlenstofffaserverstärkte Kunststoffe zusammen mit Aluminium oder Stahl verwendet, ist zu beachten, dass es durch das elektrochemische Potential zur Korrosion der Metalle kommen kann. Dabei muss durch eine Isolierung der Metalle, z. B. mit einem PUR-Lack oder einem aufgeklebten Glasfasergelege, der Elektronenfluss unterbunden und damit die Korrosion verhindert werden.

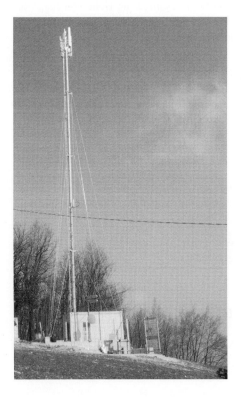

Bild 3.19 Mast aus einem mit Kohlenstofffaser-Geweben umwickelten Aluminiumkern (Quelle: Fa. Interbau, Mailand)

3.6 Hybridprofile mit Kohlenstofffasergeweben

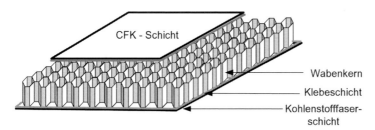

Bild 3.20 Schematischer Aufbau eines Hybridbauteils bestehend aus Kohlenstofffaser-Schichten und einem Wabenkern

Auch Kombinationen aus einer Druckzone mit Beton, einem Hohlkasten aus glasfaserverstärkten Kunststoffen und einer mit Kohlenstofffasern verstärkten Zugzone wurde von Deskovic et al. [35] untersucht. Dabei zeigten auch Temperatureinwirkungen zwischen +35 °C und −5 °C kaum Auswirkungen auf das Tragverhalten. Bei Dauerlast bzw. bei einer Lastwechselbeanspruchung bis zu 4 Mio. Lastwechseln zeigte sich, dass die Steifigkeit mit der Zeit abnimmt und es dadurch zu einem früheren Versagen der Zugzone aus Kohlenstofffasern kommt. Der Bruchvorgang war begleitet von einem Ablösen der Kohlenstofffaser-Lamellen von dem aus Glasfasern hergestellten Hohlkasten. Besonders für solche Hybridbauteile aus unterschiedlich verstärkten Kunststoffen kommt der Verbindung bzw. der Haftung der einzelnen Faserverstärkungen untereinander eine primäre Bedeutung zu.

Interessante Konstruktionen und innovative Formen für den Hochbau und den Brückenbau können mit verstärkten Kunststoffen entwickelt werden [36].

4 Kohlenstofffaser-Verstärkungen im Betonbau

*Die Schönheit eines technischen Werkes
spiegelt das Wesen seines Schöpfers wider.*

Frei Otto (1925)

4.1 Geschichtlicher Überblick

Am Anfang der 1960er Jahre wurden erstmals Stahlbetonkonstruktionen mit außen angebrachten Stahllamellen verstärkt. Diese Stahllamellen wurden entweder über Anker an den Beton angeschraubt oder mit Epoxidharzklebern aufgeklebt. Das große Eigengewicht des Stahls, die relativ kurzen Lieferlängen und damit verbunden die vielen Stöße, die Korrosionsanfälligkeit und das unbefriedigende Ermüdungsverhalten ließen den Wunsch nach einem geeigneteren Material aufkommen. Faserverstärkte Kunststoffe, vor allem kohlenstofffaserverstärkte Kunststoffe (CFK), entsprechen weitgehend diesen Wünschen und haben sich in den letzten Jahren auch im praktischen Einsatz bewehrt.

Bei Balken, Scheiben, Platten, Stützen und Schalen aus Beton können Verstärkungen mit Kohlenstofffaser-Lamellen, vorgespannt oder schlaff und mit Kohlenstofffaser-Gelegen (Kohlenstofffaser-Sheets) vorgenommen werden. Bei Platten sind meist Biegeverstärkungen erforderlich, während bei Scheiben Schubverstärkungen auszuführen sind. Die Verstärkung von Balken und Plattenbalken erfolgt primär im Biege- und im Schubbereich. Bei Stützen kann durch eine Umschnürung die mehraxiale Druckfestigkeit des Betons aktiviert werden.

Die praktischen Erfahrungen mit kohlenstofffaserverstärkten Kunststoffen zur konstruktiven Ertüchtigung von Bauelementen haben in den letzten zehn Jahren einen enormen Aufschwung erfahren. Waren es im Jahre 1995 in Japan 35 t, in Europa etwa 15 t, so wurden im Jahre 2002 etwa 300 t in Japan und etwa 250 t in Europa Kohlenstofffaser-Produkte im Bauwesen verwendet. Ziel dieser Anwendungen ist nicht immer eine nachträgliche Verstärkung der Tragfähigkeit, sondern es können auch die Duktilität verbessert und die Verformungen reduziert werden.

4.2 Mechanische Modellierung im Betonbau

Für Klebebewehrungen spielt neben dem Widerstand der Lamellen, Gewebe und Gelege auch das Verbundverhalten und damit der Betonuntergrund eine wichtige Rolle. Es gilt, das mechanische Verhalten des Betons zu verstehen und bei der Betrachtung der Verbundkonstruktion aus Kohlenstofffaser-Beton für beide Materialien die Stoffgesetze zu definieren.

Die Stoffgesetze von Beton können im Sinne einer kontinuumsmechanischen Betrachtungsweise als Spannungs-Dehnungs-Beziehungen dargestellt werden. Beton unter Druck verhält sich nichtlinear und soll daher nicht nur mit einem elastischen Werkstoffgesetz abgebildet werden.

Im Allgemeinen gibt es für ein lineares elastisches Materialverhalten eine eindeutige Beziehung zwischen der vorhandenen Spannung und der zugehörigen Dehnung. Im Fall eines elastisch-plastischen Materialverhaltens treten sowohl reversible elastische als auch irreversible plastische Verformungsanteile auf. Dabei spricht man im plastischen Bereich von einer Energiedissipation während des Belastungsprozesses. Im elastischen Bereich kann die während der Belastung aufgebrachte Energie in der Entlastungsphase wieder gewonnen werden. Für alle externen, ein- oder aufgeklebten Bewehrungen spielt die Zugkapazität des Betons eine entscheidende Rolle. Beim Versagen von Flächentragwerken kann aber auch die Druckfestigkeit zum dominierenden Kriterium werden.

4.2.1 Druckfestigkeit

Auf die Druckfestigkeit werden viele mechanischen Festigkeitskennwerte im Betonbau bezogen. Die Druckfestigkeitsprüfungen werden an Probewürfeln oder Probezylindern durchgeführt. Bei zylinderförmigen Prüfkörpern wird die Entstehung von Rissen in den meisten Fällen durch die Lastplatten behindert, wodurch das Versagen durch das Abscheren von Bruchelementen entlang einer Gleitfläche entsteht. Der auslösende Faktor des Bruchvorganges ist dabei die Inanspruchnahme der Zugkapazität, welche dann durch die fortschreitende Rissentwicklung zu einem Druckbruch führt.

Gerade bei Scheibenelementen kann unter einachsiger Druckbelastung ein laminares Aufspalten auftreten. Dabei entstehen zuerst Risse parallel zur Druckrichtung, welche dann für den weiteren Bruchvorgang von Bedeutung sind. Die Tatsache, dass die Druckfestigkeit eines seitlich unbehinderten Betonkörpers niedriger ist als die Zylinderdruckfestigkeit $f_{c,cyl}$ weist darauf hin, dass der Widerstand des Betons gegen laminares Aufspalten geringer ist als sein Widerstand gegen Gleitversagen. In der Dissertation von Stenger [1] wird die effektive Druckfestigkeit f_c eines seitlich unbehinderten Betonelementes unter einachsiger Druckbeanspruchung basierend auf der Auswertung von Versuchen mit folgender Beziehung angegeben:

$$f_c = 2{,}7 \cdot f_{c,cyl}^{2/3} \quad [\text{MPa}] \quad f_c \leq f_{c,cyl} \tag{4.1}$$

Bei hochfestem Beton können aber auch zylinderförmige Bau- und Prüfkörper trotz der Behinderung durch die Lastplatten durch laminares Aufspalten versagen.

Das Druckspannungs-Dehnungs-Verhalten von Beton unter einachsiger Druckbeanspruchung kann bis zum Erreichen der Bruchlast mit einer Parabel gemäß

$$\frac{\sigma_c}{f_c} = \frac{\varepsilon_{cu}^2 + 2 \cdot \varepsilon_c \cdot \varepsilon_{c0}}{\varepsilon_{c0}^2} \tag{4.2}$$

angenähert werden, wobei ε_{c0} die Betondehnung (Stauchung) bei Erreichen der Druckfestigkeit im Zylinderdruckversuch ist. Für normalfeste Betone ($f_c \leq 50$ MPa) gilt $\varepsilon_{c0} \approx 0{,}0025$, für höhere Druckfestigkeiten ($50 < f_c < 100$ MPa) ergibt sich ein leichter Zuwachs bis auf $\varepsilon_{c0} \approx 0{,}003$.

Für hochfeste Betone C50–C100 kann der von Held [2] ausgearbeitete Vorschlag angewandt werden:

$$f_c = \alpha_1 \cdot \alpha_2 \cdot \alpha_3 \cdot f_{c,cube} \qquad (4.3)$$

$\alpha_1 = 0{,}85$ Abminderungsfaktor zur Berücksichtigung des Verhältnisses der Zylinder f_c zur Würfeldruckfestigkeit $f_{c,cube}$

$\alpha_2 = 0{,}85$ Abminderungsfaktor zur Berücksichtigung des Dauerstandseinflusses

$\alpha_3 = 0{,}95 - \frac{f_{c,cube}}{600\,\text{N/mm}^2}$ Abminderungsfaktor zur Berücksichtigung des Unterschiedes zwischen Bauteilbeton und Laborbeton zur Prüfkörperherstellung

Als Grenze der Bruchdehnung wird, sofern keine weiteren Daten bekannt sind, der Wert $\varepsilon_{cu} = -3{,}0\‰$ als Bemessungswert vorgeschlagen.

Die Druckfestigkeit des Betons wird bei der Betonerhaltung vorwiegend durch Bohrkerne bestimmt. Für die Entnahme des Bohrkerns werden in der Regel Diamantringbohrungen durchgeführt. Dabei muss die Dimension des Bohrkerns auf das vorhandene Größtkorn, die Bauteilabmessungen und die vorhandene Bewehrungslage abgestimmt werden.

Nachfolgend werden einige in der Literatur bekannte Formeln und Abhängigkeiten zur Betondruckfestigkeit dargestellt. Der Geltungsbereich kann mit einer maximalen Druckfestigkeit C50/60 angesetzt werden. Sie sollen bei Aufgaben der konstruktiven Betonverstärkung zur Abschätzung der mechanischen Größen dienen.

4.2.1.1 Ermittlung der Betondruckfestigkeit

Die Entwicklung der Betondruckfestigkeit wird hauptsächlich durch die Eigenschaften des Zements, des Wasser-Zementwerts, der Hydratationsdauer und der Erhärtungstemperatur beeinflusst. Eine Vielzahl von Formeln sind in Gebrauch, um die Betondruckfestigkeit ausgehend von der Zylinderdruckfestigkeit zu bestimmen.

Wird durch die Probenentnahme der entnommene Bohrkern in der oberflächennahen Struktur gestört, kann auf Montella [2] aufbauend eine Abminderung abgeleitet werden:

$$f_{c,cube,150} = 0{,}83 (f_c)^{1{,}10} \qquad (4.4)$$

4.2.1.2 Unterschiedliche Abmessungen des Prüfzylinders

Die normgemäßen Zylinderabmessungen weisen eine Höhe von 300 mm und einen Durchmesser von 150 mm auf. Bei einer nachträglichen Probenentnahme an einem bestehenden Bauwerk kann es auf Grund von geometrischen Randbedingungen notwendig werden, auch andere Zylinderabmessungen zu wählen. Der Mindestdurchmesser sollte jedenfalls größer als der dreifache Durchmesser des Größtkorns sein. Nachfolgend wird eine Beziehung nach Dutron zur Ermittlung der Normzylinderdruckfestigkeit von Proben mit unterschiedlichen Abmessungen nach 28 Tagen angegeben (siehe Bild 4.1).

$$f_c(28) = \frac{f_{c,m} \cdot 0{,}85}{0{,}65 + \dfrac{0{,}7}{\left(1 + \dfrac{d_c}{20}\right) \cdot \left(\dfrac{h_c}{d_c}\right)^{1{,}25}}} \qquad (4.5)$$

4.2.1.3 Die Zeitabhängigkeit der Druckfestigkeit

Die zeitliche Entwicklung t (in Tagen) der mittleren Zylinderdruckfestigkeit bezugnehmend auf jene nach 28 Tagen $f_c(28)$ kann nach dem Model Code 90 nach folgender Zeitfunktion dargestellt werden:

$$f_c(t) = \exp\left[s\left(1 - \sqrt{\frac{28}{t}}\right)\right] \cdot f_c(28) \tag{4.6}$$

Dabei hängt der Beiwert s von der Zementfestigkeitsklasse wie folgt ab:

Z 32,5: s = 0,38
Z 32,5R + Z 42,5: s = 0,25
Z 42,5R + Z 52,5: s = 0,20

Bei der Verwendung eines speziellen Zementes soll der Beiwert s durch die Auswertung von Druckprüfungen besser angepasst werden.

Eine weitere Funktion zur Ermittlung des zeitabhängigen Verhaltens der Druckfestigkeit (s-förmige Entwicklungskurve) hat Weber erstellt [3]. Dabei baut er auf die 1-Tages- und auf die 28-Tages-Druckfestigkeit auf. Der Parameter a charakterisiert die Nacherhärtung, b die Frühfestigkeit und c den Festigkeitsanstieg. Bei langsam erhärtenden Zementen kann a = 1 gesetzt werden. Der Parameter c wird von Weber als Konstante mit 0,55 angegeben, wobei eine Bestimmung auf Messwerte beruhend sicher zweckmäßig ist.

$$f_c(t) = f_c(28) \cdot a \cdot \exp\left(\frac{b}{t^c}\right) \tag{4.7}$$

$$a = \frac{f_c(\infty)}{f_c(28)} \; ; \; b = \ln\left(\frac{f_c(1)}{f_c(\infty)}\right) \; ; \; c = 0,3 \cdot \ln\cdot\left(\frac{b}{d}\right) \; ; \; d = \ln\cdot\left(\frac{1}{a}\right) \tag{4.8}$$

In Abhängigkeit von der Zementklasse (c) und dem Wasser-Zementfaktor (W/Z) kann die Endfestigkeit bezogen auf die 28-Tage-Festigkeit nach folgendem Zusammenhang ermittelt werden:

$$f_c(\infty) = f_c(28) \cdot \exp\left(-C \cdot 0,18 \cdot \frac{w}{z}\right) \tag{4.9}$$

Z 32,5: a = 4,4
Z 32,5R + Z 42,5: a = 2,8
Z 42,5R + Z 52,5: a = 1,5

4.2.1.4 Beeinflussung der Bohrkerne durch Bewehrungsstäbe

Die Reduktion der Betondruckfestigkeit, welche durch diese lokale Störung bei einem Bewehrungsstab (Bild 4.1) verursacht wird, kann wie folgt abgeschätzt werden [4]:

$$f_c = f_{c,m} \cdot \left(1,0 + 1,5 \cdot \frac{d_s}{d_c} \cdot \frac{h_s}{h_c}\right) \tag{4.10}$$

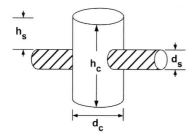

Bild 4.1 Probezylinder mit Bewehrungsstab

4.2.2 Zugkapazität

Die Zugfestigkeit f_{ct} des Betons ist im Vergleich zu seiner Druckfestigkeit relativ gering (1/10 bis 1/20). Sie unterliegt großen Streuungen und ist abhängig von zahlreichen Faktoren wie Eigenspannungen aus Temperatur und Schwinden des Betons. Die Annahme

$$f_{ct} = 0{,}3 \cdot f_{ck}^{2/3} \quad [\text{MPa}] \tag{4.11}$$

mit der Zylinderdruckfestigkeit f_{ck} ergibt für normalfesten Beton realitätsnahe Werte. Für hochfesten Beton nimmt die Zugfestigkeit in einem geringeren Maße zu [5].

Während eines Zugbelastungsversuchs zeigt der Beton zunächst ein annähernd linear-elastisches Spannungs-Dehnungsverhalten. Bei Annäherung an die Zugfestigkeit wird das Verhalten auf Grund von Mikrorissbildung weicher, bis sich der erste Riss einstellt.

Eine Beschreibung der Rissbildung mit Hilfe einfacher physikalischer Überlegungen findet sich im „Fictitious Crack Model" von Hilleborg [6]. Durch die fortschreitende Rissbildung entsteht lokal eine starke Verformung in der Risszone bei gleichzeitiger Entlastung des restlichen Bereiches. Entsteht nun in dieser Weise ein fiktiver Riss, das heißt eine Risszone mit unendlich kleiner Anfangslänge, kann das Bruchverhalten mittels einer Spannungs-Rissöffnungsbeziehung beschrieben werden. Die Fläche unterhalb dieser Kurve entspricht der auf die Rissfläche bezogenen spezifischen Bruchenergie G_f. Die spezifische Bruchenergie ist eine Materialgröße, welche die Zugkapazität des Betons beschreibt. Sie wird experimentell ermittelt, wobei die primären Einflussparameter die Korngrößenverteilung, die Art der Zuschläge und die Betondruckfestigkeit sind.

Vereinfachte Beziehungen zur Beschreibung der Bruchenergie wurden im MC 90 erarbeitet:

$$G_f = G_{fo} \cdot \left(\frac{f_{cm}}{10}\right)^{0{,}7} \tag{4.12}$$

f_{cm}	mittlere Zylinderdruckfestigkeit		
d_{max} (mm)	8	16	32
$G_{fo} = 0{,}11$ N/mm	0,025	0,03	0,038

Eine weitere Beziehung hat Müller durch Auswertung von Versuchsergebnissen erarbeitet:

$$G_f = G_{fo} = \left(\frac{f_{fm}}{10}\right)^{0{,}18}$$

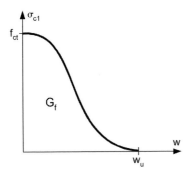

Bild 4.2 Spannungs-Rissöffnungs-Beziehung und Bruchenergie G_f

Für die Anwendung von geklebten Kohlenstofffaser-Elementen sollte eine Mindestbruchenergie von 70 N/m (5%-Fraktile) vorhanden sein. Wünschenswert wäre ein Wert von 90 N/m, da Untersuchungen zeigten, dass bei kleineren Werten in den Verankerungsbereichen schon bei Dehnungen von 0,6% Längsrisse auftreten können.

4.2.3 Modellierung des gerissenen Stahlbetons

Im Konstruktionsbeton bleibt die Betonkapazität das schwache Glied, weshalb man unter der Bedingung, dass die Betonzugspannungen nicht größer werden können als die Betonzugfestigkeit f_{ct}, die Gleichung für den maximalen Rissabstand s_{r0} des abgeschlossenen Rissbildes mit Annahme einer konstanten Verbundspannung τ_{b0} erhält:

$$s_{r0} = \frac{d_s \cdot (1 - \rho_s) \cdot f_{ct}}{2 \cdot \rho_s \cdot \tau_{b0}} \tag{4.13}$$

Sigrist und Marti [7] haben eine bilineare Spannungs-Dehnungs-Beziehung für die Bewehrung sowie eine abgestufte starr-ideal-plastische Verbundschubspannungs-Schlupf-Beziehung vorgeschlagen. Auf diesen Überlegungen basierend entwickelte Alvarez [8] das so genannte „Zuggurtmodell" weiter, mit dem das Spannungs-Dehnungs-Verhalten des gerissenen Zuggliedes analytisch beschrieben werden kann.

Die Verbundschubspannungs-Schlupf-Beziehung stellt also eine vereinfachte Annahme dar, mit dem die ausgeprägte Reduktion der Verbundschubspannungen zum Zeitpunkt des Fließbeginns der Bewehrung mit 50% erfasst wird. Die Verbundspannungen werden wie folgt angenommen, wobei bei Fließbeginn die Verbundbruchspannungen gleich der rechnerischen Zugfestigkeit entsprechen [7]:

$$\tau_{b1} = \frac{\tau_{b0}}{2} = f_{ct} = 0{,}3 \cdot f_c^{2/3} \quad [\text{MPa}] \tag{4.14}$$

Die maximalen Stahlspannungen σ_{sr} am Riss können in Funktion der mittleren Dehnungen ε_{sm} und der getroffenen Annahmen aus den Spannungs-Dehnungsverteilungen für einen Stahl mit bilinearem Stoffgesetz wie folgt angesetzt werden. Alvarez [8] hat folgende drei Bereiche unterschieden:

- elastischer Bereich (Bereich 1),
- Fließen der Bewehrung im Rissbereich (Bereich 2),
- Fließen der Bewehrung über die gesamten Risselemente (Bereich 3).

4.2 Mechanische Modellierung im Betonbau

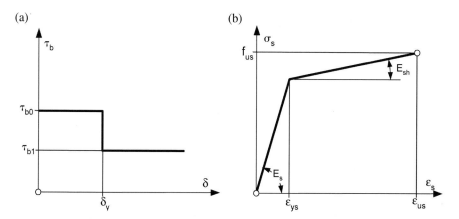

Bild 4.3 (a) Symmetrisch belastetes Risselement, (b) bilineare Spannungs-Dehnungs-Beziehung für Bewehrungsstahl [7]

Bereich 1:

$$\sigma_{s,cr} \leq \sigma_{sr} \leq f_{ys}$$

Stahlspannungen über die gesamte Risselementlänge im elastischen Bereich:

$$\sigma_{sr} = E_s \cdot \varepsilon_{sm} + \frac{\tau_{b0} \cdot s_{rm}}{d_s} \quad (4.15)$$

Bereich 2:

$$f_{ys} < \sigma_{sr} < f_{yy} + 2 \cdot \frac{\tau_{b1} \cdot s_{rm}}{d_s} \quad (4.16)$$

Fließen der Bewehrung in Rissnähe

$$\sigma_{sr} = f_{ys} + 2 \cdot \frac{\frac{\tau_{b0} \cdot s_{rm}}{d_s} - \sqrt{(f_{ys} - E_s \cdot \varepsilon_{sm}) \cdot \frac{\frac{\tau_{b0}}{2} \cdot s_{rm}}{d_s} \cdot \left(2 - \frac{E_s}{E_{sh}}\right) + \frac{E_s}{E_{sh}} \cdot \left(\frac{\tau_{b0}^2}{2}\right) \cdot \frac{s_{rm}^2}{d_s^2}}}{2 - \frac{E_s}{E_{sh}}} \quad (4.17)$$

Bereich 3:

$$f_{ys} + 2 \cdot \frac{\tau_{b1} \cdot s_{rm}}{d_s} < \sigma_{sr} < f_{us} \quad (4.18)$$

Fließen der Bewehrung über die gesamten Risselemente

$$\sigma_{sr} = f_{ys} + E_{sh} \cdot \left(\varepsilon_{sm} - \frac{f_{ys}}{E_s}\right) + \frac{\tau_{b1} \cdot s_{rm}}{d_s} \quad (4.19)$$

mit
ε_{sm} mittlere Stahldehnung

4.3 Mechanische Modellierung von Stahl

4.3.1 Betonstahl

Der Konstruktionsbeton war zumindest in der Vergangenheit stets mit schlaffem oder vorgespanntem Betonstahl bewehrt. Das Verformungsvermögen von Stahlbetonelementen hängt zu einem großen Teil von der Duktilität des Betonstahls ab. Es können zwei grundlegend unterschiedliche Spannungs-Dehnungs-Verhaltensarten für Betonstähle festgestellt werden.

Ein warmgewalzter Stahl mit niedrigem Kohlenstoffgehalt verhält sich unter Zugbeanspruchung zunächst linear-elastisch mit $\sigma_s = E_s \cdot \varepsilon_s$, bevor er im Bereich der Fließgrenze $\sigma_s = f_{ys}$ ein Fließplateau erreicht, auf dem die Dehnung bei annähernd konstanter Spannung stark zunimmt. Diese Stähle werden für den Profilbau verwendet und in der Verbundbauweise als Zug- oder Biegeglieder verwendet.

Kaltgewalzte Stahlsorten und solche mit hohem Kohlenstoffgehalt zeigen einen sanften Übergang von der linear elastischen Phase bis zum Bereich der Verfestigung. Da sie keine ausgeprägte Fließgrenze besitzen, wird meist jene Spannung, welche nach Entlastung eine verbleibende Verformung von 0,2% erzeugt, als Fließgrenze bezeichnet.

Die Fließspannungen von Betonstählen betragen in der Regel 450 bis 600 MPa, der Elastizitätsmodul ist mit rund 205 GPa für alle Stahlsorten gleich groß.

4.3.2 Spannstahl

Der Spannstahl weist verglichen mit dem Betonstahl eine höhere Stahlqualität auf. Diese wird durch die Erhöhung des Kohlenstoffgehaltes und einer gezielten Wärmebehandlung bzw. einer mechanischen Nachbehandlung erreicht. Spannstahl ist in den unterschiedlichsten Erscheinungsformen erhältlich. Auch Spannstähle weisen keine ausgeprägte Fließgrenze auf, weshalb nach EC2 die Fließgrenze bei einer bleibenden Dehnung von 0,1% definiert wird.

Die Stahlgüten liegen zwischen 1370/1570 und 1570/1770 N/mm². Der Elastizitätsmodul von Stäben und Drähten beträgt ca. 205 GPa, von Litzen ca. 195 GPa.

4.4 Stahl und Kohlenstofffaser-Bewehrung: ein Vergleich

Abgesehen von den unterschiedlichen Kosten dieser beiden Bewehrungsmaterialien, werden die Festigkeiten und deren Verhalten über die Lebensdauer einer Konstruktion dargestellt. Es zeigt sich, dass der Spannstahl etwa die 3-fache Spannung eines Bewehrungsstahles und eine Kohlenstofffaser-Lamelle etwa die 5-fache Bruchspannung eines Bewehrungsstahles erreicht.

Neben den Spannungs-Dehnungsbeziehungen muss auch das insgesamte Verhalten eines mit Kohlenstofffaser-bewehrten Betonbiegeträgers betrachtet werden. Die wesentlichen Unterschiede liegen im nahezu elastischen Verhalten bis zum Bruch beim mit Kohlenstoff-

4.4 Stahl und Kohlenstofffaser-Bewehrung: ein Vergleich

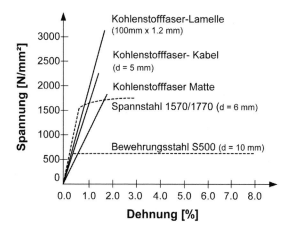

Bild 4.4 Spannungs-Dehnungsbeziehungen von Stahl- und Kohlenstofffaser-Elementen

fasern bewehrten Bauteil im Gegensatz zum ausgeprägt elastischen und anschließend plastischen Verhalten des Stahlbetonbauteils. Dies bedeutet, dass das mit Kohlenstofffasern bewehrte Bauteil eine große Verformung bis zum Bruch erzeugt, jedoch spröde versagt. Nahezu die gesamte Verformungsenergie ist eine elastische Energieform, während bei Stahlbeton sehr große Anteile an plastischer Verformungsenergie vorliegen (Bild 4.5).

Die Duktilität ist sehr gering, weshalb konstruktive Maßnahmen getroffen werden müssen, um das duktile Verhalten zu verbessern [9].

Aus diesen Betrachtungen folgt, dass der Einsatz von Kohlenstofffaser-Elementen als Bewehrung dann gerechtfertigt ist, wenn spezielle Anforderungen an die Konstruktion, an den Korrosionsschutz, elektromagnetische Felder oder an die Ermüdungseigenschaften unter schwingender Beanspruchung gestellt werden [10].

Die nachträgliche Verstärkung von Betonkonstruktionen ist hingegen ein sehr wichtiges Anwendungsfeld, in dem sich dieser Werkstoff auf Grund seiner Flexibilität, leichten Handhabbarkeit und hohen Festigkeit sehr eignet.

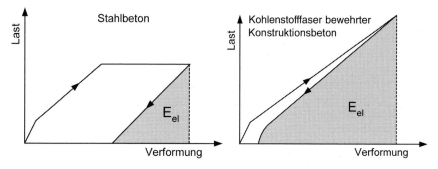

Bild 4.5 Elastische Verformungsenergie von mit Stahl- und Kohlenstofffasern bewehrten Betonelementen

4.5 Einflussparameter bei der Biegeverstärkung mit Kohlenstofffaser-Lamellen

Wie Kaiser in seiner Dissertation [11] festgestellt hat, eignen sich Kohlenstofffaser-Lamellen zur Ertüchtigung von Biegeträgern aus Stahlbeton. Die Bemessung kann aufbauend auf den Rechenmodellen des Stahlbetons erfolgen, wobei aber besonders auf das Schubverhalten zwischen Lamelle, Kleber und Beton geachtet werden muss. Schubrisse im Beton bewirken an der Betonoberfläche einen vertikalen Versatz, wodurch es zu einem frühzeitigen Ablösen kommen kann. Biegerisse werden von den Kohlenstofffaser-Lamellen überbrückt und beeinflussen im Wesentlichen die Traglast nicht. Durch die Verstärkung mit einer Kohlenstofffaser-Lamelle kann es zu einer feineren, gleichmäßigeren Rissverteilung kommen. Die Spannungsamplituden in der Stahlbewehrung können durch die Verstärkung reduziert und somit das Ermüdungsverhalten verbessert werden. Geklebte Lamellen aus Kohlenstofffasern sind gegen Feuer und mechanische Beschädigungen (z. B. auch Sabotage) zu schützen.

4.5.1 Einflussparameter des Klebeverbundes

Der wesentliche Unterschied zur Vorgangsweise beim klassischen Stahlbetonbau ist, dass nicht nur die Verträglichkeit und das Gleichgewicht im Grenzzustand des Versagens von Beton und der Zugbewehrung (Stahl) als einzige Kriterien vorliegen, sondern dass auch primäre und sekundäre Ablöseeffekte der extern angebrachten Kohlenstofffaser-Bewehrung zu berücksichtigen sind. Dabei müssen die folgenden vier Grenzschichten mit den jeweilig möglichen Bruchvorgängen betrachtet werden:

- Adhäsionsbruch in der Grenzschicht Kleber-Kohlenstofffaser-Element,
- Kohäsionsbruch im Kleber,
- Adhäsionsbruch in der Grenzschicht Kleber-Betonfläche,
- Bruch der Betonschicht.

Die ersten drei Bruchvorgänge können durch eine sorgfältige Vorbereitung der Klebeflächen und einer entsprechenden Konfiguration des Klebers kontrolliert und damit als Bemessungskriterium vermieden werden [12]. Das Ablösen von oberflächennahen Betonschichten bei nachträglich verstärkten Biegeträgern wurde von Niedermeier [13] intensiv erforscht. Dabei wurden verschiedene Ablösebereiche identifiziert:

1. Bereich: Ablöseeffekte durch lokale Unebenheiten.
2. Bereich: Ablöseeffekte durch vertikale Rissuferversätze von Biegeschubrissen.
3. Bereich des Laschenendes: Ablöseeffekte durch Schubrisse zwischen Betondeckung und einbetonierter Bewehrung.
4. Bereich: Ablöseeffekte durch Einfluss des äußersten Biegerisses.
5. Bereich: Ablöseeffekte durch Vergrößerung der Biegerisse im Bereich der maximalen Momentenbeanspruchung.
6. Bereich: Ablöseeffekte durch Rissfortschritte im Bereich der Querkraftbeanspruchung.

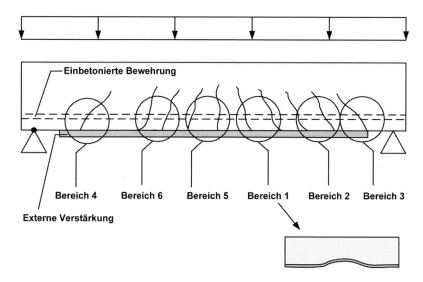

Bild 4.6 Ablösebereiche verstärkter Biegeträger (nach [13])

4.5.1.1 Einfluss lokaler Unebenheiten – Bereich 1

Wie bereits im Abschnitt 2.6.1.2 (das Verkleben von Kohlenstofffaser-Lamellen) beschrieben, führen lokale Unebenheiten zu einem nicht geradlinigen Verlauf der externen Klebebewehrung. Dadurch entstehen Umlenkkräfte (P_t), welche die Klebefuge zusätzlich senkrecht belasten. Geht man davon aus, dass die externe Kohlenstofffaser-Bewehrung den Unebenheiten der Betonoberfläche folgt, dann entstehen bei kleineren Radien (Approximation der Unebenheit) größere Ablösekräfte (Kesselformel):

$$P_t = \frac{F_L}{R}$$

Diese Ablösekräfte können im Extremfall zu einer Lösung des Klebeverbundes führen, wodurch dann die externe Bewehrung als Zugband wirken würde. Für die praktische Anwendung müssen die Unebenheiten geringer als 4 mm gemessen an einer 2 m Latte (entspricht 1/500) bzw. 1 mm gemessen auf einer Bezugslänge von 30 cm sein (entspricht 1/300). Die Unebenheiten sollten jedenfalls kleiner sein als 10 mm, bezogen auf eine Klebelänge von 3,0 m (1/300).

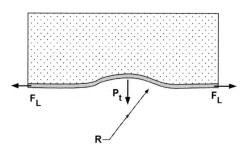

Bild 4.7 Modellhafte Vorstellung der Kraftflüsse bei lokalen Unebenheiten

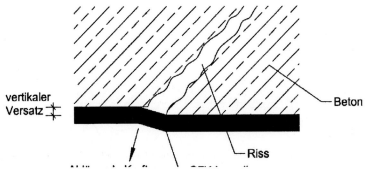

Bild 4.8 Abschälen der Lamelle infolge eines Schubrisses

4.5.1.2 Einfluss vertikaler Rissuferversätze – Bereich 2

Senkrecht zur Zugseite eines Balkens öffnen sich zuerst Biegerisse, die bei zunehmender Last flacher werden, also die Richtung eines Schubrisses verfolgen. Diese Risse werden Biegeschubrisse genannt. Bei Schub- und Biegeschubrissen kommt es zu einem vertikalen Versatz der zwei Rissufer, was ein Abschälen der Lamelle zur Folge haben kann.

4.5.1.3 Einfluss der Ablösung der Betondeckung am Laschenende durch Schubrisse – Bereich 3

Im Bereich des Kohlenstofffaser-Lamellenendes wird die Betonzugkapazität zusätzlich stark von der einbetonierten Bewehrung beansprucht. Gleichzeitig befindet sich in diesem Bereich oft die größte Querkraft, weshalb Schubrisse entstehen können. Diese Schubrisse wirken induzierend für die Ablöseeffekte in der Haftzone der Biegezugbewehrung.

Bei nachträglichen Verstärkungsmaßnahmen kommt der Festigkeit der Betondeckung eine bedeutende Rolle zu. Beim Aufbringen einer neuen Betondeckschicht können durch die unterschiedlichen mechanischen Kennwerte, die verschiedenen Porositäten und das verschieden hygrische Verhalten Normal- und Schubspannungen in den Haftschichten entstehen [14]. Deshalb muss sowohl die Vorbereitung des Untergrundes als auch die Aufbringung der neuen Betondeckung sorgfältig erfolgen. Die Haftfestigkeit sollte mindestens der Zugfestigkeit des Betons entsprechen und daher Werte von mindestens 1,5 MPa aufweisen.

4.5.1.4 Einfluss des äußersten Biegerisses – Bereich 4

In den Rissbereichen von Stahlbetonbauteilen werden die Zugspannungen vom Beton auf die Bewehrung übertragen. Würde man diese Risse nicht zulassen, könnte man den Stahl nicht bis zu seiner Fließgrenze ausnutzen. Risse werden im Stahlbetonbau bis zu einer gewissen Rissbreite zugelassen, die für normale Verhältnisse bei 0,3 mm liegt.

4.5 Einflussparameter bei der Biegeverstärkung mit Kohlenstofffaser-Lamellen

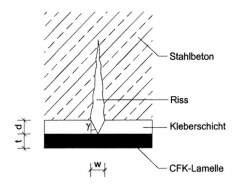

Bild 4.9 Rissüberbrückung durch Schubverformung in der Kleberschicht

Verstärkt man Stahlbetonkonstruktionen mit Kohlenstofffaser-Lamellen, würde es in den Lamellen zu unendlichen Spannungen kommen, wenn sich die Lamelle nicht über eine gewisse Weglänge vom Beton ablösen bzw. relativ verschieben würde. Kleinere Rissbreiten können durch Schubverformungen in der Kleberschicht überbrückt werden (Bild 4.9).

Beim Riss im Beton reißt auch der Kleber ein, was den Verbund zur Kohlenstofffaser-Lamelle nicht beeinträchtigt, solange die zulässigen Schubspannungen im Kleber nicht überschritten werden. Mit einer Schichtdicke t_{ad}, einem Gleitmodul $G_{a,k}$ des Klebers und einer Rissbreite w ergibt sich folgende Gleichung:

$$\frac{w}{2} = \gamma \cdot t_r = \frac{\tau_{ad}}{G_{a,k}} \cdot t_{ad} \qquad (4.20)$$

Setzt man eine mittlere Schubspannung τ_{ad} des Klebers ein, so kann die mittlere Rissbreite w_m zur Überbrückung von Schubverformungen in der Kleberschicht wie folgt abgeschätzt werden:

$$w_m = \frac{2 \cdot \tau_{ad} \cdot d}{G_{ad}} \qquad (4.21)$$

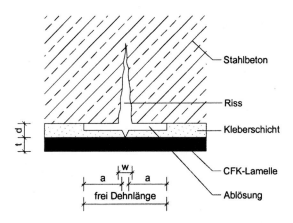

Bild 4.10 Rissüberbrückung durch Ablösungen

Mit üblichen Materialkennwerten und Kleberschichtstärken ergeben sich mittlere Rissbreiten in der Größenordnung von 1/100 mm. Durch die Schubverformungen der Kleberschicht können nur Mikrorisse überbrückt werden. Für die üblichen Rissbreiten im Betonbau (bis zu 0,3 mm) wird der Verbund im Rissbereich beschädigt, so dass sich die Lamellen ablösen und die Dehnungen über eine größere Strecke (freie Dehnlänge) ausgleichen können (Bild 4.10).

Bei Ermüdungsversuchen können diese Ablösungen visuell festgestellt werden, während bei statischen Versuchen aus den Dehnungen darauf geschlossen werden kann [13]. Für die Traglast ist es unbedeutend, ob die Verstärkung auf einen ungerissenen oder bereits gerissenen Träger aufgeklebt wird, solange die Betondruckzone intakt ist.

4.5.1.5 Einfluss des Rissfortschrittes im maximalen Momentenbereich – Bereich 5

Im Bereich der maximalen Momentenbeanspruchung vergrößern sich diese Biegerisse. Es bricht durch das Übertragen der Zugkräfte auf den Beton im ersten Übertragungsbereich eine Betonecke ab, sodass die freie Dehnlänge weiter vergrößert (20 bis 50 mm) wird.

Nimmt die Rissbreite weiter zu, beginnt der abgerissene Keil um seine obere Ecke zu rotieren, was zu weiteren Ablösungen führt.

4.5.1.6 Einfluss des Rissfortschrittes im Querkraftbereich – Bereich 6

Genauso wie die Biegerisse induzieren auch die Schubrisse im Querkraftbereich Ablöseerscheinungen. Die Schubrisse werden häufig in der Position der Bügel induziert, wobei der weitere Verlauf dann den Hauptzugspannungen folgt. Eine weitere Folge gerade dieser Schubrisse sind die Rissuferversätze, welche zu direkten Ablösungen führen.

Im querkraftbeanspruchten Bereich sind auch die Auswirkungen der Querkraft auf das veränderliche Biegemoment und damit auf die Rissbildung zu berücksichtigen. Es ist je-

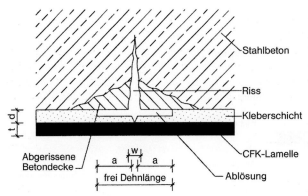

Bild 4.11 Bruchkeilbildung nach Aufweiten des Risses

doch sehr aufwändig, mit den derzeit bekannten Modellen eine explizite Bestimmung der Biegerissabstände bzw. der diskreten Rissabstände in den querkraftbeanspruchten Bereichen zu errechnen.

4.6 Einflüsse bei der Biegeverstärkung mit Kohlenstofffaser- Gelegen

Biegeträger können auch mit Kohlenstofffaser-Gelegen verstärkt werden. Diese haben den Vorteil, dass durch die große Kontaktfläche ein Abschälen (peeling) als Versagensursache nicht zu erwarten ist, was bei den Lamellenverstärkungen der Schwachpunkt sein kann. In Versuchen an der BOKU Wien [15] wurde festgestellt, dass die Traglast von Biegeträgern mit Kohlenstofffaser-Gelegen auf das 3-fache erhöht werden kann. Aus Sicherheitsgründen muss die maximal zulässige Erhöhung auf das zweifache begrenzt werden. Wird die Traglast nur um 50% erhöht, oder dient die Verstärkung mit Kohlenstofffaser-Gelegen der Rissverteilung, ist keine Endverankerung der Gelege notwendig. Die Dehnung des Geleges ist für diesen Fall mit $\varepsilon = 0{,}70\%$ zu begrenzen. Soll die Traglast um mehr als 50% erhöht werden, so kann die zulässige Dehnung des Geleges unter bestimmten Bedingungen auch auf 1% erhöht werden, wobei aber eine Verankerung vorzusehen ist. Bei Balken kann diese Endverankerung durch ein Umwickeln des Schubbereiches mit Kohlenstofffaser-Gelegen erfolgen. Dadurch wird das Gelege an der Zugseite des Balkens verankert und zugleich der Schubbereich des Trägers verstärkt. Ist das Umwickeln nicht möglich, wie z. B. bei Plattenbalken, können die Fasern mit einem Dübel in ein dafür vorgesehenes Loch geklebt werden. Die Gelegeenden werden aufgefasert, um den Dübel gewickelt und mit Epoxidharz in ein Bohrloch geklebt.

Werden Biegeträger mit Kohlenstofffaser-Gelegen verstärkt, ist der Einfluss der Betondeckung auf die Verstärkungsmaßnahme gering.

4.7 Verbundfestigkeit

4.7.1 Dehnungsgradienten

Mit dem folgenden einfachen analytischen Modell, aufbauend auf die Untersuchungen von Kaiser [11], Bizindavyi und Neale [16], sowie Bisby et al. [17] können Verbundspannungen, sowie Dehnungen und Spannungen von Kohlenstofffaser-Lamellen und -Gelegen (im Folgenden als Kohlenstofffaser-Elemente bezeichnet) ermittelt werden. Als Resultat dieser theoretischen Betrachtung können Abschätzungen über die Dehnungen in der Kohlenstofffaser-Bewehrung und die Verbundspannungen entlang der Verankerungszone gewonnen werden.

$$\tau_{ad}(x) = \frac{F \cdot \omega}{b_{cf}} \cdot \frac{\cosh \omega(L-x)}{\sinh(\omega \cdot L)} \qquad (4.22)$$

$$\sigma_{cf}(x) = \frac{F}{b_{cf} \cdot t_{cf}} \cdot \frac{|\cosh \omega(x-L)|}{\sinh(\omega \cdot L)} \qquad (4.23)$$

$$\varepsilon_{cf}(x) = \frac{F}{b_{cf} \cdot t_{cf} \cdot E_{cf}} \cdot \frac{|\sinh \omega(x - L)|}{\sinh (\omega \cdot L)} \qquad (4.24)$$

Als Kennwerte für die Bestimmungsgleichungen werden folgende Parameter gewählt:

$$\omega^2 = \frac{G_{ad}}{E_{cf} \cdot t_{cf} \cdot t_{ad}} (1 + \eta \cdot \rho_{cf}) = \text{const} \qquad (4.25)$$

oder

$$\eta = \frac{E_{ad}}{E_c} \qquad (4.26)$$

$$\eta = \frac{E_{cf}}{E_c} \qquad \rho_{cf} = \frac{A_{cf}}{A_c} \qquad (4.27)$$

Die verwendeten Variablen dieser Gleichungen stehen für:

$\tau_{ad}(x)$ Schubspannung Kleberschicht
$\sigma_{cf}(x)$ Normalspannung Kohlenstofffaser-Element
$\varepsilon_{cf}(x)$ Dehnung der Kohlenstofffaser-Elemente
G_{ad} Schubmodul Kleber
E_{ad} E-Modul Kleber
E_{cf} E-Modul Kohlenstofffaser-Element
t_{cf} Dicke Kohlenstofffaser-Element
t_{ad} Dicke Kleberschicht

E_c E-Modul Beton
A_{cf} Fläche Kohlenstofffaser-Element
A_c Fläche Betonquerschnitt
F Kraft im Kohlenstofffaser-Element
L Verbundlänge
b_{cf} Breite des Kohlenstofffaser-Elements
x Koordinate entlang des Verbundes

Über den Verbund können nicht beliebig große Kräfte übertragen werden. Ab einer gewissen Verbundlänge nimmt die übertragbare Kraft nicht weiter zu, weshalb die größere Verbundfläche nicht ausgenutzt werden kann. Das ist unter anderem auf die Steifigkeit des Klebers zurückzuführen, wodurch am Ende des Verbundes eine Spannungsspitze entsteht. Erreicht diese Spannungsspitze die Schubfestigkeit des Klebers, kommt es zum Versagen und die Spannungsspitze verlagert sich. Da der Betrag der Spannung nicht abnimmt, kommt es sofort wieder zum Versagen, was zu einem Reissverschlusseffekt führen kann.

Die maximale übertragbare Kraft kann aus folgenden Gleichungen bestimmt werden, wobei der kleinere Wert maßgebend ist:

$$F_{limit} = \tau_{ad,max} \cdot b_{CF} \cdot \frac{\tanh (\omega \cdot L)}{\omega} \qquad (4.28)$$

$$F_{max} = \tau(L) \cdot b_{CF} \cdot \frac{\sinh (\omega \cdot L)}{\omega} \qquad (4.29)$$

Aus diesen zwei Gleichungen ist ersichtlich, dass nur sehr kurze Verbundlängen notwendig sind, um die Tragfähigkeit des Klebers voll auszunutzen. Wie die Untersuchungen von Bisby et al. [17] zeigten, sind die effektiven Übertragungslängen von angeklebten Kohlenstofffaser-Lamellen bis 100 mm lang. Durch diese kurzen Verbundlängen ist es jedoch nicht möglich, die Zugfestigkeit der Kohlenstofffaser-Verstärkung zu erreichen. Der maximale Wert der Schubspannung ist eigentlich unbekannt und hängt von einer Vielzahl von Faktoren ab. Kaiser [11] schlägt den Wert von 8 N/mm^2 vor. In Experimenten wurde festgestellt, dass der Wert zwischen 5 und 12 N/mm^2 liegen kann.

4.7 Verbundfestigkeit

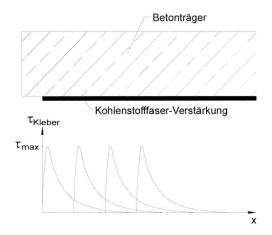

Bild 4.12 Reissverschlusseffekt bei Überschreiten der übertragbaren Schubkraft

Wie im vorhergehenden Abschnitt beschrieben, kommt es bei einer Rissbildung zu Ablösungen der Lamelle vom Beton. Auch zwischen Stahlbewehrung und Beton herrscht in einem Riss nicht Dehnungsgleichheit, sondern es kommt zu einem Schlupf, so dass sich der Riss öffnen kann. Die Dehnungen im Kohlenstofffaser-Element sowie im Bewehrungsstahl sind also nicht gleichmäßig verteilt, sondern nehmen in den Rissen zu und im ungerissenen Beton ab.

Errechnet man an verschiedenen Stellen eines Trägers die Spannungen in der Kohlenstofffaser-Verstärkung, können aus dem Verlauf der Spannungen über die Trägerachse die Schubspannungen abgeleitet werden. Sie ergeben sich im Mittel zu:

$$\tau_{ad} = \frac{\Delta \sigma_{cf}}{\Delta x} \cdot t_{cf} \tag{4.30}$$

Die Schubfestigkeiten des Verbundes für eine interne Stahlbewehrung können aus den einachsigen Zugfestigkeiten abgeleitet werden

$$\tau_{sm} = 2{,}25 \cdot f_{ctk,0{,}95} = 1{,}85\, f_{ctm} \tag{4.31}$$

Auch Sigrist und Marti [7] haben für die Bewehrung eine starr-ideal plastische Verbundspannungs-Schlupf-Beziehung mit $\tau_{sm} = \tau_{b0} = 2 \cdot f_{ctm}$ vorgeschlagen.

Auch für eine externe Stahllamelle wurde für die Schubfestigkeit des Verbundes $\tau_{ad} = 2{,}0 \cdot f_{ctm}$ vorgeschlagen.

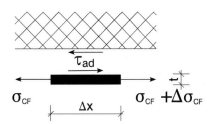

Bild 4.13 Schubspannungen in der Kleberschicht

Um eine Biegebemessung durchführen zu können, ist es erforderlich, die mittlere Dehnung in der Stahlbewehrung bzw. im Kohlenstofffaser-Element zu kennen, um sich daraus die wirkenden Kräfte ermitteln zu können. Das Ebenbleiben der Querschnitte, eine der Voraussetzungen der Biegebemessung, ist nur im Mittel über die Risselemente, nicht im Riss selbst, gewährleistet.

Öffnet sich nun ein Riss, so entsteht im Öffnungsbereich eine maximale Dehnung der Stahlbewehrung, welche dann wieder außerhalb dieses Bereiches abklingt. Der Verbundkoeffizient μ beschreibt dieses Verhältnis zwischen mittlerer Dehnung und maximaler Dehnung im Bereich eines solchen Risselementes:

$$\mu = \frac{\varepsilon_m}{\varepsilon_{max}} \geq \mu_{lim} \tag{4.32}$$

Bachmann [18] gibt mögliche Werte für den Verbundkoeffizienten für Stahlbewehrungen an, wobei nachfolgend die Werte mit eigenen Berechnungen ergänzt wurden:

$d_s \leq 8$ mm, $s_r \geq 400$ mm	$\mu_{lim} = 0{,}15$
$d_s \leq 12$ mm, $s_r \geq 400$ mm	$\mu_{lim} = 0{,}25$
$d_s \leq 12$ mm, $250 \leq s_r \leq 400$ mm	$\mu_{lim} = 0{,}5$
$12 \leq d_s \leq 20$ mm, $s_r \geq 400$ mm	$\mu_{lim} = 0{,}7$
$12 \leq d_s \leq 20$ mm, $250 \leq s_r \leq 400$ mm	$\mu_{lim} = 0{,}9$
Elastischer Bereich	$\mu_{lim} = 1{,}00$
Kohlenstofffaser-Lamellen	$\mu_{lim} = 0{,}8$
Kohlenstofffaser-Gelege	$\mu_{lim} = 0{,}9$

Kaiser hat in [11] festgestellt, dass der Verbundkoeffizient für Kohlenstofffaser-Lamellen mit jenem der Stahlbewehrung gleichgesetzt werden kann.

4.7.2 Verteilung der Verbundspannungen

Die Übertragung der Verbundkräfte von der Kohlenstofffaser-Lamelle auf den Beton erfolgt nicht gleichmäßig. Wird eine Lamelle auf einen Betonkörper aufgeklebt und mit einer Zugkraft im elastischen Bereich des Klebers beansprucht, stellt man fest, dass die Schubspannungen am Anfang der Klebelänge am größten sind und gegen das Ende hin hyperbolisch zu Null werden (Bild 4.14). Bresson [19] rechnete von geklebten Stahllaschen auf Beton die Verbundspannungen nach, wobei er ein linear elastisches Verbundgesetz annahm. Dadurch wurde die Schubverzerrung nur der Klebeschicht zugewiesen. Am belasteten Laschenanfang (Laschenende) ergaben sich damit Verbundspannungen zwischen 6 und 8 MPa. Diese Werte klingen für einen normalfesten Beton plausibel, da sie auch für Verbundanker in einer ähnlichen Größe von 8 bis 15 MPa für Betone C25/30 bis C50/60 vorliegen [20].

4.7 Verbundfestigkeit

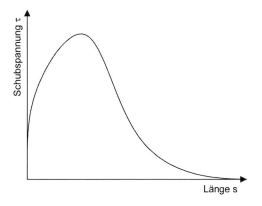

Bild 4.14 Verlauf der Verbundspannungen in der Kleberschicht

4.7.3 Verbundgesetz – Verbundbruchkraft

Die erste Theorie für den Verbund von aufgeklebten Laschen auf Beton wurde von Ranisch [23] erarbeitet. Er verwendete einen bilinearen Verbundansatz mit plastisch entfestigendem Ast, welcher auch die Gleitungen in der Verbundrissfuge berücksichtigen sollte.

Ranisch [23] formulierte für geklebte Stahllamellen einen linearen Zusammenhang zwischen der Bruchgleitung und der Verbundlänge. Damit stieg der in späteren Arbeiten als Bruchenergie G_{Fm} interpretierte Flächeninhalt linear mit der Verbundlänge an. Die daraus ableitbare Verbundbruchkraft würde demnach unbegrenzt mit der Verankerungslänge anwachsen, was durch alle späteren Forschungsarbeiten widerlegt wurde und mit einer begrenzten Zugkapazität des Betons nie auftreten kann.

Van Gemert [24] führte an der Katholischen Universität Leuven in Belgien grundlegende Forschungen zum Klebeverhalten und praktische Anwendungsversuche mit geklebten Stahlplatten durch.

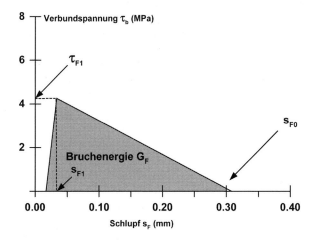

Bild 4.15 Schubspannungen in der Kleberschicht bei einer Betonzugfestigkeit von $f_{ctm} = 2$ N/mm² [23]

Kaiser [11] verwendete für geklebte Kohlenstofffaser-Lamellen einen iterativen Rechenvorgang, wobei die Entfestigung in der Verbundzone mit iterativ begrenzten linearen Verbundspannungs-Verschiebungsbeziehungen berücksichtigt wurde.

Wicke und Pichler [23] verwendeten für die geklebten Stahllaschen einen nichtlinearen Ansatz ähnlich den Verbundspannungs-Verschiebungsbeziehungen nach MC 90 für Bewehrungsstähle. In dieser Formulierung werden die Parameter durch Versuche ermittelt, wobei bereits der Maßstabseffekt und die bruchmechanischen Parameter berücksichtigt wurden.

Zur Beschreibung des Trag- und Verformungsverhaltens baute Holzenkämpfer [24] nun seine Formulierung der Verbundbruchkraft bzw. der dazugehörenden Verankerungslänge auf die Idee von Volkersen [25] auf und verwendete für den entfestigenden Bereich einen linearen Ansatz mit konstanter Bruchenergie. Die damit errechnete Bruchenergie lautet:

$$G_{Fm} = c \cdot k_b^2 \cdot f_{ctm} \quad [N/mm^2] \tag{4.33}$$

mit $c = 0{,}125$ für Kohlenstofffaser-Lamellen nach Rostasy [26].

Die maximale Verbundspannung wird von Holzenkämpfer [24] aus der Mohr-Coulomb-Hypothese abgeleitet, als ein Ausdruck von der Zugfestigkeit des Betons

$$\tau_{max} = 1{,}8 \, k_b f_{ctm} \tag{4.34}$$

$$k_b = 1{,}06 \sqrt{\frac{2 - \dfrac{b_f}{b}}{1 + \dfrac{b_f}{400}}} \tag{4.35}$$

Die Verbundbruchkraft mit der dazugehörenden Verbundlänge errechnet sich zu:

$$N_{fa,max} = \alpha \cdot c_1 \cdot k_c \cdot k_b \cdot b \cdot \sqrt{E_{cf} \cdot t_{cf} \cdot f_{ctm}} \quad [N] \tag{4.36}$$

Numerische Untersuchungen zur Bestimmung der Verbundbruchkraft wurden von Täljsten [27] sowie Yin und Wu [28] durchgeführt. Es konnte der richtige Ansatz zur Verwendung der Bruchenergie für die Bestimmung der Verbundlänge bestätigt werden.

Um das Abschälen der externen Bewehrung vom Betonuntergrund bei sich formenden Querkraftrissen zu verhindern, haben Blaschko et al. [30] vorgeschlagen, den Bemessungswert des Querkraftwiderstandes zu begrenzen. Dabei könnte, aufbauend auf den EC2-Vorschlag, der mechanische Bewehrungsgrad ρ_s mit ρ_{eq} ersetzt werden. Matthys [32] schlägt auf der Grundlage von experimentellen Untersuchungen (Betongüten C25/30 bis C30/37) und den Gleichgewichtsbedingungen am gerissenen Biegelement einen weiteren Ansatz zur Bestimmung der Verbundspannungen vor:

$$V_{Rpd} = \tau_{Rpd} \cdot b \cdot d \tag{4.37}$$

$$\tau_{Rpd} = \frac{0{,}38 + 151 \, \rho_{eq}}{\gamma_c} \quad [MPa] \quad \gamma_c = 1{,}50 \tag{4.38}$$

$$\rho_{eq} = \frac{A_s + A_{cf} \cdot \dfrac{E_{cf}}{E_s}}{A_c} \tag{4.39}$$

4.7 Verbundfestigkeit

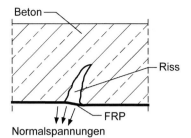

Bild 4.16 Normalspannungen in der Kleberschicht

V_{Rpd} ist dabei der Bemessungswert der Querkraft gegen ein Abschälen (peeling) der externen Kohlenstofffaser-Elemente.

Neubauer [31] verwendete den Ansatz von Holzenkämpfer und führte 64 Verbundversuche mit verschiedenen Herstellern (Lamellen Typ Sika CarboDur S mit Kleber Sikadur 30; Lamellen Typ S & P mit Kleber ispo Concretin SK 41) durch. Aufbauend auf diese Ergebnisse wurde der charakteristische Wert der Verbundbruchkraft (5%-Fraktile) und die zugeordnete Verbundlänge wie folgt definiert. Der charakteristische Wert der Verbundbruchkraft wurde mit einem Variationskoeffizienten von 13% errechnet:

$$N_{fa,max} = 0{,}5 \cdot b_{cf} \cdot k_b \cdot \sqrt{E_{cf} \cdot t_{cf} \cdot f_{ctm}} \quad [N] \tag{4.40}$$

$$l_{f,max} = \sqrt{\frac{E_{cf} \cdot t_{cf}}{2 \cdot f_{ctm}}} \quad [mm] \tag{4.41}$$

$$k_b = 1{,}06 \cdot \sqrt{\frac{2 - \frac{b_{cf}}{b}}{1 + \frac{b_{cf}}{400}}} \tag{4.42}$$

Für Verbundlängen $l_{b,cf} < l_{b,cf,max}$ hat Neubauer den charakteristischen Wert der Verbundbruchkraft durch eine quadratische Parabel angenähert.

$$N_f = N_{fa} \cdot \frac{l_{b,cf}}{l_{b,cf,max}} \cdot \left(2 - \frac{l_{b,cf}}{l_{b,cf,max}}\right) \tag{4.43}$$

Das Versagen der Lamelle ist meistens ein Verbundbruch, weshalb Neubauer für die beeinflussende Wirkung der Rissufersätze vorschlägt, eine Reduktion der Bruchenergie vorzunehmen. Diese Reduktion wurde mit 7% angesetzt, weshalb die bei Entkoppelung wirkende Verbundbruchkraft wie folgt angeschrieben werden kann:

$$N_{fa,max} = 0{,}48 \cdot b_{cf} \cdot k_b \cdot \sqrt{E_{cf} \cdot t_{cf} \cdot f_{ctm}} \quad [N] \tag{4.44}$$

Diese geringe Reduktion wird bei Bauteilen mit geringer Bauhöhe und kleiner Schubbeanspruchung noch geringer ausfallen, so dass sie unbedeutend wird. Wichtiger ist aber, wie auch Neubauer ausführte, dass beim verstärkten Bauteil eine ausreichend bemessene Schubbewehrung vorhanden ist.

4.8 Berechnung der Zugverankerung

Die maximal verankerbare Zugspannung am Einzelriss kann wie folgt in Abhängigkeit von der Verbundlänge errechnet werden. Es müssen zwei Grenzfälle betrachtet werden:

Wird die maximale Verbundbruchkraft am Einzelriss verankert, so wird die gesamte Verbundbruchenergie G_{Fm} zum Zugkraftaufbau herangezogen. Die nachfolgend angeführten Beziehungen aus Niedermeier [32] sind nicht dimensionsrein und dienen als semiempirische Ansätze zur Bestimmung der maximal verankerbaren Zugspannung. Für die Verbundbruchenergie gilt:

$$G_{Fm} = 4{,}30 \cdot 10^{-2} \cdot \sqrt{f_{c,cube} \cdot f_{ctm}} \quad [N/mm] \tag{4.45}$$

Diese Gleichung kann auch durch Einsetzen einer Formulierung für die Zugkapazität des Betons (Formulierung nach dem MC 90 [33] bzw. Eurocode 2) entsprechend vereinfacht werden. Für die Umrechnungen wurden folgende Faktoren verwendet:

$$f_{ck} = 0{,}7 \cdot f_{cm} \tag{4.46}$$

$$f_{cm} = 0{,}85 \cdot f_{c,cube} \tag{4.47}$$

$$f_{c,cube} = \frac{f_{ck}}{0{,}6} \tag{4.48}$$

$$G_{Fm} = 0{,}0215 (f_{ck})^{5/6} \quad [N/mm] \tag{4.49}$$

Für eine erste Abschätzung kann für Betone C25/30 bis C50/60 folgende lineare Formel verwendet werden.

$$G_{Fm} = \frac{f_{ck}}{85} \quad [N/mm] \tag{4.50}$$

Die maximale Längszugspannung in der Lamelle kann wie folgt unter Verwendung der Verbundbruchenergie errechnet werden, wenn die Verbundlänge unendlich groß angenommen wird.

$$\sigma_{cf,max} = \sqrt{\frac{2 \cdot G_{Fm} \cdot E_{cf}}{t_{cf}}} \quad [N/mm^2] \tag{4.51}$$

Für die Kohlenstofffaser-Elemente kann, aufbauend auf dem Ansatz für extern aufgeklebte Stahllamellen, die maximal verankerbare Zugspannung durch Einsetzen der Verbundbruchenergie umgeformt werden:

$$\sigma_{cf,max} = 0{,}225 \cdot \sqrt{\frac{\sqrt{f_{c,cube} \cdot f_{ctm}} \cdot E_{cf}}{t_{cf}}} \quad [N/mm^2] \tag{4.52}$$

Diese Gleichung kann entsprechend vereinfacht werden, wenn die bekannten Ansätze zur Ermittlung der Zugfestigkeit für Betone bis C50/60 eingesetzt werden. Durch diese Vorgangsweise kommt man dem praktischen Bemessungsingenieur entgegen, da häufig bei zu verstärkenden Bauteilen nur die Druckfestigkeit bekannt ist oder bestimmt wurde.

$$\sigma_{cf,max} = 0{,}235 \cdot \sqrt{\frac{E_{cf}}{t_{cf}}} \cdot (f_{ck})^{1/3} \quad [N/mm^2] \tag{4.53}$$

4.8 Berechnung der Zugverankerung

Niedermeier [32] gibt eine weitere Approximation für Kohlenstofffaser-Gelege an, wobei n_L die Anzahl der Kohlenstofffaser-Gelege darstellt:

$$\sigma_{cf,max} = 0{,}3225 \cdot \sqrt{\frac{\sqrt[3]{n_L \cdot f_{c,cube} \sqrt{f_{ctm}}} \cdot E_{cf}}{t_{cf}}} \quad [N/mm^2] \tag{4.54}$$

Vereinfachend kann auch hier folgende Gleichung für n-lagige Kohlenstofffaser-Gelege geschrieben werden:

$$\sigma_{cf,max} = 0{,}25 \cdot \sqrt{\frac{E_{cf}}{t_{cf}}} \cdot (f_{ck})^{1/3} \cdot (n_L)^{1/6} \quad [N/mm^2] \tag{4.55}$$

Für eine endliche Verbundlänge $l_{b,cf}$ wurde für extern geklebte Stahllaschen das bilineare Verbundgesetz durch eine quadratische Parabel und eine Halbgerade angesetzt. Die maximale Verbundbruchkraft kann auch für extern aufgeklebte Kohlenstofffaser-Elemente mit folgender Länge verankert werden:

$$l_{b,cf} = 1{,}4369 \cdot \sqrt{\frac{E_{cf} \cdot t_{cf}}{\sqrt{f_{c,cube} \cdot f_{ctm}}}} \tag{4.56}$$

Eine vereinfachte Form stellt die folgende Formulierung dar:

$$l_{b,cf} = 1{,}9 \cdot \sqrt{\frac{E_{cf} \cdot t_{cf}}{(f_{ck})^{5/12}}} \tag{4.57}$$

Niedermeier [32] gibt für den Endverankerungsnachweis am äußersten Biegeriss bzw. an einem Einzelriss folgende Approximatikon für Kohlenstofffaser-Gelege an:

$$l_{b,cf} = 0{,}5105 \cdot \sqrt{\sqrt[3]{\frac{n_L}{f_{c,cube} \sqrt{f_{ctm}}}} \cdot E_{cf} \cdot t_{cf}} \tag{4.58}$$

Eine vereinfachte Form für n-lagige Kohlenstofffaser-Gelege kann auch hier vorgeschlagen werden:

$$l_{b,cf} = 0{,}55 \cdot \sqrt{E_{cf} \cdot t_{cf}} \cdot \left(\frac{1}{f_{ck}}\right)^{2/9} \cdot (n_L)^{1/6} \tag{4.59}$$

Die minimale Verankerungslänge für Kohlenstofffaser-Lamellen darf aber folgende Werte nicht unterschreiten:

$l_{b,cf} > 25\ t_{cf}$
$l_{b,cf} > 200$ mm

Für Kohlenstofffaser-Gelege sollte auch die minimale Verankerungslänge $l_{b,cf} = 200$ mm betragen.

4.9 Bemessung eines mit Kohlenstofffaser-Lamellen verstärkten Biegeträgers

4.9.1 Kräfte und Dehnungen

Da oberflächlich angeklebte Kohlenstofffaser-Lamellen mechanischen und thermischen Einwirkungen meist schutzlos ausgeliefert sind, kann ein Versagen der Verstärkung nie mit Sicherheit ausgeschlossen werden. Das Versagen kann durch Zerstörung der Lamelle (z.B. Sabotage) oder durch Verbundbruch der Kleberschicht (z.B. Temperaturen $>70°$ C) hervorgerufen werden. Die Tragsicherheit muss auch für diese außerordentlichen Fälle gewährleistet sein. Aus diesen Sicherheitsüberlegungen ergibt sich ein maximaler Verstärkungsgrad von 100%, weshalb die Tragfähigkeit von nachträglich verstärkten Bauteilen gegenüber dem unverstärkten Fall um maximal 100% gesteigert werden soll.

Die maximale Krümmung eines Biegeträgers wird von der Rotationsfähigkeit der Querschnitte bestimmt. Sie kann aus der Betonbruchstauchung $\varepsilon_{c,u}$, der maximalen Dehnung der Verstärkung $\varepsilon_{s,u}$ bzw. $\varepsilon_{cf,u}$ und der Trägerhöhe h berechnet werden.

$$\Phi_{max} = \frac{\frac{\varepsilon_{s,u}}{\varepsilon_{cf,u}} + \varepsilon_{c,u}}{h} \qquad (4.60)$$

In Bild 4.18 wurde die Betonbruchstauchung mit $\varepsilon_{c,u}=0{,}35\%$, die Stahlbruchdehnung mit $\varepsilon_{s,u}=12\%$ und die Lamellenbruchdehnung mit $\varepsilon_{cf,u}=2\%$ berücksichtigt. Es wird deutlich, wie stark die Rotationsfähigkeit von mit Kohlenstofffaser-Lamellen verstärkten Querschnitten abnimmt (ca. um das 7-fache). Mit der Rotationsfähigkeit nimmt auch die Duktilität ab. Erscheint die Bruchdurchbiegung zu gering, kann man die ungenügende Duktilität auch durch einen höheren Sicherheitsfaktor kompensieren.

Bild 4.17 Aufbringen der Kohlenstofffaser-Lamellen auf die Deckplatte der Stahlbetonbrücke „Ponte Fürstenland" (St. Gallen, Schweiz), Länge: 489 m, Bogenspannweite: 135 m

4.9 Bemessung eines mit Kohlenstofffaser-Lamellen verstärkten Biegeträgers

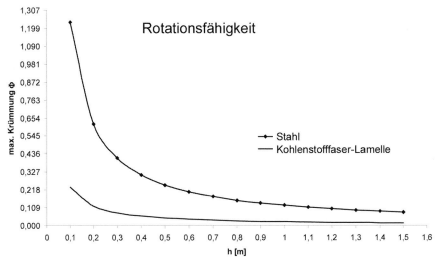

Bild 4.18 Maximale Krümmung für verstärkte Querschnitte

In statisch unbestimmten Tragwerken können Momentenumlagerungen nach der Plastizitätstheorie (Reduzieren der Stützmomente und Erhöhen der Feldmomente) in Rechnung gestellt werden, falls die Rotationsfähigkeit der Querschnitte vorhanden ist. Werden Durchlaufträger mit Kohlenstofffaser-Lamellen verstärkt, sollte die Verstärkung nur im Bereich der Feldmomente angebracht werden, so dass sich über den Stützen Fließgelenke ausbilden können. Nur so ist es möglich, die Systemreserven zu nutzen.

Für die Ermittlung der Kräfte und Dehnungen eines Kohlenstofffaser-verstärkten Biegeträgers werden folgende Voraussetzungen getroffen:

- Ebenbleiben der Querschnitte – Bernoulli-Hypothese (gilt im Mittel über ein Risselement),
- keine wesentliche Vordehnung der Stahlbewehrung beim Anbringen der Kohlenstofffaser-Verstärkung,
- im ungerissenen Betonquerschnitt verläuft die neutrale Achse durch den ideellen Schwerpunkt. Das Rissmoment ergibt sich aus der Betonzugfestigkeit

$$f_{ctm} = 0{,}3 \cdot f_{ck}^{2/3} \tag{4.61}$$

- idealisierte Spannungs-Dehnungs-Linie für die Werkstoffe,
- Vernachlässigung der Betonzugkraft.

Sobald die Zugfestigkeit f_{ct} des Betons überschritten wird, reißt der Querschnitt bis zur neutralen Faser. Die Stahlbewehrung und die Kohlenstofffaser-Verstärkung übernehmen nun die Zugkräfte. Die Druckspannungsverteilung im Beton wird als Parabel-Rechteck-Diagramm angesetzt und lautet nach EC 2 wie folgt:

für $\varepsilon_c \leq 2‰$:

$$\sigma_c = 1000 \cdot \varepsilon_c \cdot (250 \cdot \varepsilon_c - 1) \cdot \alpha \cdot f_{cd} \tag{4.62}$$

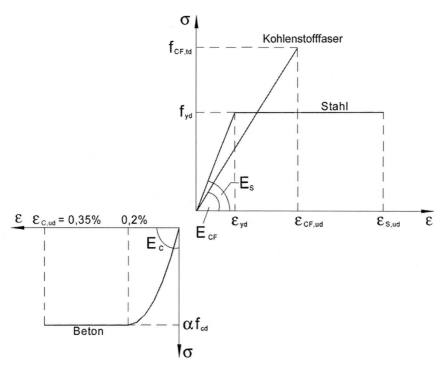

Bild 4.19 Idealisiertes Materialverhalten von Stahl, Beton und Kohlenstofffasern

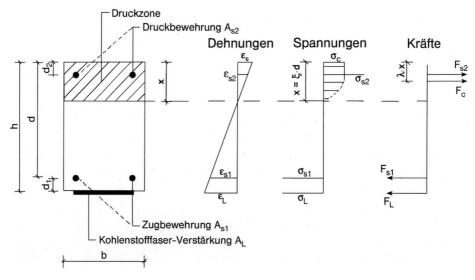

Bild 4.20 Dehnungs- und Spannungsverteilung im verstärkten Querschnitt

4.9 Bemessung eines mit Kohlenstofffaser-Lamellen verstärkten Biegeträgers

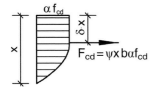

Bild 4.21 Resultierende der Betondruckzone

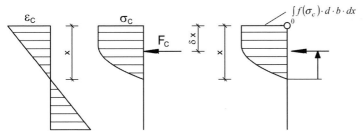

Bild 4.22 Völligkeitsbeiwert und Höhenbeiwert

für $2‰ < \varepsilon_c \leq 3,5‰$:

$$\sigma_c = \alpha \cdot f_{cd} \tag{4.63}$$

$$f_{cd} = \frac{f_{ck}}{\gamma_c} \tag{4.64}$$

Der Abminderungsfaktor α berücksichtigt Langzeitwirkungen auf die Druckfestigkeit und kann mit $\alpha = 0,85$ angesetzt werden. Der Teilsicherheitsbeiwert des Betons γ_c beträgt für die Grundkombination $\gamma_c = 1,50$ und für außergewöhnliche Kombinationen $\gamma_c = 1,30$.

Zur Berechnung der Kräfte sind die maximalen Dehnungen direkt im Riss notwendig, während in der Dehnungsverteilung nach Bild 4.20 die mittleren Dehnungen angegeben sind. Aus den mittleren Dehnungen und dem Verbundkoeffizienten können diese berechnet werden. Die Resultierende der Betondruckzone kann aus dem Flächenintegral unter Berücksichtigung des Dauerlasteinflusses von $\alpha = 0,85$ berechnet werden.

Der Abstand der Resultierenden zum Betondruckrand kann mit dem Schwerpunktsparameter λ und der Druckzonenhöhe x berechnet werden. So definiert sich der Abstand vom Druckrand zur Resultierenden mit „$\lambda \cdot x$".

Nun gilt es das aufnehmbare Moment zu errechnen. Dabei werden die Betondehnungen am Druckrand ε_c, die Zugdehnungen im Schwerpunkt der Stahlbewehrung ε_s und die Dehnungen der Kohlenstofffaser-Bewehrung auch im Flächenschwerpunkt ε_{cf} angesetzt. Bezüglich der Betondruckdehnungen wird unterschieden, ob sich diese unter- oder oberhalb der 0,2%-Grenze befinden.

Die Dehnungen können über die geometrischen Verhältnisse aus den linearen Dehnungsverhältnissen errechnet werden.

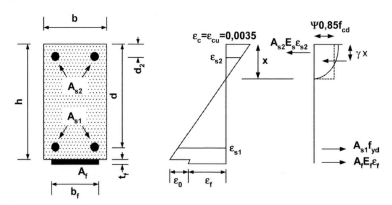

Bild 4.23 Spannungs- und Dehnungsverteilung eines verstärkten Betonbiegebalkens

$$\varepsilon_{s1} = \varepsilon_{cu}\frac{d-x}{x} \leq \frac{f_{yd}}{E_s} \tag{4.65}$$

$$\varepsilon_{cf} = \varepsilon_{cu}\frac{h-x}{x} - \varepsilon_0 \leq \varepsilon_{cf,d} \tag{4.66}$$

Die Anfangsdehnung in der extremen Zugfaser des Betonquerschnittes vor der Verstärkungsmaßnahme wird mit ε_0 bezeichnet.

Zuerst wird ein Parameter „ψ" für die parabelförmige Spannungsverteilung in der Druckzone, auch Völligkeitsbeiwert bezeichnet, ermittelt.

$$\psi = \begin{cases} \varepsilon_c \leq 0{,}002 & \psi = 1000\varepsilon_c\left(0{,}5 - \frac{1000}{12}\varepsilon_c\right) \quad \lambda = \frac{8 - 1000\varepsilon_c}{4\cdot(6 - 1000\varepsilon_c)} \\ 0{,}002 \leq \varepsilon_c \leq 0{,}0035 & \psi = 1 - \frac{2}{3000\varepsilon_c} \quad \lambda = \frac{1000\varepsilon_c(3000\varepsilon_c - 4) + 2}{2000\varepsilon_c(3000\varepsilon_c - 2)} \end{cases} \tag{4.67}$$

Die Ermittlung der Druckzonenhöhe errechnet sich mit dem Parameter λ, welcher mit dem Quotienten aus dem Abstand der resultierenden Druckkraft bis zum Druckrand und der gesamten Druckzonenhöhe „x" errechnet wird.

Die Druckzonenhöhe sowie die Dehnung in der Stahlfaser ε_s und die Dehnung der Kohlenstofffaser-Verstärkung ε_{cf} kann nun aus den Gleichgewichtsbedingungen des Kräftegleichgewichts ($\sum H = 0$) erfolgen.

$$0{,}85 \cdot \psi \cdot f_c \cdot b \cdot x + A_{s2} \cdot E_{s2} \cdot \varepsilon_{s2} + N = A_{s1} \cdot E_{s1} \cdot \varepsilon_{s1} + A_{cf} \cdot E_{cf} \cdot \varepsilon_{cf}$$

Das aufnehmbare Biegemoment (Widerstandsseite) kann unter Berücksichtigung der externen Kohlenstofffaser-Bewehrung durch das Momentengleichgewicht um die Achse der Stahlbewehrung ermittelt werden.

$$M = 0{,}85 \cdot \psi \cdot f_c \cdot b \cdot x(d - 2 \cdot x) + A_{s2} \cdot E_{s2} \cdot \varepsilon_{s2} \cdot (d - d_2)$$
$$+ N(d - \frac{h}{2}) + A_{cf} \cdot E_{cf} \cdot \varepsilon_{cf}\left(h - d + \frac{t_{cf}}{2}\right) \tag{4.68}$$

4.9 Bemessung eines mit Kohlenstofffaser-Lamellen verstärkten Biegeträgers

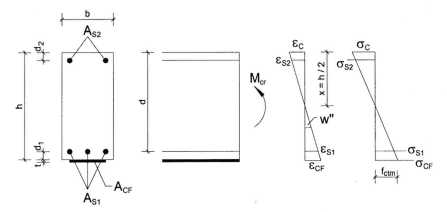

Bild 4.24 Betonträger – Zustand I

Im Falle einer Bemessung kann durch den Vergleich der Einwirkungsseite unter Berücksichtigung der Teilsicherheitsfaktoren die Fläche der Kohlenstofffaser-Bewehrung ermittelt werden.

$M_{sd} < M_{Rd}$

$$A_{cf} = \left[M_{sd} - \psi \cdot x \cdot b \cdot 0{,}85\, f_{cd}(d - \lambda \cdot x) - A_{s2} \cdot E_{s2} \cdot \varepsilon_{s2} \cdot (d - d_2) - N\left(d - \frac{h}{2}\right) \right] / \left[E_{cf} \cdot \varepsilon_{cf,d}\left(h - d + \frac{t_{cf}}{2}\right) \right] \quad (4.69)$$

4.9.2 Spannungen und Dehnungen im ungerissenen Zustand

Solange die Randspannungen nicht die Betonzugfestigkeit erreichen, ist der Betonquerschnitt ungerissen; man spricht vom Zustand I. Setzt man für die Randspannung die Betonzugfestigkeit f_{ctm} ein, kann das Rissmoment M_{cr} berechnet werden.

$M_{cr} = f_{ctm} I_I / (h - x_{el})$

Das Flächenträgheitsmoment (Flächenmoment 2. Ordnung) im ungerissenen Zustand I kann wie folgt ermittelt werden:

$$I_I = b x_{el}^3/3 + b(h - x_{el})^3/3 + A_s(\alpha_s - 1)(d - x_{el})^2 + A_{cf}\alpha_{cf}(h - x_{el})^2 \quad (4.70)$$

Dabei bedeuten:

$\alpha_s = E_s/E_c$

$\alpha_{cf} = E_{cf}/E_c$

Die Höhe der Druckzone im elastischen Zustand kann bei den bereits verstärkten Biegeträgern aus dem statischen Moment (Flächenmoment 1. Ordnung) errechnet werden.

Der Quotient „$\varepsilon_0/\varepsilon_c$" hängt von der einwirkenden Schnittgröße ab, und stellt das Verhältnis der Zugdehnung ε_0 im elastischen unverstärkten Zustand und der endgültigen Betondehnung ε_c im verstärkten und durch die Kohlenstofffaser-Dehnung erhöhten Zustand dar. Da der Wirkungsanteil dieser Größen bei der Ermittlung der Druckzonenhöhe aber gering ist (<1%), kann der Anteil zu Null gesetzt werden.

Nachdem das Flächenmoment 2. Ordnung im unverstärkten und im verstärkten Querschnitt sich nur geringfügig unterscheidet, kann als Näherung für die Berechnung des Rissmomentes auch der unverstärkte Querschnitt verwendet werden.

Der Zusammenhang zwischen den Dehnungen und den Spannungen kann in diesem Fall in guter Näherung als linear angenommen werden, weil die Beanspruchung des Betons sehr gering ist. Vernachlässigt man die Druck- und Zugbewehrung, sowie die Kohlenstofffaser-Verstärkung, liegt die neutrale Achse im Schwerpunkt des Betonquerschnitt. Ansonsten würde sie im ideellen Schwerpunkt liegen.

Die Dehnungen im Querschnitt betragen kurz vor dem Erreichen des Rissmomentes:

$$\varepsilon_c = -\frac{f_{ctm}}{E_{cm}} \tag{4.71}$$

$$\varepsilon_{s2} = -\frac{2 \cdot \varepsilon_c}{h} \cdot \left(\frac{h}{2} - d_2\right) \tag{4.72}$$

$$\varepsilon_{s1} = \frac{2 \cdot \varepsilon_c}{h} \cdot \left(\frac{h}{2} - d_1\right) \tag{4.73}$$

$$\varepsilon_{cf} = \frac{2 \cdot \varepsilon_c}{h} \cdot \left(\frac{h}{2} + \frac{t_{cf}}{2}\right) \tag{4.74}$$

Aus den Dehnungen kann die Krümmung w'' berechnet werden:

$$w'' = \frac{2 \cdot \varepsilon_c}{h} = \frac{\varepsilon_s - \varepsilon_c}{d} \tag{4.75}$$

$$\text{mit} \quad d = h - d_1 \tag{4.76}$$

4.9.3 Übergang vom ungerissenen zum gerissenen Zustand

Sobald das Rissmoment im Querschnitt erreicht wird, reißt der Beton nach den getroffenen Annahmen bis zur Druckzone ein. Der Rissfortschritt geht soweit, bis die Zugspannungen geringer sind als die aufnehmbaren Zugfestigkeiten f_{ctm}.

Niedermeier [32] hat ein Modell entwickelt, mit welchem näherungsweise die Grenzlage des äußersten Biegerisses und der maximale Biegerissabstand s_{rm} in den angrenzenden Bereichen ermittelt wird. Im Bereich des äußersten Biegerisses wird von einem linear elastischen Verhalten zum Zeitpunkt der externen Verstärkung ausgegangen (Zustand I). Der mittlere Hebelarm z_m kann näherungsweise wie folgt ermittelt werden:

$$s_{rm} = 2 \cdot \frac{M_{cr}}{z_m} \cdot \frac{1}{\left(\sum \tau_{cf,rm} \cdot b_{cf} + \sum \tau_{s,m} \cdot d_s \cdot \pi\right)} \tag{4.77}$$

4.9 Bemessung eines mit Kohlenstofffaser-Lamellen verstärkten Biegeträgers

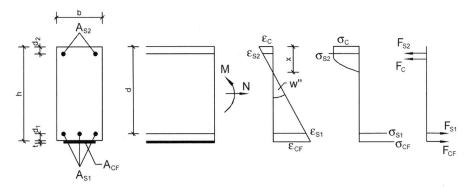

Bild 4.25 Betonträger – gerissener Zustand II

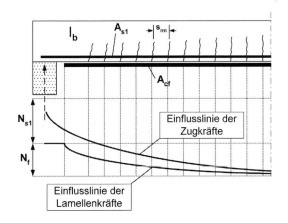

Bild 4.26 Einflusslinien und Biegerissabstand

$$z_m = 0{,}85 \frac{d_{cf}E_{cf}A_{cf} + d_s E_s A_s}{E_{cf}A_{cf} + E_s A_s} \tag{4.78}$$

$$M_{cr} = \frac{kf_{ctk,0{,}95}bh^2}{6} \tag{4.79}$$

Mittleres Rissmoment

$$M_{cr,m} = \frac{f_{ctm}bh^2}{6} \tag{4.80}$$

Der Bemessungswert der aufnehmbaren Zugspannung der Verstärkungslamelle am äußersten Biegeriss oder an einem Einzelriss kann nach Niedermeier [32] nach untenstehender Formel bestimmt werden. Dabei wird die der maximalen Verbundbruchkraft zugeordnete Verankerungslänge $l_{b,cf}$ aus der Gleichung (4.56) verwendet.

$$\sigma_{cf,cr,d} = \frac{l_b}{l_{b,cf}} \cdot \left(2 - \frac{l_b}{l_{b,cf}}\right) \cdot \sigma_{cf,d,max} \tag{4.81}$$

Der Bemessungswert der maximal verankerbaren Zugspannung in der Verstärkungslamelle $\sigma_{cf,d,max}$ wird von Gleichung (4.52) abgeleitet.

$$\sigma_{cf,d,max} = \frac{0{,}225}{\gamma_c} \cdot \sqrt{\frac{E_{cf} \cdot \sqrt{f_{c,cube} \cdot f_{ctm}}}{t_{cf}}} \quad \gamma_c = 1{,}5 \qquad (4.82)$$

Der Bemessungswert des maximal noch verankerbaren Spannungsinkrements zwischen zwei Rissen $\Delta\sigma_{cf,d,max}$ kann mit der Spannung in der Kohlenstoffbewehrung σ_{cf} errechnet werden. Der obere Grenzwert für den Bemessungswert des Spannungszuwachses zwischen zwei Rissen kann wie folgt bestimmt werden:

$$\Delta\sigma_{cf,d,max} = f_{cf,d} - \sigma_{cf,d} \qquad (4.83)$$

Dabei ist $f_{cf,d}$ der Bemessungswert der Zugfestigkeit der Kohlenstofffaser-Verstärkung.

$$f_{cf,d} = \varepsilon_{cf,d} \cdot E_{cf} \qquad (4.84)$$

$$\sigma_{cf,ad} = \frac{l_{b,cf}}{l_{b,cf,max}} \cdot \left(2 - \frac{l_{b,cf}}{l_{b,cf,max}}\right) \cdot \sigma_{cf,ad,max} \quad l_{b,cf} \leq l_{b,cf,max} \qquad (4.85)$$

$$\sigma_{cf} = \frac{0{,}185 \cdot E_{cf}}{s_{rm}} - 0{,}285 \cdot \sqrt{f_{ck} \cdot f_{ctm}} \cdot \frac{s_{rm}}{4 \cdot t_{cf}} \quad [\text{MPa}] \qquad (4.86)$$

$$\Delta\sigma_{cf,d,max} = \frac{1}{\gamma_c} \cdot \left[\sqrt{\frac{0{,}05 \cdot E_{cf} \cdot \sqrt{f_{ck} \cdot f_{ctm}}}{t_{cf}} + (\sigma_{cf})^2} - \sigma_{cf}\right] \quad [\text{MPa}] \qquad (4.87)$$

Ausgehend von der Fließdehnung im Stahl $\varepsilon_{s1,y}$ können die Beziehungen für die Dehnungen abgeleitet werden:

$$\varepsilon_{s1,y} = \frac{f_{yd}}{E_s} \qquad (4.88)$$

$$\frac{\varepsilon_{s1,y}}{\varepsilon_{cf}} = \frac{d - x}{h - x} \qquad (4.89)$$

$$\varepsilon_{cf} = \frac{\varepsilon_{s1,y} \cdot (h - x)}{d - x} \qquad (4.90)$$

Auf gleiche Art und Weise lässt sich die Betonstauchung und die Stauchung der Druckbewehrung ermitteln, wobei aber der Verbundkoeffizient berücksichtigt werden muss:

$$\varepsilon_c = \frac{\varepsilon_{s1,y} \cdot \mu \cdot x}{d - x} \qquad (4.91)$$

$$\varepsilon_{s2} = \frac{\varepsilon_{s1,y} \cdot \mu \cdot (x - d_2)}{d - x} \qquad (4.92)$$

Das Kräftegleichgewicht wird in den Rissen angesetzt, wo die Dehnungen etwas größer sind als die mittleren Dehnungen, die durch die lineare Dehnungsverteilung ermittelt wurden. Prinzipiell können die Dehnungen und Kräfte genauso wie im ungerissenen Zustand errechnet werden. Für den gerissenen Beton kann ein Zusammenhang zwischen den mittleren Dehnungen ε_m und den Dehnungen im Riss $\varepsilon_{cr} = \varepsilon_{max}$ über den Verbundkoeffizienten μ hergestellt werden. Es gilt folgende Beziehung:

$$\mu = \frac{\varepsilon_m}{\varepsilon_{cr}} \tag{4.93}$$

Der Verbundkoeffizient kann wie in Abschnitt 4.7.1 bereits erwähnt für Kohlenstofffaser-Lamellen ähnlich wie für gerippte Bewehrungsstähle in erster Näherung mit $\mu_s = \mu_{cf} = 0{,}8$ angesetzt werden [11].

Im Querschnitt wirken folgende Kräfte:

$$F_c = \psi \cdot x \cdot b \cdot \alpha \cdot f_c \tag{4.94}$$

$$F_{s2} = \frac{\varepsilon_{s2}}{\mu_s} \cdot E_s \cdot A_{s2} \tag{4.95}$$

$$F_{s1} = \frac{\varepsilon_{s1}}{\mu_s} \cdot E_s \cdot A_{s1} \tag{4.96}$$

$$F_{cf} = \frac{\varepsilon_{cf}}{\mu_{cf}} \cdot E_{cf} \cdot A_{cf} \tag{4.97}$$

Sind in der Faser der Kohlenstofffaser-Verstärkung zum Zeitpunkt der Ertüchtigung bereits Dehnungen $\varepsilon_{cf,0}$ vorhanden, z. B. infolge Durchbiegung unter Eigengewicht, oder wird die Kohlenstofffaser-Verstärkung vorgespannt (Vordehnung $\varepsilon_{cf,P}$), so können diese Dehnungen in Gleichung (4.99) durch Subtraktion bzw. Addition berücksichtigt werden.

$$F_{cf} = \left(\frac{\varepsilon_{cf}}{\mu_{cf}} - \varepsilon_{cf,0} + \varepsilon_{cf,P} \right) \cdot F_{cf} \cdot A_{cf} \tag{4.98}$$

Die im Querschnitt wirkenden Kräfte müssen mit den äußeren Kräften (Normalkraft und Biegemoment) im Gleichgewicht stehen.

$$\Sigma H = 0: \tag{4.99}$$
$$F_{s1} + F_{cf} - F_{s2} - F_c - N = 0$$

$$\Sigma M = 0:$$
$$F_c \cdot (d - \lambda \cdot x) + F_{s2} \cdot (d - d_2) + F_{cf} \cdot \left(h - d + \frac{t_{cf}}{2} \right) - M + N \cdot \left(d - \frac{h}{2} \right) = 0$$
$$\tag{4.100}$$

Das Momentengleichgewicht wurde in diesem Fall um den Schwerpunkt der unteren Bewehrung gebildet. Man könnte es aber auch um jeden anderen beliebigen Punkt bilden.

Durch Variation der Druckzonenhöhe x kann iterativ die Gleichung (4.94) bzw. (4.99) gelöst werden. Aus der Gleichung (4.100) kann anschließend das Moment M, das der gewählten Dehnung ε_{s1} entspricht, bestimmt werden. Durch die Lösung der Gleichung (4.100) sind dann die Dehnungen in jeder Faser des Querschnittes bekannt. Aus den Dehnungen kann die Krümmung des Querschnittes aus Gleichung (4.74) bestimmt werden. Es muss gewährleistet sein, dass die vorhandenen Dehnungen an keiner Stelle die zulässigen Dehnungen bzw. die Bemessungsdehnungen überschreiten:

Tabelle 4.1 Zulässige Dehnungen bzw. Bemessungsdehnungen

Betonstauchung	$\varepsilon_{cd} = -3,5\%_o$
Dehnung der Bewehrung	$\varepsilon_{yd} = +10,0\%_o$ je nach Stahlgüte
Dehnung der Kohlenstofffaser-Verstärkung	$\varepsilon_{cf,d} = +6$ bis $10\%_o$

Mit den abgeleiteten Beziehungen können jetzt die Dehnungen im Querschnitt berechnet werden, sobald das Rissmoment überschritten wird. Die Kräfte, die vorher vom Beton als Zugspannungen aufgenommen wurden, müssen auf die Bewehrung und die Kohlenstofffaser-Verstärkung umgelagert werden. Durch Iteration können die Gleichungen (4.94) bzw. (4.99) und (4.100) für das Rissmoment gelöst werden. Es ergibt sich die dazugehörende Druckzonenhöhe und die Dehnungsverteilung.

Wird das Moment weiter gesteigert, wird in der Zugbewehrung die Fließspannung erreicht. Dieses Moment wird als Fließmoment M_y bezeichnet. Die Kraft in der Bewehrung kann nicht weiter gesteigert werden. Diese Kraftsituation stellt auch den Beginn des Zustandes II dar. Das Fließmoment kann wiederum aus den Gleichungen (4.94) bzw. (4.99) und (4.100) durch Iteration berechnet werden, wobei für die Stahldehnung ε_{s1} die Fließdehnung f_{yd}/E_s eingesetzt wird. Zusätzlich ist darauf zu achten, dass an keiner Stelle die Grenzdehnungen überschritten werden.

4.9.4 Spannungen und Dehnungen im gerissenen Zustand

Der gerissene Zustand II stellt sich ein, sobald in der Zugbewehrung die Fließgrenze erreicht wird. Die Kraft in der Zugbewehrung kann nicht weiter gesteigert werden, wohl aber die Tragfähigkeit des Querschnittes, weil sich die Druckzone bei Dehnung der Zugzone einschnürt und so der innere Hebelarm vergrößert wird. Bei einem Stahlbetonträger ohne Kohlenstofffaser-Verstärkung könnte nun die Last solange gesteigert werden, bis entweder in der Betondruckzone die Grenzstauchung ε_{cu} oder in der Bewehrung die Grenzdehnung ε_{su} erreicht wird. Im Falle einer Kohlenstofffaser-Verstärkung muss als zusätzliche Bedingung die Grenzdehnung $\varepsilon_{cf,d}$ derselben eingehalten werden.

Der Unterschied zu den Berechnungen des Übergangszustandes vom ungerissenen zum gerissenen Zustand liegt nur in der Begrenzung der Kraft in der Zugbewehrung. Nachfolgend werden die Bemessungsgleichungen mit den jeweiligen Teilsicherheitsbeiwerten dargestellt.

Kräftegleichgewicht:

$$0{,}85 \cdot \psi \cdot f_{cd} \cdot b \cdot x + A_{s2} \cdot E_s \cdot \varepsilon_{s2} + N = A_{s1} \cdot f_{yd} + A_{cf} \cdot E_{cf} \cdot \varepsilon_{cf,d} \quad (4.101)$$

Das aufnehmbare Bemessungsmoment kann folgendermaßen errechnet werden:

$$M_{Rd} = A_{s1} f_{yd}(d-x) + A_{cf} E_{cf} \varepsilon_{cf,d}\left(h + \frac{t_{cf}}{2} - x\right) + A_{s2} E_{s2} \varepsilon_{s2}(x - d_2) \quad (4.102)$$
$$+ 0{,}85 \cdot \psi \cdot bx^2 \cdot f_{cd}(1 - \lambda)$$

Durch experimentelle Untersuchungen von nachträglichen Kohlenstofffaser-Verstärkungen an bereits geschädigten und gerissenen Plattenbalken zeigte sich, dass sowohl die Bruchlast als auch die Duktilität dann ansteigt, wenn die Endbereiche der externen Bewehrung zusätzlich mit einem Gelege umwickelt bzw. gehalten werden. Es bildet sich dann im bereits gerissenen Zustand und den teilweise schon abgelösten Verstärkungsabschnitten eine Art Zugbandwirkung dieser externen Bewehrung aus [32]. Der Zustand gleicht jenem einer externen verbundlosen Bewehrung.

Für die Berechnung der Verformungen muss das Flächenträgheitsmoment (Flächenmoment 2. Ordnung) im gerissenen Zustand II mit der veränderten Druckzonenhöhe x_2 wie folgt berücksichtigt werden:

$$I_2 = bx_2^3/3 + A_s\alpha_s(d - x_2)^2 + A_{cf}\alpha_{cf}(h - x_2)^2 \quad (4.103)$$

Die Druckzonenhöhe im gerissenen Zustand kann auch aus dem statischen Moment (Flächenmoment 1. Ordnung) errechnet werden:

$$\frac{b \cdot x_2^2}{2} = \alpha_s \cdot A_s(d - x_2) + \alpha_{cf} \cdot A_{cf}\left(h - x_2\left(1 + \frac{\varepsilon_0}{\varepsilon_c}\right)\right) \quad (4.104)$$

4.10 Nachweisführung für die Querkraftbemessung

Die Querkraftbemessung baut auf der Grundlage der ursprünglich vom MC 90 [33] und später vom Eurocode 2 erarbeiteten Formulierung auf. Deshalb wird die Schubtragfähigkeit des Betonquerschnittes verwendet und mit einem multiplikativen Faktor, welcher den Abstand der Kohlenstofffaser-Verstärkung berücksichtigt, modifiziert. Dieses Modell wurde von Jansze [35] entwickelt und sowohl für externe Stahl- als auch Kohlenstofffaser-Lamellen überprüft. Es zeigte sich, dass die vorgeschlagenen Gleichungen gut mit den experimentellen Daten übereinstimmen und einen unteren Grenzwert für den Schubbruch darstellen.

$$V_{Sd} \leq V_{rd} = \tau_{Rd} \cdot b \cdot d \quad (4.105)$$

$$\tau_{Rd} = 0{,}15 \cdot \sqrt[3]{3 \cdot \frac{d}{a_{cr}}} \cdot \left(1 + \sqrt{\frac{200}{d}}\right) \cdot \sqrt[3]{100\rho_s f_{ck}} \quad (4.106)$$

$$a_{cr} = \sqrt[4]{\frac{(1 - \sqrt{\rho_s})^2}{\rho_s} \cdot d \cdot L^3} \quad (4.107)$$

$$a > L + d, \; a_{cr} < a \quad (4.108)$$

mit
a   Abstand vom Auflager zur Haupteinwirkung in [mm]
L   Abstand vom Auflager bis zum Beginn der externen Verstärkung in [mm]
a_{cr} Abstand vom Auflager bis zum äußersten Biegeriss

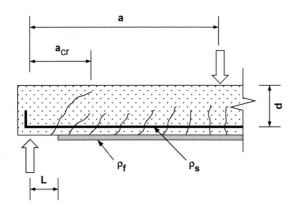

Bild 4.27 Geometrische Verhältnisse bei der Querkraftbemessung

4.11 Nachweisführung für die Gebrauchstauglichkeit

Die Gebrauchstauglichkeit wird mit einer modifizierten Steifigkeit berechnet, wobei die Kohlenstofffaser-Verstärkung berücksichtigt wird. Bei der linear elastischen Betrachtung der Steifigkeiten und damit bei der Berechnung der neutralen Faser sind diese unabhängig von den einwirkenden Schnittgrößen. Für einen verstärkten Querschnitt muss man aber von bereits vorgedehnten Querschnitten ausgehen, weshalb die Zugdehnung des Betons ε_{ct} und die Druckstauchung des Betons ε_c berücksichtigt werden müssen. Nachfolgend werden die Beziehungen aus der Dissertationsarbeit von Matthys [30] dargestellt

$$\alpha_s = \frac{E_s}{E_c} \tag{4.109}$$

$$\alpha_{cf} = \frac{E_s}{E_{cf}} \tag{4.110}$$

$$\frac{1}{2}bx_k^2 + (\alpha_s - 1)A_{s2}(x_k - d_2) = \alpha_s A_{s1}(d - x_k) + \alpha_{cf}A_{cf}\left[h - \left(1 + \frac{\varepsilon_{ct}}{\varepsilon_c}\right)x_k\right] \tag{4.111}$$

$$E_c \varepsilon_c = \frac{M_k}{\frac{1}{2}bx_k\left(h - \frac{x_k}{3}\right) + (\alpha_s - 1)A_{s2}\frac{(x_k - d_2)}{x_k}(h - d_2) - \alpha_s A_{s1}\frac{d - x_k}{x_k}(h - d)} \tag{4.112}$$

Zur Vereinfachung wird die Zugbewehrung in der Druckzone vernachlässigt ($A_{s2}=0$) und das Verhältnis der Bauteilhöhe zur statischen Höhe $h/d=1,1$ angenommen.

$$E_c \cdot \varepsilon_c = \frac{M_k}{\frac{1}{2} \cdot bx_k \cdot \left(1{,}05 \cdot d - \frac{x_k}{3}\right)} \tag{4.113}$$

Das vorhandene Moment als Einwirkungsgröße vor der Verstärkungsmaßnahme wird mit M_0 und die dazugehörige Höhe der Druckzone mit x_0 eingesetzt. Die wirksame Momentenschnittgröße nach der Verstärkung wird mit M_k und die dazugehörige Höhe der Druck-

4.11 Nachweisführung für die Gebrauchstauglichkeit

zone mit x_k bezeichnet. Dabei wird eine linear-elastische Dehnungsverteilung angenommen.

$$\frac{\varepsilon_{ct}}{\varepsilon_c} \approx \frac{M_0}{M_k} \cdot \frac{x_k}{x_0} \tag{4.114}$$

$$I_2 = \frac{bx_k^3}{3} + (\alpha_s - 1)A_{s2}(x_k - d_2)^2 + \alpha_s A_{s1}(d - x_k)^2 + \alpha_{cf}A_{cf}(h - x_k)^2 \tag{4.115}$$

$$I_1 = \frac{bh^3}{12} \tag{4.116}$$

Als Rissmoment wird jene Schnittgröße definiert, bei der die mittlere Zugfestigkeit des Betons überschritten wird.

$$M_{cr,m} \approx f_{ctm} \frac{bh^2}{6} \tag{4.117}$$

4.11.1 Begrenzung der Gebrauchsspannungen

Im Gebrauchslastniveau ist es wichtig, auch die Spannungen des Betons, des Bewehrungsstahls und der Kohlenstofffaser-Bewehrung zu kontrollieren. Damit nach der Verstärkungsmaßnahme in der Zugzone und nicht in der Druckzone Risse entstehen, sollen die Druckspannungen begrenzt werden.

Für seltene Lastkombinationen:

$$\sigma_c \leq 0{,}60\, f_{ck} \tag{4.118}$$

Für nahezu ständige Lastkombinationen:

$$\sigma_c \leq 0{,}45\, f_{ck} \tag{4.119}$$

Um ein Fließen in der Stahlbewehrung zu verhindern, sollen die auftretenden Spannungen maximal 80% betragen.

$$\sigma_s = E_s \cdot \varepsilon_c \cdot \frac{d - x_k}{x_k} \leq 0{,}80 \cdot f_{yk} \tag{4.120}$$

Die Spannungen in der Kohlenstofffaser-Bewehrung sollen im Gebrauchslastniveau auch unter 60% der Bruchspannung liegen, damit nicht Risse und Ablösevorgänge stattfinden (Matthys [30] schlägt einen höheren Wert, nämlich 80% vor).

$$\sigma_{cf} = E_{cf} \cdot \left(\varepsilon_c \cdot \frac{h - x_k}{x_k} - \varepsilon_0\right) \leq 0{,}6 \cdot f_{cf,k} \tag{4.121}$$

4.11.2 Begrenzung der Durchbiegung

Aus dem Verlauf der Krümmungen w'' entlang der Trägerachse kann die Durchbiegung berechnet werden. Dazu integriert man entweder die Differentialgleichung zweimal und bestimmt die Integrationskonstanten aus den Randbedingungen, oder man berechnet die

Durchbiegung über die Arbeitsgleichung. In den folgenden Gleichungen stellt M den tatsächlichen Momentenverlauf und $\tilde{M}$ den Verlauf der virtuellen Momentenlinie infolge einer virtuellen Einzelkraft $\tilde{F}=1$ dar:

$$w'' = -\frac{M}{EI} \tag{4.122}$$

$$w = \int \frac{M\tilde{M}}{EI} dx \tag{4.123}$$

Löst man nach M auf und setzt das Ergebnis in Gleichung (4.116) ein, ergibt sich:

$$w = -\int w'' \cdot \tilde{M} \cdot dx \tag{4.124}$$

Setzt man für w'' einen vereinfachten Verlauf an, kann das Integral leicht mit Hilfe einer Integrationstabelle gelöst werden. Die Verformung kann mit einer semiempirischen bilinearen Formulierung errechnet werden, welche im CEB-Dokument Nr. 158-E erarbeitet wurde [36].

$$a = a_1(1 - \zeta_b) + a_2 \zeta_b \tag{4.125}$$

Für den ungerissenen Zustand:

$$\zeta_b = 0 \qquad M_k < M_{cr} \tag{4.126}$$

$$a_1 = k_M l^2 \frac{M_k}{E_c I_1} \tag{4.127}$$

Für den gerissenen Zustand:

$$\zeta_b = 1 - \beta_1 \beta_2 \left(\frac{M_{cr}}{M_k}\right)^{n/2} \qquad M_k > M_{cr} \tag{4.128}$$

Der Exponent n wird für den normalfesten Beton n = 2,0 und für den hochfesten Beton n = 3,0 [37] gesetzt.

$$a_2 = k_M l^2 \left(\frac{M_0}{E_c I_{02}} + \frac{M_k - M_0}{E_c I_2}\right) \qquad M_k > M_0 \tag{4.129}$$

4.11.3 Begrenzung der Rissbreite

Die Berechnung der Rissbreite nach einer Verstärkungsmaßnahme mit extern aufgeklebten Kohlenstofffaser-Elementen erfolgt auch auf der Grundlage jener vom Konstruktionsbeton. Vom abgeschlossenen Rissbild errechnet sich die charakteristische Rissbreite basierend auf der mittleren Rissbreite mit einem statistischen Streuungsfaktor von $\beta = 1,7$ wie folgt [36]:

$$w_k = \beta \cdot s_{rm} \cdot \varepsilon_{rm,r} = 1,7 \cdot s_{rm} \cdot \zeta \cdot \varepsilon_2 \tag{4.130}$$

Der so genannte „tension-stiffening"-Kennwert kann ähnlich wie bei der Durchbiegung errechnet werden.

$$\zeta = 0 \qquad M_k < M_{cr}$$

$$\zeta = 1 - \beta_1 \beta_2 \left(\frac{M_{cr}}{M_k}\right)^n \qquad M_k > M_{cr} \tag{4.131}$$

Die Dehnung im Bewehrungsstahl des verstärkten Querschnittes wird im gerissenen Zustand so ermittelt, indem angenommen wird, dass sie sich aus der Summe der Dehnung in der externen Faser der Kohlenstofffaser-Bewehrung und der bereits vorhandenen Dehnung vor der Verstärkungsmaßnahme zusammensetzt [38].

$$\varepsilon_2 = \varepsilon_0 + \varepsilon_{cf} \tag{4.132}$$

$$\varepsilon_2 = \frac{N_{s1} + N_{cf} + E_{cf}A_{cf}\varepsilon_0}{E_s A_s + E_{cf}A_{cf}} \tag{4.133}$$

Der mittlere Rissabstand des verstärkten Bauteiles errechnet sich folgendermaßen:

$$s_{rm} = \frac{2f_{ctm}A_{c,eff}}{\tau_{sm}u_s} \frac{E_s A_s}{E_s A_s + \xi_b E_{cf}A_{cf}} = \frac{2f_{ctm}A_{c,eff}}{\tau_{ad}u_{cf}} \frac{\xi_b E_{cf}A_{cf}}{E_s A_s + \xi_b E_{cf}A_{cf}} \tag{4.134}$$

Die effektive Betonfläche $A_{c,eff}$, welche von den Bewehrungsstäben aktiviert werden kann, ist:

$$A_{c,eff} \leq 2{,}5\,(h - d) \cdot b$$

$$A_{c,eff} \leq (h - x) \cdot \frac{b}{3} \tag{4.135}$$

Die Verbundspannungen des Bewehrungsstahles τ_{sm} und jene der extern aufgeklebten Kohlenstofffaser-Bewehrung τ_{ad} werden wie folgt angenommen:

$$\tau_{cf,m} = 0{,}375 \cdot (f_{ck})^{2/3}$$

$$\tau_{ad} = 0{,}54 \cdot (f_{ck})^{2/3} \tag{4.136}$$

Der Verbundparameter ξ_b errechnet sich als Verhältnis der Kennwerte der Stahlbewehrung zu jenen der Kohlenstofffaser-Bewehrung.

$$\xi_b = \frac{\tau_{ad} \cdot u_{cf}}{\tau_{s,m} \cdot u_s} \frac{E_s \cdot A_s}{E_{cf} \cdot A_{cf}} \tag{4.137}$$

4.12 Eingeschlitzte Kohlenstofffaser-Lamellen

Kohlenstofffaser-Lamellen können sehr wirkungsvoll auch senkrecht zu den Außenseiten eines Betonkörpers in Schlitze eingeklebt werden [39]. Dadurch verbessert sich im Gegensatz zu flach auf die Betonoberfläche aufgeklebten Lamellen das duktile Verhalten wesentlich. An der Zugseite des Trägers wird ein 2 bis 3 mm breiter Schlitz in die Betondeckung gefräst. Vor dem Fräsen wird die Betondeckung gemessen, um Schäden an der Bewehrung auszuschließen. Die vorhandene Betondeckung muss mindestens 25 mm betragen. Nach dem Fräsen wird die Nut gereinigt, mit Epoxidharz gefüllt und die Kohlenstofffaser-Lamelle hineingepresst. Durch das Einschlitzen können aufwändige Oberflächenbehandlungen entfallen, was dieses Verfahren auch in wirtschaftlicher Hinsicht interessant macht.

Das Verbundverhalten ist bei der eingeschlitzten Kohlenstofffaser-Lamelle besser als bei den oberflächig aufgeklebten Lamellen [40].

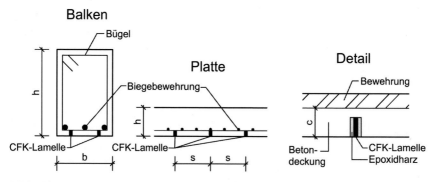

Bild 4.28 Verstärkung mit eingeschlitzter Lamelle

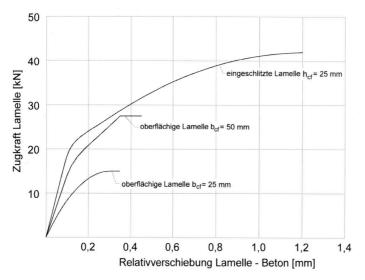

Bild 4.29 Kraft-Verschiebungs-Diagramm für das Verbundverhalten von Kohlenstofffaser-Lamellen (aus [39])

An der TU München [39] wurde in Versuchen festgestellt, dass bei eingeschlitzten Kohlenstofffaser-Lamellen der Verbundbruch erst bei Relativverschiebungen von ca. 1,1 mm eintritt. Die aufnehmbaren Relativverschiebungen liegen somit im Bereich jener eines einbetonierten, gerippten Bewehrungsstahles.

Bei oberflächlich aufgeklebten Kohlenstofffaser-Lamellen ist die übertragbare Schubkraft wesentlich von der Güte der Betonoberfläche, der Oberflächenzugfestigkeit f_{ctm}, abhängig. Bestenfalls lassen sich über den oberflächlichen Klebeverbund 25% der Bruchzugkraft einer 1,2 mm dicken Kohlenstofffaser-Lamelle verankern, während bei eingeschlitzten Lamellen 50% der Bruchzugkraft übertragen werden können. Es ist also möglich, die Zugfestigkeit der Kohlenstofffaser-Lamellen besser auszunützen.

4.12 Eingeschlitzte Kohlenstofffaser-Lamellen

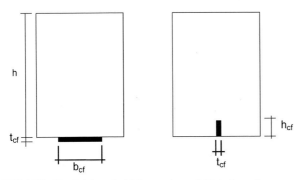

Bild 4.30 Vergleich aufgeklebte – eingeschlitzte Lamellen

Biegemoment mit extern aufgeklebter Lamelle:

$$M_a = T_l \cdot \left(h + \frac{t_{cf}}{2}\right) \tag{4.138}$$

Biegemoment mit intern eingeschlitzter Lamelle:

$$M_e = T_l \cdot \left(h - \frac{h_{cf}}{2}\right) \tag{4.139}$$

$$\frac{M_a}{M_e} = \frac{h + \frac{t_{cf}}{2}}{h - \frac{h_{cf}}{2}} \tag{4.140}$$

Verbundspannung (Kleben) der eingeschlitzten Lamelle:

$$\tau_{ad,e} = \frac{\sigma_{cf,a} \cdot \frac{h - h_{cf}/2}{h + t_{cf}/2} \cdot t_{cf} \cdot h_{cf}}{\Delta l \cdot (h_{cf} \cdot 2 + t_{cf})} \tag{4.141}$$

$$\tau_{ad,e} = \frac{\frac{27}{30}}{6} \sim \frac{27}{180} \sim \frac{1}{6} \cdot \sigma_{cf,a} \tag{4.142}$$

$$\tau_{ad,e} \cong \frac{1}{2} \cdot \tau_{cf,a} \tag{4.143}$$

Ein weiterer Vorteil eingeschlitzter Lamellen ist, dass der Schubrissversatz nicht wie bei oberflächlich aufgeklebten Lamellen zum Abschälen der Lamelle führt. Eingeschlitzte Lamellen sind außerdem besser gegen mechanische und thermische Einwirkungen geschützt als aufgeklebte Lamellen. Zusammenfassend können die Vorteile eingeschlitzter Kohlenstofffaser-Lamellen gegenüber aufgeklebten wie folgt angegeben werden:

- etwas größere Kräfte können übertragen werden,
- duktileres Verbundverhalten,
- die vorhandene Betonqualität spielt weniger eine Rolle,
- Unebenheiten können durch die Schnitttiefe ausgeglichen werden,

- Erstellen eines Schlitzes kann billiger als eine Oberflächenbehandlung (Sandstrahlen) sein; es muss jedoch die Gefahr des Durchtrennens von vorhandenen Bewehrungen vermieden werden,
- die Lamelle ist gegen mechanische Einwirkungen und Brand besser geschützt.

Eine Möglichkeit, die Vorteile des Einschlitzens auch bei oberflächlich angeklebten Lamellen auszunützen, ist, diese am Lamellenende durch ein darübergeklebtes U-Profil aus Stahl zu verankern. Das U-Profil wird seitlich der Lamelle in den Beton eingeschlitzt. Die Ausführung von T-förmigen Lamellen würde die Verankerungsflächen vergrößern und dadurch könnte auf kürzerer Verankerungslänge mehr Kraft übertragen werden.

Die Nachteile sind, dass die Höhe der Betondeckung sehr gleichmäßig und bekannt sein muss. Ansonsten besteht die Gefahr, dass Bügel oder Querbewehrung durch den Schlitzvorgang beschädigt werden.

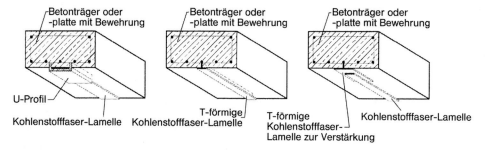

Bild 4.31 Verankerung durch Einschlitzen (aus [39])

Bild 4.32 Betondeckung über eingeschlitzter Kohlenstofffaser-Lamelle

4.12.1 Bemessung von eingeschlitzten Kohlenstofffaser-Lamellen

Aufgrund des guten Verbundverhaltens ist das Tragverhalten von Bauteilen mit eingeschlitzten Kohlenstofffaser-Lamellen jenem konventioneller Stahlbetonbauteile ähnlich. Im Gegensatz zu oberflächlich aufgeklebten Bewehrungen tritt bei eingeschlitzt verklebten Lamellen ein unangekündigtes und sprödes Verbundversagen nicht auf.

4.12.1.1 Biegebemessung

Unter der Annahme des Ebenbleibens der Querschnitte und eines idealen Verbundes der eingeschlitzt verklebten Kohlenstofffaser-Bewehrung erfolgt die Biegebemessung analog zur Bemessung betonstahlbewehrter Bauteile, wobei für die Kohlenstofffaser-Lamelle eine lineare Spannungs-Dehnungslinie zugrundegelegt wird. Die Bemessungswerte ergeben sich folgendermaßen:

Kohlenstofffaser-Lamelle – Zugfestigkeit:

$$f_{fl,d} = \frac{f_{f,k}}{\gamma_{cf,l,t} \cdot \gamma_l \cdot \gamma_m \cdot \gamma_f} \quad (4.144)$$

Kohlenstofffaser-Lamelle – Zugdehnung:

$$\varepsilon_{fl,d} = \frac{\varepsilon_{f,k}}{\gamma_{cf,l,\varepsilon} \cdot \gamma_l \cdot \gamma_m \cdot \gamma_f} \quad (4.145)$$

mit

$\gamma_{cf,l,\varepsilon} = \gamma_{cf,l,t} = 1{,}2$

$\gamma_l = 1{,}0 \quad \text{bzw.} \quad 1{,}4$

$\gamma_m = 1{,}1 \quad \text{bzw.} \quad 1{,}2$

$\gamma_f = 1{,}0$

4.12.1.2 Verbundbemessung

Bei der Verbundbemessung muss nachgewiesen werden, dass eine bestimmte Lamellenzugkraft innerhalb einer bestimmten Verbundlänge in den Beton eingeleitet werden kann. Blaschko [40] schlägt folgende Beziehungen vor:

für $l_{b,cf} \leq 115$ mm:

$$F_{cf,d} = h_{cf} \cdot \tau_{ad,d} \cdot \sqrt[4]{a_r} \cdot l_{b,cf} \cdot (0{,}4 - 0{,}0015 \cdot l_{b,cf}) \quad (4.146)$$

für $l_{b,cf} > 115$ mm:

$$F_{cf,d} = h_{cf} \cdot \tau_{ad,d} \cdot \sqrt[4]{a_r} \cdot \left(26{,}2 + 0{,}065 \cdot \tanh\left(\frac{a_r}{70}\right) \cdot (l_{b,cf} - 115)\right) \quad (4.147)$$

$F_{cf,d}$ Bemessungswert der Verbundtragfähigkeit [N]
h_{cf} Höhe (Breite) der Kohlenstofffaser-Lamelle [mm]

$\tau_{ad,d}$ charakteristische Schubfestigkeit des Klebstoffs
a_r Abstand der Lamellenlängsachse zum freien Bauteilrand [mm]
$l_{b,cf}$ Verbundlänge [mm]

Der Bemessungswert kann wie folgt errechnet werden:

$$F_{cf,d} = \frac{\tau_{ad,d}}{\gamma_{ad}} \tag{4.149}$$

γ_{ad} Teilsicherheitsbeiwert für die Verbundtragfähigkeit (Klebefuge) = 1,2 (Blaschko [40] schlägt 1,3 für die Grundkombination und 1,05 für die außergewöhnliche Kombination vor)

4.12.1.3 Schubbemessung

Bei einer Schubbeanspruchung im Bauteil ist am Ende der eingeschlitzten Kohlenstofffaser-Lamellen eine Aufhängebewehrung (z. B. Schublasche aus Stahl) anzuordnen, um einen Versatzbruch zu verhindern. Zum Nachweis der Schubtragfähigkeit können die Konzepte konventioneller Stahlbetonnormen übernommen werden.

4.12.1.4 Ermüdung

Die Dauerfestigkeit eines mit eingeschlitzten Kohlenstofffaser-Lamellen verstärkten Stahlbetonbauteiles wird von der Dauerfestigkeit der Betonstahlbewehrung bestimmt, sofern die Oberlast die 0,6-fache Verbundbruchkraft nach den Gleichungen (4.146) und (4.147) nicht überschreitet.

4.12.1.5 Gebrauchstauglichkeit

Für die Kohlenstofffaser-Lamelle ist unter Gebrauchslast keine Spannungsbegrenzung notwendig, da das Material kaum Kriecherscheinungen zeigt. In der Betonstahlbewehrung kann eine höhere Spannung zugelassen werden als dies für rein betonstahlbewehrte Bauteile der Fall wäre. In [40] wird folgender Wert vorgeschlagen:

$$\sigma_s \leq 0{,}95 \cdot f_{y,k} \tag{4.149}$$

Infolge der kleineren Rissabstände und damit geringeren Rissbreiten unter Einbeziehung der Kohlenstofffaser-Lamellen kann auf einen gesonderten Nachweis der Rissbreitenbeschränkung verzichtet werden.

Die Bauteildurchbiegung bei Gebrauchslast wird durch die Kohlenstofffaser-Verstärkungsmaßnahme nur wenig beeinflusst. Daher ist es in der Regel ausreichend, die Durchbiegungen unter Vernachlässigung der Kohlenstofffaser-Bewehrung zu bestimmen.

4.13 Biegeverstärkung mit vorgespannten Kohlenstofffaser-Lamellen

Durch vorgespannte Kohlenstofffaser-Lamellen ist es möglich, die Durchbiegungen und die Rissbreiten zu reduzieren und die innenliegende Bewehrung zu entlasten [41]. Auch zum Ertüchtigen von Spannbetonbauteilen haben sich vorgespannte Kohlenstofffaser-Lamellen als geeignet erwiesen.

4.13.1 Rechenmodell zur Bemessung von vorgespannten Kohlenstofffaser-Lamellen

Die Rechenmodelle des Betonbaus gehen davon aus, dass der Bewehrungsstahl ins Fließen kommt und sich deshalb die Betondruckzone einschnürt bis der Bruch eintritt. Dieses Bruchverhalten führt zu großen Verformungen und Rissen. Der Bruch kündigt sich dann an, wenn das Material genügend duktil ist.

Verstärkungen mit Kohlenstofffaser-Lamellen in der Zugzone können nicht auf die gleiche Art und Weise bemessen werden, weil beim Fließen der Bewehrung vor dem Eintreten des Betonbruchs der Zugbruch der Kohlenstofffaser-Lamelle eintritt, was auf das spröde Materialverhalten zurückzuführen ist. Dieses Versagen führt zum größten Biegewiderstand. Eine weitere Versagensart ist das Abscheren des Betons in der Zugzone, das unbedingt vermieden werden muss.

Allgemein können folgende Brucharten eintreten (siehe auch [42]):

a) Lamellenbruch vor Stahlfließen und vor Betonbruch,
b) Lamellenbruch während des Stahlfließens und vor dem Betonbruch,
c) Lamellenbruch nach Stahlbruch und vor Betonbruch,
d) Lamellenbruch und Stahlbruch bei Rissbildung,
e) Betonbruch vor Stahlfließen und vor Lamellenbruch,
f) Betonbruch während des Stahlfließens und vor dem Lamellenbruch,
g) Betonbruch nach Stahlbruch und vor Lamellenbruch.

Zur Lamellendehnung muss die Dehnung aus der Vorspannung additiv eingerechnet werden.

4.14 Konzepte und Bemessung der Querkraftverstärkung

Auch für die Verstärkung der aus der Querkraft hochbeanspruchten Bauteile können verschiedene Methoden Anwendung finden. Die Modellierung der Querkraft kann im Konstruktionsbetonbau mit einer Fachwerkanalogie erfolgen [43]. Aufbauend auf diese Modellvorstellung sollten die Vertikalstreben die Druckzone umfassen. Auch in der Zugzone entstehen zusätzliche Zugspannungen, welche mit einer entsprechenden internen oder extern aufgebrachten Bewehrung abgedeckt werden müssen. Es können sowohl Kohlenstofffaser-Stäbe oder Lamellen in eine Nut im Stegbereich eingeklebt oder auch externe Kohlenstofffaser-Gelege aufgeklebt werden.

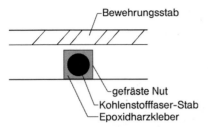

Bild 4.33 Querkraftverstärkung mit Kohlenstofffaser-Stab

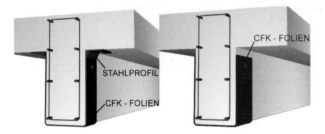

Bild 4.34 Anordnung von Querkraftverstärkungen

Bild 4.35 Beispiel einer Querkraftverstärkung mit Kohlenstofffaser-Gelege

4.14.1 Verstärkung mit Kohlenstofffaser-Stäben

Querkraftbeanspruchte Bauteile können auch mit eingeschlitzten Kohlenstofffaser-Stäben oder -Lamellen verstärkt werden. Dadurch kann eine aufwändige Oberflächenbehandlung entfallen, da eine Nut gefräst wird, in welche der Stab oder die Lamelle mit Epoxidharz geklebt wird. Mit dieser Art der Verstärkung konnte in den Versuchen von Khalifa et al. [44] die Traglast um ca. 40% gegenüber dem unverstärkten Träger und um 11% gegenüber den mit Kohlenstofffaser-Gelegen verstärkten Trägern erhöht werden. Genauso können auch Lamellen in solche Schlitze eingeklebt werden, wobei dadurch die Klebefläche noch vergrößert wird. So gelingt es bei Annahme gleicher Verbundfestigkeit und gleicher Verbundlänge wesentlich mehr Kraft einzuleiten.

4.14.2 Querkraftverstärkung mit Kohlenstofffaser-Gelegen

Im Bereich der Stege von Balken und Plattenbalken können Kohlenstofffaser-Gelege oder unter bestimmten Bedingungen auch Lamellen aufgeklebt werden. Die Endverankerung sollte dabei kraftschlüssig in der Druckzone des Biegeträgers erfolgen. In der Baupraxis ist das jedoch sehr schwierig umsetzbar, weshalb vielfach eine Verankerung oberhalb der neutralen Faser, also der Druckzone erfolgt. Die Effizienz solcher Verankerungen muss jedoch stets nachgewiesen werden [48].

Prinzipiell unterscheidet man streifenförmig oder vollflächig aufgeklebte Gelege, welche mit oder ohne Endverankerung angebracht werden.

4.14.3 Querkraftverstärkung mit Kohlenstofffaser-Schlaufen

Wird das Schlaufenelement als nachträgliche Schubverstärkung für Stahlbetonträger eingesetzt, so wird ein mit unidirektionalen Endlosfasern verstärktes Band mehrfach um den Bauteilquerschnitt gewickelt. Nur die beiden anschließenden äußeren Schichten werden miteinander verschweißt, wodurch ein relatives Verschieben der einzelnen Lagen zueinander ermöglicht wird [46]. Durch die größere Flexibilität dieses Systems werden Spannungskonzentrationen deutlich gemindert.

Das externe Schlaufenelement wird auf der Ober- und Unterseite des Bauteiles auf abgerundeten Stahlkörpern um die scharfen Kanten des Trägers geführt. Bei vorgespannten Schlaufenelementen wird ein Stahlelement mit Hilfe eines Hydraulikzylinders angehoben und die Querkraftverstärkung dadurch gespannt. Zwischen den Träger und das Stahlelement werden Stahlbleche gelegt, die nach dem Ablassen der Vorspannkraft die Vorspannung in die Schlaufe übertragen.

Das Schlaufenelement weist keinen Verbund mit dem Beton auf, so dass durch die freie Länge des Elements der Nachteil der geringen Bruchdehnung der Kohlenstofffaser mehr als aufgehoben wird. Das Entstehen von Schubrissen mit der damit verbundenen hohen lokalen Belastung von im Verbund liegender Bewehrung verursacht nur geringe Zusatzdehnungen im vorgespannten Schlaufenelement. Auch ein Längsversatz der Rissufer entlang eines Schubrisses stellt nur eine untergeordnete Belastung für das Element dar.

Winistörfer [46] führte eine umfangreiche Versuchsreihe mit 6 mm breiten Schlaufenelementen durch, die aus mit unidirektionalen Kohlenstofffasern verstärktem Polyamid bestanden (Bild 4.36).

Das Versagen sämtlicher Träger, bei denen vorgespannte Kohlenstofffaser-Schlaufen zum Einsatz kamen, wurde durch Erreichen der Zugfestigkeit eines dieser Schlaufenelemente ausgelöst. Der eigentliche Versagensvorgang war bei allen Trägern – auch bei den unverstärkten – erwartungsgemäß spröde. Das Versagen der Schlaufenelemente erfolgte nach

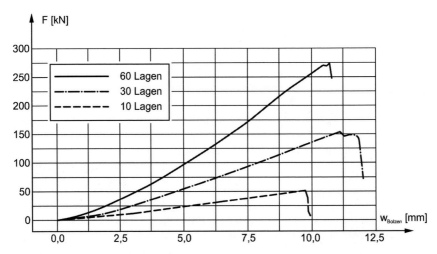

Bild 4.36 Kraft-Verformungsdiagramme für vorgespannte Kohlenstofffaser-Schlaufenelemente mit unterschiedlicher Lagenzahl (nach [46])

[46] jedoch bei allen Versuchen mit ausgeprägter Vorankündigung in Form deutlich sichtbarer und hörbarer Abplatzungen kleinerer Faserstränge.

Der Bruch einer Kohlenstofffaser-Schlaufe zog jeweils das sofortige Versagen mindestens eines weiteren benachbarten Schlaufenelementes nach sich. Die Umlagerung der Schubbelastung auf die Stahlbügel führte auch zu deren sofortigem Versagen mit einer einhergehenden Aufweitung eines oder zweier bereits vorhandener Schrägrisse.

Die Vorspannung übt einen starken Einfluss auf das Tragverhalten aus. Die Vorspannung der externen Bewehrung eines Trägers bewirkt im Vergleich zum unverstärkten Träger eine Steigerung der maximalen Last um ca. 50%.

4.14.4 Querkraftverstärkung von Rahmenknoten mit Kohlenstofffaser-Gelegen

Nicht nur für seismisch beanspruchte Rahmenknoten kann die Verstärkung des Stützen-Balken- bzw. Plattenbereiches wichtig sein (Bild 4.37). Dabei können auch mit sehr dünnen Gelegen (ca. >0,1 mm) die Tragfähigkeit bzw. der Querkraftwiderstand gesteigert werden. Von Triantafillou [47] wurden Verstärkungskonzepte für Innen- und Außenstützen, welche in die Tragstruktur einbinden, aufgezeigt.

4.14.5 Bemessung von Querkraftverstärkungen

In allen heute üblichen Normen wird der Schubwiderstand eines Betonträgers durch Aufsummieren der Beiträge der einzelnen Materialien errechnet. Dementsprechend sollte auch der Beitrag eines Kohlenstofffaser-Elements dazugezählt werden:

4.14 Konzepte und Bemessung der Querkraftverstärkung

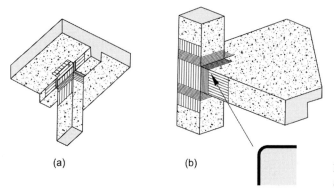

Bild 4.37 Rahmenknoten, a) Innenstütze, b) Außenstütze

$$V_R = V_c + V_s + V_{cf} \tag{4.150}$$

Die Beiträge V_c und V_s können leicht mit Hilfe der Normen und Regelwerke ermittelt werden. Schwieriger ist die Berechnung des Beitrags einer Kohlenstofffaser-Schubverstärkung. In der Literatur findet man verschiedene Ansätze, wobei kurz einige Modelle für Verstärkungen aus Kohlenstofffaser-Gelegen beschrieben werden [48].

Chaallal et al. [49]

Dieses Modell berechnet über empirisch ermittelte Gleichungen die Verbundspannungen zwischen Beton und einer Verstärkung aus Kohlenstofffaser-Gelegen. Dabei wird angenommen, dass ein Versagen durch den Bruch des Kohlenstofffaser-Geleges auftritt. Dadurch steigen die Dehnungen der Verstärkungen in eine Größenordnung von 1%, was zu Ablöseffekten im oberflächennahen Bereich des Betons führen kann.

CSA-S806 [50]

Diese Berechnungsmethode ist sehr einfach und liefert Ergebnisse auf der sicheren Seite. Sie ist vor allem für Vorbemessungen geeignet. Die Spannungen im Kohlenstofffaser-Gelege werden linear elastisch mit dem E-Modul und der Bemessungsdehnung $\varepsilon_{cf,d} = 4‰$ angesetzt.

Schub-Reibungs-Methode (shear-friction)

Diese Methode, erstmals von Loov [51] präsentiert und dann von Deniaud und Cheng [54] für Verstärkungen erweitert, liefert gute Ergebnisse. Die Spannung im Kohlenstofffaser-Gelege wird wie folgt ermittelt:

$$f_{cf} = E_{cf} \cdot \varepsilon_{max} \cdot R_L \tag{4.151}$$

Dabei wird das Gelege in Streifen geteilt, die den Schubriss kreuzen. Für jeden Streifen wird die mögliche Dehnung über das Verbundverhalten berechnet. Überschreitet ein Streifen die Verbundfestigkeit, so wird die Kraft auf die benachbarten Streifen übertragen. Dieser Vorgang wird wiederholt, bis die Kraft in den verbleibenden Streifen ein Maximum erreicht. Es wird die maximale Dehnung des Geleges ε_{max} und das Verhältnis R_L zwischen der noch im Verbund stehenden Länge zur Gesamtlänge berechnet.

Keines der oben angeführten Berechnungsverfahren berücksichtigt lokale Stabilitätsversagen (Beulen), was jedoch auch betrachtet werden muss.

Die Oberflächenrauigkeit des Betons hat bei Verstärkungen mit Kohlenstofffaser-Gelegen kaum einen Einfluss auf die Traglast. Die Klebeoberfläche soll entweder mit Sandstrahlen oder Wasserstrahlen gereinigt und aufgeraut werden. Mit zunehmender Steifigkeit der Gelege nimmt auch die Querkrafttragfähigkeit zu.

Bei der Verstärkung auf Querkraft werden die Beiträge der im Querschnitt verwendeten Materialien getrennt betrachtet und aufsummiert. Dabei wird die Schubtragfähigkeit des Betons mit V_{Rd1}, die Tragfähigkeit der Betondruckstrebe mit V_{Rd2}, die Bügeltragfähigkeit der Zugstreben mit V_{Rd3}, und die externe Schubbewehrung der aufgeklebten Verstärkung mit V_{Rd4} berücksichtigt.

$$V_{Rd} = \min\left(V_{Rd1} + V_{Rd2} + V_{Rd3} + V_{Rd4}\right) \tag{4.152}$$

$$V_{Rd4} = 0{,}9 \cdot \varepsilon_{cf,d,e} \cdot E_{cf} \cdot \rho_{Cf} \cdot b_w \cdot d \cdot (\cot\theta + \cot\alpha)\sin\alpha_{cf} \tag{4.153}$$

$$\rho_{cf} = \frac{2t_{cf}}{b_w}\frac{b_{cf}}{s_{cf}} \quad \text{für streifenförmige Verstärkungen im Abstand } s_{cf} \tag{4.154}$$

Für die Schubverstärkung wird aufgrund oft ungenügender Verankerung noch ein Abminderungsfaktor k=0,8 angesetzt [38].

$$\varepsilon_{cf,d,e} = k \cdot \varepsilon_{cf,d} \quad k = 0{,}8 \tag{4.155}$$

$$\varepsilon_{cf,l,d} = \varepsilon_{cf,s,d} = \varepsilon_{cf,d} = \frac{\varepsilon_{cf,k}}{\gamma_{cf,\varepsilon} \cdot \gamma_1 \cdot \gamma_m \cdot \gamma_f} \tag{4.156}$$

Für vollumwickelte Querkraftverstärkungen [38]:

$$\varepsilon_{cf,e} = 0{,}17\left(\frac{f_{cm}^{2/3}}{E_{cf} \cdot \rho_{cf}}\right)^{0{,}3} \cdot \varepsilon_{cf,u} \tag{4.157}$$

Für streifenförmige Querkraftverstärkung [38]:

$$\varepsilon_{cf,e} = \min\left[0{,}65 \cdot \left(\frac{f_{cm}^{2/3}}{E_{cf} \cdot \rho_{cf}}\right)^{0{,}56} \cdot 10^{-3},\ 0{,}17 \cdot \left(\frac{f_{cm}^{2/3}}{E_{cf} \cdot \rho_{cf}}\right)^{0{,}3} \cdot \varepsilon_{cf,u}\right] \tag{4.158}$$

Bei einer streifenförmigen Anordnung der Querkraftverstärkung sollte der maximale Abstand folgende Werte nicht überschreiten.

$$s_{cf,max} = 0{,}9 \cdot d - \frac{b_{cf}}{2} \quad \text{für Rechteckquerschnitt} \tag{4.159}$$

$$s_{cf,max} = d - b_f - \frac{b_{cf}}{2} \quad \text{für Plattenbalkenquerschnitte} \tag{4.160}$$

mit

b_f Stegbreite
b_w minimale Breite im maßgebenden Querschnitt
α_{cf} Winkel zwischen Kohlenstofffaser-Verstärkung und Trägerlängsachse

Für die Gebrauchstauglichkeit kann nach Matthys [30] unter Einwirkung einer Querkraft auf dem Gebrauchslastniveau $V_{S,SL}$ die Rissbreite der durch die Querkraft erzeugten Risse errechnet werden.

$$w_k = \beta \cdot k_\alpha \cdot \frac{s_{rm}}{\min(k_s, k_{cf})} \cdot \left(\frac{V_{S,SL} - V_{Rd,SL}}{0{,}9 \cdot d \cdot b_w \cdot (E_s \cdot \rho_s \cdot k_s + E_{cf} \cdot \rho_{cf} \cdot k_{cf})} \right) \qquad (4.161)$$

mit

$k_s = (\sin \alpha_s + \cos \alpha_s)$
$k_{cf} = (\sin \alpha_{cf} + \cos \alpha_{cf})$
$k_\alpha = 1{,}0$ bis $1{,}4$
$\beta = 1{,}7$

4.15 Bemessung von Torsionsverstärkungen

Auch für die Bemessung des Torsionswiderstandes können für eine Verstärkungsmaßnahme durch Kohlenstofffaser-Lamellen oder -Gelegen die Regeln des Konstruktionsbetons angewandt werden. Die Tragfähigkeit wird über die Fachwerksanalogie modelliert [38].

$$F_{cd,v} = \varepsilon_{cf,d,e} E_c \frac{t_{cf} b_{cf}}{s_{cf}} h \cdot \cot \theta \qquad (4.162)$$

$$F_{cf,v} = \varepsilon_{cf,d,e} E_c \frac{t_{cf} b_{cf}}{s_f} b \cdot \cot \theta \qquad (4.163)$$

$$\varepsilon_{cf,e} = 0{,}17 \cdot \left(\frac{f_{cm}^{2/3}}{E_{cf} \cdot \rho_{cf}} \right)^{0{,}3} \cdot \varepsilon_{cf,u} \qquad (4.164)$$

$$\varepsilon_{cf,d,e} = k \cdot \varepsilon_{cf,d} \quad k = 0{,}8 \qquad (4.165)$$

$$\varepsilon_{cf,l,d} = \varepsilon_{cf,s,d} = \varepsilon_{cf,d} = \frac{\varepsilon_{cf,k}}{\gamma_{cf,\varepsilon} \cdot \gamma_1 \cdot \gamma_m \cdot \gamma_f} \qquad (4.166)$$

4.16 Befestigung von Kohlenstofffaser-Verstärkungen mit Endplatten

4.16.1 Befestigungssysteme für gerissenen Beton

Extern angeordnete Stahllamellen werden auch mit nachträglich gesetzten Befestigungselementen, meist Dübel, verankert [53]. Die Befestigung der Endplatten von Verstärkungselementen aus Kohlenstofffasern erfolgt vielfach mit Verbundankern. Prinzipiell können auch Metallspreiz- und Hinterschnittdübel oder andere geeignete Befestigungssysteme für gerissenen Beton verwendet werden. Sofern es sich beim Verankerungsgrund nicht um eine nachgewiesene Druckzone handelt, sollten nur Befestigungssysteme für gerissenen Beton eingesetzt werden. Das Wirkungsprinzip von Verbunddübeln ist der Stoffschluss, welcher durch einen Mörtel mit dazugehörigem Bindemittel aus Kunstharz, Zement oder einer Mischung aus beiden bewerkstelligt wird. Verbunddübel zur Verankerung in Beton werden als Patronensysteme und Injektionssysteme angeboten.

Bei Patronensystemen wird die Mörtelpatrone in das gereinigte Bohrloch eingeführt und anschließend die Gewindestange mit Hilfe eines Bohrhammers unter Schlag-Dreh-Bewegungen eingetrieben.

Die Kartuschen von Injektionssystemen enthalten in getrennten Kammern Harz und Härter, die beim Auspressen in einer Mischwendel vermischt werden. Da die übertragbaren Verbundkräfte durch im Bohrloch verbliebenes Bohrmehl herabgesetzt werden (Gleitschichtwirkung), ist auf eine gründliche Bohrlochreinigung durch Ausbürsten und Ausblasen zu achten. Für diese Anwendungen dürfen nur Befestigungssysteme mit nationaler oder europäischer Zulassung verwendet werden [54].

4.16.2 Querkraftbemessung einer Dübelgruppe

Die Endplatten von Kohlenstofffaser-Verstärkungen werden primär auf Querkraft beansprucht. Deshalb erfolgt die Endplattenverankerung immer mit mindestens zwei Dübeln. Die Bemessung wird nachfolgend entsprechend dem CC-Verfahren (Concrete Capacity Verfahren) [56] dargestellt. Bei der Verteilung der Querlasten auf die Dübel einer Gruppe sind folgende Fälle zu unterscheiden:

a) Alle Dübel nehmen Querlasten auf, wenn der Lochdurchmesser nicht größer ist als die in Tabelle 4.2 angegebenen Werte, und der Randabstand größer als 10 h_{ef} ist.

b) Nur die ungünstigsten Dübel nehmen Querlasten auf, wenn der Randabstand kleiner als 10 h_{ef} ist (unabhängig vom Lochdurchmesser) oder der Lochdurchmesser größer ist als die in Tabelle 4.2 angegebenen Werte (unabhängig vom Randabstand, siehe Bild 4.38).

Tabelle 4.2 Durchmesser des Durchgangslochs

Außendurchmesser des Dübels [mm]	6	8	10	12	14	16	18	20	22	24	27	30
Durchmesser des Durchgangslochs im Anbauteil [mm]	7	9	12	14	16	18	20	22	24	26	30	33

4.16.2.1 Stahlversagen

Der charakteristische Widerstand $V_{Rk,s}$ bei Querlasten ist der jeweiligen Zulassung zu entnehmen. Ein Hebelarm ist in der Regel bei Endplatten mit deren geringer Stärke nicht zu berücksichtigen. Allgemein kann für Dübel das Stahlversagen durch eine Querbeanspruchung wie folgt berechnet werden:

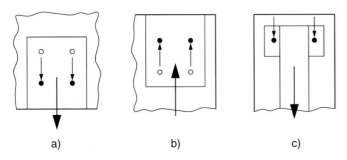

Bild 4.38 Verteilung der Last bei Verankerungen nahe am Bauteilrand oder bei großem Lochdurchmesser (aus [54])

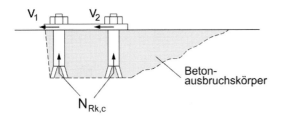

Bild 4.39 Betonausbruch auf der lastabgewandten Seite

$$V_{Rk,s} = 0{,}5 \cdot A_S \cdot f_{uk} \quad [N] \tag{4.167}$$

A_S Spannungsquerschnitt [mm²]
f_{uk} charakteristische Stahlzugfestigkeit [N/mm²]

Bei Dübelgruppen ist $V_{Rk,s}$ mit einem Faktor von 0,8 zu multiplizieren, wodurch der Einfluss des unvermeidlichen Lochspiels auf die Verteilung der Querlast auf die einzelnen Dübel berücksichtigt wird [59].

4.16.2.2 Betonausbruch auf der lastabgewandten Seite

Bei kurzen steifen Dübeln kann es zu einem Betonausbruch auf der lastabgewandten Seite kommen (Bild 4.39). Der entsprechende charakteristische Wert $V_{Rk,cp}$ kann folgendermaßen berechnet werden [59]:

$$V_{Rk,cp} = k \cdot N_{Rk,c} \tag{4.168}$$

k Beiwert; er ist dem jeweiligen Zulassungsbescheid zu entnehmen und beträgt in der Regel für Dübel mit $h_{ef} < 60$ mm k = 1,0 und für Dübel mit $h_{ef} \geq 60$ mm k = 2,0

$N_{Rk,c}$ charakteristischer Wert des Widerstandes unter Zuglast. Er ist für die jeweilige Betonfestigkeitsklasse der Zulassung zu entnehmen

Ein Versagen durch Betonkantenbruch wird vermieden, indem die Randabstände größer als 10 h_{ef} gewählt werden. Die charakteristischen Achsabstände der Dübel bei Gruppenbefestigungen sind der jeweiligen Zulassung zu entnehmen.

4.17 Bemessungsnachweise für Kohlenstofffaser-Lamellen aus der bauaufsichtlichen Zulassung

Die Bemessungsnachweise aus den bauaufsichtlichen Zulassungen (1998) stehen in einem Entwicklungsprozess. In naher Zukunft werden sicherlich neue wissenschaftliche Erkenntnisse einfließen. Zur besseren Verständlichkeit werden nachfolgend die Bezeichnungen aus den Zulassungsrichtlinien verwendet.

Die Tragfähigkeit des verstärkten Bauteils darf nicht größer sein als die doppelte unverstärkte Tragfähigkeit.

Biegeverstärkungsgrad η_B:

$$\eta_B = \frac{M_{u,v}}{M_{u,0}} \leq 2,0 \tag{4.169}$$

$M_{u,v}$ ist das rechnerische Biegebruchmoment für den verstärkten Träger, $M_{u,0}$ das rechnerische Biegebruchmoment für den unverstärkten Träger.

Der Rechenwert für die Oberflächenzugfestigkeit des Betons f_{ctm} soll entweder experimentell oder theoretisch ermittelt werden.

$$f_{ctm} \leq 3,0 \text{ N/mm}^2 \tag{4.170}$$

Die charakteristische Verbundbruchkraft T_k nimmt nur bis zu einer Verankerungslänge von l_t zu und bleibt dann konstant.

$$T_{k,max} = 0,5 \cdot b_{cf} \cdot k_b \cdot k_T \cdot \sqrt{E_{cf} \cdot t_{cf} \cdot f_{ctm}} \tag{4.171}$$

$$l_{t,max} = 0,7 \cdot \sqrt{\frac{E_{cf} \cdot t_{cf}}{f_{ctm}}} \tag{4.172}$$

In den Gleichungen bedeuten:

b_{cf} Breite der Kohlenstofffaser-Lamelle
t_{cf} Dicke der Kohlenstofffaser-Lamelle

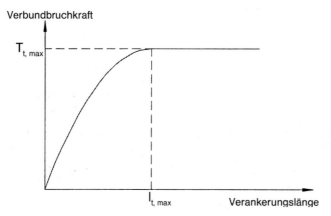

Bild 40 Verbundbruchkraft und Verankerungslänge

4.17 Bemessungsnachweise für Kohlenstofffaser-Lamellen

E_{cf} Elastizitätsmodul der Kohlenstofffaser-Lamelle
f_{ctm} Oberflächenzugfestigkeit des Betons ($\leq 3{,}0$ N/mm²)
k_T Beiwert; bei Außenbauteilen, die Temperaturen von $-20\,°C$ bis $+30\,°C$ ausgesetzt sind, $k_T = 0{,}9$; alle anderen Bauteile $k_T = 1{,}0$

$$k_b = 1{,}06 \cdot \sqrt{\frac{2 - b_L/b}{1 + b_L/400}} \geq 1{,}0 \quad \text{Beiwert}$$

b Balkenbreite

Ist eine Lamellenkraft zu verankern, die kleiner ist als die Verbundbruchkraft, dann gilt:

$$l_t = l_{t,max}\left(1 - \sqrt{1 - \frac{T_k}{T_{k,max}}}\right) \tag{4.173}$$

Genauso kann man aus einer vorhandenen Verbundlänge die maximal übertragbare Verbundkraft berechnen:

$$T_k = T_{k,max} \frac{l_t}{l_{t,max}}\left(2 - \frac{l_t}{l_{t,max}}\right) \tag{4.174}$$

Erforderliche Verbundbruchkraft $T_{k,erf}$:

bei Vollplatten: $T_{k,erf} \geq 1{,}2 \cdot F_{LE}$ (4.175)

bei Balken: $T_k \geq F_{LE}$ (4.176)

Die zu verankernde Lamellenzugkraft F_{LE} im Punkt E kann aus der Momentenlinie, die sich aus der erhöhten Beanspruchung ergibt, berechnet werden, wobei auch das Versatzmaß berücksichtigt werden muss.

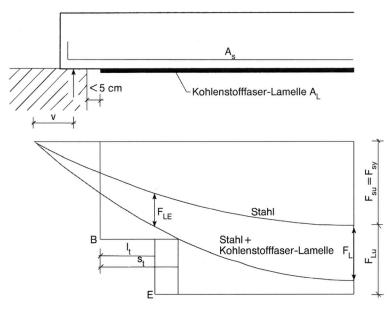

Bild 4.41 Zugkraftdeckung und Verankerung der Kohlenstofffaser-Lamelle

Der Schubnachweis für Platten kann wie folgt geführt werden:

$$\tau_{0V} = \frac{V_V}{\eta_{B,erf} \cdot z_m} \left[1 + (\eta_{B,erf} - 1) \frac{s_L}{b_L + 2(h_L - x)} \right] \leq \tau_{011} \qquad (4.177)$$

Es bedeuten:

V_V gesamte Querkraft des 1 m breiten Plattenstreifens im Gebrauchszustand, am Endauflager, die am Punkt E vorhandene Querkraft
$\eta_{B,erf}$ erforderlicher Biegeverstärkungsgrad
s_L Lamellenabstand
b   Balkenbreite
z_m mittlerer Hebelarm, ca. 0,85 h (h ist die Plattendicke)
τ_{011} nach DIN 1045, Tab. 13 Zeile 1b

Für Balken gilt:

$$\tau_{0V} = \frac{V_V}{b \cdot z_m} \leq \tau_{02} \qquad (4.178)$$

Laschenbügel, wie sie in der Zulassung beschrieben werden, sind stets erforderlich. Bei Platten kann auf diese Laschenbügel verzichtet werden. Bei Balken können die Laschen auch nur seitlich angeklebt werden, ohne dass sie die Druckzone umschließen. Die Rissbreiten im Rahmen der Gebrauchstauglichkeit brauchen nicht nachgewiesen werden. Es muss aber die Ermüdung für die Stahlteile nachgewiesen werden.

Folgende Regeln werden in der Zulassung für die Bemessung und die konstruktive Ausführung angegeben:

- Es dürfen keine planmäßigen Zugspannungen senkrecht zur Klebefuge auftreten.
- Es dürfen maximal zwei Lamellen übereinander geklebt werden.
- Bei der Verstärkung von Platten muss der Abstand der Lamellen kleiner sein als:
  - 20% der Stützweite
  - 40% der Kraglänge
  - das 5-fache der Plattendicke
- Bei örtlichen Verstärkungen muss die statisch wirksame Länge mindestens die zweifache Bauteilhöhe zuzüglich der erforderlichen Verankerungslänge betragen.
- Lamellenstöße sind nur unter vorwiegend ruhender Belastung zulässig. Lamellen dürfen stumpf durch Überlappung gestoßen werden. Der Stoß ist an einer Stelle anzuordnen, an der die Lamellenzugkraft höchstens 60% der aufnehmbaren Kraft beträgt. Die Übergreifungslänge kann mit der vorher angegebenen Gleichung und mit einer maximalen Oberflächenzugfestigkeit des Betons $f_{ctm} = 3,0$ N/mm^2 berechnet werden.
- Die Lamellen sind bis auf 5 cm an die Auflagerkante zu führen.

Bautenschutz

Hinrichshagen GmbH
Dipl.-Ingenieur DIRK STEINBRÜGGER

Chausseestraße 1 · 17498 Hinrichshagen · Tel.: 03834/594579-80 · Fax: 03834/594581

Leistungsprofil:
- Schützen und Instandsetzen von Beton nach ZTV-SIB
- Beschichtung jeder Art, einschl. WHG § 19
- Statische Verstärkung durch CFK Lamellen oder Stahllaschen
- Riss-Sanierung und -Verpressung
- Ingenieurleistungen im Sanierungsbereich

www.steinbruegger.de

Quadflieg
erhält Raum durch...

Klebearmierung
(CFK-Lamellen)
Betoninstandsetzung
Spritzbetonverfahren
Balkon-, Altbausanierung
Rissverpressung

Grüner Weg 83 · Aachen · 02 41/18 288-0 · www.gquadflieg.de

Fachliteratur auf hohem Niveau

Die Zeitschrift **"Bautechnik"** veröffentlicht Berichte aus den Gebieten Erd- und Grundbau, Tiefbau, Brücken- und Verkehrsbau, Ingenieurhochbau, Holz- und Mauerwerksbau, Wasserbau, Berechnung, Konstruktion und Ausführung, Baumaschinen und Baubetrieb sowie über den Einsatz der EDV auf diesen Gebieten.

ISSN-Nr.: 0932-8351
Erscheint monatlich.

Die Zeitschrift **"Stahlbau"** veröffentlicht Beiträge über Stahlbau-, Verbundbau- und Leichtmetallkonstruktionen im gesamten Bauwesen. Die Beiträge befassen sich mit der Planung und Ausführung von Bauten, Berechnungs- und Bemessungsverfahren, der Verbindungstechnik, dem Versuchswesen sowie Forschungsvorhaben und -ergebnissen.

ISSN-Nr.: 0038-9145
Erscheint monatlich.

Die Zeitschrift **"Beton- und Stahlbetonbau"** veröffentlicht Beiträge zu Entwurf, Berechnung, Bemessung und Ausführung von Beton-, Stahlbeton- und Spannbetonkonstruktionen im gesamten Bauwesen. Darüber hinaus informiert sie über Instandsetzungsverfahren und Schadensbehebung. Neueste Forschungsergebnisse aus den Bereichen Materialentwicklung und -verhalten runden den Inhalt ab.

ISSN-Nr.: 0005-9900
Erscheint monatlich.

In der Zeitschrift **"Bauphysik"** werden Beiträge aus den Bereichen Wärme, Feuchte, Schall, Brand, Stadtklima sowie der Licht- und Solartechnik, der Heizungs- und Lüftungstechnik, der rationellen Energieanwendung mit besonderem Bezug auf die bauphysikalischen Grundlagen und innovative Lösungen bei Berechnung, Konstruktion und Ausführung veröffentlicht.

ISSN-Nr.: 0171-5445
Erscheint zweimonatlich.

In den **"DIBt Mitteilungen"** wird regelmäßig über Arbeiten und Ergebnisse der Sachverständigenausschüsse sowie über neueste Forschungsvorhaben berichtet. Die Zeitschrift für technische Baubestimmungen und bauaufsichtliche Richtlinien informiert aktuell über neue Vorschriften, Richtlinien und Erlasse. Sie gibt wichtige Kommentare zu nationalen und europäischen Zulassungen und Normungen.

ISSN-Nr.: 1438-7778
Erscheint monatlich.

Die Zeitschrift **"das Mauerwerk"** verbindet wissenschaftliche Forschung, technologische Innovation und architektonische Praxis in allen Facetten zur Imageverbesserung und Akzeptanzsteigerung des Mauerwerkbaues. Veröffentlicht werden Aufsätze und Berichte zu Mauerwerk in Forschung und Entwicklung, europäischer Normung und technischen Regelwerken, bauaufsichtlichen Zulassungen und Neuentwicklungen, zu historischen und aktuellen Bauten in Theorie und Praxis.

ISSN-Nr.: 1432-3427
Erscheint zweimonatlich.

Mini-Abo und Abonnement:
Kundenservice WILEY-VCH
Tel.: (0 62 01) 606-400
Fax: (0 62 01) 606-184
E-mail: service@wiley-vch.de

Ernst & Sohn
A Wiley Company
www.ernst-und-sohn.de

4.18 Beispiel: Einfeldträger mit zwei Einzellasten

Der betrachtete Einfeldträger wird durch sein Eigengewicht und zwei Einzellasten belastet. Die Stützweite des Trägers beträgt 7,5 m, der Abstand der Einzelkräfte von den Auflagern 2,0 m. Zuerst werden die Kraft- und Dehnungszustände vor der Verstärkungsmaßnahme und anschließend jene nach dem Aufkleben einer Kohlenstofffaser-Lamelle untersucht.

Die Abmessungen des Querschnittes und die Materialeigenschaften können folgender Zusammenstellung entnommen werden:

Breite: $b = 200$ mm
Höhe: $h = 500$ mm
Abstand der Bewehrung
zum Rand: $d_1 = d_2 = 48$ mm
Statische Höhe: $d = 500 - 48 = 452$ mm
Bewehrungsstahl: $E_s = 210\,000$ N/mm² $f_{yk} = 550$ N/mm² $A_{s1} = 226$ mm²
    $\varepsilon_{su} = 2,5\%$ $A_{s2} = 804$ mm²
Kohlenstofffaser- $E_{cf} = 165\,000$ N/mm² $f_{fk} = 2800$ N/mm² $A_{cf} = 180$ mm²
Lamelle (150×1,2 mm): $\varepsilon_{cf} = 1,7\%$
Beton: $E_c = 35\,000$ N/mm² $f_{ck} = 39$ N/mm² $f_{ct} = 3$ N/mm²
    $\varepsilon_{cu} = 0,35\%$

4.18.1 Eingangsgrößen

4.18.1.1 Bemessungswerte

Mit den Teilsicherheitsfaktoren können die Bemessungswerte ermittelt werden.

Beton:

$f_{cd} = f_{ck}/\gamma_c$
$f_{cd} = 39/1,5 = 26$ N/mm²

Bewehrungsstahl:

$f_{yd} = f_{yk}/\gamma_s$
$f_{yd} = 550/1,15 = 478$ N/mm²

Kohlenstofffaserlamelle-Zugfestigkeit:

$f_{fl,d} = f_{f,k}/(\gamma_{cf,l,t} \cdot \gamma_1 \, \gamma_m \, \gamma_p)$
$f_{fl,d} = 2800/(1,2 \times 1,4 \times 1,1 \times 1,0) = 1515$ N/mm²

Kohlenstofffaserlamelle-Zugdehnung:

$\varepsilon_{fl,d} = f_{fl,d}/E_{cf}$
$\varepsilon_{fl,d} = 1515/165\,000 = 0,92\%$ aber $< 0,6\%$!

Dabei wurde angenommen, dass sich durch große Dehnungen Ablöseerscheinungen zwischen Beton und der Verstärkungslamelle einstellen können. Auch wurde für den Teilsicherheitsfaktor der Montage ein Wert von $\gamma_1 = 1{,}1$ angesetzt, was einer geringeren Qualität bei der Anbringung bzw. bei den Baustellenbedingungen entspricht. Auf alle Fälle sollte die Dehnung auf dem Gebrauchslastniveau den Wert von 0,6% nicht überschreiten.

4.18.1.2 Schnittgrößen vor der Verstärkung

Im Querschnitt $0{,}5 \times 0{,}2$ m werden die Bewehrungsanteile aus Stahl und Kohlenstofffaser-Lamellen dargestellt.

Die charakteristischen Werte der Einwirkung vor der Verstärkung können wie folgt errechnet werden:

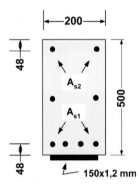

Bild 4.42 Querschnitt des Einfeldträgers

(a) Geometrie

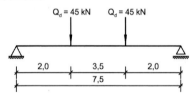

(b) Momentenlinie

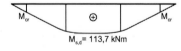

(c) Querkraftlinie

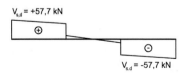

Bild 4.43 Schnittgröße des Einfeldträgers

4.18 Beispiel: Einfeldträger mit zwei Einzellasten

Eigengewicht:

$g_k = 0{,}2 \times 0{,}5 \times 25 = 2{,}5$ kN/m
$g_d = 2{,}5 \times 1{,}35 = 3{,}375$ kN/m

Veränderliche Einwirkung:

$Q_k = 30$ kN
$Q_d = 30 \times 1{,}5 = 45$ kN

Aus den geometrischen Verhältnissen und den Einwirkungen werden die Schnittgrößen errechnet.

Aus diesen Angaben kann die Momenten- und Querkraftlinie bestimmt werden. Die Auflagerreaktion errechnet sich zu $A_{sd} = 57{,}656$ kN, das Bemessungsmoment zu $M_{s,d} = 113{,}73$ kNm und die Querkraft zu $V_{sd} = \pm 57{,}656$ kN.

4.18.2 Nachweise am unverstärkten Biegeträger

Im elastischen Bereich wird eine lineare Verteilung der Dehnungen und Spannungen über den Querschnitt erzeugt, weshalb auch die Nulllinie durch den Schwerpunkt geht. Kurz vor dem Erreichen des Rissmomentes ist die Betonspannung am Druck- und am Zugrand betragsmäßig gleich groß.

Das Rissmoment errechnet sich wie folgt:

$M_{cr} = f_{ctm} \, I_I / (h - x_{el})$
$M_{cr} = 36{,}17$ kNm

Die Höhe der Druckzone im elastischen Zustand kann für den unverstärkten als auch für den bereits verstärkten Biegeträger aus dem statischen Moment (Flächenmoment 1. Ordnung) errechnet werden. Dabei wurde stets die Stahlbewehrung in der Zugzone berücksichtigt (A_{S2}).

$$x_{el} = (b\,h^2 + 2\,A_S\,\alpha_s\,d + 2\,A_{cf}\,\alpha_{cf}\,h)/[2\,(b\,h + A_S\,\alpha_s + A_{cf}\,\alpha_{cf})]$$

Dabei bedeuten:

$\alpha_s = E_s/E_c = 6$
$\alpha_{cf} = E_{cf}/E_c = 4{,}71$
$x_{el} = 259{,}3$ mm (unverstärkter Biegeträger)
$x_{el} = 261{,}2$ mm (verstärkter Biegeträger)

Das Flächenträgheitsmoment (Flächenmoment 2. Ordnung) im ungerissenen Zustand I kann wie folgt ermittelt werden:

$I_I = b\,x_{el}^3 / 3 + b(h - x_{el})^3/3 + A_{S2}\,(\alpha_s - 1)\,(d - x_{el})^2 + A_{cf}\,\alpha_{cf}\,(h - x_{el})^2$
$I_I = 22{,}4 \cdot 10^8$ mm^4 (unverstärkter Biegeträger)
$I_I = 22{,}9 \cdot 10^8$ mm^4 (verstärkter Biegeträger)

Durch das Eigengewicht $M_g = 3{,}375 \cdot 7{,}5^2/8 = 23{,}73$ kNm und etwa 14% der veränderlichen Einwirkung erreicht der Biegeträger das Rissmoment M_{cr}.

Für die Bemessung wird eine parabelförmige Spannungsverteilung in der Betondruckzone angenommen. Werden die Grenzdehnungen betrachtet, so kann mit der Grenzdehnung des Stahles von $\varepsilon_{su} = 2{,}5\%$ und des Betons $\varepsilon_{cu} = 0{,}35\%$ die bezogene Druckzonenhöhe errechnet werden.

$$\xi = \varepsilon_{cu}/(\varepsilon_{cu} + \varepsilon_{su})$$
$$\xi = 0{,}35/(0{,}35 + \varepsilon_{su}[\%])$$
$$\xi_{lim} = 0{,}1228$$

Im allgemeinen Fall eines Biegemomentes und einer Normalkraftbeanspruchung (auch Vorspannung) ergibt sich aus den Gleichgewichtsbedingungen eine kubische Gleichung zur Bestimmung der bezogenen Druckzonenhöhe $\xi = x/d$. Dabei ist es sinnvoll die bezogenen Schnittkräfte zu verwenden.

$n = N/(b\,d\,E_c)$ für den Sonderfall der reinen Biegung wird $n = 0$
$m = M/(b\,d^2\,E_c)$
$\rho_{s1} = (A_{s1} + A_{p1})/(b\,d)$
$\rho_{s2} = (A_{s2} + A_{p2})/(b\,d)$
$\alpha_s = E_s/E_c$ bzw. $\alpha_s = E_s/E_{c,eff}$

$$\xi^3 \frac{n \cdot 10^6}{6} - \xi^2 \left[\frac{n \cdot 10^6}{2} + \frac{m \cdot 10^6}{2}\right]$$
$$- \xi \left[n \cdot 10^6 \cdot \alpha_s \cdot \rho_{s2}\left(1 - \frac{d_2}{d}\right) + m \cdot 10^6 \cdot \alpha_s(\rho_{s1} - \rho_{s2})\right]$$
$$- \left[n \cdot 10^6 \cdot \alpha_s \cdot \rho_{s2} \cdot \frac{d_2}{d}\left(1 - \frac{d_2}{d}\right) + m \cdot 10^6 \cdot \alpha_s\left(\rho_{s1} + \rho_{s2}\frac{d_2}{d}\right)\right] = 0$$

Für den unverstärkten Biegeträger wird die bezogene Druckzonenhöhe von $\xi = 0{,}25$ bzw. Druckzonenhöhe von 113 mm iterativ ermittelt und der Völligkeitsbeiwert mit $\psi = 0{,}6$ bzw. der bezogene Abstand der Druckresultierenden $\lambda = 0{,}366$ errechnet.

Gleichgewichtsbedingung:

$$0{,}85\psi f_{cd} bx + A_{s2} E_s \varepsilon_{s2} = A_{s1} f_{yd}$$

$\varepsilon_c \leq 0{,}002$ $\quad \psi = 1000\,\varepsilon_c \left(0{,}5 - \dfrac{1000}{12}\varepsilon_c\right)$

$\varepsilon_c = 0{,}0017$ $\quad \lambda = \dfrac{8 - 1000\varepsilon_c}{4(6 - 1000\varepsilon_c)}$

$\varepsilon_{s2} = \varepsilon_c \dfrac{x - d_2}{x}$; $(E_s \times \varepsilon_{s2} < f_{yd})$

$\varepsilon_{s2} = 0{,}00098$

Das Bemessungsmoment des Biegebalkens kann aus den Gleichgewichtsbedingungen ermittelt werden.

$$M_{Rd} = A_{s1} f_{yd}(d - \lambda \cdot x) + A_{s2} E_s \varepsilon_{s2}(\lambda \cdot x - d_2)$$
$$M_{Rd} = 157 \text{ kNm} > M_{s,d} = 113{,}73 \text{ kNm}$$

4.18.3 Nachweise am verstärkten Biegeträger

Nun werden die doppelten veränderlichen Einwirkungen (jeweils $Q_d = 90$ kN) aufgebracht, wodurch sich das Bemessungsmoment auf $M_{s,d} = 203,73$ kNm erhöht. Zu Beginn der Verstärkungsmaßnahme muss angenommen werden, dass neben dem Eigengewicht ($g_d = 3,375$ kN/m) auch noch eine veränderliche Last wirkt (Montagearbeiter etc.), welche mit 1,5 kN/m (Bemessungseinwirkung $g_d = 2,25$ kN/m) angesetzt wird. Daraus ergibt sich ein zu Beginn wirkendes Biegemoment, welches über dem Rissmoment liegt.

$$M_o = 39,55 \text{ kNm} > M_{cr} = 36,17 \text{ kNm}$$

Im Falle der Bemessung kann durch den Vergleich der Einwirkungsseite mit der Widerstandsseite die Fläche der Kohlenstofffaser-Bewehrung ermittelt werden.

$$M_{Sd} < M_{Rd}$$

$$A_{cf} = [M_{Sd} - \psi \times b \; 0,85 f_{cd} (d - \lambda x) - A_{s2} E_{s2} \varepsilon_{s2} (d - d_2)] / [E_{cf} \varepsilon_{cf,d} (h - d)]$$

$$A_{cf} = 149 \text{ mm}^2$$

Es wird eine Kohlenstofffaser-Lamelle mit einer Breite von 150 mm und einer Dicke von 1,2 mm gewählt, weshalb die Fläche 180 mm² beträgt. Mit der gewählten Querschnittsfläche der externen Kohlenstofffaser-Bewehrung kann die Bemessungsgleichung wie folgt dargestellt werden, wobei als Bemessungsdehnung der Grenzwert von 0,6% eingesetzt wird. Die Stahldehnung der Druckbewehrung beträgt $\varepsilon_{s2} = 0,0015$ und die entsprechende Betondehnung $\varepsilon_c = 0,0022$.

$$M_{Rd} = A_{s1} f_{yd}(d - \lambda \cdot x) + A_{cf} E_{cf} \varepsilon_{cf,d}(h - \lambda \cdot x) + A_{s2} E_s \varepsilon_{s2}(\lambda \cdot x - d_2)$$

$$M_{s,d} = 203,73 \text{ kNm} < M_{R,d} = 234,1 \text{ kNm}$$

Den bezogenen Nulllinienabstand erhält man über die Dehnungsgradienten.

$$I_2 = \frac{b x_2^3}{3} + \alpha_s A_{s1}(d - x_2)^2 + \alpha_{cf} A_{cf}(h - x_2)^2$$

$$I_2 = 7,62 \cdot 10^8 \text{ mm}^4$$

Die Druckzonenhöhe unter Berücksichtigung der Stahl- und der Kohlenstofffaser-Bewehrung im Zugzonenbereich kann über folgende quadratische Gleichung errechnet werden:

$$x_2^2 b/2 + x_2(A_{s1} \alpha_s + A_{cf} \alpha_{cf}) - (A_{s1} \alpha_s d + A_{cf} \alpha_{cf} h) = 0$$

In dem konkreten Fall stellt sich eine Druckzonenhöhe von $x_2 = 135,5$ mm ein, was einem $\xi = 0,30$ entspricht.

$$0,002 \leq \varepsilon_c \leq 0,0035$$

$$\psi = 1 - \frac{2}{3000 \varepsilon_c}$$

$$\lambda = \frac{1000 \varepsilon_c (3000 \varepsilon_c - 4) + 2}{2000 \varepsilon_c (3000 \varepsilon_c - 2)}$$

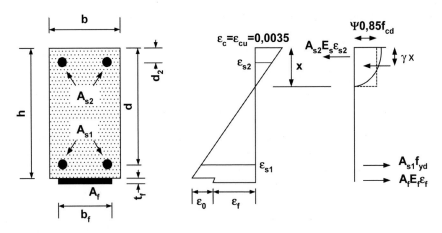

Bild 4.44 Spannungs- und Dehnungsverteilung eines verstärkten Betonbiegebalkens

Die Ermittlung der Fläche der Kohlenstofffaser-Bewehrung kann über die iterativ zu lösende Bemessungsgleichung erfolgen, wobei mit der Betondehnung $\varepsilon_c = 0{,}0022$, dem Völligkeitsbeiwert $\psi = 0{,}7$ und dem bezogenen Abstand der Druckresultierenden zum Druckrand $\lambda = 0{,}38$ gerechnet wurde.

4.18.4 Weitere Nachweise

4.18.4.1 Abschälen im Biegebereich

Im Bereich von Biegerissen kann es zu Abschäleffekten der externen Kohlenstofffaser-Bewehrung kommen. Deshalb muss zuerst der kritische Rissabstand ermittelt und dann das maximal aufnehmbare Spannungsinkrement errechnet werden. Dies ist bei vielen Ertüchtigungsarbeiten notwendig, da entweder bereits Risse vorhanden sind, oder neue zusätzliche Risse entstehen [57].

$$\Delta\sigma_{cf,d} < \Delta\sigma_{cf,d,max}$$

Es muss also der aufnehmbare Zugspannungszuwachs $\Delta\sigma_{cf,d,max}$ errechnet, und dem Zugspannungsinkrement, berechnet aus den Bemessungseinwirkungen $\Delta\sigma_{cf,d}$, gegenübergestellt werden.

Der Bemessungswert der maximal verankerbaren Zugspannung in der Kohlenstofffaser-Lamelle kann aufbauend auf Niedermeier [32] bestimmt werden.

$$\sigma_{cf,d,max} = \frac{0{,}225}{\gamma_c}\left[\sqrt{\frac{E_{cf}\sqrt{f_{ck}f_{ctm}}}{t_{cf}}}\right] [N/mm^2]$$

$$\sigma_{cf,d,max} = 183 \text{ N/mm}^2$$

Die dazugehörige Verankerungslänge, wo diese Zugspannung noch übertragen werden kann, beträgt

$$l_{bd,d,max} = 1{,}44 \left[\sqrt{\frac{E_{cf} t_{cf}}{\sqrt{f_{ck} f_{ctm}}}} \right] [mm]$$

$l_{bd,d,max} = 195 \text{ mm}$

Im gerissenen Stahlbetonbalken entstehen Risse, wobei nachfolgend der Bemessungswert des maximal noch verankerbaren Spannungsinkrements zwischen zwei Rissen ermittelt wird.

$\Delta \sigma_{cf,d,max} = f_{cd,d} - \sigma_{cf,d}$

$f_{cf,d} = \varepsilon_{cf,d} \cdot E_{cf}$

$f_{cf,d} = 990 \text{ N/mm}^2$

Das aufnehmbare Spannungsinkrement $\Delta \sigma_{cf,d,max}$ zwischen zwei Rissen wurde von Niedermeier [32] modelliert.

Der mittlere kritische Rissabstand kann aus dem Rissmoment und den Verbundfestigkeiten ermittelt werden.

$$s_{rm} = 2 \frac{M_{cr}}{z_m} \frac{1}{(\Sigma \tau_{cfm} b_{cf} + \Sigma \tau_{sm} d_s \pi)}$$

$$z_m = 0{,}85 \frac{d_{cf} E_{cf} A_{cf} + d_s E_s A_s}{E_{cf} A_{cf} + E_s A_s}$$

$z_m = 390 \text{ mm}$

$s_{rm} = 139 \text{ mm}$ für $\tau_{sm} = 5{,}55 \text{ N/mm}^2$ und $\tau_{cfm} = 1{,}5 \text{ N/mm}^2$

Die Verbundfestigkeiten können aus folgender Näherung abgeschätzt werden.

Für Stahlbewehrung:

$\tau_{sm} = 1{,}85 \, f_{ctm}$

$\tau_{sm} = 5{,}55 \text{ N/mm}^2$

Für die externe Kohlenstofffaser-Bewehrung (je nach Autor):

$\tau_{cfm} = 0{,}5 \, f_{ctm}$ bis $1{,}25 \, f_{ctm}$

$\tau_{cfm} = 1{,}5 \text{ N/mm}^2$

Für die maximale Verbundspannung hat Holzenkämpfer [24] einen Vorschlag erarbeitet, wobei von einer Klebung auf der Schalseite ausgegangen wird.

$\tau_{max} = 1{,}8 \, k_b / f_{ctm}$

$\tau_{max} = 5{,}46 \text{ N/mm}^2$

$$k_b = 1{,}06\sqrt{\frac{2 - \frac{b_{cf}}{b}}{1 + \frac{b_{cf}}{400}}}$$

$$k_b = 1{,}01$$

$$\sigma_{cf} = \frac{0{,}185 \cdot E_{cf}}{s_{rm}} - 0{,}285\sqrt{f_{ck}f_{ctm}}\frac{s_{rm}}{4t_{cf}} \quad [N/mm^2]$$

$$\sigma_{cf} = 130 \text{ N/mm}^2$$

Das maximale Spannungsinkrement errechnet sich zu

$$\Delta\sigma_{cf,d,max} = \frac{1}{\gamma_c}\left[\sqrt{\frac{0{,}05\,E_{cf}\sqrt{f_{ck}f_{ctm}}}{t_{cf}} + (\sigma_{cf})^2} - \sigma_{cf}\right] \quad [N/mm^2]$$

$$\Delta\sigma_{cf,d,max} = 115 \text{ N/mm}^2$$

Das vorhandene Zugspannungsinkrement $\Delta\sigma_{cf,d}$ kann damit maximal 115 N/mm² betragen, was einer Kohlenstofffaser-Dehnung von $\varepsilon_{cf,d} = 0{,}00069$ entspricht.

4.18.4.2 Abschälen im Querkraftbereich durch Schubrisse

Das Abschälen von einer extern geklebten Kohlenstofffaser-Bewehrung im Bereich hoher Querkräfte hängt mit der Bildung von Schubrissen und den folgenden Ablöseeffekten zusammen. So wurde von Matthys [30] der Vorschlag ausgearbeitet, die aufnehmbare Querkraft mit einer experimentell bestimmten Schubfestigkeit zu bestimmen.

$$V_{Rp} = \tau_{Rp}bd \tag{4.179}$$

$$\tau_{Rk} = 0{,}38 + 151\rho_{eq} \quad [N/mm^2] \tag{4.180}$$

$$\tau_{Rk} = 1{,}96 \text{ N/mm}^2$$

$$\rho_{eq} = \frac{A_s + A_{cf}\frac{E_{cf}}{E_s}}{bd}$$

$$\rho_{eq} = 0{,}01$$

Der Bemessungswert der aufnehmbaren Querkraft errechnet sich damit zu

$$V_{Rd} = 1/\gamma_c\ \tau_{Rk}b\ d$$

$V_{Rd} = 118$ kN $> V_{Sd} = 102{,}6$ kN (maximal auftretbare Bemessungsquerkraft)

4.18.4.3 Abschälen im Querkraftbereich durch hohe Querkräfte

Einen weiteren Nachweis der kritischen Querkraft hat Jansze [53] vorgeschlagen, indem eine fiktive Schublänge a_L errechnet wird. Dabei müssen folgende Nachweise erfüllt werden.

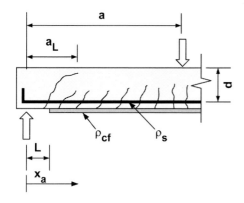

Bild 4.45 Modell zur Analyse des Abschälens durch Querkräfte

Längennachweis:

$a > L + d$
$a = 2000$ mm $> 120 + 452 = 572$ mm
$a_L < a$
531 mm < 2000 mm

Querkraftnachweis:

$V_{Sd} < V_{Rd}$
$V_{Rd} = \tau_{Rd} \, b \, d$

$$\tau_{Rd} = 0{,}15 \cdot \left(1 + \sqrt{\frac{200}{d}}\right) \cdot \sqrt[3]{300 \frac{d \cdot \rho_s \cdot f_{ck}}{a_L}}$$

$\tau_{Rd} = 1{,}1$ N/mm²

$$a_L = \sqrt[4]{d \cdot L^3 \frac{(1 - \sqrt{\rho_s})^2}{\rho_s}}$$

$a_L = 531$ mm

$V_{Rd} = 99$ kN $> V_{Sd} = 99$ kN (am Beginn der Verstärkungslamelle)

4.18.4.4 Verankerungslänge

Zuerst wird jenes Biegemoment errechnet, welches von der Stahlbewehrung aufgenommen werden kann.

$$N_{yd} = A_s \, f_{yd}$$

$$N_{yd} = 384 \text{ kN}$$

$$M_k = 0{,}95 \, d \, N_{yd}$$

$$M_k = 165 \text{ kNm}$$

$$N_{cf,a,d} = \frac{M_k}{z\left(1 + \frac{A_s \cdot E_s}{A_{cf} \cdot E_{cf}}\right)}$$

$$N_{cf,a,d} = 57{,}5 \text{ kN}$$

Die maximal verankerbare Lamellenkraft $N_{fa,max}$ kann aus den folgenden Gleichungen ermittelt werden.

$$k_b = 1{,}06 \sqrt{\frac{2 - \frac{b_{cf}}{b}}{1 + \frac{b_{cf}}{400}}}$$

$$k_b = 1{,}01$$

$$N_{fa,max} = 0{,}5 \, b_{cf} k_b \sqrt{E_{cf} t_{cf} f_{ctm}} \quad [N]$$

$$N_{fa,max} = 58{,}4 \text{ kN}$$

Die maximal aufnehmbare Lamellenkraft $N_{fa,max}$ muss größer als die übertragbare Zugkraft $N_{cf,a,d}$ in der Kohlenstofffaser-Bewehrung sein.

$$N_{fa,max} = 58{,}4 \text{ kN} > N_{cf,a,d} = 57{,}5 \text{ kN}$$

Die Verankerungslänge kann unter der Verwendung einer 5%-Fraktile für die Zugfestigkeit des Betons aufbauend auf der Formulierung nach Neubauer [31] wie folgt bestimmt werden.

$$l_{cf,bd,max} = \sqrt{\frac{E_{cf} t_{cf}}{1{,}4 \, f_{ctm}}} \quad [mm]$$

$$l_{cf,bd,max} = 217 \text{ mm}$$

Die notwendige Gesamtlänge der Verstärkungslamelle $l_{cf,min}$ ergibt sich wie folgt:

$$l_{cf,min} = l - 2 \, x_a + 2 \, l_{cf,bd,max}$$

$$l_{cf,min} = 7{,}5 - 3{,}24 + 0{,}43 = 4{,}69 \text{ m}$$

Die gesamte Länge der Verstärkungslamelle, insbesondere aufgrund der notwendigen Länge durch Abschälen im Querkraftbereich, beträgt $l_{cf} = 7{,}5 - 2 \cdot 0{,}12 = 7{,}26 > l_{cf,min} = 4{,}69 \text{ m}$.

5 Kohlenstofffaser-Verstärkungen von Betonscheiben

Das Ergebnis des Konstruierens und folglich die Qualität des Tragwerks hängt von der Erfahrung und Sorgfalt der beteiligten Ingenieure ab, von der subjektiven Liebe zum Detail.

J. Schlaich (1934), K. Schäfer (1936)

5.1 Modellierung der Tragwirkung von Scheiben

Neben Biegeverstärkungen sind im Betonbau auch Verstärkungen von Wandscheiben erforderlich. In diesen ebenen Tragelementen treten hohe Querkraftbeanspruchungen auf, weshalb die Hypothese von Bernoulli, das Ebenbleiben der Querschnitte, nicht gilt. Diese Bereiche werden als Diskontinuitätsbereiche oder verkürzt D-Bereiche bezeichnet. Solche zweidimensionalen Tragwerke sind innerlich hochgradig statisch unbestimmt, weshalb sich für einen gegebenen Belastungszustand mehrere Lastabtragungspfade entwickeln lassen. Die statische Methode der Plastizitätstheorie eignet sich prinzipiell als Bemessungsansatz für Scheiben, wobei eine oder mehrere kombinierte Tragwirkungen gewählt werden.

5.1.1 Fachwerk- und Druckfeldmodelle

Die ersten Anwendungen dieser Bemessungsmethode gehen auf Mörsch [1] zurück, der mit 45° geneigten Fachwerkmodellen die Tragwirkungen darstellte. Mörsch konzentrierte sich auf Träger mit Schubbewehrung, da der sinnvolle Nutzen von Trägern ohne Schubbewehrung offensichtlich durch Entstehung erster Schubrisse begrenzt war. Er erkannte, dass der Winkel der Hauptdruckspannungen von 45° abweichen konnte. Jedoch gelang es ihm nicht, eine Beziehung für die Neigung der Hauptdruckspannungen aufzustellen, so dass er folglich die Hauptdruckspannungen stets unter einer Neigung von 45° zur Trägerlängsachse annahm.

Aufbauend auf die Arbeiten der Fachwerkmodellierung erstellte Kupfer [2] 1964 eine Gleichung für die Neigung von diagonalen Rissen in Stegen von Biegeträgern. Baumann [3] leitete 1972 eine entsprechende Gleichung für orthogonal bewehrte Scheibenelemente ab.

$$\tan^2\theta \cdot \rho_{sx} \cdot (1 - n \cdot \rho_{sz}) + \tan\theta \cdot \rho_{sx} \cdot \frac{\sigma_z}{\tau_{xz}} =$$
$$\tan^2\theta \cdot \rho_{sz} \cdot (1 - n \cdot \rho_{sx}) + \tan\theta \cdot \rho_{sz} \cdot \frac{\sigma_x}{\tau_{xz}} \tag{5.1}$$

mit θ = Rissneigung zur Trägerlängsachse

$$n = \frac{E_s}{E_c} \tag{5.2}$$

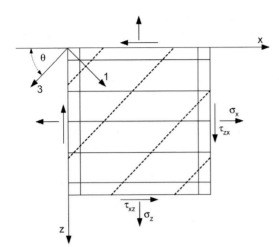

Bild 5.1 Gerissenes Scheibenelement

Die Rissneigung wird mit den Verträglichkeitsbedingungen für jeden gegebenen Belastungsschritt mit den drei unbekannten Verformungen $\varepsilon_x, \varepsilon_z, \varepsilon_3$ bestimmt.

$$\cot^2 \theta = \frac{(\varepsilon_z - \varepsilon_3)}{(\varepsilon_x - \varepsilon_3)} \tag{5.3}$$

Die Gleichgewichtsbedingungen lauten:

$$\sigma_x = \sigma_{cx} + \rho_{sx} \cdot \sigma_{sx} \tag{5.4}$$

$$\sigma_z = \sigma_{cz} + \rho_{sz} \cdot \sigma_{sz} \tag{5.5}$$

$$\tau_{xz} = \tau_{cxz} \tag{5.6}$$

Mit den linear elastischen Stoffgesetzen können die Spannungen im Beton und in der Bewehrung in den orthogonalen Richtungen bestimmt werden.

$$\sigma_{cx} = E_c \cdot \varepsilon_3 \cdot \cos^2 \theta \tag{5.7}$$

$$\sigma_{cz} = E_c \cdot \varepsilon_3 \cdot \sin^2 \theta \tag{5.8}$$

$$\sigma_{sx} = E_s \cdot \varepsilon_x \quad \sigma_{sz} = E_s \cdot \varepsilon_z \tag{5.9}$$

$$\tau_{cf} = -E_c \cdot \varepsilon_3 \cdot \sin \theta \cdot \cos \theta \tag{5.10}$$

Weitere wichtige Arbeiten auf diesem Gebiet der Modellierung von Scheiben haben Nielsen [4], Mitchell [5] und Collins [6] publiziert. Die Plastizitätstheorie für den Stahlbetonbau wurde dann von Thürlimann mit den Arbeiten von Müller [7] und Marti [8] wesentlich entwickelt. Zur Absicherung der theoretischen Arbeiten hat Meier [9] experimentelle Untersuchungen an großen Betonscheiben durchgeführt.

Vecchio und Collins [10] haben 1986 das modifizierte Druckfeldmodell (modified compression field theorie) entwickelt, wo gleiche Hauptrichtungen der Verzerrungen und mittlere Spannungen im Beton über ein Risselement angenommen wurden. Das Gleichgewicht wurde unter Berücksichtigung von mittleren Zugspannungen zwischen den Rissen formuliert.

Die großen Querdehnungen haben Einfluss auf die Druckfestigkeit des Betons (compression softening). Sie können durch die Querbewehrung hervorgerufen werden, sofern diese über die Fließgrenze hinaus belastet wird. Auch spalten die Rippen der Querbewehrung den Beton mit größer werdender Relativverschiebung zwischen der Bewehrung und den Beton entlang der Bewehrungsebene auf. Dadurch erfolgt ein schichtenweises Spalten des Betons bei Druckspannungen, die deutlich unterhalb der Zylinderdruckfestigkeit liegen können.

Vecchio und Collins [10] haben auf der Grundlage zahlreicher Versuche folgende Gleichung für die maximale Druckfestigkeit des Betons in Abhängigkeit von der Hauptzugdehnung vorgeschlagen:

$$f_c = \frac{f_{cc}}{0,8 + 170 \cdot \varepsilon_1} \leq f_{cc} \tag{5.11}$$

Muttoni et al. [11] schlugen für den Fall gemäßigter Querdehnungen folgende vereinfachte Beziehung vor:

$$f_c = 1,6 \cdot (f_{cc})^{(2/3)} \quad \text{in [MPa]} \tag{5.12}$$

Ein weiteres Verfahren, das sogenannte „weiche Fachwerkmodell mit Drehwinkeln" (rotating-angle softened truss model) wurde von Hsu [12] vorgestellt und entspricht in den Grundzügen dem modifizierten Druckfeldmodell.

Diese Modelle eignen sich zur Berechnung von Versagenslasten. Auch Versagensarten, wie Beton- oder Stahlbruch können identifiziert werden. Über die Entwicklungsstufen der Rissbildung können aber solche Traglastmodelle keine Auskunft geben, da sie sich rein auf den Grenzzustand der Tragfähigkeit beziehen (ultimate limit state). Für die Bemessung der Gebrauchstauglichkeit (serviceability limit state), wo die Rissbreiten und Rissabstände berechnet werden, müssen andere Modelle verwendet werden.

Auch die Stabwerkmodelle (strut and tie models), weiterentwickelt von Schlaich et al. [13], haben eine ähnliche Problematik. Sie können sehr vielfältig für die Traglastbemessung von D-Bereichen eingesetzt werden. Die Verformungen könnten nur unter der Annahme von Knotennachgiebigkeiten formuliert werden, wobei die Arbeit von Bergmeister et al. [14] mit den experimentellen Untersuchungen insbesondere der Fachwerksknoten eine Hilfe sein kann.

5.1.2 Gerissenes Scheibenmodell

Die Druckfeldmodelle der Plastizitätstheorie [11] ermöglichen eine Berechnung der Lasten und der Verformungen, wobei letztere aber sehr häufig überschätzt wird. Dies geschieht deshalb, da die versteifende Wirkung des Betons unter Zugbeanspruchung und die Rissverzahnung vernachlässigt werden.

Durch eine Kombination der klassischen Druckfeldmodelle und des Zuggurtmodells wurde von Kaufmann das „gerissene Scheibenmodell" entwickelt [15, 16]. Die Rissbilder wurden nach sauberen mechanischen Formulierungen definiert, jedoch wurden die Verformungen des Betons vernachlässigt, da sie sehr gering sind.

Ausgehend von der theoretischen Annahme von spannungsfreien, drehbaren Rissen (wie bei der Druckfeldtheorie), die senkrecht zu den Hauptzugspannungen verlaufen, entwickeln sich die Hauptdruckspannungen parallel zu den Rissen. Ebenso wie bei der modifizierten Druckfeldtheorie (modified compression field theory) und der Fachwerkmodellierung mit Drehwinkeln (rotating-angle softened truss modell) wird der Einfluss der Querdehnungen auf die Betondruckfestigkeit definiert. Stenger [17] hat auf der Grundlage zahlreicher Versuche eine andere Beziehung für die Betondruckfestigkeit von Stahlbetonscheiben erstellt, die sowohl den Einfluss der Querdehnung ε_1 als auch eine unterproportionale Zunahme der Druckfestigkeit mit steigender Zylinderdruckfestigkeit berücksichtigt.

$$f_c = \frac{(f_{cc})^{(2/3)}}{0,4 + 30 \cdot \varepsilon_1} \leq f_{cc} \quad \text{in [MPa]} \tag{5.13}$$

Unter Berücksichtigung des parabolischen Verlaufes der Druckspannungs-Dehnungs-Beziehung von Beton hat Stenger [17] die Betondruckspannungen σ_{c3r} am Riss mit folgender Beziehung dargestellt:

$$\sigma_{c3r} = \frac{(f_{cc})^{2/3}}{0,4 + 30 \cdot \varepsilon_1} \cdot \frac{\varepsilon_3^2 + 2 \cdot \varepsilon_3 \cdot \varepsilon_{c0}}{\varepsilon_{c0}^2} \tag{5.14}$$

Die Stahlspannungen werden nach Alvarez [18] mit den Prinzipien des Zuggurtmodells berechnet. Die maximalen Rissabstände für eine Zugbeanspruchung in den Bewehrungsrichtungen können dann mit einer speziellen Formulierung der Verbundspannungen wie folgt errechnet werden:

$$s_{rx0} = \frac{f_{ct} \cdot d_{sx}}{2 \cdot \tau_{b0}} \cdot \frac{(1 - \rho_{sx})}{\rho_{sx}} \tag{5.15}$$

$$s_{rz0} = \frac{f_{ct} \cdot d_{sz}}{2 \cdot \tau_{b0}} \cdot \frac{(1 - \rho_{sz})}{\rho_{sz}} \tag{5.16}$$

$$\tau_{b0} = 0,6 \cdot (f_{cc})^{2/3} \tag{5.17}$$

Der diagonale Rissabstand bei abgeschlossenem Rissbild liegt zwischen dem minimalen ($s_{r0}/2$) und dem maximalen Rissabstand (s_{r0}).

$$\frac{s_{r0}}{2} \leq s_{rM} \leq s_{r0} \tag{5.18}$$

Kaufmann und Marti [16] haben für den maximalen Rissabstand für gerissene Stahlbetonscheiben folgenden oberen Grenzwert vorgeschlagen:

$$s_{r0} \leq \frac{1}{\underbrace{\frac{\sin \theta_r}{s_{rx0}} \cdot \frac{\cos \theta_r}{s_{rz0}}}} \tag{5.19}$$

Da sich orthogonal angeordnete Bewehrungen je nach Belastungszustand nach dem Zuggurtmodell in unterschiedlichen Spannungszuständen befinden (vom elastischen Bereich bis zum Fließen über die gesamte Risselementlänge) ist für die Berechnung der Traglast die Ermittlung des vollständigen Last-Verformungs-Verhaltens notwendig.

Dieses Verfahren eignet sich zur Modellierung und direkten Abschätzung der Traglast von gerissenen, orthogonal bewehrten Scheiben aus Konstruktionsbeton unter homogener ebener Belastung.

5.1.3 Fachwerkmodelle in Normvorschriften

Fachwerkmodelle mit veränderlicher Druckstrebenneigung und einem zusätzlichen, empirisch erfassten Betonanteil, werden häufig in den Bemessungsnormen verwendet. Meist werden obere und untere Grenzwerte für die Druckstrebenneigung vorgegeben, um ein Bauteilversagen durch Stegdruckbruch zu verhindern. So bietet der Eurocode 2, Teil 1 zwei Verfahren zur Schubbemessung an.

Das Standardverfahren ermittelt die erforderliche Schubbewehrungsmenge mit Hilfe eines 45°-Fachwerkmodells. Zusätzlich werden empirische Traganteile der Biegedruckzone sowie die Dübelwirkung der Biegebewehrung berücksichtigt.

Das zweite Verfahren lässt eine Variation der Druckstrebenneigung in vorgegebenen Grenzen zu. Die minimal mögliche Neigung kann dabei aus der Einhaltung des erforderlichen Tragwiderstandes der Betondruckstreben abgeleitet werden. Es werden die Annahmen der Plastizitätstheorie zugrundegelegt. Im Gegensatz zum Standardverfahren dürfen bei dem Verfahren mit veränderlicher Druckstrebenneigung der Traganteil der Biegedruckzone sowie die Dübelwirkung der Längsbewehrung nicht erfasst werden. Das wiederum führt zu Widersprüchen, wenn die Druckstrebenneigung zu 45° gewählt wird. Für beide Verfahren ist der Nachweis der Druckstrebenfestigkeit zu führen, wobei die Beeinflussung der Druckfestigkeit des Betons durch die Bewehrungsanordnung berücksichtigt wird.

5.2 Tragverhalten und Bemessung von verstärkten Wandscheiben

Das Tragverhalten von bewehrten Wandscheiben ist bis zur Rissbildung dem von unbewehrten Scheiben sehr ähnlich. Überschreiten die Zugspannungen die Zugkapazität des Betons, treten senkrecht zu den Hauptzugspannungen Risse auf. Die Rissorientierung bleibt auch bei weiterer Laststeigerung annähernd konstant. Bei den bewehrten Scheiben tritt Fließen in den Bewehrungen auf, wodurch einerseits die Steifigkeit stark abfällt, und andererseits eine Umlagerung der Kraft- bzw. Spannungsfelder erfolgt. Das Versagen von Scheiben tritt dann bei steigender Belastung durch Fließen bzw. erhöhter Verformung der zugbelasteten Elemente auf, oder es erfolgt relativ sprödes Druckversagen der Betonstreben.

Scheiben und D-Bereiche können durch das seitliche Ankleben von Lamellen, Geweben oder Gelegen aus Kohlenstofffasern verstärkt werden. Als Kleber werden Baukleber auf Epoxidharzbasis verwendet. Da Gelege durch die gestreckte, unidirektionale Faseranordnung die größte Festigkeit und Steifigkeit aufweisen, gut an die Geometrie anpassbar sind und außerdem eine flächige und nicht linienhafte Verstärkung darstellen, werden diese vor allem zur Ertüchtigung von D-Bereichen eingesetzt.

5.2.1 Stabwerkmodelle für verstärkte Scheiben

Die Stabwerkmodelle orientieren sich am Kraftfluss der Elastizitätstheorie. Im Normalfall werden für den Gebrauchs- und den Traglastzustand die gleichen Modelle verwendet. Wirkungsvoll kann aber auch die sich mit zunehmender Lasthöhe ändernde Steifigkeit angepasst und damit die Tragfähigkeit realistischer berechnet werden. Auf der Basis von Trajektorienbildern (z. B. elastische FE-Ergebnisse) lassen sich verschiedene Stabwerkmodelle für einen Belastungszustand entwickeln. Die Lastpfade werden als Stabkräfte aufgefasst und von der Belastungsseite ausgehend hin zu den Auflagern entwickelt. Der Verlauf orientiert sich an den Hauptspannungsrichtungen. In den Knoten enden oder beginnen die Zug- und Druckstreben und bilden einen Gleichgewichtszustand.

Die Stabwerkmodelle sollten so erstellt werden, dass sich die Druck- und Zugstäbe ineinander nicht in einem zu spitzen Winkel befinden. Als unterer Grenzwert wird etwa 30° angesetzt. Um speziellen Kraftflüssen zu folgen, können unterschiedliche Stabwerkmodelle auch superponiert werden. Jedenfalls sollten stets mehrere Modelle durchdacht werden, damit eine Optimierung erfolgen kann.

Für die Modellierung einer Verstärkung durch Stabwerkmodelle mit Kohlenstofffaser-Lamellen oder -Gelegen kann nun folgendermaßen vorgegangen werden. Zuerst werden entweder bereits vorhandene Risse an einem bestehenden Bauwerk festgestellt, oder durch ein Stabwerkmodell (oder FE-Analyse) die Zonen mit hohen Zugkräften erkannt. Senkrecht zu diesen hohen Zugspannungen können sich Risse entwickeln. Diese Bereiche können gezielt mit einer externen (unter einem Winkel verlaufenden) Kohlenstofffaser-Bewehrung ertüchtigt werden. Das Maß der Ertüchtigung kann durch die Bemessung der Lamellen oder des Geleges errechnet werden.

Für die Bemessung müssen sowohl die Druck- und Zugstäbe als auch die Knotenbereiche betrachtet werden.

- **Druckstrebentragfähigkeit:** Der Abminderungsfaktor ν berücksichtigt ungleichmäßige Druckspannungsfelder und anderweitige Störungen durch Schrägrisse:

$$f_{cd} = \nu \cdot 0{,}85 \cdot \frac{f_{ck}}{\gamma_c} \tag{5.20}$$

Der Reduktionsfaktor von 0,85 berücksichtigt die Langzeiteinwirkung auf die Druckfestigkeit sowie andere ungünstige Wirkungen, welche von der Art der Lasteintragung abhängen.

a) Formulierung an unverstärkten Druckstreben nach Eurocode 2:

$$\nu = 0{,}7 - \frac{f_{ck}}{200} \geq 0{,}5\, f_{ck} \quad [\text{N/mm}^2] \tag{5.21}$$

b) Flächig beidseitig aufgeklebtes Gewebe oder Gelege auf Betonscheiben bis C75/90:

$$\nu = 0{,}9 - \frac{f_{ck}}{250} \geq 0{,}60\, f_{ck} \quad [\text{N/mm}^2] \tag{5.22}$$

c) Flaschenförmige Druckspannungsfelder mit Ausbreitungswinkel: $\alpha = 15°$, die Zugstrebe errechnet sich zu:

$$T = \frac{1}{4}C \qquad (5.23)$$

- **Zugstrebentragfähigkeit:** Die Tragfähigkeit errechnet sich mit der internen ($f_{yd}A_s$) und externen Bewehrung ($E_{cf}\,\varepsilon_{cf,d}\,A_{cf}$) und der Resttragfähigkeit einer eventuell vorhandenen Vorspannung ($A_{yp,d}\,(f_{py,d} - \sigma_{p0})$):

$$T_{Rd} = f_{yd} \cdot A_s + \varepsilon_{cf,d} \cdot E_{cf} \cdot A_{cf} + (f_{py,d} - \sigma_{p0})\,A_{yp,d} \qquad (5.24)$$

Für die Knotentragfähigkeit wird zwischen reinen Druckknoten und sogenannten Druck-Druck-Zug-Knoten und Druck-Zug-Zug-Knoten unterschieden. Bei Verankerung von Bewehrungsstäben müssen diese entweder mit Endplatten befestigt oder über die Verbundlänge verankert werden.

Für die reinen Druckknoten wird aufbauend auf den Vorschlag von Schlaich und Schäfer [19] die einaxiale Druckfestigkeit angenommen, obwohl durch die Aktivierung einer zweiten Einwirkungsrichtung die zweiaxiale Druckfestigkeit mit einer ca. 10%-Erhöhung genutzt werden könnte.

Für die extern verstärkten Druck-Druck-Zug-Knoten kann der Bemessungswert der Druckfestigkeit ohne Abminderungsfaktor als effektive Druckfestigkeit angesetzt werden.

$$f_{cd} = \nu \cdot 0{,}85 \cdot (f_{ck}/\gamma_c) \qquad \nu = 1{,}0 \qquad (5.25)$$

Für die extern verstärkten Druck-Zug-Zug-Knoten soll der Bemessungswert der Druckfestigkeit um 20% abgemindert werden, da durch ungleichmäßige Spannungsverteilungen und Querzugspannungen senkrecht zur Scheibenebene die effektive Druckfestigkeit reduziert wird.

$$f_{cd} = \nu \cdot 0{,}85 \cdot (f_{ck}/\gamma_c) \qquad \nu = 0{,}8 \qquad (5.26)$$

Eine obere Limitierung der Dehnung auf $\varepsilon_{cf,d} = 0{,}8\%$ ist notwendig, damit keine Ablöseeffekte in der Verbindungsschicht der Kohlenstofffaser-Verstärkung und dem Beton stattfinden. Gleichzeitig soll durch die indirekte Rissbreitenbegrenzung eine Kraftübertragung über die Kornverzahnung (aggregate interlock) möglich gemacht werden.

5.2.2 Spannungsfeldtheorie für verstärkte Wandscheiben

Die Spannungsfelder basieren auf den Grundlagen der Plastizitätstheorie. In jedem Punkt der Scheibe sind die Gleichgewichtsbedingungen erfüllt.

Mit den Traglastsätzen der Plastizitätstheorie kann eine untere und eine obere Schranke für die Traglast bestimmt werden.

- **Statischer Traglastsatz:** Jede Beanspruchung, zu der sich ein stabiler, statisch zulässiger Spannungszustand angeben lässt, liegt tiefer als der Tragwiderstand. Statisch zulässige Spannungszustände sind solche, die an keiner Stelle die Bruchhypothesen verletzen.
- **Kinematischer Traglastsatz:** Jede Beanspruchung, zu der sich ein instabiler, kinematisch zulässiger Bewegungszustand angeben lässt, liegt höher als der Tragwiderstand.

- **Verträglichkeitssatz:** Die Beanspruchung, zu der sich ein kinematisch zulässiger Bewegungszustand und ein damit verträglicher, statisch zulässiger und stabiler Spannungszustand angeben lässt, ist gleich dem Tragwiderstand.

Da der statische Traglastsatz eine untere Schranke für die Traglast liefert, verwendet man ihn, um die Tragfähigkeit von Wandscheiben nach der Methode der Spannungsfelder nachzuweisen. Die Traglastsätze gehen von einem elastisch ideal-plastischen oder von einem starr-plastischen Materialverhalten aus.

Bei der Erstellung der Spannungsfelder beginnt man mit einem möglichst einfachen Fachwerkmodell, dessen Stabkräfte anschließend in Spannungsbereiche, sogenannte Spannungsfelder umgewandelt werden. Parallele Spannungsfelder weisen einen konstanten einachsigen Spannungsverlauf auf, in fächerförmigen Spannungsfeldern ändert sich die Spannung mit der Höhe. Außerhalb der Spannungsfelder werden spannungsfreie Zonen angenommen. Die Begrenzungslinie zwischen den spannungsfreien Zonen und den Spannungsfeldern wird Diskontinuitätslinie genannt, da angenommen wird, dass die Spannungen parallel zur Diskontinuitätslinie (t-Richtung in Bild 5.2) plötzlich, also diskontinuierlich, auf Null abfallen. Das ist nur unter der Annahme eines starr-plastischen Materialverhaltens möglich. Das Kräftegleichgewicht senkrecht zu einer Diskontinuitätslinie muss erfüllt sein. In Bild 5.2 ist ein infinitesimal kleines Element an der Diskontinuitätslinie mit den an ihm angreifenden Spannungen dargestellt.

Setzt man das Kräftegleichgewicht senkrecht zur Diskontinuitätslinie an, ergeben sich folgende Gleichungen:

$$\sigma_{n1} = \sigma_{n2} \tag{5.27}$$

$$\tau_{nt1} = \tau_{nt2} \tag{5.28}$$

Durch das Öffnen bzw. Schließen von fächerförmigen Spannungsfeldern kann die Spannung an den Rändern des Fächers variiert werden. Meist verjüngen sich die Fächer vom oberen zum unteren Rand der Tragwand, was eine stärkere Beanspruchung der Scheibe am unteren Rand zur Folge hat. Die Spannungen müssen deshalb meist am unteren Rand überprüft werden. Das Variieren der Fächer kann außerdem dazu verwendet werden, eine möglichst gleichmäßige Beanspruchung am unteren Rand zu erzielen.

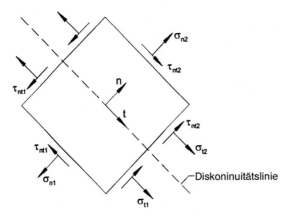

Bild 5.2 Element an der Diskontinuitätslinie

5.2 Tragverhalten und Bemessung von verstärkten Wandscheiben

Die Spannungsfelder werden durch einzelne Druckstreben abgebildet, welche wiederum mit diskreten Kräften als deren Resultierende ersetzt werden können.

Die Beziehungen der Spannungsfeldtheorie von Wandscheiben wird von Muttoni et al. [14] beschrieben und in der Dissertation von Stenger [17] bzw. der Diplomarbeit von Hartmann [20] so erweitert, dass Verstärkungen in zwei Faserrichtungen berücksichtigt werden können. Allgemein werden diese für beliebig verlaufende externe Verstärkungen auf ein x,y-Koordinatensystem umgerechnet.

$$S_{cf,x} = \sigma_{cf,1} \cdot \cos\alpha_1 + \sigma_{cf,2} \cdot \cos\alpha_s \qquad (5.29)$$

$$S_{cf,y} = \sigma_{cf,1} \cdot \sin\alpha_1 + \sigma_{cf,2} \cdot \sin\alpha_s$$

Es wird also angenommen, dass die intern vorhandene Bewehrung sich im Fließbereich befindet und extern die Kräfte umgelagert und aufgenommen werden können.

Die folgenden Beziehungen beschreiben die Modellierung mit den Spannungsfeldern [20].

$$(f_{w,l} + S_{cf,y,l}) \cdot a = (q + f_{w,r} + S_{cf,y,r}) \cdot c \qquad (5.30)$$

$$(f_{w,l} + S_{cf,y,l}) \cdot a = (q + f_{w,r} + S_{cf,y,r}) \cdot c \qquad (5.31)$$

$$F_{sup} = F_D + (q + f_{w,r} + S_{cf,y,r}) \cdot \frac{2(a+b)cx + x^2(c-a)}{2zc} + S_{cf,x,r} \cdot x \qquad (5.32)$$

$$F_{inf} = F_A + (f_{w,l} + S_{cf,y,l}) \cdot \frac{2(a+b)ax + x^2(c-a)}{2za} + S_{cf,x,l} \cdot x$$

Die Geometrie des Fächers bleibt mit oder ohne Verstärkung gleich, womit der Ausdruck für cot Θ gleich angeschrieben werden kann.

$$\cot\Theta = \frac{x(c-a) + a(a+b)}{y(c-a) + az} \qquad (5.33)$$

$$q_y = (q + f_{w,r} + S_{cf,y,r}) \cdot \frac{cz - y(c-a)}{az} \qquad (5.34)$$

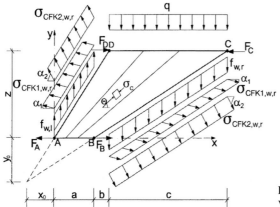

Bild 5.3 Spannungsfeld für zwei Verstärkungsrichtungen (aus [19])

$$-\sigma_c(x,y) = \frac{q_y}{b_w} \cdot [1 + \cot^2 \theta] \qquad (5.35)$$

Dabei wird angenommen, dass eine konstante äußere Belastung q auf das Spannungsfeld wirkt. Die Bügelwiderstände f_w der linken $F_{w,l}$ und rechten $f_{w,r}$ Seite ergeben sich aus dem auf die Trägerachse bezogenen Bügelquerschnitt a_{sw} zu:

$$f_{w,r} = a_{sw,r} \cdot f_{sy} \qquad f_{w,l} = a_{sw,l} \cdot f_{sy} \qquad (5.36, 5.37)$$

5.2.3 Nichtlineare Finite-Elemente-Methode (FEM) für Scheiben

Das nichtlineare Verhalten von Beton entsteht durch die Rissbildung und entwickelt durch einen fortschreitenden Prozess die Mikrorisse zu einem abgeschlossenen Rissbild. Aus dieser Tatsache heraus ergibt sich, dass bei der Entlastung eines weggesteuerten einachsigen Druckversuches die ursprünglich vorhandene Steifigkeit abnimmt, was erstmalig von Shina, Gerstle und Tulin im Jahr 1964 sowie von neuen Untersuchungen durch Bahn und Hsu im Jahr 1998 bestätigt wurde. Dieses Verhalten spielt bei der Berechung von Flächentragwerken aus Beton eine wichtige Rolle, da einachsige Spannungs-Dehnungs-Beziehungen nicht ausreichen um das gesamte Verformungsverhalten zu beschreiben. Deshalb müssen für die nichtlineare Analyse von Betonstrukturen mehrdimensional formulierte Materialgesetze angewandt werden, welche auch bei Entlastung des Betons das wirklichkeitsnahe Materialverhalten wiedergeben können [21].

Das nichtlineare Materialverhalten von Beton kann durch ein elastoplastisches Modell erfasst werden, wobei die Be- und Entlastungspfade in unterschiedlicher Weise beschrieben werden. Durch eine Erweiterung der klassischen von Mises-Fließfläche in eine Drucker-Prager-Fließfunktion, kann das Verhalten von Beton in Abhängigkeit der Spannungen definiert werden. Der Nachteil dieser Formulierung ist das unbegrenzte Ansteigen der Festigkeit mit ansteigendem hydrostatischem Druck.

Durch die Einführung des Cap-Modells, ursprünglich von DiMaggio und Sandler 1971 zur Berechung von Geomaterialen entwickelt, wird die Fließfläche durch drei Teilflächen zusammengesetzt. Die steigende Festigkeit und der damit wachsende hydrostatische Druck ist dort durch eine dehnungsgesteuerte Kappe begrenzt und wird als Verfestigungsparameter bezeichnet.

Ein Nachteil aller elasto-plastischen Materialmodelle ist der Entlastungspfad, der parallel zur Anfangssteifigkeit definiert wird. Für dynamische Belastungen oder Einwirkungen mit Schädigungsprozessen, wie die Bildung von Mikrorissen, müssen verbesserte Modelle Anwendung finden. Durch die Einführung einer verzerrungsbasierten Schädigungstheorie, wie von Krätzig und Pölling 1998 aufgezeigt, kann die Reduktion der Materialsteifigkeit dargestellt werden. Dieser Prozess der Schädigung entsteht durch das Wachsen von Mikrorissen und nicht durch Inelastizitäten des Werkstoffes infolge einer Entwicklung von irreversiblen plastischen Verformungen.

Das nichtlineare Spannungs-Dehnungsverhalten des Betons wird im Wesentlichen durch eine Ver- und Entfestigungsfunktion bestimmt, wobei mit einem sogenannten Schädigungsfaktor zwischen den plastischen und schädigenden Verzerrungen unterschieden wird. Mit einer solchen elasto-plastischen Kontinuumsschädigungstheorie könnte das Materialverhalten von Beton unter statischer oder zyklischer Beanspruchung sowohl für einachsige als auch mehrdimensionale Spannungs- und Verformungszustände bis zum Bruch wirklichkeitsnaher berechnet werden.

Solche nichtlineare Analysen dienen einerseits einer wirklichkeitsnahen Beschreibung des Material- und Systemverhaltens, damit die Funktion während der gewünschten Lebensdauer des Bauwerkes gesichert werden kann, und andererseits der Steigerung der Dauerhaftigkeit im Sinne einer Vermeidung von frühzeitiger Alterung. Eine besondere Bedeutung haben sie auch bei Bauteil- und Systemertüchtigungen, damit die Wirkung der Verstärkungsmaßnahme besser erfasst und die Lebensdauer beurteilt werden kann.

Gerade bei nichtlinearen Berechnungen für die Bemessung von Bauteilen in der Praxis ist die Definition eines geeigneten Sicherheitskonzeptes notwendig. Im Eurocode 2 werden die Schnittgrößen mit den charakteristischen Werten der Materialparameter ermittelt. Die Bemessung erfolgt aber auf der Querschnittsebene mit den Bemessungswerten der Materialparameter. Es werden also für die Schnittgrößenermittlung und für die Bemessung unterschiedliche Materialgesetze verwendet.

In der neuen DIN 1045-1 wurde ein globaler Sicherheitsbeiwert von 1,3 für das Material vorgeschlagen. Zuerst wird ein Rechenwert der Systemtraglast bestimmt, wobei dieser aufbauend auf Rechenwerten der Materialeigenschaften ermittelt wird. Die Rechenwerte der Materialeigenschaften werden ihrerseits durch Multiplikation von Beiwerten aus den charakteristischen Werten der Materialfestigkeiten abgeleitet (Beton: $f_{cR} = 0,85 \cdot f_{ck}$ bzw. Bewehrungsstahl: $f_{yR} = 1,1 \cdot f_{yk}$). Der Bemessungswert der Systemtraglast kann dann durch die Reduktion des Rechenwertes der Systemtraglast mit dem globalen Sicherheitsbeiwert ($\gamma = 1,3$) errechnet werden [23].

Ein andere Idee kommt von Mancini [24], wobei die mit den Mittelwerten der Fließfestigkeit des Bewehrungsstahls f_{ym}, der reduzierten Betondruckfestigkeit $0,85\, f_{ck}$, errechnete Traglast mit einem globalen Teilsicherheitsfaktor von $\gamma_{gl} = 1,2$ reduziert und den Einwirkungen gegenübergestellt wird. Wie bereits im Kapitel 1 dargestellt, kann mit dem Mittelwert der Fließgrenze für die Stahlbewehrung „f_{ym}", dem charakteristischen Wert der Bruchfestigkeit von Kohlenstofffasern „$f_{cf,k} = 0,9\, f_{cf,m}$" und dem reduzierten charakteristischen Wert der Druckfestigkeit von Beton „$0,85\, f_{ck}$" gerechnet werden.

$$\gamma_{Sd} \cdot \gamma_{Rd} \cdot S \cdot (\gamma_g \cdot G + \gamma_q \cdot Q) \leq R\left(\frac{F_{ult}\, f\, (0,85\, f_{ck};\, f_{ym};\, f_{cf,m})}{\gamma_{gl}}\right) \quad (5.38)$$

$\gamma_{Sd} = 1,15$
$\gamma_{Rd} = 1,1$
$\gamma_{gl} = 1,2$

Die Berechnung von solchen D-Bereichen kann mit der nichtlinearen Finite-Elemente-Methode erfolgen. Die Lastverschiebungskurve eines Bauteiles wird durch schrittweise Erhöhung der Belastung (lastgesteuert) oder der Verformung (weggesteuert) ermittelt. Ein Unterschied ergibt sich in den verschiedenen konstitutiven Materialmodellen. In einer zweidimensionalen Betrachtung kann der ungerissene Beton als isotrop und der gerissene Beton als orthotrop betrachtet werden. In manchen Berechnungsprogrammen (so auch in ATENA [25]) wird zwischen zwei Rissmodellen unterschieden.

Im „fixierten Rissmodell" werden die Rissrichtung und die Hauptspannungsrichtungen am Beginn der Rissbildung, also bei Überschreitung der Zugkapazität, definiert und festgehalten.

Im „rotierenden Rissmodell" fällt die Rissrichtung stets mit der Hauptdehnungsrichtung zusammen. Dadurch drehen sich in diesem Modell auch die Risse infolge der Nichtlinearität mit der Hauptdehnungsachse.

Der wesentliche Unterschied dieser beiden Modelle kommt beim Schub in Zusammenhang mit der Rissfläche zum Tragen. Während beim fixierten Rissmodell die Verdrehung der Verformungsebene die Schubspannungen in der Rissebene erzeugt, wirkt beim rotierenden Rissmodells kein Schub in der Rissebene.

5.3 Beispiele für eine Modellbildung von Kohlenstofffaser-Verstärkungen an Wandscheiben

Die folgenden Berechnungsbeispiele von verstärkten Wandscheiben sollen modellhaft aufzeigen, wie Verstärkungsmaßnahmen mit extern aufgeklebten Lamellen oder Gelegen analysiert werden können (siehe auch [20]). Die Bauteile werden einerseits mit Stabwerksmodellen der Methode der Spannungsfelder und andererseits mit der nichtlinearen Finite-Elemente-Methode durchgerechnet, wobei starrer Verbund zwischen der Kohlenstofffaser-Verstärkung und dem Beton vorausgesetzt wird. Die berechneten Bauteile sind eine Wandscheibe ohne Öffnung, eine mit Öffnung und ein ausgeklinkter Träger.

Mit der Finite-Elemente-Methode wird der Einfluss der Faserrichtung auf das Tragverhalten untersucht. Dabei werden in den Beispielen jeweils drei Varianten untersucht. Die Variante 1 stellt eine orthogonale Verstärkung 0°/90° zur Trägerachse und die Variante 2 eine unidirektionale Verstärkung unter 45° zur Trägerachse dar. Beim ausgeklinkten Träger wird zusätzlich die Wirkung einer Lamellenverstärkung untersucht (Variante 3). Letztere Wandscheiben werden dem Versuchsprogramm „Wandartige Tragwerke aus Stahlbeton" entnommen, das an der ETH Zürich durchgeführt wurde [9]. Dadurch war eine Annäherung des Finite-Elemente-Modells für den unverstärkten Fall möglich.

5.3.1 Verwendete Verstärkungsmaterialien

Die Verstärkung erfolgt mit einem Kohlenstofffaser-Gelege (Tabelle 5.1). Dieses unidirektionale Kohlenstofffaser-Gelege weist eine Zugfestigkeit von 4800 N/mm^2, einen E-Modul von 240 000 N/mm^2 und eine Bruchdehnung von 2% auf, während die Dichte 1,79 g/cm^3 beträgt.

Um den Kraftfluss von der Verstärkung zum Bauteil sicherzustellen, darf der Klebeverbund nicht vor Erreichen der maximalen Biege- und Schubtragfähigkeit versagen. Die Eigenschaften des Harzes sind in Tabelle 5.2 abgebildet.

5.3 Beispiele für eine Modellbildung von Kohlenstofffaser-Verstärkungen an Wandscheiben

Tabelle 5.1 Eigenschaften des Kohlenstofffaser-Geleges

Kohlenstofffaser-Gelege	
Faser-Typ	Unidirektionales Gelege
Dichte der Faser	1,79 g/cm^3
Gewicht der Faser im Gelege	800 g/cm^3
Dicke der Folie	0,9 mm
Dicke für die Berechnung	0,45 mm
Zugfestigkeit der Faser	4 800 MPa
Elastizitätsmodul	240 000 MPa
Bruchdehnung	2,0 %

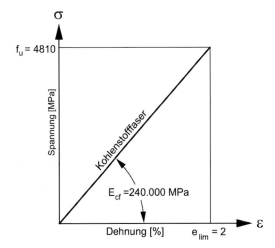

Bild 5.4 Spannungs-Dehnungs-Diagramm zu Tabelle 5.1

Tabelle 5.2 Eigenschaften des Klebers

Topfzeit (Pot Life)	≥ 2 h
Glasübergangstemperatur	85 °C
Biege-Elastizitätsmodul	≥ 3 000 MPa
Biegefestigkeit	≥ 120 MPa
Zugfestigkeit	≥ 70 MPa

5.3.2 Wandscheibe ohne Öffnung

Nachfolgend wird eine mit zwei verschiedenen Varianten verstärkte Wandscheibe ohne Öffnung aus Beton sowohl mit der Spannungsfeldtheorie als auch mit der nichtlinearen FE-Methode untersucht.

Mit der Spannungsfeldmethode wird die Traglast für die Verstärkungsvariante 1 (orthogonale Anwendung) zu $F_h = 967$ kN ermittelt. Die numerische Ermittlung der Traglast ergibt einen Wert von 970 kN.

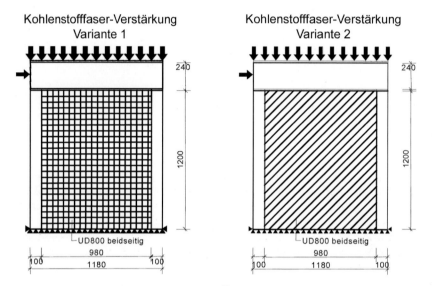

Bild 5.5 Verstärkung der Wandscheibe ohne Öffnung mit einem Kohlenstofffaser-Gelege

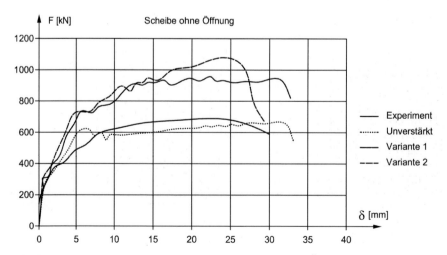

Bild 5.6 Kraft-Verschiebungs-Diagramm der Wandscheibe ohne Öffnung

5.3 Beispiele für eine Modellbildung von Kohlenstofffaser-Verstärkungen an Wandscheiben   197

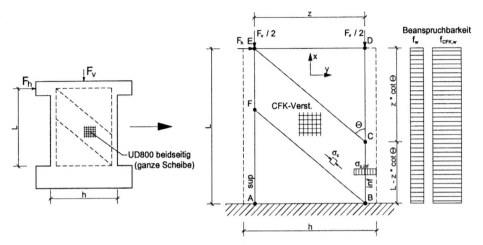

Bild 5.7   Spannungsfelder der Wandscheibe ohne Öffnung (aus [20])

5.3.3 Wandscheibe mit Öffnung

Ein weiteres Beispiel wird in Form einer Wandscheibe mit seitlicher Öffnung gewählt. Bei der Anwendung der Zug-Druck-Streben-Theorie kann die Last im rechten seitlichen Ast vertikal abgeleitet werden. Dadurch entsteht im unteren Gurt der Öffnung keine Kraftkomponente. In der praktischen Anwendung ist es aber notwendig und zu empfehlen, diese mögliche Zugstrebe mit entsprechender Bewehrung abzudecken. Im Modell tritt nur dann eine Zugkraft auf, wenn die seitliche Druckkomponente eine schräge Lage hat.

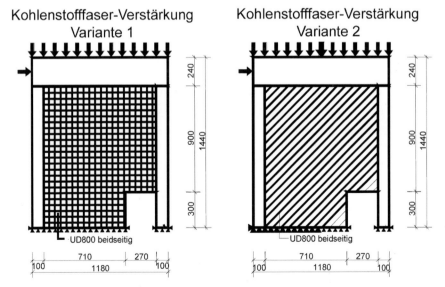

Bild 5.8   Verstärkung der Wandscheibe mit Öffnung mit einem Kohlenstofffaser-Gelege

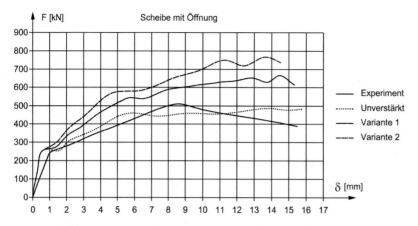

Bild 5.9 Kraft-Verschiebungs-Diagramm der Wandscheibe mit Öffnung

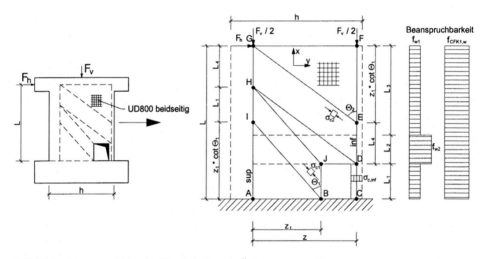

Bild 5.10 Spannungsfelder der Wandscheibe mit Öffnung (aus [20])

Hier wird mit der Spannungsfeldmethode die Traglast für die Verstärkungsvariante 1 oder (orthogonale Anwendung) zu $F_h = 646$ kN ermittelt. Die nichtlineare Finite-Elemente-Untersuchung ergibt eine Traglast von 650 kN.

5.3.4 Ausgeklinkter Träger

Ausgeklinkte Träger eignen sich besonders gut für Verstärkungsmaßnahmen mittels Kohlenstofffaser-Elementen. Durch die konzentrierte lokale Krafteinleitung entstehen hohe Druckkräfte, welche wiederum entsprechend einer Fachwerkanalogie Zugkräfte erzeugen. Diese Zugspannungen können sinnvoll mit einer externen Bewehrung abgedeckt werden. Konstruktiv sollte die Ausklinkung am Auflager kurz gehalten werden ($l_k < z_k$), damit die

Druckstrebe möglichst steil wird und ihre Kraft möglichst klein bleibt. Die Mindesthöhe z_k und die zugehörige Länge der Ausklinkung ergibt sich dann aus den Erfordernissen der Knotenausbildung und aus der Bemessung der schrägen Druckstrebe. Günstig sind Druckstrebenwinkel θ_1 größer als 45°. Ein Druckstrebenwinkel kleiner 30° sollte für eine Fachwerkmodellierung nicht angesetzt werden.

Nachfolgend werden einige Beispiele mit orthogonaler und unter 45° verlaufender Gelege- und Lamellen-Verstärkung aufgezeigt. Sehr wirkungsvoll sind dabei die Verstärkungsmaßnahmen, welche direkt die Hauptzugspannungen abdecken und daher unter einem Winkel verlaufen.

5.3.4.1 Nichtlineare Finite-Elemente-Berechnung

Mit der nichtlinearen FE-Berechnung wird die externe Kohlenstofffaser-Bewehrung als verschmierte und die interne Stahlbewehrung als diskrete Bewehrung modelliert. Als Rissmodell wird das verschmierte Modell mit rotierenden Rissen verwendet, indem sich die Risse an den Hauptdehnungen orientieren. Als interne vertikale Zugbewehrung sind ein Bügel mit d=14 mm und weitere im Abstand von 25 cm verlaufende Bügel mit d=8 mm angeordnet. Im ausgeklinkten Bereich wird ein horizontal angeordneter Bewehrungsstab d=14 mm zur Abdeckung der Zugkräfte angebracht. Für die Betongüte wird eine charakteristische Zylinderdruckfestigkeit von $f_{ck}=25$ MPa angesetzt.

Insgesamt kann aus dem Kraft-Verschiebungs-Diagramm geschlossen werden, dass sich die drei Verstärkungsvarianten nur um etwa 10% in ihrem Tragwiderstand unterscheiden.

Beim unverstärkten ausgeklinkten Auflager wird eine Traglast von 228 kN erreicht. Für den Bruch ist das Versagen der horizontalen und vertikalen Bewehrung im Nahbereich des Auflagers verantwortlich. Die Druckfestigkeit des Betons wird an keiner Stelle überschritten. Die Verformung des ausgeklinkten Lagers weist auf ein Biegeversagen hin.

Bei der ersten Verstärkungsvariante wird beidseitig ein Kohlenstofffaser-Gelege aufgebracht. Diese externe Bewehrung wird am ausgeklinkten Auflager und auf den ersten 25 cm des Trägers angebracht. Der E-Modul beträgt 240 GPa, die Zugfestigkeit 4800 MPa und die Bruchdehnung 2%. Die rechnerische Dicke dieses undirektional wirkenden Geleges beträgt 0,45 mm. Die errechnete Bruchlast beträgt 407 kN. Bei dieser Traglast erreichen die auflagernahen Bügel die Fließgrenze und einzelne Bereiche des Betons die Druckfestigkeit. Beim Versagen handelt es sich um ein sprödes Druckversagen, wobei erst später die Grenzdehnungen der Kohlenstofffaser-Bewehrung erreicht werden.

Die zweite Verstärkungsvariante besteht aus einem beidseitig aufgeklebten unter einem Winkel von 45° verlaufenden Kohlenstofffaser-Gelege. Die Materialkennwerte sind gleich wie bei der vorher beschriebenen Verstärkungsvariante. Die errechnete Traglast beträgt 394 kN. Das Versagen ist wiederum spröde, was auf ein Versagen der Kohlenstofffaser-Bewehrung zurückgeführt werden kann. Die interne randnahe Bewehrung befindet sich bereits auf dem Fließniveau und einzelne Bereiche des Betons erreichen auch die Druckfestigkeit.

Die dritte Verstärkungsvariante besteht aus zwei Kohlenstofffaser-Lamellen, welche unter einem Winkel von 45° extern aufgeklebt werden. Die Breite der Lamellen beträgt 50 mm

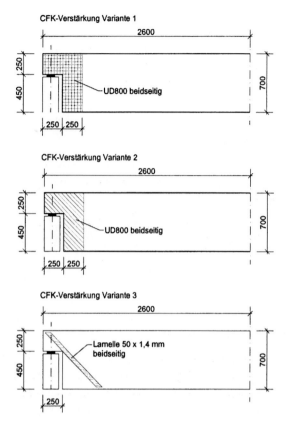

Bild 5.11 Verstärkungsvarianten des ausgeklinkten Trägers

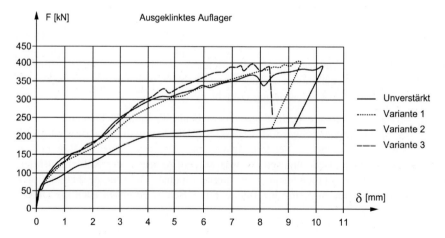

Bild 5.12 Kraft-Verschiebungs-Diagramm des ausgeklinkten Trägers

und die Dicke 1,4 mm. Der E-Modul wird mit 200 GPa und die Grenzdehnung mit 1,3% angesetzt. Bei dieser Variante tritt der Bruch bei einer Last von 401 kN auf. Das spröde Versagen ist wiederum auf ein Überschreiten der Zugfestigkeit der Lamellen zurückzuführen. Die Betondruckfestigkeit wird auch an einigen Stellen überschritten und sowohl die ersten zwei vertikalen Bügel als auch die horizontale Zugbewehrung befinden sich bereits im Fließbereich.

5.3.4.2 Modellierung mit den Stabwerken

Die Modellierung der Traglast aufbauend auf der Grundlage von Zug- und Drucktrajektorien wird auch mit den Stabwerksmodellen durchgeführt. Nachfolgend werden Stabwerksmodelle für die orthogonale Gelegeverstärkung aufgezeigt.

Verschiedene Stabwerkmodelle können für das ausgeklinkte Auflager entwickelt werden. Als Wirkungsbreite sowohl für die horizontale als auch für die vertikale Bewehrung werden 70 mm angesetzt. Diese wirksame Bewehrungsbreite wird um den vertikal vorhandenen Bewehrungsstab angesetzt, indem etwa der 5fache Bewehrungsdurchmesser angenommen wird ($b = 5 \times 14 = 70$ mm). Nachdem die horizontale und vertikale externe Verstärkung und die interne Bewehrung gleich groß sind, die einwirkende Kraft jedoch in vertikaler Richtung ansteigt und der Auflagerkraft entspricht, wird die Zugstrebe T_1 maßgebend.

Der Nachweis der Zugstrebe kann wie folgt durchgeführt werden:

$$T_{Rd} = f_{yd} \cdot A_s + \varepsilon_{cf,d} \cdot E_{cf} \cdot A_{cf} + (f_{py,d} - \sigma_{p0})A_{yp,d} \tag{5.39}$$

Die Bruchlast errechnet sich unter der Annahme der Fließdehnung im Bewehrungsstahl und der Bruchdehnung in der Kohlenstofffaser-Bewehrung mit einer wirksamen Verstärkungsbreite von 70 mm.

$$F = T_1 \leq T_{Rd} = f_{yd} \cdot A_s + \varepsilon_{cf,d} \cdot E_{cf} \cdot A_{cf}$$

$$F = f_{yd} \cdot A_s + \varepsilon_{cf,d} \cdot E_{cf} \cdot A_{cf}$$

$$F = 550 \cdot 153 \cdot 2 + 0{,}02 \cdot 240\,000 \cdot 70 \cdot 0{,}45 \cdot 2$$

$$F = 470 \text{ kN} \tag{5.40}$$

Die Hauptdruckstrebe ausgehend vom Auflager kann mit einem Winkel von 55° angesetzt werden. Die Lasteinleitung erfolgt mittels einer Lastplatte mit einer Wirkungslänge von 100 mm. Der Nachweis erfolgt mit einer abgeminderten wirksamen Druckfestigkeit auf der Widerstandsseite.

$$C_1 = \frac{F}{\sin \theta_1} \leq \left(0{,}9 - \frac{f_{ck}}{250} \geq 0{,}60\right) \cdot f_{ck} \cdot A_c \tag{5.41}$$

Die Auflagerkraft und somit die Bruchlast errechnet sich wie folgt:

$$F = \left(0{,}9 - \frac{f_{ck}}{250} \geq 0{,}60\right) \cdot f_{ck} \cdot \sin \theta_1 \cdot A_c$$

$$F = 0{,}8 \cdot 25 \cdot \sin 55 \cdot 100 \cdot \cos 35 \cdot 250$$

$$F = 335 \text{ kN} \tag{5.42}$$

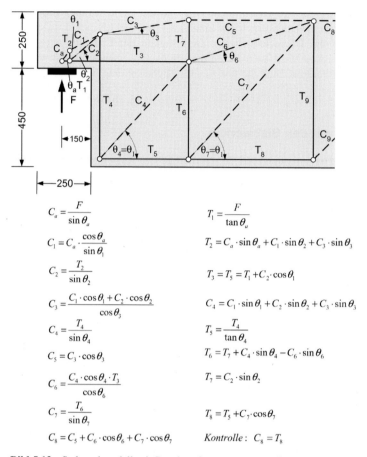

Bild 5.13 Stabwerkmodell mit Druckstrebe angepasst an die Bogenform (aus [14])

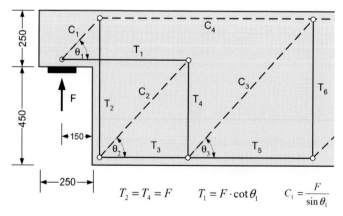

Bild 5.14 Stabwerkmodell mit orthogonalen Streben (aus [14])

Wird die 20%-Abminderung der Druckfestigkeit nicht angesetzt, errechnet sich eine Bruchlast zu 419 kN.

Ebenso muss der Druckstab C_2 nachgewiesen werden. Der Druckwinkel wird mit 45° angenommen. Dieser Druckstab wird nur teilweise durch die externe Verstärkung abgedeckt, wodurch der kritische Nachweis im unverstärkten Bereich erfolgen muss. Die Breite der Druckstrebe kann auf Grundlage der Knotenbemessung mit 70 mm angesetzt werden. Dabei wird eine wirksame Höhe des Zugstabes T_3 mit 100 mm angesetzt.

$$C_1 = \frac{F}{\sin \theta_2} \leq \left(0{,}9 - \frac{f_{ck}}{250} \geq 0{,}60\right) \cdot f_{ck} \cdot A_c$$

$$F = \left(0{,}9 - \frac{f_{ck}}{250} \geq 0{,}60\right) \cdot f_{ck} \cdot \sin \theta_2 \cdot A_c$$

$$F = 0{,}8 \cdot 25 \cdot \sin 45 \cdot 70 \cdot 250$$

$$F = 247 \text{ kN} \tag{5.43}$$

Dieser Nachweis erweist sich als der kritische Bemessungsnachweis.

Für den Nachweis des Druck-Druck-Zug-Knotens kann durch die externe Verstärkung die 100% einachsige Druckfestigkeit als wirksam angesetzt werden.

$$f_{cd} = \nu \cdot f_{ck}/\gamma_c \qquad \nu = 1{,}0 \tag{5.44}$$

$$C_1 = \frac{F}{\sin \theta_1} \leq 1{,}0 \cdot f_{ck} \cdot A_c \tag{5.45}$$

$$F = 25 \cdot \sin 55 \cdot 100 \cdot \cos 35 \cdot 250$$

$$F = 419 \text{ kN}$$

Wird die Verstärkung im Trägerbereich nur auf eine Breite von 250 mm aufgebracht, dann errechnet sich die Traglast zu 247 kN. Damit die volle Traglast erreicht werden kann, muss die Druckstrebe mit dem extern aufgeklebten Kohlenstofffaser-Gelege mindestens

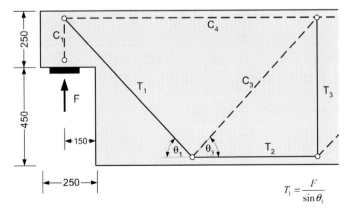

Bild 5.15 Stabwerkmodell mit diagonaler Zugstrebe

über ihre gesamte Länge bewehrt werden. Damit kann eine Traglast von mindestens 335 kN bzw. unter der Annahme eines Wirkungsfaktors von 1,0 mit ungestörtem Druckbereich von 419 kN errechnet werden.

Ein weiteres Modell ist jenes mit einer diagonalen Zugstrebe, welches sich für die dritte Bewehrungsvariante mit der diagonal aufgeklebten Lamelle eignet.

5.3.4.3 Berechnung mit Spannungsfeldern

Mit der Berechnungsmethode der Spannungsfelder wird auch eine Modellierung der Traglast durchgeführt. Es wird das ausgeklinkte Auflager mit einer orthogonalen Gelege-Verstärkung analysiert.

Das ausgeklinkte Auflager wird auf beiden Seiten mit den unidirektionalen Kohlenstofffaser-Gelegen verstärkt (Bild 5.16), so dass die Fasern mit der Stabachse die Winkel $\alpha_1 = 90°$ und $\alpha_2 = 0°$ einschließen. Die Fasern dieses Kohlenstofffaser-Geleges sind d = 0,45 mm dick und haben eine Zugfestigkeit von $f_{cf} = 4800$ N/mm². Daraus ergibt sich die Widerstandsseite mit

$$f_{cf,1,w} = f_{cf,2,w} = a_{cf,w} \cdot f_{cf} = 2 \cdot 0{,}45 \cdot 4800 = 4320 \text{ N/mm} \tag{5.46}$$

Es kann nicht davon ausgegangen werden, dass die Verstärkungen voll ausgenutzt werden. Deshalb ergibt sich die Geometrie der Spannungsfelder nicht aus den voll ausgenützten Verstärkungen, sondern muss durch die Neigung θ_1 des ersten Spannungsfeldes (A-B-K-L) fixiert werden. Die Länge L_s ergibt sich dann zu:

$$L_s = z_k \cdot \cot \theta_1 \tag{5.47}$$

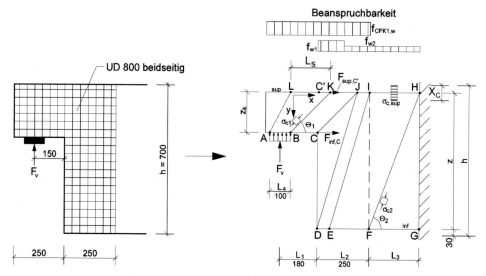

Bild 5.16 Stabwerkmodellierung und Spannungsfelder bei vertikaler Aufhängebewehrung und orthogonal angeordneter Gelegeverstärkung (aus [20])

5.3 Beispiele für eine Modellbildung von Kohlenstofffaser-Verstärkungen an Wandscheiben

Diese Länge darf den Abstand zwischen den Punkten L und I nicht überschreiten. Da die Querkraft durch die getroffene Vereinfachung über die gesamte Länge des betrachteten Balkenteiles konstant ist, ergibt sich L_s zu:

$$L_s = \frac{F_v}{f_{w,2}} \tag{5.48}$$

Daraus kann die Neigung θ_2 berechnet werden zu:

$$\cot \theta_2 = \frac{L_3}{(h - 30 - \frac{1}{3} \cdot x_c)} \tag{5.49}$$

Aus der gewählten Neigung θ_1 des ersten Spannungsfeldes ergibt sich die Beanspruchung der vertikalen Verstärkungen σ_w.

$$\sigma_w = \frac{F_v}{L_s} \tag{5.50}$$

Die Beanspruchung der Verstärkung erhält man, indem man von der gesamten vertikalen Beanspruchung den Widerstand der Bügelbewehrung subtrahiert.

$$S_{cf,y,1} = \sigma_w - f_{w1} \tag{5.51}$$
$$S_{cf,y,2} = \sigma_w - f_{w2} \tag{5.52}$$

Die Widerstände der Bügelbewehrung betragen $f_{w1} = 1795$ N/mm und $f_{w2} = 220$ N/mm. Da die Faserrichtung 1 mit der y-Richtung übereinstimmt, darf die Beanspruchung der Kohlenstofffaser-Verstärkung den Widerstandswert $f_{cf1,w}$ der Fasern nicht überschreiten.

Aus der vertikalen Beanspruchung der Verstärkungen σ_w und den angenommenen Neigungen der Spannungsfelder ergeben sich die schrägen Druckspannungen bei Punkt B und bei Punkt F zu:

$$-\sigma_{c1} = \frac{F_v}{L_4 \cdot b_w} \cdot (1 + \cot^2 \theta_1) \leq \left(0{,}9 - \frac{f_{ck}}{200}\right) \geq 0{,}6 \cdot f_{ck} \tag{5.53}$$

$$-\sigma_{c2} = \frac{\sigma_w}{b_w} \cdot (1 + \cot^2 \theta_2) \leq \left(0{,}9 - \frac{f_{ck}}{200}\right) \geq 0{,}6 \cdot f_{ck} \tag{5.54}$$

Diese Spannungen dürfen die wirksame Druckfestigkeit $v \cdot f_c$ des Betons nicht überschreiten.

$$v = 0{,}9 - \frac{f_{ck}}{250} = 0{,}8 \geq 0{,}6 \tag{5.55}$$

Die äußeren Kräfte werden über globale Gleichgewichtsbedingungen ermittelt. Die Gurtkräfte werden in den Punkten C und C' bestimmt, um die Druckzonenhöhe des ausgeklinkten Auflagers zu berechnen. Der innere Hebelarm im Konsolenbereich wird mit z_k symbolisiert. Es ergibt sich:

$$F_{inf,C} = +\frac{F_v \cdot L_1}{z_k} \tag{5.56}$$

$$F_{sup,C} = +\frac{F_v \cdot L_1}{z_k} \tag{5.57}$$

Die restlichen Gurtkräfte sind für die Berechnung der Traglast nicht maßgebend.

Die Gurtkräfte werden im Bereich des ausgeklinkten Auflagers durch folgende Spannungsverteilung aufgenommen:

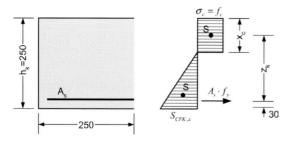

Bild 5.17 Spannungsverteilung der Gurtkräfte im Bereich des ausgeklinkten Auflagers

Der Schwerpunkt der Bewehrung hat vom Rand des ausgeklinkten Auflagers einen Abstand von 30 mm. Aus der Druckfestigkeit des Betons ergibt sich die Druckzonenhöhe x zu:

$$x_c = -\frac{F_{sup}}{b_w \cdot f_c} \quad (5.58)$$

Die Zuggurtkraft $F_{inf,c}$ wird von der Bewehrung und von der Kohlenstofffaser-Verstärkung aufgenommen. Daraus ergibt sich die Beanspruchung der horizontalen Kohlenstofffaser-Verstärkung $S_{cf,x}$ zu:

$$S_{cf,x} = \frac{2 \cdot (F_{inf,C} - A_s \cdot f_y)}{h_k - x_c} \quad (5.59)$$

Aus der angenommenen Spannungsverteilung ergibt sich der zulässige innere Hebelarm z_{kzul} für das ausgeklinkte Auflager zu:

$$z_{k,zul} = \frac{A_s \cdot f_y \cdot (h_k - x_c - 30) + \frac{1}{3} \cdot S_{cf,x} \cdot (h_k - x_c)^2}{A_s \cdot f_y + \frac{1}{2} \cdot S_{cf,x} \cdot (h_k - x_c)} + \frac{x_c}{2} \quad (5.60)$$

Aus den oben abgeleiteten Beziehungen kann nun die Traglast des ausgeklinkten Auflagers iterativ bestimmt werden. Die Grenzwerte unterhalb der Tabelle 5.3 müssen eingehalten werden, damit alle getroffenen Annahmen eingehalten sind und an keiner Stelle die Festigkeiten der Materialien überschritten werden.

Tabelle 5.3 Berechnungstabelle der Spannungsfeldtheorie

F_v [kN]	z_k [mm]	θ_1 [°]	$F_{inf,C}$ [kN]	$F_{sup,C}$ [kN]	x_c [mm]	$z_{k,zul}$ [mm]	L_d [mm]	σ_w [N/mm]	$S_{CFK,x}$ [N/mm]	σ_{c1} [N/mm²]	σ_{c2} [N/mm²]
197	211	41,2	168	−168	19,2	210	241	817	0	−18,2	−9,3
255	194	44,2	273	−237	27,0	194	200	1276	603	−21,0	−21,0
256	194	44,2	236	−238	27,1	194	200	1281	611	−21,1	−21,2
412	173	62,3	429	−429	49,0	173	91	4536	2580	−21,0	−170,9
Grenzwerte						<220	<380	<4540	<4320	>20	>20

Die erste Zeile greift die Traglast des unverstärkten ausgeklinkten Auflagers auf. Die Beanspruchung der horizontalen Kohlenstofffaser-Verstärkung wird für diesen Fall natürlich Null. Die schräge Druckspannung σ_{c2} ändert sich, weil eine etwas andere Spannungsfeldgeometrie der Berechnung zugrunde gelegt wird. Die Kraft F_v kann nun bis 255 kN gesteigert werden, ohne die Grenzwerte zu überschreiten. Um möglichst ausgeglichene schräge Druckspannungen σ_{c1} und σ_{c2} zu erhalten, wird die Neigung θ_1 des ersten Druckfeldes auf 44,2° reduziert. Versucht man die Belastung weiter zu steigern, wird die Druckfestigkeit des Betons im schrägen Spannungsfeld überschritten.

Würde man die Kohlenstofffaser-Verstärkung nicht nur im ersten Bereich des Trägers anbringen, sondern soweit weiterziehen, dass die vorhandene Bügelbewehrung die Querkraft alleine übernehmen kann, könnte man die schräge Druckspannung σ_{c2} außer Acht lassen, weil sich steilere Druckstreben einstellen könnten. Unter diesen Voraussetzungen kann man nun die Kraft F_v bis 412 kN steigern, wenn man die Biegebeanspruchung des Trägers nicht beachtet. Bei dieser Last ist nicht nur die Druckfestigkeit des Betons voll ausgenutzt, sondern auch die Zugfestigkeit der vertikalen Kohlenstofffaser-Verstärkung.

Mit der Spannungsfeldmethode wird die Traglast für die Verstärkungsvariante 1 zu $F_v = 412$ kN ermittelt. Die Versagenslast wird durch das Erreichen der Druckfestigkeit des Betons und dem anschließenden Erreichen der Zugfestigkeit der externen Kohlenstofffaser-Bewehrung bestimmt. Mit der Stabwerksmodellierung konnte eine untere Traglast von 335 kN (bzw. von 419 kN bei einem Wirkungsfaktor von 1,0) und mit der nichtlinearen FE-Berechnung von 407 kN errechnet werden. Dabei ist festzuhalten, dass nur das Versagen des ausgeklinkten Auflagers, nicht aber das Biegeversagen des gesamten Trägers beachtet wird. Die Verstärkung muss soweit fortgesetzt werden, bis die Verbügelung des Trägers die Belastung übernehmen kann.

5.4 Schlussfolgerungen

Die Modellierung im Betonbau kann aufbauend auf Stabwerkmodelle, Spannungsfelder oder nichtlineare Finite Elemente erfolgen. Gerade für Verstärkungsmaßnahmen ist es notwendig, eine klare Modellbildung durchzuführen. Wie aus den Beispielen ersichtlich, kann die Tragfähigkeit querkraftbeanspruchter Bauteile durch diese Verstärkungsmaßnahmen um 30 bis 40% gesteigert werden. Orthogonale Faseranordnungen bewirken ein duktileres Verhalten als unidirektionale Verstärkungen unter 45° zur Trägerachse, während die Traglast praktisch gleich bleibt. Bei monotoner Belastung könnte man also mit der Hälfte der Fasern die gleiche Ertüchtigung erzielen.

In der Praxis sollte aber immer ein orthogonales Netz von Fasern angeordnet werden, damit die Duktilität des Bauteiles gewährleistet ist. Außerdem unterliegen querkraftbeanspruchte Bauteile (Schubwände) meist zyklischen Beanspruchungen, wie Wind oder Erdbeben, weshalb stets eine orthogonale Verstärkung erforderlich ist.

Bei Verstärkungen mit Kohlenstofffaser-Lamellen von D-Bereichen stellt die Verankerung bzw. das Übertragen der Schubkräfte von der Lamelle auf den Beton ein Problem dar. Bei allen Verstärkungsvarianten ist darauf zu achten, dass nicht die Zugfestigkeit der Kohlenstofffasern für die Traglast maßgebend wird.

Für die Bemessung von flächenhaften Kohlenstofffaser-Verstärkungen in D-Bereichen ist das Spannungsfeldverfahren gleichermaßen wie die nichtlineare Finite-Elemente-Methode geeignet. Bei linienförmigen Verstärkungsmaßnahmen, wie Kohlenstofffaser-Lamellen kann auch gut die Stabwerkmodellierung herangezogen werden. Wie aus den Beispielen im Abschnitt 5.3 ersichtlich ist, stimmt die Traglast sowohl mit den Stabwerkmodellen als auch mit der Spannungsfeldtheorie bei günstiger Wahl der Spannungsfelder, sehr gut mit jener aus der nichtlinearen FE-Berechnung überein.

6 Kohlenstofffaser-Verstärkungen von Stützen

Die neue Idee wird zuerst verlacht,
dann fängt die Wissenschaft an, sich mit ihr zu beschäftigen,
und schließlich wird die Idee für eine Selbstverständlichkeit erklärt.

Arthur Schopenhauer (1788–1860)

Stützen bilden für viele Ingenieurbauwerke wichtige Bauteile. Bei Ertüchtigungsarbeiten können schwieriger als bei anderen Konstruktionselementen additiv die geometrischen Verhältnisse verbessert werden. Eine wirkungsvolle Verstärkungsmaßnahme ist die Umschnürung, wodurch ein mehraxialer Spannungszustand für die Lastabtragung erzeugt wird. Abhängig von der Stützenform und der Anordnung der Verstärkung können drei verschiedene Fälle zur Ertüchtigung entwickelt werden [1]:

1. Vollkommene Umwicklung quer zur Längsachse.
2. Teilweise Umwicklung.
3. Umwicklung mit verschiedenen Faserausrichtungen.

Runde und rechteckige Stützen können durch Umwickeln mit Gelegen verstärkt werden. Das Verhältnis der Seitenlängen bei Rechteckstützen sollte dabei nicht größer als 3,0 sein. Vor dem Umwickeln müssen die Ecken des Rechteckquerschnitts mit einem Mindestradius von 25 mm abgerundet werden, um ein lokales Versagen des Geleges zu vermeiden. Die Stützen werden kontinuierlich umwickelt, wobei der Winkel zur Längsachse der Stütze größer als 75° sein sollte.

6.1 Tragfähigkeit und Duktilität

Die Tragfähigkeit und die Duktilität von Druckgliedern kann durch Umwicklung mit faserverstärkten Kunststoffen erhöht werden. Durch die seitliche Begrenzung des Betons und somit auch dessen Querdehnung steigt die axiale Druckfestigkeit und damit die Tragfähigkeit des Druckgliedes. Die seitliche Begrenzung kann entweder mit Stahlelementen oder mit faserverstärkten Kunststoffen (Aramid- oder Kohlenstofffasern) durchgeführt werden. Es bleibt zu erwähnen, dass Berechnungsmodelle für Stahlmäntel nicht einfach auf faserverstärkte Kunststoffe umgelegt werden können. Eine derartige Berechnung würde Ergebnisse auf der unsicheren Seite liefern.

In Versuchen mit verschiedenen Zylindern und Prismen wurde festgestellt, dass die Bruchdehnung der Umwicklung mit Faserverbundwerkstoffen kleiner ist als die an einem geraden Stück im Versuch ermittelte Bruchdehnung. Dieser Umstand ist auf verschiedene Ursachen zurückzuführen. Zum Einem herrscht in der Umwicklung, je nach Verbund zwischen Betonoberfläche und Verstärkung, ein zweiaxialer Spannungszustand. Dieser entsteht, da die Ummantelung einerseits in Richtung des Umfangs durch die Querdehnungen des Betons und andererseits in Achsrichtung durch die axiale Belastung der Stütze beansprucht wird. Audenaert et al. [2] haben umwickelte Betonzylinder geprüft, wobei stets der Bruch durch das Versagen der Verstärkung eingeleitet wurde. Die verklebten Verstärkungen führen im Allgemeinen zu einer größeren Steigerung (ca. 30%) der axialen Druckfestigkeit als die nicht verklebten (ca. 20%). Sobald die Belastung über die Druckfestigkeit des unverstärkten Zylinders gesteigert wird, nimmt die Steifigkeit deutlich ab und führt zu einem duktilen Verhalten. Die Zunahme der Duktilität ist um so größer, je geringer die Steifigkeit der Verstärkung ist. Wird die Verstärkung nicht mit der Betonoberfläche verklebt, ist eine gewisse Querdehnung des Betons erforderlich, bevor die Verstärkung wirksam wird.

Bei der Verstärkung von realen Druckgliedern spielt auch die Überlappung bei der Umwicklung eine wichtige Rolle (Bild 6.1). Grundsätzlich sollte die Verstärkung kontinuierlich über die gesamte Stütze mit einer Überlappung von der Hälfte der Gelegebreite durchgeführt werden. Bei einer Gelegebreite von 400 mm sollte die Überlappung also 200 mm betragen. Eine weitere Möglichkeit ist, die Verstärkung nicht kontinuierlich, sondern in Ringen mit einem gewissen Abstand anzubringen. Wird eine Gelegebreite von 400 mm verwendet (entspricht der Höhe der Ringe), kann der Abstand zwischen den Ringen 200 mm betragen. Eine nicht kontinuierliche Verstärkung kann auch durch das spiralenförmige Anbringen, also ohne Überlappung, der Umwicklung erzielt werden. Bei einer Gelegebreite von 400 mm kann eine Ganghöhe von 600 mm gewählt werden, so dass der Abstand zwischen den Umwicklungen 200 mm beträgt.

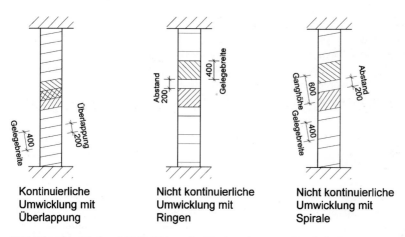

Bild 6.1 Verschiedene Möglichkeiten der Ummantelung von Druckgliedern

Alle drei Umwicklungsarten bewirken in etwa die gleiche Steigerung der Tragfähigkeit, nicht aber der Duktilität. Die Umwicklung mit Überlappung führt zur größten Steigerung der Duktilität, die spiralenförmige Umwicklung zur geringsten. Die Steigerung der Duktilität bei der Umwicklung mit Ringen liegt dazwischen.

Die Tragfähigkeit und die Duktilität wird weiterhin durch die Querschnittsform der Stütze beeinflusst. Die Verstärkung mit faserverstärkten Kunststoffen ist umso wirksamer, je näher der Querschnitt des Druckgliedes der Kreisform ist. Kreisförmige Stützen eignen sich eindeutig am Besten zur Verstärkung, am Schlechtesten jene mit rechteckigem Querschnitt. Bei rechteckigen und quadratischen Querschnitten nimmt die Tragfähigkeit und die Duktilität mit der Größe des Abrundungsradius zu.

Bild 6.2 Umwicklung von Stützen

6.2 Stabilitätskriterien bei Ausfall von Bewehrungsbügeln

Die Stabilität von Stützenlängsbewehrungen kann durch korrodierte Bügel gefährdet sein. Nachfolgend wird die statische Formulierung (aufbauend auf der Seilstatik) für ein Ausweichen eines mittleren Längsstabes oder eines Eckstabes dargestellt. Es werden Grenzverformungen v_{lim} definiert, bis zu welchen die Bügel noch in der Lage sind die auftretenden Kräfte aufzunehmen [3]. Weisen die realen Abweichungen höhere Werte auf, kann durch eine externe Bewehrung (z.B. Kohlenstofffaser-Gelege) eine Ummantelung geschaffen werden.

6.2.1 Ausweichen der mittleren Längsstäbe unter Druck

Für diese modellhafte Betrachtung wurden die Randstäbe als feste unverschiebliche Auflager betrachtet sowie die Bügel als Seile [4]. Das Bügelverhalten ähnelt dem eines Seiles der Länge $2\,l_0$ ohne Biegesteifigkeit, auf welches eine zentrische Punktlast R wirkt. Im folgenden Zusammenhang

$$2\,l_0 = (b - 2c) \tag{6.1}$$

beschreibt b den Abstand der umgebenden Bügel und c die Betondeckung. Ein Gleichgewicht in l_0 kann nur über eine Verschiebung in Punkt C erfolgen; der Betrag von R ergibt sich aus der Gleichgewichtsbedingung dieses Punktes:

$$\varepsilon = \frac{l - l_0}{l_0} = \frac{\sqrt{l_0^2 + v^2} - l_0}{l_0} \tag{6.2}$$

$$N = E_s \cdot \varepsilon \cdot A_{Bü} \tag{6.3}$$

N Bügelkraft
ε Dehnung
$A_{Bü}$ Bügelquerschnitt
$\Phi_{bü}$ Bügeldurchmesser

Die Kraft R kann wie folgt definiert werden:

$$R = 2 \cdot N \cdot \sin\alpha \cong \frac{\pi}{2} E_s \left(\frac{\Phi_{bü}}{l_0}\right)^2 \cdot \sqrt{l_0^2 + v^2} - l_0 \tag{6.4}$$

Die Steifigkeit eines Bügels wird also über eine Funktion der Verschiebung „v" definiert:

$$k(v) = \frac{R}{v} = \frac{\pi}{2} E_s \cdot \left(\frac{\Phi_{bü}}{l_0}\right)^2 \cdot \sqrt{l_0^2 + v^2} - l_0 \tag{6.5}$$

Mit zunehmender Verformung steigt die Bügelkraft N bis zum Fließen der Bügelbewehrung

$$N_y = f_y \cdot \pi \cdot \frac{\Phi_{bü}^2}{4} \tag{6.6}$$

wobei f_y die Fließgrenze des verwendeten Stahles ist. Somit kann die Grenzverformung bestimmt werden, bis zu welcher die Bügel in der Lage sind, Verformungen aufzunehmen.

$$R = E_s \left(\frac{\sqrt{l_0^2 + v^2} - l_0}{l_0}\right) \cdot \pi \cdot \frac{\Phi_{bü}^2}{2} \cdot \sin\alpha \tag{6.7}$$

$$N = \frac{R}{2 \cdot \sin\alpha} \tag{6.8}$$

$$v_{lim} = L_0 \cdot \sqrt{\left(\frac{f_y}{E_s} + 1\right)^2 - 1} \tag{6.9}$$

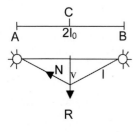

Bild 6.3 Ausweichen des mittleren Längsstabes

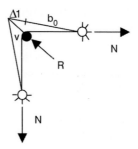

Bild 6.4 Ausweichen des Eckstabes

Mit $f_y = 500$ N/mm^2 und $E_s = 2{,}1 \cdot 10^5$ N/mm^2 ergibt sich $v_{lim} = 0{,}069 \, l_0$. Für einen Bügelabstand von 250 mm kann ab einer Verformung der Längsstäbe von $v_{lim} = 17$ mm eine Kohlenstofffaser-Verstärkung aufgebracht werden.

6.2.2 Ausweichen der Eckstäbe unter Druck

Die prinzipiellen Überlegungen eines Mittelstabes für das Ausweichen gelten auch für einen Eckstab unter Druckspannung

$$N = \frac{R}{\sqrt{2}} \tag{6.10}$$

Die Dehnung des Bügels beträgt:

$$\Delta l = \frac{N \cdot l_0}{E_s \cdot A_{bü}} \quad \text{bzw.} \quad \Delta l = \frac{v}{\sqrt{2}} \tag{6.11, 6.12}$$

$$N = \frac{E_s \cdot A_{bü}}{\sqrt{2} \cdot l_0} \cdot v \tag{6.13}$$

$$R = \frac{2 \cdot N}{\sqrt{2}} = \frac{E_s \cdot A_{bü}}{l_0} \cdot v \tag{6.14}$$

Die Steifigkeit kann wie folgt definiert werden:

$$k = \frac{E_s}{l_0} \cdot \pi \cdot \left(\frac{\Phi_{bü}}{2}\right)^2 \tag{6.15}$$

Auch in diesem Fall ist es möglich, die Grenzverformungen des Eckstabes bis zur Fließgrenze zu bestimmen:

$$v_{lim} = \sqrt{2} \cdot f_y \cdot \frac{l_0}{E_s} \tag{6.16}$$

Mit $f_y = 500$ N/mm^2 und $E_s = 2{,}1 \cdot 10^5$ N/mm^2 ergibt sich $v_{lim} = 0{,}0034 \, l_0$. Für einen Bügelabstand bis zu 250 mm kann die Verformung der Ecklängsstäbe nur 0,85 mm betragen.

Durch die Umwicklung mit einer externen Kohlenstofffaser-Bewehrung kann den Stützen bzw. der Stützenlängsbewehrung wieder die notwendige Stabilität gegeben werden. Zur Verstärkung der Stützenlängsbewehrung können in seitlich geführten Schlitzen Kohlenstofffaser-Lamellen oder -Stäbe in die Betonüberdeckung eingeklebt werden.

6.3 Druckfestigkeit des mit Kohlenstofffasern umwickelten Betons

Um die Steigerung der Tragfähigkeit von Druckgliedern beurteilen zu können, bedarf es eines analytischen Modells, welches das Verhalten ausreichend genau beschreiben kann. Für die Bemessung von umwickelten Druckgliedern findet man in der Literatur Vorschläge von Monti [5], Mirmiran und Samaan [6] und Toutanji [7]. Für die Verstärkung mit

Stahlmänteln findet man im Model Code 90 [8] einen Bemessungsvorschlag, der aber nicht ohne weiteres auf faserverstärkte Kunststoffe übertragen werden kann. Audenaert hat in [2] festgestellt, dass die Berechnungsergebnisse nach Monti am Besten mit den Versuchsergebnissen übereinstimmen. Der Bemessungswert der Druckfestigkeit eines mit Kohlenstofffasern umwickelten Betons errechnet sich wie folgt:

$$f_{ccf,d} = \frac{f_{ccf}}{\gamma_c = 1,5}$$

6.3.1 Bemessungsvorschlag nach Monti

Es wird folgendes Modell von Monti [5] für eine Bemessung vorgeschlagen:

$$f_l = \frac{2 \cdot t_{cf} \cdot f_{cf}}{D} \tag{6.17}$$

$$f_{ccf} = f_{co} \left(1 - 2,6 \frac{f_l}{f_{co}} + 5,3 \left(\frac{f_l}{f_{co}} \right)^{0,85} \right) \tag{6.18}$$

In diesen Gleichungen werden folgende Bezeichnungen verwendet:

D   Durchmesser der Stütze, bzw. der Ummantelung
f_{ccf} Druckfestigkeit des ummantelten Betons
f_{co} Druckfestigkeit des nicht ummantelten Betons
f_l maximaler Druck zwischen Beton und Ummantelung (Umschnürungsdruck)
f_{cf} Zugfestigkeit des Faserverbundmantels
t_{cf} Dicke der Ummantelung

6.3.2 Bemessungsvorschlag nach Mander

Die von Mander, Priestley und Park entwickelte Beziehung beschreibt die erhöhte Druckfestigkeit des Betons bei einer ringförmigen Umwicklung [9]:

$$f_{ccf} = f_{c0} \cdot \left[2,25 \cdot \sqrt{1 + 7,9 \frac{f_l}{f_{c0}}} - 2 \frac{f_l}{f_{c0} - 1,26} \right] \tag{6.19}$$

Dabei gilt:

$$f_{l,ef} = K_c \cdot f_l \tag{6.20}$$

$$f_l = 0,5 \cdot \rho_{cf} \cdot f_{cf} \cdot \sin^2 \theta \tag{6.21}$$

Folgende Variablen werden verwendet:

$f_{l,ef}$ effektive seitliche Druckspannung im Beton
f_l durchschnittliche seitliche Druckspannung
K_c Effektivitätskoeffizient, für Kreisquerschnitt = 0,95, für Rechteckquerschnitt = 0,75
ρ_{cf} Volumenverhältnis der Umschnürungsbewehrung

Der Verstärkungsgrad errechnet sich aus der Dicke der Kohlenstofffaser-Verstärkung t_{cf} und dem Stützendurchmesser D bzw. den Stützenabmessungen b und h bei Rechteckquerschnitten zu:

Kreisquerschnitt:

$$\rho_{cf} = \frac{4 \cdot t_{cf}}{D} \quad (6.22)$$

Rechteckquerschnitt:

$$\rho_{cf} = 2 \cdot t_{cf} \left(\frac{b+h}{b \cdot h} \right) \quad (6.23)$$

6.3.3 Bemessungsvorschlag nach Seible et al.

Ein auf Versuchsergebnisse aufgebauter Vorschlag zur Abschätzung der Umschnürungsfestigkeit von Beton wurde von Seible et al. [10] speziell für Ummantelungen mittels Kohlenstofffaser-Produkten veröffentlicht. Dabei werden stets die charakteristischen Bruchwerte für die Dehnung und die Zugfestigkeit eingesetzt.

$$f_{ccf} = \frac{2{,}5 \cdot \rho_{cf} \cdot f_{cf} \cdot \varepsilon_{cf,u}}{\varepsilon_{cu} - 0{,}004} \quad (6.24)$$

ε_{cu} Bruchdehnung des umschnürten Betons

6.3.4 Wirkungsparameter der Kohlenstofffaser-Umschnürung

Durch das Umwickeln einer externen Kohlenstofffaser- oder Aramid-Bewehrung entsteht ein Umschnürungseffekt im Beton. Durch die seitliche Begrenzung des Betons und somit auch durch die Querdehnung des Betons steigt die axiale Druckfestigkeit und damit die Tragfähigkeit des Druckgliedes. Mit einer guten Wirkung wurden in der Praxis bereits Stützen mit Aramidgeweben oder -Gelegen umwickelt [11].

Im Bild 6.5 werden die experimentellen Ergebnisse von Rechteckstützen in Abhängigkeit der Kantenausrundung von Suter et al. [12] angeführt, wobei eine einlagige Umwicklung

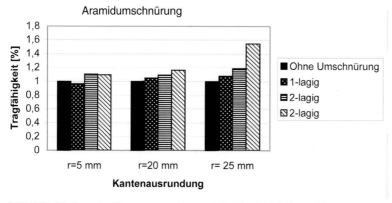

Bild 6.5 Einfluss der Kantenausrundung auf die Tragfähigkeit von Stützen mit umwickelten Aramidbändern

einem Aramidgelege mit 290 g/m², eine 2-lagige 580 g/m² und eine 3-lagige 870 g/m² entspricht.

Nicht nur die Tragfähigkeit sondern auch die Bruchdehnung wird bei der Umwicklung von rechteckigen und quadratischen Querschnitten mit Ecken von deren Abrundungsradius beeinflusst. Diese Reduktion der Bruchdehnung bei abgerundeten Ecken liegt bei maximal 25%. Eine ähnliche Auswirkung auf die Tragfähigkeit und Bruchdehnung kann auch bei einer Umwicklung mit Kohlenstofffaser-Gelegen erwartet werden. Beachtet werden sollte jedoch, dass die Kohlenstofffasern spröder und damit auf Querdruck gefährdeter sind als die Aramidfasern.

Quantitativ hat Mirmiran et al. [6] einen Vorschlag zur Berechnung des erhöhten Umschnürungsdruckes $f_{l,r}$ bezugnehmend auf den Ausrundungsradius ausgearbeitet.

$$k_s = \frac{2r_c}{b_{max}} \quad \text{bzw.} \quad \frac{2r_c}{D}$$

r_s Ausrundungsradius
b_{max} größere Seitenlänge eines Querschnittes
$f_{l,r}$ $\frac{1}{k_s} \cdot f_l$

Eine verbesserte Wirkung kann bei konkaven Flächen von Stützen durch eine vorgespannte Umwicklung erzielt werden. Die Wirkung der Flächenpressung ist sehr klein, jedoch kann die Rissbildung und damit die Steifigkeit verbessert werden [11].

6.3.4.1 Volle Umwicklung

Für eine einachsig belastete, zylindrische Betonstütze, welche mit einer kreisförmig ausgerichteten Kohlenstofffaser-Bewehrung umwickelt wird, kann die sogenannte Kesselformel für Kreiszylinderschalen angewandt werden.

$$\sigma_{cf} = \frac{2 \cdot \sigma_l}{D} \tag{6.25}$$

Unter der Annahme einer gleichförmigen Zugkraft in der externen Bewehrung wird ein gleichmäßiger seitlicher Druck auf den Betonkern ausgeübt. Dieser allseitig wirksame Druck σ_l kann als Funktion der gegenwärtigen Spannung σ_{cf} in dem Verstärkungsmantel ausgedrückt werden:

$$\sigma_l = K_{conf} \cdot \varepsilon_l \quad \text{mit} \quad K_{conf} = \frac{1}{2} \cdot \rho_{cf} \cdot \varepsilon_{cf} \tag{6.26}$$

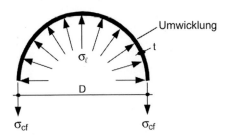

Bild 6.6 Allseitiger Druck durch die externe Verstärkung

6.3 Druckfestigkeit des mit Kohlenstofffasern umwickelten Betons

wobei die Bezeichnungen wie folgt erläutert werden können:

K_{conf} Steifigkeit der Kohlenstofffaser-Verstärkung
ε_l radiale Dehnung des Betons
ε_{cf} Dehnung in der Kohlenstofffaser-Verstärkung
ρ_{cf} Volumenverhältnis der Umschnürungsbewehrung
E_{cf} Elastizitätsmodul der Kohlenstofffaser-Verstärkung

Auf dieser Grundlage kann der Druck σ_l aufbauend auf der gegenwärtigen Spannung des Verstärkungsmantels $\sigma_{cf} = E_{cf} \cdot \varepsilon_{cf} \leq f_{cf}$ berechnet werden. Die maximale Spannung in radialer Richtung σ_l erhält man aus dieser Gleichung (siehe [1]):

$$\sigma_l = \frac{1}{2} \cdot \rho_{cf} \cdot E_{cf} \cdot \varepsilon_{cf,u} \qquad (6.27)$$

Mit $\varepsilon_{cf,u}$ wird dabei die wirksame Bruchdehnung der Kohlenstofffaser-Verstärkung bezeichnet.

6.3.4.2 Teilweise Umwicklung

Wenn die Betonstütze nur teilweise umwickelt wird, und sowohl umwickelte als auch freie Zonen vorkommen, wird eine geringere Leistungssteigerung erzielt.

In diesem Fall erhält man die radiale Spannung unter Einbeziehung eines Wirksamkeitskoeffizienten $k_e \leq 1$ (siehe [1]).

$$K_{conf} = \frac{1}{2} \cdot \rho_{cf} \cdot E_{cf} \cdot k_e \qquad (6.28)$$

Dieser Koeffizient ergibt sich unter der Berücksichtigung, dass der Querdruck der eingrenzenden Umhüllung nur dort wirksam ist, wo sich die radiale Spannung im Beton auf Grund der Gewölbewirkung voll entfalten kann. Wie in der Abbildung dargestellt, wird eine Bogenwirkung angenommen, welche zwischen zwei nachfolgenden Wickellagen durch eine Parabel mit einer Anfangsneigung von 45° beschrieben werden kann. Zwischen den beiden Wickellagen kann die Fläche A_e des wirksamen eingeschlossenen Betonkerns folgendermaßen angeschrieben werden:

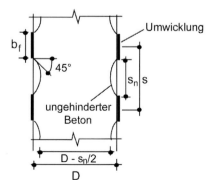

Bild 6.7 Teilweise Umwicklung der Betonstützen

$$A_e = \frac{\pi}{4} \cdot \left(D - \frac{s_n}{2D}\right)^2 \tag{6.29}$$

$s_n = s - b_{cf}$ (lichter Abstand zwischen zwei Wickellagen)

Den Wirksamkeitskoeffizienten der Umhüllung k_e erhält man unter Beachtung des Verhältnisses A_e/A_c mit $A_c = A_{tot} - A_s$ für die Betonfläche (Bruttoquerschnitt minus der Fläche der Stahllängsbewehrung).

$$k_e = \frac{\left(1 - \frac{s_n}{2D}\right)^2}{1 - \rho_{sg}} \approx \left(1 - \frac{s_n}{2D}\right)^2 \tag{6.30}$$

$\rho_{sg} = A_s/A_{tot}$ (Verhältnis der Stahlbewehrung zum Bruttoquerschnitt)

6.3.4.3 Einfluss der Faserausrichtung

Der Einfluss der Faserausrichtung spielt zum Beispiel eine Rolle, wenn die Fasern schraubenförmig angebracht werden. Dabei konnte festgestellt werden, dass diese Art der Faseranordnung zur Einschränkung der Querdehnung des Betons weniger effizient war. Ähnlich wie im vorigen Abschnitt (Teilweise Umwicklung), kann man diesen Effekt unter Einführung eines Wirksamkeitskoeffizienten k_e der zugehörigen Umhüllung beschreiben. Unter Annahme einer gleichförmigen Zugkraft N_{cf} im Umwicklungs-Mantel (Kohlenstofffaser-Gelege oder -Gewebe), übt die schraubenförmig angeordnete Mantelbewehrung einen Umhüllungsdruck aus, der folgendermaßen angeschrieben werden kann:

$$\sigma_{l,h} = \frac{N_{cf}}{b_{cf} \cdot R} \tag{6.31}$$

$$R = \frac{k^2 + r^2}{r} \quad (R = \text{Krümmung der Schraubenlinie}, r = \text{Radius}) \tag{6.32}$$

$$k = \frac{s}{2\pi} \quad (s = \text{Ganghöhe der Schraubenlinie}) \tag{6.33}$$

In einer ähnlichen Form übt eine ringförmige Anordnung der externen Kohlenstofffaser-Bewehrung einen Umhüllungsdruck pro Breiteneinheit aus:

$$\sigma_{l,n} = \frac{N_{cf}}{b_{cf} \cdot r} \tag{6.34}$$

Daraus kann der Wirksamkeitskoeffizient k_e folgendermaßen definiert werden:

$$k_e = \frac{\sigma_{l,h}}{\sigma_{l,c}} = \left[1 + \left(\frac{s}{\pi D}\right)^2\right]^{-1} \tag{6.35}$$

6.3.4.4 Einfluss durch die Stützenform

Die Bruchdehnung der Umwicklung bei rechteckigen und quadratischen Querschnitten wird wie bereits beschrieben von den Ecken und deren Abrundungsradius beeinflusst. Für

6.3 Druckfestigkeit des mit Kohlenstofffasern umwickelten Betons

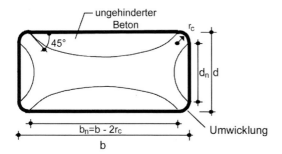

Bild 6.8 Schnitt durch den umwickelten Betonkern einer Rechteckstütze

quadratische und rechteckige Stützen mit abgerundeten Kanten (Radius r_c) kann wieder eine parabelförmige Bogenwirkung für den Betonkern angenommen werden, bei der sich der allseitige Druck voll entwickeln kann.

Im Gegensatz zur kreisförmigen Stütze, bei welcher der Betonkern voll eingeschlossen ist, bleibt hier ein Großteil des Querschnitts uneingeschränkt.

Summiert man die verschiedenen Parabeln, so ergibt sich für die gesamte Grundfläche des freien Betons:

$$A_u = \sum_{i=1}^{4} \frac{(w_{n,i})^2}{6} = \frac{b_n^2 + d_n^2}{3} \tag{6.36}$$

mit w_n für den lichten Abstand zwischen den gerundeten Ecken.

Berücksichtigt man das Verhältnis $(A_c - A_u)/A_c$, so kann der Wirksamkeitskoeffizient k_e der Umhüllung folgendermaßen definiert werden:

$$k_e = 1 - \frac{b_n^2 + d_n^2}{3A_g(1 - \rho_{sg})} \tag{6.37}$$

Ähnlich der Formel für kreisförmige Querschnitte kann die radiale Spannung – herbeigeführt durch die gewickelte Kohlenstofffaser-Bewehrung – für quadratische und rechteckige Stützen folgendermaßen angeschrieben werden:

$$\sigma_{l,x} = K_{conf,x} \cdot \varepsilon_{cf,u} \quad \text{mit} \quad K_{conf,x} = \rho_{cf,x} \cdot k_e \cdot E_{cf} \tag{6.38}$$

$$\sigma_{l,y} = K_{conf,y} \cdot \varepsilon_{cf,u} \quad \text{mit} \quad K_{conf,y} = \rho_{cf,y} \cdot k_e \cdot E_{cf} \tag{6.39}$$

$\rho_{cf,x}$ und $\rho_{cf,y}$ stellen die Volumenverhältnisse der Querbewehrung in x- und y-Richtung dar.

$$\rho_{cf,x} = \frac{2b_{cf} \cdot t_{cf}}{s \cdot d} \tag{6.40}$$

$$\rho_{cf,y} = \frac{2b_{cf} \cdot t_{cf}}{s \cdot b} \tag{6.41}$$

6.4 Querkraftverstärkung von Stützen mit Kohlenstofffaser

Die Verstärkung der Querkraft von Stützen kann wie folgt berechnet werden:

$$V_{S,d} \leq V_{R,d} = V_{Rd1} + V_{S,d} + V_{cf,d} \tag{6.42}$$

für Kreisquerschnitt:

$$V_{cf,d} = \frac{\pi}{2} \cdot \frac{f_{cf}}{\gamma_{cf} \cdot \gamma_1 \cdot \gamma_m \cdot \gamma_f} \cdot t_{cf} \cdot D \cdot \sin^2 \theta \tag{6.43}$$

für Rechteckquerschnitt:

$$V_{cf,d} = \frac{f_{cf}}{\gamma_{cf} \cdot \gamma_1 \cdot \gamma_f \cdot \gamma_m} \cdot 2 \cdot t_{cf} \cdot D \cdot \sin^2 \theta \tag{6.44}$$

Es gilt:

V_{cf} Beitrag der Kohlenstofffaser-Verstärkung
V_{Rd1} Betonbeitrag
$V_{S,d}$ Stahlbeitrag
D Durchmesser des Kreisquerschnittes, bzw. die Querschnittsabmessung in Belastungsrichtung (Querkraft) beim Rechteckquerschnitt

Die Dehnung der externen Kohlenstofffaser-Bewehrung, meist in Form von aufgewickelten Gelegen, sollte den Wert von 0,7% nicht überschreiten. Der Bemessungswert kann bei einem Fraktilwert von $\varepsilon_{cf,k}=1,4\%$ mit den Teilsicherheitsfaktoren für die Dehnung $\gamma_{cf}=1,3$, zur Absicherung von Ablöseerscheinungen $\gamma_1=1,4$, für die Montage mit $\gamma_m=1,1$ bzw. 1,2 oder 1,4) und für die Produktionsqualität mit $\gamma_f=1,0$ wie folgt errechnet werden:

$$\varepsilon_{cf,d} = \frac{\varepsilon_{cf,k}}{\gamma_{cf} \cdot \gamma_1 \cdot \gamma_m \cdot \gamma_f} = 0,7\% \tag{6.45}$$

7 Kohlenstofffaser-Verstärkungen im Holzbau

Gelingt es, neben den Bedingungen der Kräfte auch die Bedingungen der Harmonie zu einem Gleichgewicht zu führen, dann entsteht Baukunst.

Le Corbusier (1887–1965)

Seit jeher wurde Holz von den Menschen zum Bauen verwendet. Es kommt auf allen Kontinenten als natürliche Ressource vor. Da Holz relativ leicht verarbeitbar und dank seines geringen Eigengewichtes gut transportierbar ist, war es für die Menschheit stets ein wichtiger konstruktiver Baustoff.

Außer im Bauwesen wurde Holz vor allem im Schiffsbau eingesetzt. Schon in der Antike wurden große Flächen gerodet, um Kriegs- und Handelsflotten zu bauen. Eine der bedeutendsten Holzbrücken wurde im Jahr 1550 in Italien über den Cismone gebaut; ihre Spannweite betrug 32 m. Die größten freigespannten Holzbögen wurden während des 2. Weltkrieges als Überdachung von Flugzeughangars in den USA erstellt, um den Rohstoff Stahl zu schonen.

Seine guten bauphysikalischen Eigenschaften und die hohe Festigkeit bei verhältnismäßig geringem Eigengewicht machen Holz auch heute noch zu einem sehr beliebten Baustoff. Durch den Holzleimbau und die verbesserten Sortiermöglichkeiten ist Holz auch für weitgespannte Konstruktionen ein interessanter Baustoff. Der Einsatz von Brettschichtholz für hoch beanspruchte und ästhetisch anspruchsvolle Konstruktionen ist durch seine Festigkeits- und Steifigkeitseigenschaften oftmals eingeschränkt. Neben „natürlichen Längsbewehrungen" mit Holz höherer Qualität können auch Holzwerkstoffe [1], Stahl oder hochfeste Kunststoffe – wie kohlenstofffaserverstärkte Kunststoffe (Kohlenstofffaser-Lamellen) – zur Verstärkung verwendet werden. Durch den Verbund der Kohlenstofffasern mit der Epoxidharzmatrix entsteht ein Verstärkungsmaterial mit sehr hoher Zugfestigkeit und Steifigkeit. Eine zusätzliche, wesentliche Leistungssteigerung von verstärkten Brettschichtholz-Trägern (BSH-Träger) kann durch eine Vorspannung der Kohlenstofffaser-Bewehrungen erreicht werden, da ein Teil der Belastung durch die Vorspannung kompensiert wird. Interessant sind vor allem auch die Möglichkeiten der Ertüchtigung mittels Kohlenstofffaser-Lamellen an historischen Holzbauten.

7.1 Eigenschaften von Holz

7.1.1 Neues Konstruktionsholz

Die mechanischen Eigenschaften von Holz sind vom Wassergehalt abhängig. Alle technischen Materialkennwerte (Rohdichte, Festigkeiten usw.) werden bei einer Holzfeuchtigkeit von etwa 12% bestimmt. Da Holz hygroskopisch ist, strebt es immer ein Feuchtegleichgewicht mit seiner Umgebung an. Bei einer Temperatur von ca. 20 °C und einer Luftfeuchtigkeit von 65% stellt sich im Holz eine Feuchtigkeit von etwa 12% ein. Bei Än-

Tabelle 7.1 Festigkeitswerte für Vollholz aus Nadelholz (DIN V ENV 1995 T1-1 (06.94))

Festigkeitsklassen		S 7/ MS 7	S 10/ MS 10	S 13	MS 13	MS 17
Festigkeitskennwerte [N/mm^2]						
Biegung	$f_{m,k}$	16	24	30	35	40
Zug parallel zur Faserrichtung	$f_{t,0,k}$	0/10	14	18	21	24
Zug quer zur Faserrichtung	$f_{t,90,k}$	0/0,2	0,2	0,2	0,2	0,2
Druck parallel zur Faserrichtung	$f_{c,0,k}$	17	21	23	25	26
Druck quer zur Faserrichtung	$f_{c,90,k}$	4	5	5	5	6
Schub, Torsion	$f_{v,k}$	1,8	2,5	2,5	3,0	3,5
Steifigkeitskennwerte [N/mm^2]						
E-Modul parallel zur Faserrichtung	$E_{0,mean}$	8000	11000	12000	13000	14000
E-Modul parallel zur Faserrichtung	$E_{0,05}$	5400	7400	8000	8700	9400
E-Modul quer zur Faserrichtung	$E_{90,mean}$	270	370	400	430	470
E-Modul quer zur Faserrichtung	$E_{90,05}$	180	250	270	290	310
Schub-Modul-Mittelwerte	G_{mean}	500	690	750	810	880
Schub-Modul 5% Fraktile	G_{05}	330	460	500	540	590
Rohdichtekennwerte [kg/m^3]						
Rohdichte	ρ_k	350	380	380	400	420

Tabelle 7.2 Festigkeitswerte für Brettschichtholz (DIN V ENV 1995 T1-1 (06.94))

Festigkeitsklassen		BS 11	BS 14		BS 16		BS 18	
		k	k	h	k	h	k	h
Festigkeitskennwerte [N/mm^2]								
Biegung	$f_{m,g,k}$	24	28	28	32	32	36	36
Zug parallel zur Faserrichtung	$f_{t,0,g,k}$	17	17,5	20,5	18,5	23	23,5	25
Zug quer zur Faserrichtung	$f_{t,90,g,k}$	0,45	0,45	0,45	0,45	0,45	0,45	0,45
Druck parallel zur Faserrichtung	$f_{c,0,g,k}$	24	27,5	29	28	31	30,5	32
Druck quer zur Faserrichtung	$f_{c,90,g,k}$	5,5	5,5	5,5	5,5	5,5	6,5	6,5
Schub, Torsion	$f_{v,g,k}$	2,7	2,7	2,7	2,7	2,7	3,2	3,2
Steifigkeitskennwerte [N/mm^2]								
E-Modul parallel zur Faserrichtung	$E_{0,g,mean}$	11500	12500	12500	13500	13500	14500	14500
E-Modul parallel zur Faserrichtung	$E_{0,g,05}$	9200	10000	10000	10800	10800	11600	11600
E-Modul quer zur Faserrichtung	$E_{90,g,mean}$	380	420	420	450	450	480	480
E-Modul quer zur Faserrichtung	$E_{90,g,05}$	300	340	340	360	360	380	380
Schub-Modul-Mittelwerte	$G_{g,mean}$	720	780	780	840	840	900	900
Schub-Modul 5% Fraktile	$G_{g,05}$	580	620	620	670	670	720	720
Rohdichtekennwerte [kg/m^3]								
Rohdichte	$\rho_{g,k}$	410	410	410	410	430	430	450

derung der Feuchtigkeit ändert sich auch das Volumen von Holz, was als Schwinden und Quellen bezeichnet wird.

Holz ist ein anisotroper Werkstoff; er weist je nach Beanspruchungsrichtung unterschiedliche Eigenschaften auf. Die Zug-, Druck- und Biegefestigkeit ist parallel zur Faser fünf- bis zehnmal größer als quer dazu. Da die Festigkeit des Holzes von den jeweiligen Wuchsbedingungen des einzelnen Baumes abhängt, wird Holz in Festigkeitsklassen eingeteilt. Die Sortierung erfolgt visuell oder maschinell.

In Tabelle 7.2 wird zwischen kombinierten (k) und homogenen (h) Querschnitten aus Brettschichtholz unterschieden. Homogene Querschnitte bestehen nur aus Holzlamellen derselben Sortierklasse, während kombinierte Querschnitte außen aus hochwertigeren Holzlamellen bestehen als innen.

7.1.2 Altes Konstruktionsholz

Von Ehlbeck und Görlacher [2] wurden an historischen Holzbalken Versuche zur Festigkeitsbestimmung durchgeführt. Dabei wurde an den untersuchten Nadelholzträgern festgestellt, dass eine gute Korrelation zwischen dem wirksamen Biege-Elastizitätsmodul und der Biegezugfestigkeit ($f_{m,t}$) besteht. Dies wird in Bild 7.1 deutlich, wo die Biegezugfestigkeit mit zunehmendem Elastizitätsmodul linear ansteigt. Die Regression der Biegezugfestigkeit in Abhängigkeit vom Biege-Elastizitätsmodul ergab eine lineare Abhängigkeit von

$$f_{t,m,m} = 0{,}0035 \cdot E_{0,mean} \tag{7.1}$$

mit einem Korrelationskoeffizienten von r=0,93 und einem Gültigkeitsbereich von $2000\,\text{N/mm}^2 < E_{0,mean} < 12\,000\,\text{N/mm}^2$. Dabei ist $f_{t,m,m}$ der Mittelwert der Biegezugfestigkeit und $E_{0,mean}$ der E-Modul parallel zur Faserrichtung.

Betrachtet man die Druckfestigkeit, so ist deutlich die Abnahme der Druckfestigkeit bei Schwächungen des Holzes durch Aussparungen (Zapfenlöcher) zu erkennen. Ein ungeschwächter Querschnitt eines Pfostens erreichte eine Druckfestigkeit von ca. 32 N/mm², während ein geschwächter Querschnitt lediglich 26 N/mm² erzielte. Dies entspricht in etwa dem Verhältnis der Fläche des geschwächten Querschnitts zum ungeschwächten Quer-

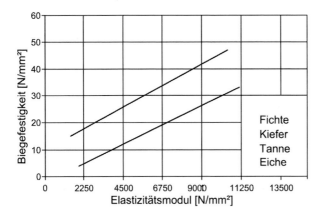

Bild 7.1 Zusammenhang zwischen der wirksamen Biegefestigkeit β_B und dem wirksamen Elastizitätsmodul E_B (aus [2])

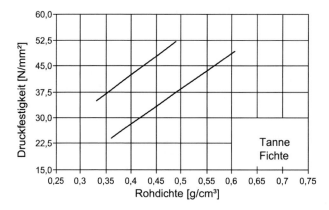

Bild 7.2 Zusammenhang zwischen der Druckfestigkeit bei einer Feuchte von u = 15% und der Rohdichte von Fichte und Tanne (aus [2])

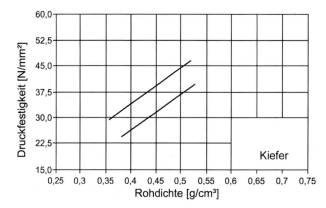

Bild 7.3 Zusammenhang zwischen der Druckfestigkeit und der Rohdichte von Kiefer (Föhre) bei einer Feuchte von u = 15% (aus [2])

schnitt. In jedem Falle muss aber bei druckbeanspruchten Bauteilen (Pfosten) den Schwächungen durch Zapfenlöcher besondere Aufmerksamkeit geschenkt werden.

Die rechnerisch ermittelten Schubfestigkeiten, bezogen auf den ideellen Querschnitt, wiesen Werte zwischen 1,75 und 2,40 N/mm² auf.

Die Rohdichte- und Druckfestigkeitsuntersuchungen wurden bei einer Holzfeuchte von 11 bis 13% durchgeführt. Die Druckfestigkeiten wurden dabei nach der Beziehung

$$f_{c,o,m,15} = f_{c,o} \cdot \frac{17}{32 - u} \quad u[\%] = \text{Holzfeuchte} \tag{7.2}$$

auf eine Holzfeuchte von 15% umgerechnet. Die Bilder 7.2 und 7.3 enthalten Ergebnisse von Linearregressionen, die getrennt für die einzelnen Herkunftsorte des Holzes durchgeführt wurden. Dabei sind deutliche Unterschiede erkennbar, die aber nicht außergewöhnlich sind und auch bei neuem Holz, z.B. durch Wuchsgebiet und Standort bedingt, festzustellen sind. Ungewöhnlich niedrige Druckfestigkeiten, wie sie vielleicht durch Alterung des Holzes oder durch lange Belastungen denkbar wären, konnten in keinem Fall nachgewiesen werden. Dies zeigt auch ein Vergleich mit den Kennwerten für die Druckfestigkeit (ebenfalls umgerechnet auf 15% Holzfeuchte) bei der zugehörigen Rohdichte nach DIN 68 364, die insbesondere für Fichte und Tanne deutlich unter den bisher ermittelten Werten für altes Konstruktionsholz lagen.

Die Regressionsgerade für den Zusammenhang zwischen der Druckfestigkeit ($f_{c,o}$) und der Rohdichte von Fichte und Tanne (Bild 7.2) können für einen Gültigkeitsbereich von $0{,}35 < \rho < 0{,}55$ wie folgt bestimmt werden:

$$f_{c,o,m} = 80 \cdot \rho \qquad (7.3)$$

Bei der Kiefer (Bild 7.3) kann für einen Gültigkeitsbereich von $0{,}35 < \rho < 0{,}55$ folgende lineare Beziehung angesetzt werden:

$$f_{c,o,m} = 77 \cdot \rho \qquad (7.4)$$

7.2 Verstärkungen von Holz

Verstärkungen werden im Holzbau so wie auch in allen anderen Bauweisen durch Nutzungsänderungen, schadhafte Bauteile oder fehlerhafte Ausführungen notwendig. Zur Verstärkung von Holz können prinzipiell alle Materialien verwendet werden, die höhere Festigkeitseigenschaften aufweisen als Holz [3]. In der Praxis werden Bretter hoher Qualität, Bau-Furniersperrholz, Furnierschichtholz, Stahl- und Kunststofffasern zur Verstärkung verwendet. Stahl ist aufgrund seines hohen Eigengewichts nur punktuell als Verstärkungsmaterial einsetzbar. Im Gegensatz dazu sind Kohlenstofffasern sehr leicht und bieten sich deshalb als Verstärkungsmaterial für den Holzbau an. Sehr gut als Verstärkungsmaterial für den Holzbau geeignet sind auch aufgrund ihres geringeren Preises Glasfaserelemente.

Wie im Betonbau werden auch im Holzbau Kohlenstofffaser-Systeme für Verstärkungsmaßnahmen in Lamellen-, Gewebe-, Gelege- und Stabform verwendet [4]. Bereits im Jahr 1992 verstärkte die EMPA zwei Querträger einer Holzbrücke über die Reuss bei Sins, Schweiz, mittels Kohlenstofffaser-Lamellen. Frühe Arbeiten mit verstärkten Kunststoffen aus Glasfasern gibt es von E.J. Biblis, USA (1965) [5], über Gewebe und Laminate aus glasfaserverstärkten Kunststoffen, J. Mair, Österreich (1987) [6] und Ergebnisse von Biegeverstärkungen mit faserverstärkten Kunststoffen (Kohlenstoff, GFK, AFK) von N. Plevris, Triantifillou, USA (1995) [7].

Bereits seit Jahrhunderten wurde bei Holzkonstruktionen das Prinzip der Vorspannung angewandt. Zu den ältesten Anwendungsbeispielen zählen ägyptische Seeschiffe, die durch Quer- und Längsseile vorgespannt wurden. Aber auch Holzfässer und Wagenräder wurden durch aufgezwängte Leder- bzw. Eisenringe vorgespannt. Der große Bedarf an leistungsfähigeren Holzkonstruktionen während der industriellen Revolution im 19. Jahrhundert förderte die Entwicklung von vorgespannten Ingenieurkonstruktionen, die vor allem im Brückenbau eingesetzt wurden. Als Beispiele sind hier die vorgespannten Holzfachwerke nach dem System Howe zu erwähnen, aber auch die verzahnten Holzbalken [8–10].

Seit etwa fünfzig Jahren beschäftigen sich zahlreiche Forschungsarbeiten mit der technisch-ökonomischen Anwendung der Vorspannung im konstruktiven Holzbau. Ein Überblick über wichtige bisher durchgeführte Forschungsarbeiten mit vorgespannten Bauteilen im konstruktiven Holzbau sind in Tabelle 7.3 zusammengefasst.

Tabelle 7.3 Übersicht über wichtige durchgeführte Forschungen mit vorgespannten Holzträgern

Autor/Land	Jahr	Art der Vorspannung/ Vorspannmaterial	Forschungsschwerpunkt
Peterson J., USA [11]	1965	Spannbettvorspannung mit geklebten, hochfesten Stahllamellen	Vorspann- und Biegeversuche mit BSH-Trägern
Riedlbauer A., Österreich [12]	1978	Vorspannung ohne Verbund/ Stahl	Theoretische Untersuchungen (Berücksichtigung der rheologischen Eigenschaften des Holzes)
Genähr A., BRD [13]	1980	Vorspannung ohne Verbund/ Stahl	Analytische Berechnungen der Tragfähigkeitserhöhungen durch Vorspannung
Rug W., ehem. DDR [14]	1986	Vorspannung ohne Verbund mit Spanngliedern aus Stahl	Experimentelle Untersuchungen der Biegesteifigkeit und -festigkeit
Rug W., Pötke W., ehem. DDR [15]	1988	Spannbettvorspannung mit Verbund/Stahlstäbe	Theoretische und experimentelle Untersuchungen (Biegeversuche)
Triantafillou T.C., Deskovic N., USA [16, 17]	1991	Vorspannung mit Verbund: Verklebung von vorgespannten Kohlenstoff-Lamellen mit BSH-Trägern	Analytische Berechnungen und Vorspannversuche
Asbjorn A., Norwegen [3]	1996	Vorspannung mit Verbund: BSH-Stahl, Holz-Holz	Kurzzeitversuche und Vergleichsrechnungen
Gallaway T.L., Fogstad C., Dolan C.W., Pukett J.A., USA [18, 19]	1996	Vorspannung mit Verbund: Verklebung von vorgespannten kelvarverstärkten Kunststoff-Lamellen mit BSH-Trägern	Vorspann- und Biegeversuche; Untersuchungen über das Kriechverhalten
Luggin W., BOKU-Wien [10]	2000	Spannbettvorspannung mit Kohlenstofffaser-Lamellen mit BSH-Trägern	Klebe-, Vorspann- und Biegeversuche

Im Gegensatz zu Konstruktionsbeton, wo die Bewehrung primär die Zugkräfte aufnimmt, entsteht bei bewehrten Holzquerschnitten ein Verbundquerschnitt aus Werkstoffen mit sehr unterschiedlichen Elastizitäts- und Festigkeitseigenschaften, dessen ideelle Querschnittswerte von der geometrischen Anordnung, dem Bewehrungsgrad und dem Verhältnis der Elastizitätsmodulen abhängen [20]. Bei geeigneten Klebstoffen und bei fachmännischer Verarbeitung kann von einem nahezu vollständigen Verbund zwischen dem Werkstoff Holz und der faserverstärkten Bewehrung ausgegangen werden. Entsprechende Versuche haben diesen Sachverhalt im elastischen Bereich auch bestätigt [8]. Untersuchungen von Malhotra, Bazan [21] haben bei Vollholz gezeigt, dass man bis in den Bruchzustand von über die Trägerhöhe linear verteilten Dehnungen ausgehen kann. Diese Annahme wurde auch für Brettschichtholz bestätigt [10].

Lang [9] hat das Verbundverhalten zwischen Kohlenstofffaser-Lamellen und Holz bzw. zwischen zwei Kohlenstofffaser-Lamellen untersucht. Dazu wurden über 400 Abscher-Zugversuche durchgeführt. Die Versuche haben gezeigt, dass Epoxidharz-Klebstoffe zu bevorzugen sind, da die Resorcin-Formaldehyd-Klebstoffe die Schubkräfte in der Klebeverbindung nicht wirkungsvoll übertragen können. Klebt man zwei Lamellen übereinander, spielt es keine Rolle, ob die glatte oder die raue Seite der Kohlenstoff-Lamellen verwendet wird. Die übertragbaren Schubspannungen erreichen bei einer Überlappungslänge von ca. 60 mm ein Maximum.

Wird die Kohlenstofffaser-Lamelle auf einen Holzträger geklebt, erreichen die übertragbaren Schubspannungen bei einer Klebelänge von ca. 80 mm ein Maximum. Der Bruch tritt durch einen Schubbruch in der äußersten Holzschicht auf. Daraus ist ersichtlich, dass die Güte des Holzes einen wesentlichen Einfluss auf die Scherbruchspannung hat. Wird die Lamelle in den Holzquerschnitt eingeschlitzt, können aufgrund der beidseitigen Verklebung größere Schubkräfte übertragen werden. Für eine 1,4 mm dicke Kohlenstofffaser-Lamelle ist eine Schlitzbreite von 4,5 mm (ca. $3 \cdot t_{cf}$) verarbeitungstechnisch am besten geeignet. Die Schlitzbreite spielt für die Scherbruchspannung keine wesentliche Rolle.

Kohlenstofffasern werden in Form von Stäben und Lamellen zur faserparallelen Verstärkung von Brettschichtholzträgern eingesetzt. Ist nur eine geringe Ertüchtigung notwendig, reicht es, die Zugzone des Trägers zu verstärken (einseitige Verstärkung). Will man die Tragfähigkeit wesentlich erhöhen, muss man die Zug- und die Druckzone verstärken (beidseitige Verstärkung). Weiterhin können auch Kohlenstofffaser-Gelege und -Gewebe zum Umwickeln von Druckelementen verwendet werden. Auch die so genannten D-Bereiche (discontinuity-regions) wie ausgeklinkte Auflager- und Öffnungsbereiche können zur Abdeckung der Spannungsspitzen mit Glas- oder Kohlenstofffaser-Elementen verstärkt werden [22].

7.2.1 Verstärkungen in eingefräster Nut parallel zur Faserrichtung

Im Träger wird eine Längsnut gefräst, in der die Kohlenstofffaser-Lamelle oder der Kohlenstofffaser-Stab eingeklebt wird. Die Nut muss so tief sein, wie die Lamelle breit ist. In Versuchen wurde festgestellt, dass die Nutbreite etwa die dreifache Lamellenbreite betragen sollte, damit der Kleber einwandfrei eingebracht werden kann. Wird ein Stab verwendet, sollte die Nutbreite nur geringfügig größer als der Durchmesser sein.

Vor dem Einkleben ist die Nut von Staub und Sägemehl zu reinigen und die Kohlenstofffaser-Lamelle bzw. der Kohlenstofffaser-Stab zu entfetten. Anschließend wird die Nut mit Kleber gefüllt, das entsprechende Kohlenstofffaser-Produkt eingebaut und der restliche Platz in der Nut mit Kleber gefüllt.

Durch das Einschlitzen ist es möglich, relativ große Schubspannungen zwischen dem Holzträger und der Kohlenstofffaser-Verstärkung zu übertragen.

Bei stärkerer Biegebeanspruchung ist es sinnvoll, eine beidseitige Verstärkung anzuordnen.

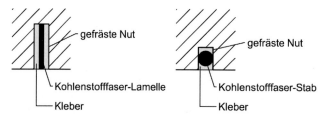

Bild 7.4 Kohlenstofffaser-Lamelle und Kohlenstofffaser-Stab in gefräster Nut

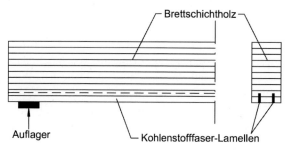

Bild 7.5 Einseitige Verstärkung mit eingeschlitzter Kohlenstofffaser-Lamelle

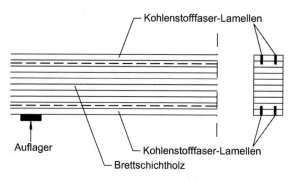

Bild 7.6 Beidseitige Verstärkung mit eingeschlitzter Kohlenstofffaser-Lamelle

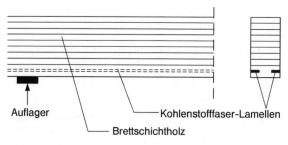

Bild 7.7 Einseitige Verstärkung mit horizontal eingeschlitzten Kohlenstofffaser-Lamellen

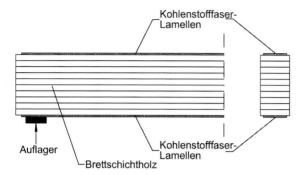

Bild 7.8 Beidseitige Verstärkung mit aufgeklebter Kohlenstofffaser-Lamelle

7.2.2 Parallel zur Faserrichtung aufgeklebte Kohlenstofffaser-Lamellen

Durch erhöhte Biegebeanspruchung werden Verstärkungen parallel zur Faser notwendig. Es können entweder größere Lasten abgetragen oder größere Spannweiten überspannt werden. Bei Fachwerkstäben, also reinen Druck- oder Zugstäben, ist eine symmetrische Verstärkung in Faserrichtung sinnvoll. Kombiniertes Brettschichtholz stellt eigentlich einen mit hochwertigen Lamellen verstärkten Leimbinder dar. Die Verstärkung kann auch durch eine aufgeklebte Kohlenstofffaser-Lamelle erfolgen, falls nicht die Schubspannung in der Grenzschicht Kohlenstofffaser-Verstärkung und Holz zu einer Überbeanspruchung des Klebers führt. Vor dem Aufkleben sind alle Oberflächen zu reinigen und zu entfetten.

7.2.3 Kohlenstofffaser-Verstärkungen quer zur Faserrichtung

Erhöhte Querkraftbeanspruchungen, welche gerade bei den D-Bereichen an Querschnittsschwächungen und konzentrierten Lasteinleitungen auftreten, erfordern Verstärkungen quer zur Faserrichtung. Die Beanspruchbarkeit auf Zug quer zur Faser ist bei Holz im Gegensatz zu Druck quer zur Faser sehr gering. Die Werte liegen bei maschinell sortiertem Nadelholz für Zug bei ca. 0,2 N/mm^2 und für Druck bei ca. 4,0 N/mm^2. Daraus ist ersichtlich, dass bereits bei sehr geringen Beanspruchungen Verstärkungen erforderlich sind. Verstärkungen quer zur Faserrichtung dienen außerdem zur Beschränkung und Vermeidung von Rissen. Werden Verstärkungen aus Kohlenstofffasern verwendet, kommen Stäbe, Lamellen und Gelege zur Anwendung.

7.2.4 Kohlenstofffaser-Verstärkungen an ausgeklinkten Holzträgern

Die erste Möglichkeit, ausgeklinkte Holzträger zu verstärken, besteht im seitlichen Aufkleben eines Kohlenstofffaser-Geleges. Die Verstärkung muss auf beiden Seiten des Querschnitts angeordnet werden. Beim Kleben ist darauf zu achten, dass es zu keinen Lufteinschlüssen (Blasen) kommt. Die zweite Möglichkeit ist das Einkleben von Kohlenstofffaser-Stäben im Bereich der vollen Trägerhöhe. Die Bohrlöcher sind vor dem Kleben von Staub und Sägemehl zu reinigen. Anschließend werden die Bohrlöcher mit Kleber gefüllt und der Stab eingeklebt.

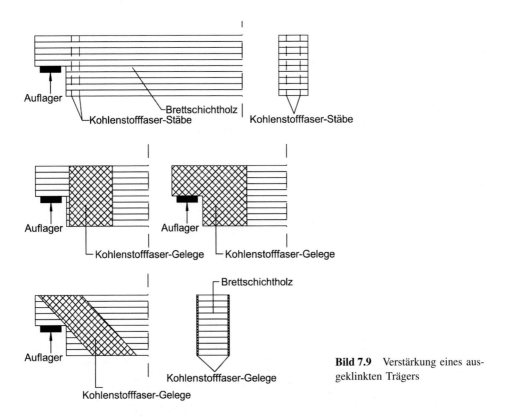

Bild 7.9 Verstärkung eines ausgeklinkten Trägers

Trummer [22] hat zur Verstärkung von ausgeklinkten Auflagern Glasfasergelege verwendet. Als Klebermaterial wurde ein Polyurethan mit einer offenen Zeit von ca. 12 Minuten verwendet. Die Klebermenge betrug etwa 200 g/m². Es zeigte sich, dass Verstärkungsmaßnahmen mittels Glasfasergelegen sehr wirkungsvoll sein können.

7.2.5 Verstärkung von Trägerdurchbrüchen

Die Verstärkung von Trägerdurchbrüchen kann ebenfalls mit Kohlenstofffaser-Stäben oder Kohlenstofffaser-Gelegen erfolgen.

7.2.6 Verstärkungen von gekrümmten Trägern

Bei gekrümmten Trägern treten im Scheitelbereich durch das Umlenken der Kräfte Zugspannungen quer zur Faserrichtung auf. Diese können zu Rissen und zum Versagen des Trägers führen. Die Verstärkung kann mit Kohlenstofffaser-Stäben oder Kohlenstofffaser-Gelegen erfolgen.

7.2 Verstärkungen von Holz

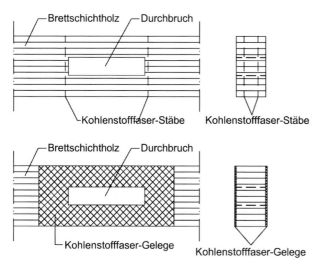

Bild 7.10 Verstärkung eines Trägerdurchbruchs

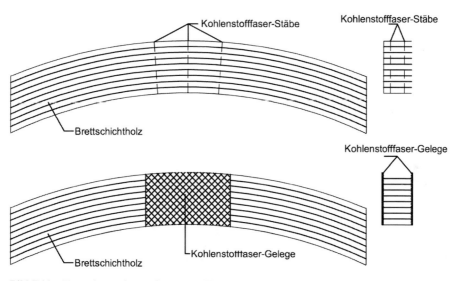

Bild 7.11 Verstärkung eines gekrümmten Trägers

7.2.7 Verstärkungen im Bereich konzentrierter Lasteinleitungen

An Stellen konzentrierter Lasteinleitung, wie bei Auflagerpunkten, kann eine Verstärkung erforderlich sein, um die zulässigen Querzugfestigkeiten nicht zu überschreiten, und um größere Verformungen zu verhindern. Zur Verstärkung können Kohlenstofffaser-Stäbe eingeklebt werden.

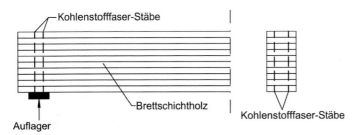

Bild 7.12 Verstärkung eines konzentrierten Lasteinleitungspunktes

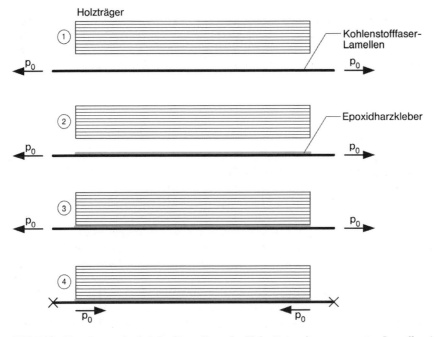

Bild 7.13 Vorgehensweise bei der Herstellung der Holzträger mit vorgespannten Lamellen (aus [10])

7.2.8 Vorgespannte Kohlenstofffaser-Verstärkungen

Luggin [10] hat in seiner Arbeit den Einfluss des Steifigkeits- und Festigkeitsverhaltens von vorgespannten BSH-Trägern studiert. Es wurden Versuchsreihen mit auf der Trägeroberfläche aufgeklebten, vorgespannten Lamellen, und mit stehend, exzentrisch und mittig verklebten Kohlenstofffaser-Lamellen durchgeführt. Dabei trat das Versagen aufgrund des Querzuges im Holz oder aufgrund eines Schubversagens in der Verbundfuge auf.

Durch die Verstärkung mit vorgespannten Kohlenstofffaser-Lamellen konnte die Biegetragfähigkeit bis zu 65% gesteigert werden. Dies wurde sowohl experimentell als auch numerisch nachgewiesen.

7.3 Bemessung von Kohlenstofffaser-Verstärkungen

7.3.1 Elastische Bemessung

Unter der Annahme eines starren Verbundes geht man von einer linearen Dehnungsverteilung über die Höhe aus. Bei einem mit Kohlenstofffaser-Lamellen auf der Zugseite verstärkten Biegebalken verschiebt sich die Spannungsnulllinie zur verstärkten Zugseite hin (Bild 7.13). Dabei wird die Spannung der Holzfaser an der Oberseite des Biegebalkens aufgrund des sich vergrößernden Hebelarms zur maximalen Zugspannung des Holzes an der Biegezugseite vergrößert. Dies würde bei genügender Tragreserve der Zuglasche zum Druckversagen der obersten Holzfaser führen.

Bei Erreichen der Zugfestigkeit reißt die Holzfaser. Dadurch entsteht eine Spannungsumlagerung im Querschnitt in Richtung der Biegedruckzone. Der Querschnitt versagt aber noch nicht, wenn die äußerste Faser reißt. Das Holz weist bei Beanspruchung auf Druck im Gegensatz zum spröden Zugbruchverhalten eine plastische Reserve auf, ein so genanntes „Fließplateau".

7.3.2 Plastische Bemessung

7.3.2.1 Unverstärkter Holzquerschnitt

Bei den zur Zeit gebräuchlichen Bemessungsansätzen von biegebeanspruchten Holzbalken wird immer von einer linearen Spannungsverteilung ausgegangen. Dadurch wird (Bild 7.14a) die Biegedruckspannung σ_{cfl} und die Biegezugspannung σ_{tfl} als gleich groß angenommen. Allerdings wurde schon von Suenson 1941 [23] ein anderes Materialverhalten messtechnisch nachgewiesen, das eine plastische Bemessung des Holzquerschnittes nahe legt. Suenson beobachtete, dass in der Bruchphase der abschließende Bruch stets auf der Zugseite auftritt, obwohl die Zugfestigkeit in der Regel wesentlich größer als die Druckfestigkeit ist. Der Zugbruch kann dadurch erklärt werden, dass die Druckzone des Balkens, wenn die Spannung sich der Druckfestigkeit nähert, sich vergrößert und die Nulllinie zur Zugzone wandert. Der Balken vergrößert während des Bruchvorganges die Höhe der Druckzone auf Kosten der Zugzone, bis diese so niedrig geworden ist, dass sie versagt.

Suenson [23] beschreibt den Spannungsverlauf im Druckbereich bis zur Nulllinie mit einer Parabel zweiten Grades (Scheitelpunkt an der gedrückten Seite) und im Zugbereich durch eine Gerade (Bild 7.15).

Ein weiteres vereinfachtes Modell, das auf den gleichen Prinzipien wie das von Suenson basiert, wurde von Thunell [24] (Bild 7.16) aufgestellt und von Kollmann beschrieben [24]. Er geht wie Suenson von einer dreieckförmigen Verteilung der Spannungen in der Zugzone und einer trapezförmigen Verteilung der Druckspannungen aus.

Nur durch die Berücksichtigung dieser Reserven in der Druckzone kann auch sinnvoll und wirtschaftlich vertretbar eine Biegezugverstärkung eingesetzt werden. Im praktischen Fall muss der Holzwerkstoff qualitativ hochwertig sein (Holzleimbau), damit nicht aufgrund

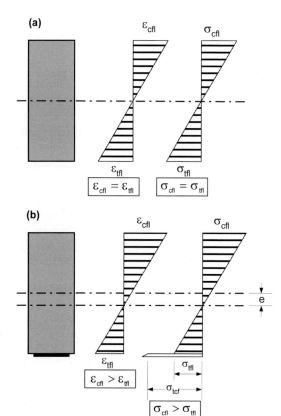

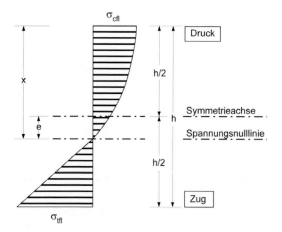

Bild 7.14 Spannungsverlauf von verstärkten Holzbalken. Einfluss einer Verstärkung der Zugzone bei linear angenommener Spannungsfunktion:
(a) unverstärkter Querschnitt
(b) verstärkter Querschnitt

Bild 7.15 Spannungsverlauf über den Holzquerschnitt nach Suenson (nach [23])

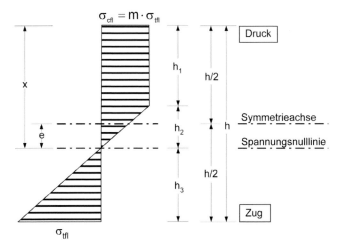

Bild 7.16 Spannungsverlauf über den Holzquerschnitt (nach Thunell [24])

von Strukturungenauigkeiten (Äste, Risse, Faserabweichungen, Drehwuchs etc.) diese plastische Reserve nicht mehr in Anspruch genommen werden kann.

Der Spannungsverlauf von Thunell ergibt eine geringere Tragfähigkeit als der parabolische Druckspannungsverlauf von Suenson und liegt damit auf der sicheren Seite.

Man geht davon aus, dass beim Bruch das äußere Biegemoment M_{fl} gleich dem inneren Moment aus dem Kräftepaar Zug- und Druckkraft ist. Das Moment ergibt sich zu:

$$M_{fl} = \sigma_{fl,m} \cdot \frac{b \cdot h^2}{6} \cdot k \qquad (7.5)$$

Der Faktor k berücksichtigt die Geometrie der angenommenen Spannungsverteilung (Bild 7.16).

$$k = \frac{m \cdot (3 + 8 \cdot m + 6 \cdot m^2 - m^4)}{(1 + m)^4} \qquad (7.6)$$

Die Variable m ist der Verhältniswert von Biegedruckspannung zu Biegezugspannung und ergibt sich zu

$$m = \frac{\sigma_{c,fl}}{\sigma_{t,fl}} \qquad (7.7)$$

Für $\sigma_{c,fl} = \sigma_{t,fl}$ wird $m = 1$ und $k = 1$, d.h. Gleichung (7.5) geht in die Navier'sche Formel über.

Die geometrischen Beziehungen für die trapezförmige Spannungsverteilung lassen sich wie folgt darstellen:

$$\frac{x}{h} = \frac{1 - m^2}{(1 + m)^2} \qquad (7.8)$$

$$h_1 = \frac{1 - m}{1 + m} \cdot h \qquad (7.9)$$

$$h_2 = \frac{2 \cdot m^2}{(1+m)^2} \cdot h \qquad (7.10)$$

$$h_3 = \frac{2 \cdot m}{(1+m)^2} \cdot h \qquad (7.11)$$

$$e = \left(\frac{1-m}{1+m}\right)^2 \cdot \frac{h}{2} \qquad (7.12)$$

Das maximal aufnehmbare Biegemoment in der Zug- bzw. Druckfaser ergibt sich aufbauend auf Gleichung (7.5) wie folgt:

$$M_{tfl,d} = f_{t,m,d} \cdot W_{y,i,t} \qquad (7.13)$$

$$M_{tfl,d} = f_{t,m,d} \cdot \frac{h_3}{2} \cdot \left(\frac{2 \cdot h_3}{3} + \frac{3 \cdot (h-h_3)^2 - h_3^2 \cdot m^2}{6 \cdot (h-h_3) - 3 \cdot h_3 \cdot m} \right) \qquad (7.14)$$

$$M_{cfl,d} = f_{c,m,d} \cdot W_{y,i,c} \qquad (7.15)$$

7.3.2.2 Bemessungskonzept für einen verstärkten Querschnitt

Aus den Spannungsblöcken nach Bild 7.17 werden folgende Horizontalkräfte formuliert. Dabei werden die rechteckigen Spannungsblöcke an einen parabelförmigen Spannungsverlauf angenähert:

$$F_1 = \sigma_{h1} \cdot (h_0 - h_2) \cdot b_H \qquad (7.16)$$

$$F_2 = \sigma_{h2} \cdot h_2 \cdot b_H \qquad (7.17)$$

$$F_3 = \sigma_{h2} \cdot \frac{h_3}{2} \cdot b_H \qquad (7.18)$$

$$F_4 = \frac{E_{0,mean}}{E_{cf}} \cdot \sigma_{cf} \cdot b_H \cdot \frac{h_4}{2} \qquad (7.19)$$

$$F_{cf} = \sigma_{cf} \cdot b_{cf} \cdot t_{cf} \qquad (7.20)$$

Die Höhe h_3 wird als Funktion der Lamellendehnung und der Unbekannten σ_{h2} und h_4 formuliert.

$$h_3 = \frac{h_4}{\dfrac{E_{0,mean}}{E_{cf}} \cdot \sigma_{cf}} \cdot \sigma_{h2} \qquad (7.21)$$

Im Folgenden werden die Gleichgewichtsbedingungen im Drehpunkt i als Funktion der Lamellendehnung und der Unbekannten σ_{h2} und h_4 angegeben.

$$H_i = F_{cf} + F_4 - F_3 \qquad (7.22)$$

7.3 Bemessung von Kohlenstofffaser-Verstärkungen

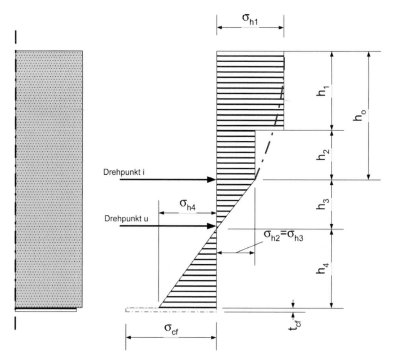

Bild 7.17 Angenommener Spannungsverlauf für die plastische Berechnung eines verstärkten Holzquerschnittes

$$M_i = F_{cf} \cdot \left(\frac{t_{cf}}{2} + h_4\right) + F_4 \cdot \frac{2 \cdot h_4}{3} - F_3 \cdot \frac{2 \cdot h_3}{3} \tag{7.23}$$

Die Ermittlung von σ_{h2} und h_4 kann aus den Gleichgewichtsbedingungen des oberen Teiles um den Punkt i erfolgen.

$$F_1 = \sigma_{h1} \cdot (h_0 - h_2) \cdot b_H \tag{7.24}$$

$$F_2 = \sigma_{h2} \cdot h_2 \cdot b_H \tag{7.25}$$

$$M_i = F_1 \cdot \left(\left(\frac{h_0 - h_2}{2}\right) + h_2\right) + F_2 \cdot \frac{h_2}{2} \tag{7.26}$$

$$H_i = F_1 + F_2 \tag{7.27}$$

unter Berücksichtigung der Schnittgrößen aus dem unteren Teil (Schnittuferprinzip) lassen sich folgende Formeln für die Unbekannten ableiten:

$$\sigma_{h2} = \frac{-H_i^2 + 2b_H \cdot h_0 \cdot H_i \cdot \sigma_{h1} - 2 \cdot b_H \cdot M_i \cdot \sigma_{h1}}{b_H \cdot (-2 \cdot M_i + b_H \cdot h_0^2 \cdot \sigma_{h1})} \tag{7.28}$$

$$h_2 = \frac{2 \cdot M_i - b_H \cdot h_0^2 \cdot \sigma_{h1}}{H_i - b_H \cdot h_0 \cdot \sigma_{h1}} \qquad (7.29)$$

Die Berechnung der Unbekannten σ_{h2} und h_4 erfolgt durch einen iterativen Vorgang. Es werden die Gleichgewichtsbedingungen um den Drehpunkt u gebildet und kontrolliert.

7.4 Verbund

Die Verbundwirkung zwischen Holz und geklebter Kohlenstofffaser-Lamelle beruht auf der Haftung infolge chemisch-physikalischer Bindung (Adhäsion) und mechanischer Verzahnung zwischen Klebstoff und Holz bzw. Lamelle. Bei der Verwendung geeigneter Klebstoffe und einer sorgfältigen Oberflächenbehandlung (Entfettung) der Fügeteile erfolgt bei Abscher-Zugbeanspruchung das Versagen im Holz meist wenige Millimeter unterhalb der Klebeschicht. Ein Aufrauen der Lamellenoberfläche führt im Normalfall zu keiner Erhöhung der Verklebefestigkeiten. Eine Verbesserung der Haftung kann bei einer Sandstrahlung oder einer Granulatbeschichtung der Kohlenstofffaser-Lamellen eintreten.

Bei Verwendung von Epoxidharzkleber für die Verklebung können sehr hohe Festigkeiten mit Mittelwerten der mittleren Bruchzugscherspannungen zwischen 4,5 und 7,0 N/mm² erreicht werden [9, 10].

Bei Abscher-Zugversuchen kann ein annähernd gleiches Versagen des Prüfkörpers festgestellt werden: Nach anfänglicher kontinuierlicher Laststeigerung kommt es aufgrund der Spannungsspitzen am belasteten Verkleberand zu einem Versagen des Holzes (Scherbruch) und zu einer Verschiebung der Verbundzone zum unbelasteten Verkleberand („Reißverschlussprinzip"). Die Last kann dabei meistens nicht mehr gesteigert werden. Aus den gemessenen Lamellendehnungen kann mittels schrittweiser Integration der Verlauf der Schubspannungen in der Verbundfuge (τ_K) und der Schlupf (aus Relativverschiebung zwischen Holz und Kohlenstofffaser-Lamelle) errechnet werden. Als Schlupf s ist die Relativverschiebung zwischen Holz und Kohlenstofffaser-Lamelle definiert, ohne dass es zu einem Versagen

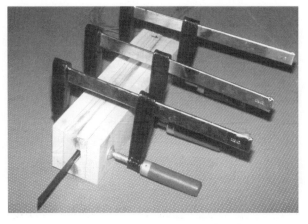

Bild 7.18 Versuchskörper der Abscher-Zugversuche (aus [9])

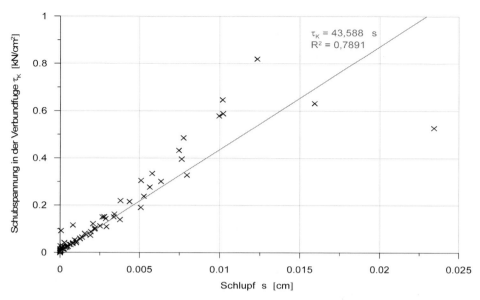

Bild 7.19 Zusammenhänge zwischen Schubspannung und Schlupf (aus [10])

der Verklebefuge kommt. Der Schlupf setzt sich aus den Verzerrungen γ_K der Klebeschicht und der Holzverformung der Grenzschicht Holz-Kleber zusammen. Um für die Ingenieurspraxis ein anwendbares Modell für die Verklebesteifigkeit zu erhalten, kann die gesamte Relativverschiebung zwischen Kohlenstofffaser-Lamelle und Holz der Klebefuge zugewiesen und eine fiktive Verklebesteifigkeit k definiert werden [25]. Dieser Wert kann auf der Grundlage von vielen Untersuchungen mit folgenden Kenndaten ermittelt werden:

$$\tau_K(x_i) = \frac{\Delta F_{cf}}{(b_{cf} \cdot \Delta x)} = \frac{\varepsilon_{cf}(x_{i+1}) - \varepsilon_{cf}(x_i)}{\Delta x_{i+1}} \cdot E_{cf} \cdot t_{cf} \qquad (7.30)$$

$$s(x_i) = s(x_{i-1}) + \frac{\varepsilon_{cf}(x_i) + \varepsilon_{cf}(x_{i-1})}{2} \cdot \Delta x_i - \frac{A_{cf}}{A_H}\left(\varepsilon_{cf}(x_i) - \varepsilon_{cf}(x_{i-1}) \cdot \frac{E_{cf}}{E_H}\right) \cdot \Delta x_i \qquad (7.31)$$

$$\tau_K = \gamma_K \cdot G_K = \frac{s}{t_K} \cdot G_K = k \cdot s \qquad (7.32)$$

mit

$$\gamma_K = \tan\left(\frac{s}{t_K}\right) \approx \frac{s}{t_K} \quad \text{und} \quad k = \frac{G_K}{t_K} \qquad (7.33, 7.34)$$

Die Zusammenhänge zwischen den Verbundspannungen und dem Schlupf wurden von Luggin [10] auf der Grundlage von experimentellen Untersuchungen mittels linearer und polynomischer Regressionsanalysen (2. und 3. Ordnung) bestimmt [10]. Die beste Korrelation ergab ein linear-elastischer Verbundansatz. Die Zusammenhänge sind in Bild 7.19 dargestellt. Die fiktive Klebesteifigkeit k weist einen Mittelwert $k_m=43,5$ kN/cm^3 bzw. 43,5 N/mm^3 und einen Variationskoeffizienten von etwa 14% auf.

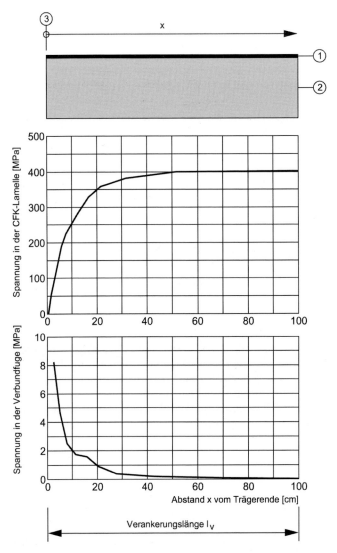

Bild 7.20 Spannungen in der Kohlenstofffaser-Lamelle und in der Verbundfuge bei oberflächlich aufgeklebten Kohlenstofffaser-Lamellen: (1) Kohlenstofffaser-Lamelle, (2) Brettschichtholzträger, (3) Trägerende (nach [10])

Die Spannungen in der Kohlenstofffaser-Lamelle und in der Verbundfuge bei oberflächlich aufgeklebten Lamellen wurden experimentell untersucht [10]. Die Spannungen in der Klebefuge zeigen einen exponentiellen Abstieg und erreichen bereits nach einer Einleitungslänge von 10 cm Werte von etwa 2 MPa.

Die analytische Berechnung der Spannungen in der Verbundfuge kann mit der Differentialgleichung des verschieblichen Verbundes durchgeführt werden. Die maximal möglichen

7.4 Verbund

Vorspannkräfte sind von den Materialeigenschaften des Klebers, der Kohlenstofffaser-Lamelle und des Holzes sowie von der Geometrie der Fügeteile abhängig [10, 25, 26]. Folgende Vereinfachungen werden für die Herleitung der Differentialgleichung des verschieblichen Verbundes vorausgesetzt:

1. Die Fügeteile weisen bis zum Versagen ein lineares Werkstoffverhalten auf.
2. Der Kleber wird hauptsächlich aufgrund der Scherung verformt.
3. Die Normalspannungen in den Einzelteilen sind gleichmäßig über deren Querschnitte verteilt.
4. Die gesamte Schubverformung wird der Kleberfuge zugewiesen, wobei der Holzträger als schubstarr betrachtet wird.

Unter den genannten Voraussetzungen können die Spannungen in der Vorspannlamelle und die Schubspannungen in der Verbundfuge aufbauend auf Volkersen [25, 26] wie folgt berechnet werden:

Fall a) Auf die Oberfläche geklebte Kohlenstofffaser-Lamellen:

$$\tau_{ad}(x) = \frac{G_{ad} \cdot \sigma_{cf}^{(0)} \cdot \sinh(\omega_2 \cdot x)}{\omega_2 \cdot t_{ad} \cdot E_{cf} \cdot \cosh(\omega_2 \cdot \frac{l}{2})} \quad \text{für} \quad 0 \leq x \leq \frac{l_H}{2} \tag{7.35}$$

$$\sigma_{cf}(x) = \frac{G_{ad} \cdot \sigma_{cf}^{(0)}}{\omega_2^2 \cdot t_{ad} \cdot t_{cf} \cdot E_{cf}} \left(1 - \frac{\cosh(\omega_2 \cdot x)}{\cosh\left(\omega_2 \cdot \frac{l_H}{2}\right)}\right) \quad \text{für} \quad 0 \leq x \leq \frac{l_H}{2} \tag{7.36}$$

mit

$$\omega_2^2 = \frac{G_{ad}}{t_{ad} \cdot t_{cf}} \cdot \left(\frac{1}{E_{cf}} + \frac{\left(\frac{A_{cf}}{A_H} + \frac{A_{cf} \cdot z_{cf}^2}{I_H}\right)}{E_H}\right) \tag{7.37}$$

Fall b) Stehend, exzentrisch eingeklebte Vorspannlamellen:

$$\tau_{ad}(x) = \frac{G_{ad} \cdot \sigma_{cf}^{(0)} \cdot \sinh(\omega_3 \cdot x)}{\omega_3 \cdot t_{ad} \cdot E_{cf} \cdot \cosh(\omega_3 \cdot \frac{l}{2})} \quad \text{für} \quad 0 \leq x \leq \frac{l_H}{2} \tag{7.38}$$

$$\sigma_{cf}(x) = \frac{2 \cdot G_{ad} \cdot \sigma_{cf}^{(0)}}{\omega_3^2 \cdot t_{ad} \cdot t_{cf} \cdot E_{cf}} \left(1 - \frac{\cosh(\omega_3 \cdot x)}{\cosh\left(\omega_3 \cdot \frac{l_H}{2}\right)}\right) \quad \text{für} \quad 0 \leq x \leq \frac{l_H}{2} \tag{7.39}$$

mit

$$\omega_3^2 = \frac{2 \cdot G_{ad}}{t_{ad} \cdot t_{cf}} \cdot \left(\frac{1}{E_{cf}} + \frac{\left(\frac{A_{cf}}{A_V} + \frac{A_{cf} \cdot z_{cf}^2}{I_H}\right)}{E_{0,mean}}\right) \tag{7.40}$$

Tabelle 7.4 Einflussgrößen auf den Schubspannungsverlauf und die Normalspannung in der Kohlenstofffaser-Lamelle

Parameter	Einfluss auf den Schubspannungsverlauf in der Verbundfuge $\tau_{ad}(x)$	Einfluss auf den Normalspannungsverlauf in der Vorspannlamelle $\sigma_{L,P}(x)$
Steifigkeit der Verklebung $k = G_{ad}/t_{ad}$	++	++
E-Modul der Vorspannlamelle E_{cf}	++	++
Höhe der Vorspannlamelle t_{cf}	+	+
Breite der Vorspannlamelle b_{cf}	–	±
E-Modul des Holzträgers $E_{0,mean}$	–	–
Höhe des Holzträgers h_H	+	+
Breite des Holzträgers b_H	–	±
Fläche der Kohlenstofffaser-Lamelle A_{cf}	±	+
Holzfläche A_H	±	+

++ sehr groß; + groß; ± mittel; – gering

Fall c) Mittig eingeklebte Vorspannlamellen:

Es gelten die Formeln von Fall b) wobei die Konstante ω_3 durch ω_4 zu ersetzen ist:

$$\omega_4^2 = \frac{2 \cdot G_{ad}}{t_{ad} \cdot h_{cf}} \cdot \left(\frac{1}{E_{cf}} + \frac{\left(\frac{A_{cf}}{A_{H,ges}}\right)}{E_{0,mean}} \right) \quad (7.41)$$

In Tabelle 7.4 werden die wichtigsten Einflussparameter auf den Verlauf der Normalspannungen in der Lamelle und der Schubspannungen in der Verbundfuge zusammengefasst.

Bei vorgespannten Kohlenstofffaser-Elementen betragen die Spannungen im Holzträger in der Schwerachse der Versstärkungslamelle (oder -Kabel) nach dem Vorspannen:

$$\sigma_{cf,P_o} = -\frac{P_o}{A_H} - \frac{P_o \cdot z_{cf}^2}{I_H}$$

7.5 Versagensarten

Bei der Verstärkung von Holzbauteilen tritt die Problematik der Verankerung und der bruchauslösenden Spannungen in den Vordergrund [16, 17]. Dabei können grundsätzlich folgende fünf Versagensarten unterschieden werden:

- Versagensart 1 – Querzugversagen am Trägerende.
- Versagensart 2 – Schubversagen in der Verbundfuge.
- Versagensart 3 – Versagen der Holz-Zugzone.
- Versagensart 4 – Versagen der Holz-Druckzone.
- Versagensart 5 – Bruch der Kohlenstofffaser-Lamelle.

7.5 Versagensarten

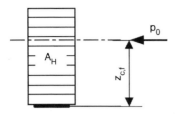

Bild 7.21 Skizze des Trägeraufbaus

a) b)

Bild 7.22 Bruchbilder bei Querzugversagen des Holzes (aus [10])

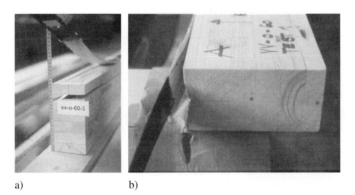

a) b)

Bild 7.23 Bruchbilder bei Versagen aufgrund der Abscherkräfte in der Verbundfuge (aus [10])

Hauptsächlich treten die beiden ersten Versagensarten auf, welche wie folgt beschrieben werden können:

- Versagensart 1 – Querzugversagen am Trägerende: Aufgrund der Querzugspannungen am Trägerende „Stirnzugwirkung" kommt es zu einem Versagen des Holzes ca. 3 cm unterhalb der Verklebeoberfläche (Bild 7.22 a und b).

- Versagensart 2 – Schubversagen in der Verbundfuge: An den Enden der Verklebebereiche kommt es zu Spannungsspitzen der Schubspannungen, die zu einem Versagen der Verbundfuge führen (Bild 7.23 a und b).

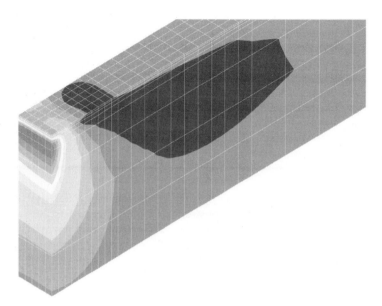

Bild 7.24 Querzugspannungen im Holz aus der FEM-Berechnung für auf die Holzoberfläche geklebte vorgespannte Kohlenstofffaser-Lamellen (aus [10])

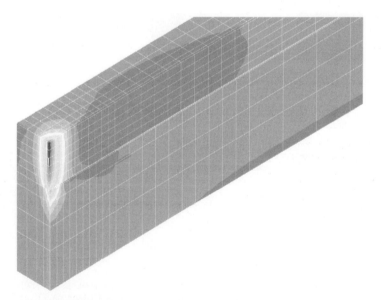

Bild 7.25 Querzugspannungen im Holz aus der FEM-Berechnung für stehend exzentrisch eingeklebte vorgespannte Kohlenstofffaser-Lamellen (aus [10])

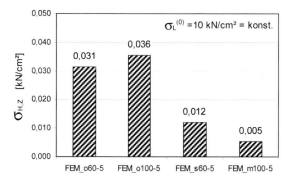

Bild 7.26 Querzugspannungen im Holz (FEM-Berechnung) für eine Lamellenspannung $\sigma_{cf}= 100$ N/mm² (aus [10])

Bei den von Luggin [10] durchgeführten Biegeversuchen (Bild 7.21) betrugen die maximalen Schubspannungen in der Verbundfuge für die auf die Holzoberfläche geklebten Kohlenstofffaser-Lamellen 8 N/mm². Bei den Versuchen mit den stehend, exzentrisch eingeklebten und mit den mittig eingeklebten Kohlenstofffaser-Lamellen konnten in der Regel Schubspannungen von 12 N/mm² ermittelt werden; der Maximalwert betrug 18 N/mm².

Auch bei numerischen Berechnungen mit der Finite-Elemente-Methode bei auf die Oberfläche geklebten Vorspannlamellen konnte Luggin [10] feststellen, dass die ermittelten Maximalwerte der Querzugspannungen im Holz ca. 3 cm unterhalb der Verklebefläche auftraten (Bild 7.24). Die Stärke (t_{ad}) und die Steifigkeit (E_{ad}) des Klebers haben auf die maximalen Werte und auf den Verlauf der Schubspannungen in der Verbundfuge, den Verlauf der Normalspannungen in der vorgespannten Kohlenstofffaser-Lamelle und der Querzugspannungen im Holz am Trägerende, im Gegensatz zur Steifigkeit der Vorspannlamelle (E_{cf}), nur einen geringen Einfluss.

Bei stehend exzentrisch eingeklebten Vorspannlamellen traten im Lasteinleitungsbereich Spannungen in Querrichtung des Holzes sowohl in x- als auch in z-Richtung auf (Bild 7.25). An den Stirnseiten des vorgespannten Holzträgers konnten Querzugspannungen in z-Richtung, die jedoch lokal begrenzt sind und vernachlässigt werden können, nachgewiesen werden. In y-Richtung traten an den Trägerenden auf einer Länge von ca. 8 cm zunächst Querdruckspannungen auf, wobei nach 12 cm der Maximalwert auftrat. Diese sind jedoch wesentlich geringer als bei den auf die Oberfläche geklebten Vorspannlamellen.

Die numerische Berechnung bei mittig vorgespannten BSH-Trägern ergab in den Lasteinleitungsbereichen an den Trägerenden hauptsächlich Querdruckspannungen; die auftretenden Querzugspannungen sind gering und betragen nur rund 5% der maximalen Querdruckspannungen.

7.6 Nachweise

7.6.1 Tragsicherheit (Spannungsnachweise)

7.6.1.1 Allgemeine Biegebemessung für Kohlenstofffaser-Verstärkungen

Bei der Ermittlung eines Bemessungswertes im Holzbau ist neben dem Teilsicherheitsfaktor γ_H noch der Modifikationsfaktor k_{mod} zu berücksichtigen. Er ist abhängig von der Umweltklasse und der Lasteinwirkungsdauer.

$$X_d = k_{mod} \cdot \frac{X_k}{\gamma_H} \tag{7.42}$$

Der Biegenachweis kann entweder auf der Schnittkraft- oder auf der Spannungsebene geführt werden. Dabei kann bei einer nichtlinearen Betrachtung zwischen dem unterschiedlichen Spannungs- und Festigkeitsverhalten an der Druckfaser bzw. der Zugfaser unterschieden werden.

Schnittkraftebene:

$$\frac{M_{S,d}}{M_{R,d}} \leq 1 \tag{7.43}$$

$$M_{fl,d} = M_{R,d} = f_{i,m,d} \cdot W_{y,i} \cdot k \tag{7.44}$$

Für eine elastische Berechnung wird der k-Faktor = 1. Für eine nichtlineare Berechnung muss die Geometrie der angenommenen Spannungsverteilung (Bild 7.16) berücksichtigt werden.

$$k = \frac{m \cdot (3 + 8 \cdot m + 6 \cdot m^2 - m^4)}{(1 + m)^4} \tag{7.45}$$

Der Verhältniswert m kann, sofern keine anderweitigen Untersuchungen vorliegen, mit 1,2 für Nadelhölzer angesetzt werden. Einige k-Werte in Abhängigkeit vom Verhältniswert m sind in Tabelle 7.5 angegeben.

Setzt man zwischen Kohlenstofffaser-Lamelle und Holzquerschnitt einen starren Verbund voraus, kann die Bemessung über den ideellen Querschnitt erfolgen. Die geometrischen Beziehungen ergeben sich nach den Bildern 7.16 und 7.29.

$$\alpha_{cf} = \frac{E_{cf}}{E_H} \tag{7.46}$$

Tabelle 7.5 Faktor für die Spannungsverteilung

Verhältniswert m	k-Faktor nach Gleichung (7.45)
1,10	0,99
1,20	0,82
1,30	0,74

$$A_H = b_H \cdot h_H \quad \text{und} \quad A_{cf} = b_{cf} \cdot h_{cf} \tag{7.47, 7.48}$$

$$z_H = h_3 \quad \text{(nach Bild 7.16)} \quad \text{und} \quad z_{cf} = \frac{t_{cf}}{2} \tag{7.49, 7.50}$$

$$z_{i,t} = \frac{A_H \cdot z_H - \alpha_{cf} \cdot A_{cf} \cdot z_{cf}}{A_H + \alpha_{cf} \cdot A_{cf}} \tag{7.51}$$

$$z_{i,c} = h_H - z_{i,t} = h_1 + h_2 \tag{7.52}$$

$$I_{y,i} = \frac{b_H \cdot b_H^3}{12} + \alpha_{cf} \cdot \frac{b_{cf} t_{cf}^3}{12} + A_H \cdot (z_H - z_{i,t})^2 + \alpha_{cf} \cdot A_{cf} \cdot (z_{i,t} + z_{cf})^2 \tag{7.53}$$

$$W_{y,i,c} = \frac{I_{y,i}}{z_{i,c}} \quad \text{und} \quad W_{y,i,t} = \frac{I_{y,i}}{z_{i,t}} \tag{7.54, 7.55}$$

Die Spannungen werden an der Biegedruckseite (oben) und an der Biegezugseite (unten) nachgewiesen. Die Spannung im Holz an der Grenzfläche Holz-Kohlenstofffaser-Lamelle braucht nicht nachgewiesen zu werden, weil das Widerstandsmoment für diese Faser größer ist, als das Widerstandsmoment für den unverstärkten Rand des Querschnittes. Wie man in Bild 7.29 erkennen kann, verschiebt sich der Schwerpunkt des idealen Querschnitts durch das Aufkleben der Kohlenstofffaser-Lamelle an der Unterseite nach unten. Für die Biegebemessung wird dadurch das obere ideale Widerstandsmoment in der Druckzone $W_{y,i,c}$ und die Spannungen im Holz am oberen Rand maßgebend.

7.6.1.2 Nachweis in der Biegedruckfaser

$$\frac{M_{S,d}}{M_{R,c,d}} \leq 1 \tag{7.56}$$

$$M_{cfl,d} = M_{R,c,d} = f_{c,m,d} \cdot W_{y,i,c} \tag{7.57}$$

7.6.1.3 Nachweis in der Biegezugfaser

$$\frac{M_{S,d}}{M_{R,d}} \leq 1 \tag{7.58}$$

$$M_{tfl,d} = M_{R,d} = f_{t,m,d} \cdot W_{y,i,t} \tag{7.59}$$

7.6.1.4 Schubbemessung

$$\frac{\tau_{s,d}}{f_{v,d}} \leq 1 \tag{7.60}$$

Die Schubspannung ($\tau_{s,d}$) für einen allgemeinen Querschnitt errechnet sich aus dessen Breite (b), dem Trägheitsmoment (I) und dem statischen Moment (S).

Für Rechteckquerschnitte gilt vereinfacht:

$$\tau_{s,d} = 1{,}5 \cdot \frac{V_{S,d}}{b \cdot h} \qquad (7.61)$$

mit

$\tau_{s,d}$ Bemessungswert der Schubspannung aus Einwirkungen
$f_{v,d}$ Bemessungswert der Schubfestigkeit des Holzes

7.6.1.5 Nachweise in der Kohlenstofffaser-Lamelle

$$\sigma_{t,cfd,u} = \alpha_{cf} \cdot \frac{M_{s,d}}{W_{y,i,u}} \leq f_{tcf,d} \qquad (7.62)$$

$$f_{tcf,d} = \frac{f_{tcf,k}}{\gamma_{cf} \cdot \gamma_m \cdot \gamma_1 \cdot \gamma_f} \qquad (7.63)$$

$$f_{t,cf,d} = E_{cf} \cdot \varepsilon_{cf,d} \qquad (7.64)$$

$$\varepsilon_{cf,d} = \frac{\varepsilon_{cf}}{\gamma_{cf} \cdot \gamma_1 \cdot \gamma_m \cdot \gamma_f} \text{ bzw. } \leq 0{,}6\% \qquad (7.65)$$

Schub für Holz in der Spannungsnulllinie:

$$\frac{\tau_{s,d}}{f_{v,d}} \leq 1 \qquad (7.66)$$

Schub für Kohlenstofffaser-Lamelle in der Kleberschicht:

$$\frac{\tau_{s,d}}{f_{ad,d}} \leq 1 \qquad (7.67)$$

mit

$\tau_{s,d}$ Bemessungswert der Schubspannung im Schwerpunkt des Holzträgers
$f_{ad,d}$ Bemessungswert der Schubfestigkeit des Klebers

7.6.2 Gebrauchstauglichkeit

Als Bemessungskriterium wird ein von der Norm oder der Funktion festgelegter Maximalwert angesetzt.

$$u_{net,fin} \leq u_{zul} \qquad (7.68)$$

Die Begrenzung der Verformungen erfolgt durch diesen normativ festgelegten Maximalwert u_{zul}. Die tatsächlich vorhandene Gesamtdurchbiegung u_{fin} darf diesen Wert nicht überschreiten.

Die Gesamtdurchbiegung errechnet sich aus den in Bild 7.27 dargestellten Anteilen. Dabei ist u_0 die Überhöhung im lastfreien Zustand, u_1 die Durchbiegung zufolge der ständigen

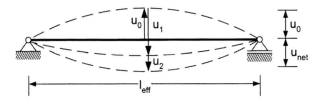

Bild 7.27 Durchbiegungsanteile

Tabelle 7.6 Berechnung der Enddurchbiegung bei einem Holzträger

Durchbiegungsanteil	Bezeichnung	Berechnung der Einwirkung mit
Elastische Anfangsdurchbiegung $u_{i,inst}$		
• aus ständiger Last	$u_{1,inst}$	$\sum_{j \geq 1} G_{kj}$
• aus veränderlicher Last	$u_{2,inst}$	$Q_{k1} + \sum_{i>1} \psi_{1,i} \cdot Q_{ki}$

Durchbiegungsanteil	Bezeichnung	Enddurchbiegungsanteil
Enddurchbiegung $u_{i,fin}$		
• aus ständiger Last	$u_{1,fin}$	$u_{1,fin} = u_{1,inst} \cdot (1 + k_{def,1})$
• aus veränderlicher Last	$u_{2,fin}$	$u_{2,fin} = u_{2,inst} \cdot (1 + k_{def,2})$
• aus Gesamtlast	$u_{net,fin}$	$u_{net,fin} = u_{1,fin} + u_{2,fin} - u_0$

Einwirkungen, u_2 die Durchbiegung infolge der veränderlichen Einwirkungen und u_{net} die Gesamtdurchbiegung bezogen auf eine Gerade, welche die beiden Auflager verbindet

Die Gesamtdurchbiegung errechnet sich zu:

$$u_{net} = u_1 + u_2 - u_0 \leq u_{zul} \tag{7.69}$$

Dabei werden zuerst die Durchbiegungsanteile elastisch ermittelt und danach mit einem Faktor, dem Deformationsfaktor k_{def}, auf die Enddurchbiegung umgerechnet. Der Deformationsfaktor berücksichtigt die Verformungen des Holzträgers mit der Zeit infolge Kriechen durch Feuchteeinfluss. Er hängt wie der Modifikationsfaktor von der Umweltklasse und der Lasteinwirkungsdauer ab. Die Rechenschritte sind in Tabelle 7.6 zusammengefasst.

7.7 Bemessungsbeispiele

Nachfolgend werden an einem Beispiel die linear eleastische und plastische Bemessung an einem Holzbalken mit aufgeklebter Kohlenstofffaser-Lamelle aufgezeigt.

7.7.1 Materialkennwerte

Tabelle 7.7 Übersicht über die Materialkennwerte

Holzträger			Anmerkung
Brettschichtholz (GL28h)			Bezeichnung lt. EN 1194
Breite	b	200 mm	
Höhe	h	1000 mm	
Biegung	$f_{m,g,k}$	28 N/mm²	lt. EN 1194
Schub	$f_{v,g,k}$	3,2 N/mm²	lt. EN 1194
E-Modul faserparallel	$E_{0,g,mean}$	12600 N/mm²	lt. EN 1194
Teilsicherheitsbeiwert	$\gamma_{M,H}$	1,3	lt. EC 5
Modifikationsfaktor	k_{mod}	0,80	(für NK1 und LED mittel)
Kohlenstofffaser-Lamelle			
Breite	b_{cf}	150 mm	
Höhe	h_{cf}	1,4 mm	
Zug	$f_{t,cf,k}$	2500 N/mm²	
E-Modul	E_{cf}	200000 N/mm²	
Teilsicherheitsbeiwert	γ_{cf}	1,2	
	γ_1	1,4	
	γ_M	1,2	
	γ_f	1,0	

7.7.2 Unverstärkter Querschnitt (Holz- oder Brettschichtholzträger)

Zum Vergleich wird zuerst die Bemessung eines unverstärkten Querschnittes betrachtet.

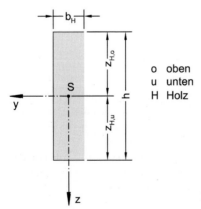

o oben
u unten
H Holz

Bild 7.28 Unverstärkter Querschnitt

Die Bemessung eines Holzträgers oder Brettschichtholzträgers (BSH-Träger) erfolgt nach EC 5 folgendermaßen:

$$\sigma_{m,d} = \frac{M_{s,d}}{W_{y,i}} \leq f_{m,d} \tag{7.70}$$

$$I_y = \frac{b_H \cdot h_H^3}{12} \tag{7.71}$$

$$W_{y,i,t/c} = \frac{I_y}{z_{i,t/c}} = \frac{I_y}{\frac{1}{2}h} \tag{7.72}$$

Im Falle eines um die y-Achse symmetrischen Querschnittes sind die Widerstandsmomente W_y und somit auch die Randspannungen σ_d oben und unten gleich.

Zum konkreten Vergleich wird folgendes Zahlenbeispiel verwendet: Breite des Trägers 200 mm, Höhe 1000 mm, Brettschichtholz GL28h ($f_{m,g,k}$=28 N/mm², $f_{v,g,k}$=3,2 N/mm²). Der Teilsicherheitsfaktor für Holz beträgt γ_M=1,3. Für die Nutzungsklasse 1 und mittlere Lasteinwirkungsdauer ergibt sich der Modifikationsfaktor zu k_{mod}=0,80.

$$f_{m,d} = k_{mod} \cdot \frac{f_{m,g,k}}{\gamma_{M,H}} = 17{,}2 \text{ N/mm}^2 \tag{7.73}$$

$$f_{v,d} = k_{mod} \cdot \frac{f_{v,g,k}}{\gamma_{M,H}} = 2{,}0 \text{ N/mm}^2 \tag{7.74}$$

Aus den getroffenen Annahmen ergibt sich das Trägheitsmoment und das Widerstandsmoment um die y-Achse zu:

$$I_y = 16{,}67 \cdot 10^9 \text{ mm}^4 \tag{7.75}$$

$$W_{y,i} = 33{,}33 \cdot 10^6 \text{ mm}^3 \tag{7.76}$$

Der Träger kann mit folgendem Bemessungswert des Biegemomentes belastet werden:

$$M_{s,d} = W_{y,i} \cdot f_{m,d} = 573{,}3 \text{ kNm} \tag{7.77}$$

Falls es sich bei dem betrachteten Träger um einen Einfeldträger der Spannweite l=15 m mit Gleichlast handelt, ergibt sich die Querkraft an den Auflagern zu:

$$V_{s,d} = \frac{4 \cdot M_{s,d}}{l} = 152{,}9 \text{ kN} \tag{7.78}$$

Die maximalen Schubspannungen treten am Auflager in der Spannungsnulllinie auf und werden für den Rechteckquerschnitt wie folgt nachgewiesen:

$$\tau_{s,d} = \frac{V_{s,d} \cdot S_y}{I_y \cdot b_H} = 1{,}5 \cdot \frac{V_{z,d}}{A_H} = 1{,}15 \text{ N/mm}^2 \leq f_{v,d} = 2{,}0 \text{ N/mm}^2 \tag{7.79}$$

An dieser Stelle müsste noch der Nachweis der Kippstabilität erbracht werden.

Der E-Modul für das Brettschichtholz Gl28h beträgt $E_{0,g,mean}$=12600 N/mm². Unter der Annahme, dass der Mittelwert der Teilsicherheitsfaktoren der Einwirkungen (γ_g und γ_q) gleich γ_s=1,4 ist, kann die Durchbiegung u wie folgt berechnet werden:

$$M_{s,k} = \frac{M_{s,d}}{\gamma_s} = 409{,}5 \text{ kNm} \tag{7.80}$$

$$u = \frac{1}{9{,}6} \cdot \frac{M_{s,k} \cdot l^2}{E_{0,g,mean} \cdot I_y} = 46 \text{ mm} < u_{zul} = \frac{l}{250} = 60 \text{ mm} \tag{7.81}$$

7.7.3 Einseitig verstärkter Querschnitt

7.7.3.1 Linear-elastische Berechnung

Setzt man zwischen Kohlenstofffaser-Lamelle und Holzquerschnitt einen starren Verbund voraus, kann die Bemessung über den ideellen Querschnitt erfolgen.

$$\alpha_L = \frac{E_{cf}}{E_H} \tag{7.82}$$

$$A_H = b_H \cdot h_H \quad \text{und} \quad A_{cf} = b_{cf} \cdot t_{cf} \tag{7.83, 7.84}$$

$$z_H = \frac{h_H}{2} \quad \text{und} \quad z_{cf} = \frac{t_{cf}}{2} \tag{7.85, 7.86}$$

$$z_{i,t} = \frac{A_H \cdot z_H - \alpha_{cf} \cdot A_{cf} \cdot z_{cf}}{A_H + \alpha_{cf} \cdot A_{cf}} \tag{7.87}$$

$$z_{i,c} = h_H - z_{i,t} \tag{7.88}$$

$$I_{y,i} = \frac{b_H \cdot b_H^3}{12} + \alpha_{cf} \cdot \frac{b_{cf} \cdot t_{cf}^3}{12} + A_H \cdot (z_H - z_{i,t})^2 + \alpha_{cf} \cdot A_{cf} \cdot (z_{i,t} + z_{cf})^2 \tag{7.89}$$

$$W_{y,i,c} = \frac{I_{y,i}}{z_{i,c}} \quad \text{und} \quad W_{y,i,t} = \frac{I_{y,i}}{z_{i,t}} \tag{7.90, 7.91}$$

Die Spannungen werden nach Gleichung (7.70) an der Biegedruckseite (oben) und an der Biegezugseite (unten) nachgewiesen. Die Spannung im Holz an der Grenzfläche Holz-Kohlenstofffaser-Lamelle braucht nicht nachgewiesen zu werden, weil das Widerstandsmoment für diese Faser größer ist, als das Widerstandsmoment für den unverstärkten Rand des Querschnittes. Wie man in Bild 7.29 erkennen kann, verschiebt sich der Schwerpunkt des ideelen Querschnitts durch das Aufkleben der Kohlenstofffaser-Lamelle an der Unterseite nach unten. Für die Biegebemessung werden dadurch das obere ideelle Widerstandsmoment $W_{y,i,c}$ und die Spannungen im Holz am oberen Rand maßgebend.

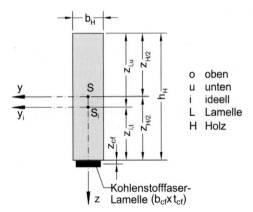

Bild 7.29   Einseitig verstärkter Querschnitt

7.7 Bemessungsbeispiele

Die Spannungen in der Kohlenstofffaser-Lamelle können nachgewiesen werden, erreichen aber nie die Beanspruchbarkeit der Kohlenstofffaser-Lamelle.

Die Schubspannungen sind an der Stelle der größten Querkraft für das Holz in der Spannungsnulllinie und für die Kleberschicht in der Grenzfläche Holz-Kohlenstofffaser-Lamelle nachzuweisen.

Anhand des Beispiels von Abschnitt 7.7 wird eine einseitige Verstärkung mit einer Kohlenstofffaser-Lamelle vorgeführt. Die Lamelle ist 1,4 mm dick und 150 mm breit. Der E-Modul beträgt $E_{cf} = 200\,000$ N/mm² und die Zugfestigkeit $f_{cf,k} = 2500$ N/mm². Die Teilsicherheitsfaktoren für kohlenstofffaserverstärkte Kunststoffe werden mit $\gamma_{cf} = 1{,}2$, $\gamma_m = 1{,}2$, $\gamma_f = 1{,}0$ und $\gamma_1 = 1{,}4$ angenommen. Aus den Gleichungen (7.83) bis (7.91) ergibt sich:

$$\alpha_{cf} = 15{,}9 \tag{7.92}$$

$$A_H = 200\,000 \text{ mm}^2 \quad \text{und} \quad A_{cf} = 210 \text{ mm}^2 \tag{7.93, 7.94}$$

$$z_H = 500 \text{ mm} \quad \text{und} \quad z_{cf} = 0{,}70 \text{ mm} \tag{7.95}$$

$$z_{i,u} = 491{,}7 \text{ mm} \quad \text{und} \quad z_{i,o} = 508{,}3 \text{ mm} \tag{7.96, 7.97}$$

$$I_{y,i} = 17{,}49 \cdot 10^9 \text{ mm}^4 \tag{7.98}$$

$$W_{y,i,c} = 34{,}41 \cdot 10^6 \text{ mm}^3 \quad \text{und} \quad W_{y,i,t} = 35{,}48 \cdot 10^6 \text{ mm}^3 \tag{7.99, 7.100}$$

Der Bemessungswert der Biegefestigkeit für das Brettschichtholz kann Gleichung (7.73) entnommen werden. Der einseitig verstärkte Träger kann folgendes Biegemoment (Bemessungswert) aufnehmen:

$$M_{s,d} = W_{y,i,o} \cdot f_{m,d} = 591{,}9 \text{ kNm} \tag{7.101}$$

Die Spannung am unteren Rand der Kohlenstofffaser-Lamelle beträgt:

$$\sigma_{t,cf} = \alpha_{cf} \cdot \frac{M_{s,d}}{W_{y,i,t}} = 265{,}3 \text{ N/mm}^2 \tag{7.102}$$

Die Spannung in der Kohlenstofffaser-Lamelle liegt weit unter dem Bemessungswert.

$$f_{t,cf,d} = \frac{f_{t,cf,k}}{\gamma_{cf} \cdot \gamma_1 \cdot \gamma_m \cdot \gamma_f} = 1240 \text{ N/mm}^2 \tag{7.103}$$

Unter den gleichen Voraussetzungen wie in Abschnitt 7.6 ergibt sich die Querkraft an den Auflagern aus Gleichung (7.78) zu:

$$V_{z,d} = 157{,}8 \text{ kN} \tag{7.104}$$

Für die Berechnung der Schubspannungen ist es erforderlich, das statische Moment für den Schwerpunkt des ideellen Querschnittes und der Kleberschicht zu berechnen:

$$S_{y,s} = \frac{z_{i,o}^2 \cdot b_H}{2} = 25{,}84 \cdot 10^6 \text{ mm}^3 \tag{7.105}$$

$$S_{y,ad} = \frac{z_{i,o}^2 \cdot b_H}{2} - \frac{z_{i,u}^2 \cdot b_H}{2} = 1{,}66 \cdot 10^6 \text{ mm}^3 \tag{7.106}$$

Aus Gleichung (7.80) ergeben sich folgende Schubspannungen:

$$\tau_{s,d} = 1{,}17 \text{ N/mm}^2 \leq f_{ad,d} = 2{,}0 \text{ N/mm}^2 \qquad (7.107)$$

$$\tau_{ad,d} = 0{,}10 \text{ N/mm}^2 \leq f_{ad,d} = 2{,}0 \text{ N/mm}^2 \qquad (7.108)$$

Die Schubspannung in der Kleberschicht errechnet sich mit der Breite der Kohlenstofffaser-Lamelle (150 mm). Dem liegt die Annahme zu Grunde, dass es für die Kleberschicht ausreicht, den Bemessungswert der Spannungen vom Holz einzuhalten, da das Holz die Schwachstelle ist und nicht der Kleber. Die Durchbiegung ergibt sich aus den Gleichungen (7.68) und (7.69) zu:

$$M_{s,k} = 422{,}8 \text{ kNm} \qquad (7.109)$$

$$u_{net,fin} = 45 \text{ mm} \qquad (7.110)$$

Abschließend müsste für diesen Träger der Nachweis der Kippsicherheit geführt werden. Durch die einseitige Verstärkung kann die Tragfähigkeit des Brettschichtholzträgers bei einer linear-elastischen Bemessung um 3% gesteigert werden.

7.7.3.2 Plastische Berechnung

Die plastische Berechnung wurde für zwei unterschiedlich angenommene Grenzdehnungen der Kohlenstofffaser-Lamelle durchgeführt. Beispiel 1 setzt eine Grenzdehnung von $\varepsilon_{cf}=0{,}002$ und Beispiel 2 von $\varepsilon_{cf}=0{,}0025$. Der tabellarischen Berechnung liegen die Formelansätze nach Abschnitt 7.3.2.2 zu Grunde.

Die Ermittlung der Spannungen und Dehnungen bei der Annahme einer plastischen Spannungsverteilung über den Querschnitt wird folgend in chronologischer Reihenfolge angeführt. Dabei werden die Bezeichnungen ohne Indizes geführt und diese mit einem Bindestrich an den Bezeichnungsbuchstaben gekoppelt. Diese Vorgehensweise kann auch in Tabellenkalkulations-Programmen angewandt werden.

1. Festlegung der geometrischen Größen

    h_{Holz} Höhe des Holzquerschnittes
    b_{Holz} Breite des Holzquerschnittes
    t_{cf} Dicke der Kohlenstofffaser-Lamelle
    b_{cf} Breite der Kohlenstofffaser-Lamelle

2. Festlegung der physikalischen Kennwerte

    E_{Holz} Elastizitätsmodul des Holzes
    E_{cf} Elastizitätsmodul der Kohlenstofffaser-Lamelle
    σ_{h1} Plastische Holzspannung

3. Wahl der Bemessungsdehnung der Kohlenstofffaser-Lamelle unter Berücksichtigung der Holzranddehnung in der Kontaktfuge zur Kohlenstofffaser-Lamelle ε_{cf}.

4. Wahl der Höhe h_4 – Höhe der unteren Dreiecksverteilung in der Zugzone des Holzquerschnittes,

    Wahl der Spannungsgröße σ_{h3}.

5. Ermittlung der inneren Schnittkräfte im Drehpunkt i; das Moment M_i und die Horizontalkraft H_i aus den unteren Spannungsblöcken.

6. Formulierung der Gleichgewichtsbedingungen aus den oberen Spannungsanteilen in der Druckzone und den zuvor ermittelten inneren Schnittgrößen. Die Lösung dieser Gleichgewichtsbedingungen ergibt die Höhe h_1 und h_2.

7. Kontrolle der Annahmen h_4 und σ_{h3} durch Bildung der Gleichgewichtsbedingungen im Punkt u. Als Kontrolle müssen die inneren Schnittkräfte übereinstimmen.

8. Falls die Abweichung der inneren Schnittkräfte zu groß ist, muss mit dem Punkt 4 erneut ein iterativer Berechnungsdurchgang geführt werden. In diesem Beispiel wird dieser iterative Vorgang innerhalb des Programms Excel mittels Solver unter Einhaltung der Randbedingungen gelöst.

9. Die beiden oberen Spannungsblöcke σ_{h1} und σ_{h2} in der Druckzone werden durch eine Parabel ersetzt.

Damit der Berechnungsablauf nachvollzogen werden kann, werden nachfolgend die geometrischen und mechanischen Formulierungen nochmals angeführt.

Formulierung der Horizontalkräfte aus den Spannungsblöcken:

$$F_1 = \sigma_{h1} \cdot (h_0 - h_2) \cdot b_H$$

$$F_2 = \sigma_{h2} \cdot h_2 \cdot b_H$$

$$F_3 = \sigma_{h2} \cdot \frac{h_3}{2} \cdot b_H$$

$$F_4 = \frac{E_{0,g,mean}}{E_{cf}} \cdot \sigma_{cf} \cdot b_H \cdot \frac{h_4}{2}$$

$$F_{cf} = \sigma_{cf} \cdot b_{cf} \cdot t_{cf}$$

Formulierung der Höhe h_3 als Funktion der Lamellendehnung und der Unbekannten σ_{h2} und h_4:

$$h_3 = \frac{h_4}{\frac{E_{0,g,mean}}{E_{cf}} \cdot \sigma_{cf}} \cdot \sigma_{h2}$$

Formulierung der Gleichgewichtsbedingungen im Drehpunkt i als Funktion der Lamellendehnung und der Unbekannten σ_{h2} und h_4:

$$H_i = F_{cf} + F_4 - F_3$$

$$M_i = F_{cf} \cdot \left(\frac{t_{cf}}{2} + h_4\right) + F_4 \cdot \frac{2 \cdot h_4}{3} - F_3 \cdot \frac{2 \cdot h_3}{3}$$

Ermittlung von σ_{h2} und h_4 aus den Gleichgewichtsbedingungen des oberen Teiles um den Punkt i:

$$F_1 = \sigma_{h1} \cdot (h_0 - h_2) \cdot b_H$$

$$F_2 = \sigma_{h2} \cdot h_2 \cdot b_H$$

$$M_i = F_1 \cdot \left(\left(\frac{h_0 - h_2}{2}\right) + h_2\right) + F_2 \cdot \frac{h_2}{2}$$

$$H_i = F_1 + F_2$$

Unter Berücksichtigung der Schnittgrößen in der Zugzone (aus dem unteren Teil: Schnittuferprinzip) lassen sich folgende Formeln für die Unbekannten ableiten:

$$\sigma_{h2} = \frac{-H_i^2 + 2b_H \cdot h_0 \cdot H_i \cdot \sigma_{h1} - 2 \cdot b_H \cdot M_i \cdot \sigma_{h1}}{b_H \cdot (-2 \cdot M_i + b_H \cdot h_0^2 \cdot \sigma_{h1})}$$

$$h_2 = \frac{2 \cdot M_i - b_H \cdot h_0^2 \cdot \sigma_{h1}}{H_i - b_H \cdot h_0 \cdot \sigma_{h1}}$$

Die Einrichtung der Unbekannten σ_{h2} und h_4 erfolgt durch einen iterativen Vorgang. Die Bildung und die Kontrolle der Gleichgewichtsbedingungen erfolgt um den Drehpunkt u.

Beispiel 1: Bemessungsdehnung der Verstärkungslamelle $\varepsilon_{cf}=0{,}002$

h_{Holz} [mm]	b_{Holz} [mm]	t_{cf} [mm]	b_{cf} [mm]	ε_{cf} [–]	$E_{0,g,mean}$ [N/mm^2]	E_{cf} [N/mm^2]
1000	200	1,4	150	0,002	12 600	200 000

σ_{h1} [N/mm^2]	σ_{h2} [N/mm^2]	σ_{h4} [N/mm^2]	σ_{cf} [N/mm^2]
28	0,00	25,20	400

Iterationswerte

0,00	Hu [N]	Mu [Nmm]
0,00	1392202	4,96E+08

h_1 [mm]	h_2 [mm]	h_0 [mm]	h_3 [mm]	h_4 [mm]
248,6	232,3	480,9 1000,0	0,00	519,1

Gleichgewicht der Horizontalkräfte

F_1 [N]	F_2 [N]	F_3 [N]	F_4 [N]	F_{cf} [N]
1392202	0	0,00 0,03	1308202,5	84000

Momentengleichgewicht

Punkt i

Hebelarme	357	116	0	346	519,828		
Teilmomente	4,96E+08	0,00E+00	0,00E+00	4,53E+08	4,37E+07	Fehler %	Summe M
Kontrolle i		4,96E+08			4,96E+08	0	9,928E+08

Punkt u

Hebelarme	357	116	0	346	520		
Teilmomente	4,96E+08	0,00E+00	0,00E+00	4,53E+08	4,37E+07	Fehler %	Summe M
Kontrolle u		4,96E+08		4,96E+08		0	9,928E+08

In den letzten beiden Tabellen werden jeweils in der letzten Zeile die beiden Teilmomente bestimmt, welche als Summe das aufnehmbare plastische Moment ergeben. Für das hier durchgerechnete Beispiel ergibt sich ein aufnehmbares Moment von $M_{pl}=993$ kNm.

Beispiel 2: Bemessungsdehnung der Kohlenstofffaser-Verstärkungslamelle $\varepsilon_{cf}=0,0025$

h_{Holz} [mm]	b_{Holz} [mm]	t_{cf} [mm]	b_{cf} [mm]	ε_{cf} [–]	$E_{0,g,mean}$ [N/mm^2]	E_{cf} [N/mm^2]
1000	200	1,4	150	0,0025	12 600	200 000

σ_{h1} [N/mm^2]	σ_{h2} [N/mm^2]	σ_{h4} [N/mm^2]	σ_{cf} [N/mm^2]
28	0,00	31,50	500

Iterationswerte

	Hu [N]	Mu [Nmm]		
0,00				
0,00	1690030	5,85E+08		

h_1 [mm]	h2 [mm]	h_0 [mm]	h_3 [mm]	h_4 [mm]
301,8	195,0	496,8 1000,0	0,00	503,2

Gleichgewicht der Horizontalkräfte

F_1 [N]	F_2 [N]	F_3 [N]	F_4 [N]	F_{cf} [N]
1690030	0	0,00 0,03	1585030	105000

Momentengleichgewicht

Punkt i

Hebelarme	346	98	0	335	503,884		
Teilmomente	5,85E+08	0,00E+00	0,00E+00	5,32E+08	5,29E+07	Fehler %	Summe M
Kontrolle i		5,85E+08		5,85E+08		0	1,169E+09

Punkt u

Hebelarme	346	98	0	335	504		
Teilmomente	5,85E+08	0,00E+00	0,00E+00	5,32E+08	5,29E+07	Fehler %	Summe M
Kontrolle u		5,85E+08		5,85E+08		0	1,169E+09

In den letzten beiden Tabellen werden jeweils in der letzten Zeile die beiden Teilmomente bestimmt, welche als Summe das aufnehmbare plastische Moment ergeben. Für das hier durchgeführte Beispiel ergibt sich ein aufnehmbares Moment von $M_{pl} = 1170$ kNm.

Man erkennt, dass durch die Annahme einer erhöhten Bemessungsdehnung der Kohlenfaserstoff-Lamelle von 0,2% auf 0,25% das aufnehmbare Biegemoment um 18% ansteigt.

8 Kohlenstofffaser-Verstärkungen im Stahl- und Verbundbau

Verwende stets ein einfaches Modell, aber nicht zu einfach.

Albert Einstein (1879–1955)

Bauen mit Stahlprofilen als Haupttragelemente oder in Kombination mit Druckgurten aus Betonscheiben ermöglicht flexible Strukturen und einen schnellen Baubetrieb. Die Eigenschaften der Querschnitte sind gerade im Stahl- und Verbundbau entscheidend für die Tragsicherheit. Deshalb werden für Stahl- und Verbundträger vier Querschnittsklassen unterschieden, welche das Trag- und Verformungsverhalten beeinflussen.

1. Klasse 1 – plastisch: diese Querschnitte ermöglichen plastische Gelenke mit ausreichendem Rotationsvermögen.
2. Klasse 2 – kompakt: diese Querschnitte können zwar plastisch beansprucht werden, weisen aber nur ein begrenztes Rotationsvermögen auf.
3. Klasse 3 – halb-kompakt: diese Querschnitte erreichen in der ungünstigsten Querschnittsfaser die Streck- bzw. Fließgrenze. Es kann kein Rotationsvermögen aufgrund der Gefahr des örtlichen Ausbeulens ausgenutzt werden.
4. Klasse 4 – schlank: diese Querschnitte verhalten sich über den gesamten wirksamen Querschnitt elastisch. Der Tragwiderstand wird unter Berücksichtigung des örtlichen Ausbeulens ermittelt.

Im Stahl- und Verbundbau fallen im Allgemeinen die verschieden gedrückten Teile eines Querschnittes, wie Steg oder Gurte, in unterschiedliche Querschnittsklassen. Deshalb wird ein Querschnitt normalerweise in jene Klasse eingestuft, die dem Querschnittsteil mit der höchsten, also ungünstigsten Klasse entspricht (z. B.: fällt der gedrückte Gurt eines I-Profils in Klasse 1 und der Steg in Klasse 3 so entspricht der Querschnitt der Klasse 3).

8.1 Eigenschaften von Stahl

8.1.1 Neue Stahlbezeichnungen und -eigenschaften

Die heute üblichen Stahlprofilsorten für den Stahl- und Verbundbau können in drei Hauptgruppen zusammengefasst werden. Der Verwendungszweck und die Schweißeigenschaften entscheiden über die Stahlauswahl. Unter bestimmten Voraussetzungen kann auch die Verwendung von wetterfesten Stählen empfehlenswert sein.

a) Unlegierte Baustähle: S 235, S 275, S 355.
b) Schweißgeeignete Feinkornbaustähle: S 275 N, S 275 NL, S 355 N, S 355 NL.
c) Vergütungsstähle: C35+N, C45+N.

Klasse	Tragverhalten	Beanspruchbarkeit	Rotationskapazität der plastischen Gelenke	Tragwerks-berechnung
1	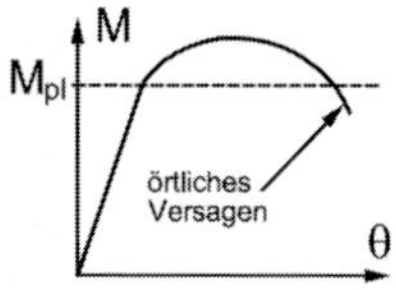 M_{pl}, M–θ Kurve mit örtlichem Versagen	PLASTISCH über den ganzen Querschnitt, 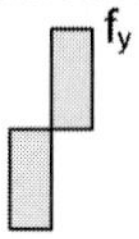 f_y	genügend	plastisch oder elastisch mit Momenten-umlagerung
2	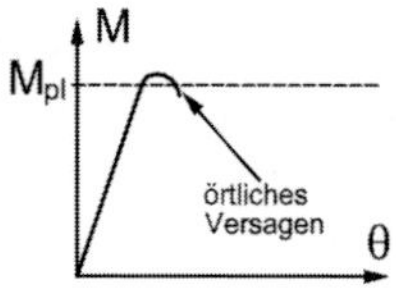 M_{pl}, M–θ Kurve mit örtlichem Versagen	PLASTISCH über den ganzen Querschnitt, 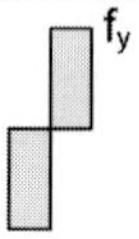 f_y	begrenzt	elastisch mit Momenten-umlagerung
3	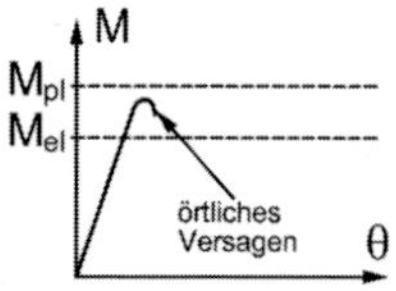 M_{pl}, M_{el}, M–θ Kurve mit örtlichem Versagen	ELASTISCH über den ganzen Querschnitt, 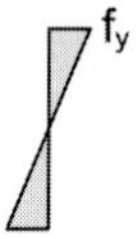 f_y	keine	elastisch mit Momenten-umlagerung
4	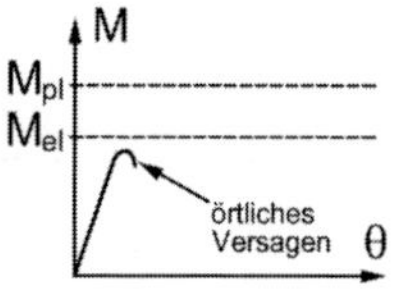 M_{pl}, M_{el}, M–θ Kurve mit örtlichem Versagen	ELASTISCH über den wirksamen Querschnitt, 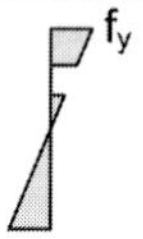 f_y	keine	elastisch mit Momenten-umlagerung

Bild 8.1 Einteilung in Querschnittsklassen

Die Kurzbezeichnung von Stählen beginnt mit den Buchstaben

S: Stähle für den allgemeinen Stahlbau,
N: Normalgeglühte Stähle oder ein gleichwertiger Zustand,
C: Eignung für besondere Verwendungszwecke wie Abkanten, Walzprofilieren, Kaltziehen.

Die Zahl hinter dem Buchstaben gibt die Streck- bzw. Fließgrenze in N/mm² wieder. Zum Vergleich der nationalen Stahlbezeichnungen aus den vergangenen und neuen Stahlbaunormen kann die folgende Tabelle 8.1 hilfreich sein.

8.1 Eigenschaften von Stahl

Tabelle 8.1 Internationaler Normenvergleich der Stahlbezeichnungen (aus [1])

Euro-Normen		Vergleich mit den Vorläufernormen		
EN 10027-1 (Stahlsorte)	EN 10027-2 (Werkstoffnummer)	EN 10025: 1990	Deutschland DIN 17100	Österreich ÖNORM M3116
S185	1.0035	Fe 310-0	St 33	St 320
S235JR	1.0037	Fe 360 B	St 37-2	S235JRG1
	1.0036	Fe 360 BFU	USt 37-2	USt 360 B
S235JRG2	1.0038	Fe 360 BFN	RSt 37-2	RSt 360 B
S235JO	1.0114	Fe 360 C	St 37-3 U	St 360 C
St 360 CE	S235J2G3	1.0116	Fe 360 D1	St 37-3 N
St 360 D	S235J2G4	1.0117	Fe 360 D2	
S275JR	1.0044	Fe 430 B	St 44-2	St 430 B
S275JO	1.0143	Fe 430 C	St 44-3 U	St 430 C
				St 430 CE
S275J2G3	1.0144	Fe 430 D1	St 44-3 N	St 430 D
S275J2G4	1.0145	Fe 430 D2		
S355JR	1.0045	Fe 510 B		
S355JO	1.0553	Fe 510 C	St 52-3 U	St 510 C
S355J2G3	1.0570	Fe 510 D1	St 52-3 N	St 510 D
S355J2G4	1.0577	Fe 510 D2		
		Fe 510		
S355K2G3	1.0595	Fe 510 DD1		
S355K2G4	1.0596	Fe 510 DD2		
E295	1.0050	Fe 490-2	St 50-2	St 490
E335	1.0060	Fe 590-2	St 60-2	St 590
E360	1.0070	Fe 690-2	St 70-2	St 690

8.1.2 Historische Stahlbezeichnungen und -eigenschaften

Vor etwa hundert Jahren entstanden die ersten Vorschriften und Richtlinien über den Stahlbau. So wurden im 19. Jahrhundert primär „Schweißeisen" und „Puddelstähle" zur Konstruktion der Fachwerke in Kombination mit Nietverbindungen verwendet [2]. Auszugsweise werden nachfolgend einige Werte aus den preußischen Hochbauvorschriften von 1919 mit Angabe der Stahlbezeichnung und der mechanischen Eigenschaften von den Baustählen [3] wiedergegeben.

Untersuchungen an historischen Stahlbauten ergaben, dass die geometrischen Abweichungen der Profile einen Variationskoeffizienten zwischen 4 und 8% aufweisen [4].

Tabelle 8.2 Auszug von Materialien und deren Kennwerten aus den preußischen Hochbauvorschriften von 1919 (aus [3])

Stahlbezeichnung	E-Modul [N/mm^2]	Streckgrenze (Fließgrenze)	Zugfestigkeit [N/mm^2]
Gusseisen	75 000 bis 105 000	Nicht vorhanden	120– 320
Schweißeisen	200 000	180	330– 400
Flusseisen	210 000	200	340– 500
Stahlguss	215 000	210	350– 700
Flussstahl	220 000	300	500–2000

8.2 Verstärkungen von Stahlprofilen

Im konstruktiven Stahlbau ist das additive Ergänzen von Profilen durch Stahlplatten eine bewährte Verstärkungsmethode. Bekannt sind dabei die Verstärkungen von Zuggurten oder Stegscheiben, wobei Stahlbleche durch Nieten, Schrauben oder mit Schweißverbindungen befestigt wurden. Eine neue Art des Verstärkens stellen die Kohlenstofffaser-Elemente dar. So berichten Sen und Liby [5] von Verstärkungsmaßnahmen durch Kohlenstofffaser-Lamellen an einer Verbundbrücke aus dem Jahre 1994. An der „University of Delaware" wurden durch Mertz und Gillespie [6] Untersuchungen von verschiedenen Kohlenstofffaser-Elementen, auf Stahlprofile geklebt, getätigt. Es zeigte sich die positive Wirkungsweise dieses Verstärkungsmaterials, wobei die Steifigkeit um etwa 25% und die Tragfähigkeit um mindestens 60% verbessert wurde.

Die Problematik der galvanischen Korrosion im Haftungsbereich zwischen der Stahloberfläche und der Kohlenstofffaser-Lamelle wurde von Tavakkolizadeh und Saadatmanesh [7] untersucht. Diese Aktivierung kann durch das Aufbringen einer dünnen Klebeschicht (Epoxidharz) oder einer nichtmetallischen Zwischenschicht unterbunden werden. Eine solche nichtmetallische Zwischenschicht kann auch ein Glasfasergewebe oder -gelege sein.

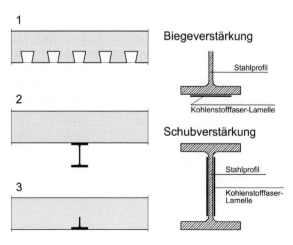

Bild 8.2 Verbunddecken und prinzipielle Verstärkungsmaßnahmen
1 Verbunddecke mit Trapetzblech
2 Deckel mit Verbundträger
3 Verbundflachdecke (slim floor)

Um eine gute Verbundwirkung zwischen dem Stahlprofil und dem Kohlenstofffaser-Produkt zu ermöglichen, muss die Stahloberfläche sorgfältig gereinigt werden. Zur Verbesserung der Haftung können zuerst durch Sanddruck- oder Wasserdruckstrahlen Schmutzablagerungen, Korrosionsbereiche etc. entfernt werden. Die Oberfläche muss für die Klebung sauber, trocken und fettfrei sein.

Untersuchungen von Tavakkolizadeh und Saadatmanesh [8] haben gezeigt, dass solche Zuggurtverstärkungen an Stahlträgern einer Verbundbaudecke sehr wirkungsvoll eingesetzt werden können. Wesentlich dabei war, dass nach dem Fließen des Stahlgurts eine Steigerung der Steifigkeit durch die aufgeklebte Kohlenstofffaser-Lamelle zu verzeichnen war. Diese Erhöhung der Steifigkeit geht aber auf Kosten der Duktilität, weshalb bei einer mehrschichtigen Verstärkung mittels Kohlenstofffaser-Gelegen oder -Lamellen die Steifigkeit ansteigt und die Duktilität abnimmt. Wirkungsvoll wird die konstruktive Verstärkung mit Kohlenstofffaser-Elementen bei Verwendung hochmoduliger Produkte. Der E-Modul der Kohlenstofffaser-Produkte sollte Werte von mindestens $E_{cf} > 250$ GPa erreichen, wobei $E_{cf} > 400$ GPa sinnvoll wäre.

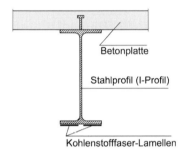

Bild 8.3 Beispiel einer Verbunddecke mit aufgeklebten Kohlenstofffaser-Lamellen

8.3 Bemessung von Kohlenstofffaser-Verstärkungen an Stahlprofilen

8.3.1 Elastische Bemessung

Genauso wie im Holzbau geht man von einer linearen Dehnungsverteilung über den Querschnitt aus. Bei einem mit Kohlenstofffaser-Lamellen auf der Zugseite verstärkten Biegebalken verschiebt sich die Spannungsnulllinie zur verstärkten Zugseite hin (Bild 8.4). Dabei wird die Spannung der Stahlfaser an der Druckseite des Biegeträgers aufgrund des sich vergrößernden Hebelarms zur maximalen Zugspannung des Stahles an der Biegezugseite vergrößert. Bei genügender Tragreserve des Zuggurtes mit der externen Kohlenstofffaser-Verstärkung kann es zu einem Druckversagen des oberen Stahlgurtes kommen. Im elastischen Fall wird von einer dreieckförmigen Spannungsverteilung ausgegangen. Beide Spannungsanteile im Stahl, die äußerste Druckfaser und die Zugfaser, müssen hinsichtlich ihrer Festigkeiten nachgewiesen werden.

Zwischen der Kohlenstofffaser-Lamelle und dem Gurt des Stahlprofils wird ein starrer Verbund angenommen. Damit kann die Bemessung über den ideellen Querschnitt erfolgen. Die geometrischen Beziehungen ergeben sich zu:

$$\alpha_{cf} = \frac{E_{cf}}{E_s} \qquad (8.1)$$

$$A_s = \quad \text{und} \quad A_{cf} = b_{cf} \cdot t_{cf} \qquad (8.2)$$

$$I_{y,i} = I_{y,s} + \alpha_{cf} \cdot \frac{b_{cf} \cdot t_{cf}^3}{12} + A_s \cdot (z_s - z_{i,t})^2 + \alpha_{cf} \cdot A_{cf} \cdot (z_{i,t} + Z_{cf})^2 \qquad (8.3)$$

$$W_{y,i,c} = \frac{I_{y,i}}{z_{i,c}} \quad \text{und} \quad W_{y,i,t} = \frac{I_{y,i}}{z_{i,t}} \qquad (8.4),\ (8.5)$$

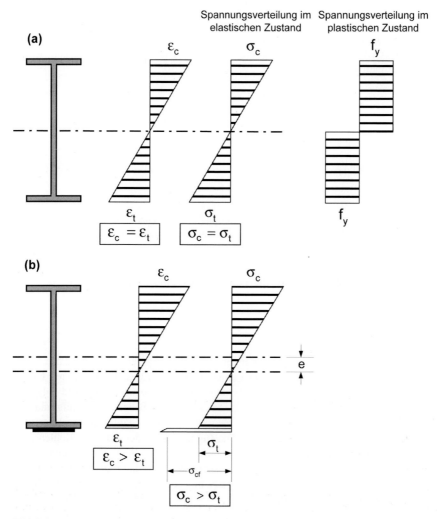

Bild 8.4 Dehnungs- und Spannungsverlauf eines verstärkten Stahlprofils. Einfluss einer Verstärkung der Zugzone bei linear angenommener Spannungsfunktion: (a) unverstärkter Querschnitt, (b) verstärkter Querschnitt

8.3 Bemessung von Kohlenstofffaser-Verstärkungen an Stahlprofilen

Die Verschiebung der neutralen Faser „e" hin zur verstärkten Zone errechnet sich aus den statischen Momenten und dem Verhältnis der beiden E-Moduli.

$$e = \frac{h}{2} - z_{i,t}$$

$$z_{i,t} = \frac{A_s \cdot z_s - A_{cf} \cdot z_{cf} \cdot \alpha_{cf}}{A_s + A_{cf} \cdot \alpha_{cf}} \tag{8.6}$$

$$z_s = \frac{h_s}{2}$$

$$z_{cf} = \frac{t_{cf}}{2}$$

Durch diese Exzentrizität verschiebt sich der als linear angenommene Dehnungs- und Spannungsverlauf hin zur verstärkten Zugzone.

Durch das Aufkleben der Kohlenstofffaser-Elemente an der Zugseite verschiebt sich der Schwerpunkt des ideellen Querschnitts nach unten. Für die Biegebemessung werden dadurch das obere ideelle Widerstandsmoment $W_{y,i,o}$ und die Druckspannungen im Stahlgurt am oberen Rand maßgebend. Die Spannung in der Grenzfläche Stahlprofil-Kohlenstofffaser ist kleiner als jene im Kohlenstofffaser-Elemente und braucht daher nicht nachgewiesen zu werden. Die Spannung im Kohlenstofffaser-Element muss aber wie bei den anderen Konstruktionsmaterialien nachgewiesen und mit dem Bemessungswert der Kohlenstofffaser-Lamelle verglichen werden.

Bemessungswert der Kohlenstofffaser-Elemente:

$$\varepsilon_{cf,d} = \frac{\varepsilon_{cf,k}}{\gamma_{cf,l,\varepsilon} \cdot \gamma_l \cdot \gamma_m \cdot \gamma_f}$$

$f_{cf,l,d} = E_{cf} \cdot \varepsilon_{cf,d}$
$\gamma_{cf,l,t} = 1{,}2$
$\gamma_l = 1{,}0$ bzw. $1{,}4$ Gefahr des vorzeitigen Ablösens (peeling)
$\gamma_m = 1{,}1$ als Montage-Teilsicherheitsfaktor
$\gamma_f = 1{,}0$

8.3.2 Plastische Bemessung

Für die Berechnung der Beanspruchbarkeit im plastischen Zustand können folgende Annahmen getroffen werden:

- linearelastische, idealplastische Spannungs-Dehnungs-Beziehung,
- Ebenbleiben der Querschnitte,
- Fließbedingung.

Für eine plastische Bemessung im Stahlbau wird eine rechteckförmige Spannungsverteilung über den Querschnitt angesetzt und das Fließen der einzelnen Fasern bis zur neutralen Achse angenommen. Es werden also die plastischen Reserven des Querschnittes ausgenutzt. Die Berechnungsschritte der plastischen Bemessung sind identisch mit jener einer elastischen Bemessung, wobei das plastische Widerstandsmoment durch Multiplikation mit dem „plastischen Formbeiwert" aus dem elastischen Widerstandsmoment errechnet wird.

$$W_{y,i,c}^{pl} = W_{y,i,c}^{el} \cdot \alpha_{pl}$$
$$W_{y,i,t}^{pl} = W_{y,i,t}^{el} \cdot \alpha_{pl} \tag{8.7}$$

Dieser plastische Formbeiwert α_{pl} ist je nach Querschnittsgestaltung des Profils verschieden; er darf jedoch nicht größer als 1,25 angesetzt werden.

Die Gleichgewichtsbedingungen am differentiellen oder finiten Element sind einzuhalten. Die Dehnungen in Stablängsachse können beliebig groß angelegt werden, jedoch sind die Grenzbiegemomente im plastischen Zustand auf den 1,25-fachen Wert des elastischen Grenzbiegemomentes zu begrenzen.

8.4 Versagensarten

Grundsätzlich können folgende sechs Versagensarten unterschieden werden:

- Versagensart 1: Fließen bzw. Bruch des Stahlzuggurtes.
- Versagensart 2: Druckbruch im Beton.
- Versagensart 3: Ablösen der Kohlenstofffaser-Schicht vom Stahlprofil (peeling).
- Versagensart 4: Zugbruch des Kohlenstofffaser-Elementes.
- Versagensart 5: Beulen des Stahlprofil-Steges.
- Versagensart 6: Schubversagen der Verbunddübel.

Im Allgemeinen kann durch konstruktive Maßnahmen ein Schubversagen der Verbunddübel, das Ausbeulen des Stegbleches und durch entsprechende Wahl der Querschnitte bzw. der Betongüte der Druckbruch im Beton verhindert werden. Die häufigsten Versagensarten sind gekennzeichnet durch ein anfängliches Fließen des Stahlzuggurtes. Dadurch entstehen große Dehnungsgradienten, die zuerst zu Ablöseeffekten der Kohlenstofffaser-Verstärkungen führen und später zu einem Zugbruch der Kohlenstofffaserschicht führen können. Aus diesem Grund kommt auch der Begrenzung der Dehnung und dem Bemessungswert der Dehnung der Kohlenstofffaser-Verstärkung eine besondere Bedeutung zu.

8.5 Vorgespannte Kohlenstofffaser-Elemente

Genauso wie im konstruktiven Beton- und Holzbau können auch im Stahl- und Verbundbau vorgespannte Kohlenstofffaser-Elemente angewandt werden.

Die Endverankerungssysteme können extern angeschweißt oder besser, angeschraubt werden. Interessant ist auch die Möglichkeit, diese vorgespannten Kohlenstofffaser-Elemente extern entweder verbundlos oder in einem Klebeverbund anzubringen.

Der Bemessungswert der Dehnung der vorgespannten Kohlenstofffaser-Elemente sollte maximal 1% sein.

9 Kohlenstofffaser-Verstärkungen von Mauerwerk

Ich kann nicht sagen, wie ich es machen werde,
aber ich kann euch sagen, dass ich es machen werde.

G. Stephenson (1781–1848)

Bauen mit Mauerwerk stellt eine der ältesten Bauweisen dar. Dank der guten bauphysikalischen Eigenschaften und der einfachen Herstellung ist Mauerwerk auch heute noch ein beliebtes Bausystem. Über das Mauerwerk werden vertikale Kräfte aus Eigengewicht und Nutzung, horizontale Kräfte aus Erdbeben- und Windbelastung abgetragen und Tragwerke ausgesteift.

Als Baustoffe können Ziegel, Kalksandsteine und Betonsteine dienen, wobei sowohl Normalbeton als auch Leichtbeton und Porenbeton verwendet werden können. Die Anforderungen an die Steine hinsichtlich Abmessungen, Lochbild, Festigkeitseigenschaften und Rohdichteklassen sind den entsprechenden nationalen Normen zu entnehmen. In den Bildern 9.1 bis 9.3 sind einige Beispiele für in Deutschland zugelassene Steinarten dargestellt.

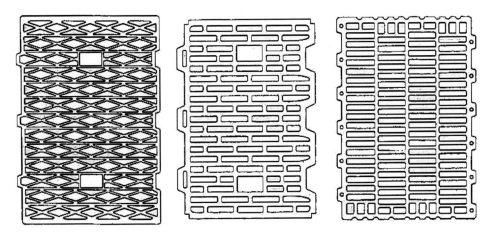

Bild 9.1 Beispiele für Hochlochziegel

In Bild 9.4 sind die Marktanteile der unterschiedlichen Werkstoffe der wandbauherstellenden Industrie in Deutschland im Jahr 2002 dargestellt. Mauerziegel weisen mit über 40% den größten Anteil auf, während Kalksandsteine etwa denselben Anteil haben wie alle Betonsteine zusammen.

Ältere Mauerwerksbauten wurden häufig nach empirischen Erfahrungswerten und überlieferter Handwerkskunst gebaut. Aus Gründen von Nutzungsänderungen sowie neuen Sicherheitsanforderungen heutiger Normen kann ein nachträgliches Verstärken notwendig werden. Solche Verstärkungsmaßnahmen betreffen auch Mauerwerksbauten in seismisch

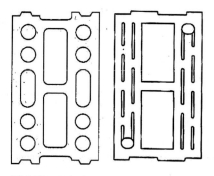

Bild 9.2 Beispiele für Hohlblöcke aus Leichtbeton

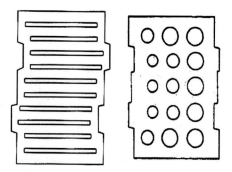

Bild 9.3 Beispiele für Vollblöcke aus Leichtbeton

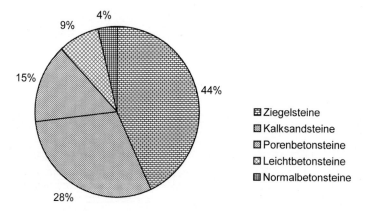

Bild 9.4 Aufteilung der Marktanteile von Wandbaustoffen in Deutschland im Jahr 2000

gefährdeten Zonen (wie Kalifornien, Mesopotamien – Iran und Irak –, Italien, Griechenland, Türkei, Japan, Neuseeland, Australien usw.).

Unbewehrtes Mauerwerk kann nur geringe Zugkräfte übertragen und weist deshalb auch nur eine geringe Schub- und Biegefestigkeit auf. Beim Verstärken von erdbebenbeanspruchten Tragwänden sollen vor allem der Schubwiderstand und die Duktilität erhöht werden. Der Biegewiderstand ist meist ausreichend, die Rotationsduktilität muss jedoch erhalten und wenn möglich erhöht werden. Steifere Bauteile werden unter Erdbebeneinwirkung stärker beansprucht, weshalb bei der Bemessung dort auch erhöhte Erdbebenersatzkräfte anzusetzen sind.

Prinzipiell können Tragwände aus Mauerwerk folgendermaßen verstärkt werden:

- Anbringen einer externen, vertikalen oder diagonalen Vorspannung,
- Befestigung von Stahlnetzen und Spritzbeton am Mauerwerk,
- Einbau eines Stahlrahmens,
- Aufkleben oder Anschrauben von Stahl- oder verstärkten Kunststoff-Elementen.

Bei Neubauten gibt es außerdem die Möglichkeit, im Verbund liegende Bewehrung oder nicht im Verbund liegende vertikale vorgespannte Stahllitzen oder Kohlenstofffaser-Kabel einzubauen. Das Verpressen der Löcher bereitet aber meist Schwierigkeiten, wodurch die gewünschten Verbundeigenschaften und der erforderliche Korrosionsschutz nur teilweise erreicht werden. Das Einbauen einer horizontalen Bewehrung ist wegen der vertikalen Lochrichtung der Mauersteine oft unmöglich. Da eine Verstärkung von Mauerwerk bei Neubauten nur bedingt möglich ist, werden stark beanspruchte Wände meist in Stahlbeton ausgeführt.

Bringt man zur Verstärkung von Mauerwerk zusätzliche Vertikalkräfte auf – wie z.B. durch eine externe, vertikale Vorspannung – kommt es im Mauerwerk zu zusätzlichen Druckkräften, die in den unteren Geschossen zu Überbeanspruchungen führen können. Nachträglich angebrachte Stahlnetze mit Spritzbeton können oft nur teilweise genutzt werden, weil der Verbund zum Mauerwerk Probleme bereitet. Stahlrahmen sind aufgrund ihres hohen Eigengewichtes problematisch einzubauen und können auch oft nur schwierig in das architektonische Konzept integriert werden. Stahllamellen sind korrosionsanfällig, weisen ein schlechtes Ermüdungsverhalten auf und müssen wegen ihrer begrenzten Lieferlänge oft gestoßen werden, was zu Schwachstellen und erhöhtem Arbeitsaufwand führen kann. All diese Verstärkungsmaßnahmen erhöhen häufig das Eigengewicht der Bauteile, was bei erdbebenbeanspruchten Bauteilen eigentlich vermieden werden sollte. Die ästhetische Verträglichkeit eines solchen Eingriffes stellt gerade bei denkmalgeschützten Bauten ein weiteres Planungskriterium dar.

Viele dieser Probleme können durch den Einsatz von Kohlenstofffaser-Lamellen, -Gewebe, und -Gelege vermieden werden. Durch die hohe Zugfestigkeit reichen normale Lamellendicken (< 1,4 mm) zur Verstärkung aus, was zu einem schonenden und ästhetisch verträglichen Eingriff führt. Das geringe Eigengewicht und die praktisch endlosen Lieferlängen erleichtern die Arbeit auf der Baustelle. Gerade für seismisch beanspruchte Bauteile stellt der hohe Widerstand gegen Materialermüdung einen weiteren Vorteil dar.

9.1 Materialverhalten von neuem Mauerwerk

Mauerwerk besteht aus Mauerwerkssteinen und Mörtel. Die unterschiedlichen Mörtel- und Steinfestigkeiten bewirken große Schwankungen der Qualität von Mauerwerk. Die Festigkeit und Steifigkeit der verwendeten Mauerwerkssteine und des verwendeten Mörtels müssen aufeinander abgestimmt sein. Kalk, schon ab 6000 v. Chr. bekannt, wurde erst vor 2000 Jahren von den Römern zur Mörtelherstellung verwendet. Heute ist der Portlandzement im Mörtel das wichtigste Bindemittel für das Mauerwerk. Es werden für den Mauerwerkmörtel fast ausschließlich so genannte Werkmörtel und nur in Ausnahmefällen Baustellenmörtel verwendet [1]. Der zur Mauerung eingesetzte Werkmörtel weist je nach Mörtelgruppe Prismendruckfestigkeiten von 2 bis 20 N/mm^2 bzw. Würfeldruckfestigkeiten von 3 bis 10 N/mm^2 auf. Sowohl bei Normalmauermörtel als auch bei Leichtmauerwerk wird oft neben der Prismendruckfestigkeit „$f_{D,N}$" auch die Fugendruckfestigkeit verwendet. Für die Prüfung der Fugendruckfestigkeit werden aber unterschiedliche Prüfkörper und Prüfverfahren verwendet, weshalb die Werte nicht direkt sondern nur mit Formfaktoren vergleichbar sind (siehe DIN 18555-9):

$f_{D1} = 0{,}75\ f_{D,N}$ (Würfeldruckverfahren: f_{D1})
$f_{D2} = 1{,}4\ f_{D,N}$ (Plattendruckverfahren: f_{D2})
$f_{D3} = 1{,}0\ f_{D,N}$ (ibac-Druckverfahren: f_{D3})

9.2 Materialverhalten von historischem Mauerwerk

Die Druck- und Spaltzugfestigkeit von historischem Mauerwerk kann nur mit Hilfe von Bohrkernen zuverlässig bestimmt werden. Eine Schwierigkeit besteht darin, dass die Bohrkerne nur aus den Ansichtsflächen der Steine entnommen werden können, während ihre Festigkeit aber senkrecht dazu, also in Lastrichtung von größerem Interesse ist. Da die mechanischen Eigenschaften der Mauerziegel von deren Herstellung beeinflusst werden, ist die geschichtliche Entwicklung der Produktionstechniken eng mit den Festigkeitseigenschaften verknüpft.

9.2.1 Geschichtliche Entwicklung der Formgebungsverfahren

Der ausschlaggebende Technologiesprung die Formgebungstechnik betreffend war der Wandel von den händischen Streichverfahren zu den Presstechniken. Bei der maschinellen Formgebung von Tonmassen werden aufgrund des hohen Drucks und der Wandreibung die anfänglich statistisch verteilten plättchen- bzw. lamellenförmigen Tonmineralien entmischt und ausgerichtet (Textur). Dieser Prozess ist irreversibel.

9.2.1.1 Streichen

Ursprünglich wurden die Ziegel nur mit den Händen ohne irgendwelche Hilfsmittel geformt. Der plastische Ton wurde auf dem Boden gestaltet und danach auf der Stelle im Freien getrocknet. Beim Sandstrichverfahren warf der Ziegler einen Klumpen Ton in eine nasse und sandbestreute Form, drückte ihn in die Ecken und schnitt den überstehenden Ton mit einem Brett oder mit einem in einen Bogen gespannten Draht ab. Danach wurde der Tonziegel auf ein Brett gestürzt. Beim Wasserstrichverfahren wurde der Rohling mit einem nassen Eisenrahmen aus einer ausgewählten Tonplatte herausgestochen. Charakteristisch für die im Handstrich hergestellten Ziegel ist die dünne Sandschicht auf 5 der 6 Seiten des Ziegels. Es liegt die Vermutung nahe, dass durch das Handstreichen ein texturfreier Ziegel entsteht [1].

9.2.1.2 Pressen

Erst die Erfindung der Schraube zum Transport plastischer Massen durch Carl Schlickeysen im Jahr 1854 brachte den entscheidenden Wandel in der Technologie der Formgebung. Seine Schneckenpresse verdichtete die Tonmasse und drückte sie als kontinuierlichen Strang durch ein so genanntes Mundstück. Dieser Strang wurde dann von einer Schneidevorrichtung in einzelne Ziegelrohlinge zerteilt. Der Durchgang durch das Mundstück hat den größten Einfluss auf die Texturbildung. Die Druckfestigkeit muss demzufolge in

Strangrichtung höher sein als senkrecht dazu. Generell ist durch die Strangpresstechnik mit einer höheren Druckfestigkeit zu rechnen [2].

9.2.2 Kennwerte von historischen Mauerziegeln

Ältere Bausubstanz weist häufig auch Mauerziegel auf, welche in ihrer Beschaffenheit und in ihrem Materialaufbau unterschiedlich von den heute am Markt befindlichen Produkten sind. Egermann und Mayer [2] berichten von Versuchen mit folgenden Materialien, wobei die mechanischen und physikalischen Eigenschaften bestimmt wurden:

- handelsüblicher Mauerziegel (MZ),
- stranggepresste Mauerziegel (SM),
- handgestrichene Mauerziegel (HM),
- historischer Mauerziegel aus dem Jahr 1796 (QU),
- historischer Mauerziegel aus dem Jahr 1884 (BE).

Die Mauerziegel SM und HM stammten aus derselben Rohmasse wie handelsübliche Mauerziegel, wurden aber bei etwas tieferer Temperatur gebrannt (800 °C statt 1000 °C), um die historische Brenntechnik besser zu simulieren. Der historische Mauerziegel QU dürfte aufgrund der Datierung im Handstrichverfahren hergestellt worden sein, während der Mauerziegel BE eine Formgebung mit der Schneckenpresse erhielt.

Tabelle 9.1 Experimentell ermittelte Kennwerte an historischen Mauerziegeln (aus [2])

Probe	Rohdichte [g/cm^3]		Druckfestigkeit in Lastrichtung [N/mm^2]		Spaltzugfestigkeit [N/mm^2]		E-Modul in Lastrichtung [N/mm^2]		Poisson-Zahl in Lastrichtung [N/mm^2]	
	x_m	v	x_m	v	x_m	v	x_m	v	x_m	v
MZ	1,83	1,6	43,0	18,1	3,94	32,4	22 669	5,5	0,19	6,4
SM	1,9	1,2	31,3	16,3	3,76	18,0	11 867	18,7	0,13	12,5
HM	1,82	1,4	15,6	22,2	1,82	21,7	5 716	21,2	0,10	33,5
QU	1,65	4,3	9,5	56,2	0,52	37,4	2 726	11,7	0,14	19,1
BE	1,49	7 23	13,9	38,5	2,42	40,1	8 379	35,2	0,21	21,9

x_m Mittelwert
v Variationskoeffizient [%]

Aus Tabelle 9.1 ist ersichtlich, dass die Festigkeitskennwerte der handgestrichenen (HM) und der historischen Mauerziegel (QU, BE) tendenziell niedriger liegen als jene der maschinell geformten (MZ, SM), während die Streuung der Werte zunimmt.

Es kann festgehalten werden, dass der Wandel in der Brenntechnik hauptsächlich die Streuungen der mechanischen Eigenschaften reduzierte, während die neue Formgebungstechnik viele, für die Bauwerksuntersuchung wichtige Kenngrößen veränderte.

9.2.2.1 Rohdichte

Für die werksgebrannten (MZ), stranggepressten (SM) und handgestrichenen (HM) Mauerziegel ergaben sich keine nennenswerten Unterschiede. Deren Rohdichte liegt mit 1,8 bis 1,9 g/dm^3 über den Werten der historischen Ziegel (1,4 bis 1,6 g/dm^3).

9.2.2.2 Druckfestigkeit

Die Druckfestigkeit in Richtung der Aufstandsfläche erreicht beim stranggepressten Ziegel (SM) etwa 73%, beim handgestrichenen (HM) jedoch nur 37% verglichen mit dem handelsüblichen Ziegel (MZ). Die Ausrichtung der Tonplättchen hat somit einen signifikanten Einfluss auf die Druckfestigkeit. Im Vergleich mit den historischen Ziegeln (QU, BE) liegt der handgestrichene Ziegel (HM) überraschend nahe an den dort festgestellten Druckfestigkeiten.

Die Streuung der Druckfestigkeit in Lastrichtung beträgt bei den stranggepressten (SM) und bei den handelsüblichen Ziegeln (MZ) etwa 15%, während der Variationskoeffizient der handgestrichenen Ziegeln (HM) erwartungsgemäß höher liegt ($\sim 25\%$). Die Streuungen der aus alter Bausubstanz ausgebauten historischen Ziegeln liegen mit 30% wesentlich höher, was aufgrund der planmäßigen Bauwerkslast und der unplanmäßigen Lasten beim Abbruch verständlich ist.

9.2.2.3 Spaltzugfestigkeit

Die Spaltzugfestigkeit des stranggepressten Ziegels (SM) unterscheidet sich vom handelsüblichen Ziegel (MZ) nur geringfügig, während die der handgestrichenen Ziegel (HM) nur etwa halb so groß ist.

Die Zugfestigkeit eines Mauerziegels ist ein wichtiges Kriterium, denn das Versagen einer Wand unter zentrischem Druck erfolgt durch Queraufreißen der Ziegel infolge einer Querzugspannung, die aus dem unterschiedlichen Querdehnverhalten von Stein und Mörtel herrührt. In diesem Zusammenhang interessiert die Frage, inwiefern das Verhältnis von Spaltzug- und Druckfestigkeit von Prozessen der Formgebung abhängt. Grätz [3] zeigt auf, dass mit dem Ansteigen der Druckfestigkeit infolge Texturen (durch das Strangpressen) die Querzugfestigkeit abnimmt.

9.2.2.4 Elastizitätsmodul

Der werksmäßig hergestellte Ziegel (MZ) ist mit einem E-Modul von 22000 N/mm^2 etwa doppelt so steif wie der stranggepresste (SM) und viermal so steif wie der handgestrichene Ziegel (HM). Der historische Ziegel, hergestellt mit dem Handstrichziegelverfahren (HM) erreicht einen E-Modul im Mittel von etwa 7000 N/mm^2. Der werksmäßig hergestellte Ziegel (MZ) zeigt als einziger ein eindeutig linear elastisches Werkstoffverhalten (bis 2/3 der Bruchlast), wohingegen das nichtlineare Werkstoffverhalten von SM zu HM zunimmt und sich bei den historischen Ziegeln bestätigt.

9.2.2.5 Richtungsfaktoren

Der werksgebrannte Mauerziegel (MZ) weist die ausgeprägteste Richtungsabhängigkeit der Festigkeits- und Verformungskennwerte auf, gefolgt vom stranggepressten Ziegel (SM). Bei den handgestrichenen (HM) und bei den historischen Ziegeln (QU, BE) sind keine Richtungsunterschiede feststellbar. Es liegt also die Vermutung nahe, dass keinerlei Richtungsunterschiede auftreten, wenn die Formgebung mit extrem geringen Drücken erfolgt.

9.3 Bemessung von unbewehrtem Mauerwerk

Bei historischem Mauerwerk findet man häufig tiefe Werte dieser Mörteldruckfestigkeit in der Größenordnung von 3 bis 5 N/mm². Die Bemessung und Ausführung von Mauerwerk wird auch im Eurocode 6 geregelt, welche als EN V 1996 bereits veröffentlicht wurde.

Die Druckfestigkeit der Mauerziegel weist je nach Ziegelart und Geometrie Werte zwischen 2 und 40 N/mm² auf. Dabei müssen stets zwei Werte, nämlich die Festigkeit in Richtung der Mauersteinbreite und jene in Richtung der Mauersteinlänge beachtet werden. In zunehmendem Maße werden Hochlochziegel (mehr als 75%) im Bauwesen verwendet, während Vollziegel und Vormauerziegel eine geringere Marktbedeutung haben.

Mauerziegel bestehen aus Lehm, tonreichem Mergel und Wasser und werden bei etwa 1000 °C gebrannt. Sie sind so ausgelegt, dass sie primär Kräfte in x- und y-Richtung übertragen können. Die Belastbarkeit in z-Richtung ist verhältnismäßig gering.

Da der Mörtel einen geringeren E-Modul und folglich die größeren Querdehnungen als der Mauerziegel aufweist, wird bei hoher Belastung der Mauerstein im Mauerwerk an der Mörtelfuge auseinandergerissen und somit in vertikale Säulen gespalten. Wird die Last weiter gesteigert, kommt es zum Knicken dieser Säulen und zum Versagen des Mauerwerks. Die Mauerwerksdruckfestigkeit liegt aus diesem Grund wesentlich unter der Druckfestigkeit der Mauersteine.

Die Druckfestigkeit der Mauersteine f_b ist stark vom Lochbild und von der Belastungsrichtung abhängig. Nach Eurocode 6 wird die charakteristische Druckfestigkeit, welche mit der Nennfestigkeit des Mauerwerks f_m (5%-Fraktilwert) nach DIN 1053-2 vergleichbar ist, entweder aus Versuchen (nach EN 1052-1) oder aus folgenden Gleichungen ermittelt [4]:

$$f_k = f_m^{0,25} f_b^{0,65} K_{NM} \quad \text{für Normalmörtel} \qquad (9.1)$$

Der Faktor K_{NM} variiert bei einem Einsteinmauerwerk (Wanddicke=Steinbreite) zwischen 0,4 (für Mauersteingruppe 3) und 0,6 (für Mauersteingruppe 1), bzw. bei einem Verbandmauerwerk (durchgehende Fuge in Wandlängsrichtung) von 0,4 (für Mauersteingruppe 2b) bis 0,5 (für Mauersteingruppe 1). Diese empirische Gleichung basiert auf vielen Untersuchungsergebnissen, wobei die Exponenten je nach Mauerstein variieren [5].

$$f_k = f_b^{0,65} \, 0,8 \quad \text{für Dünnbettmörtel} \qquad (9.2)$$

Diese Gleichung gilt nur für Einsteinmauerwerk sowie für Kalksandsteine der Gruppe 1 und Porenbetonsteine.

$$f_k = f_b^{0,65} \, K_{LM} \quad \text{für Leichtmörtel} \tag{9.3}$$

Diese Gleichung gilt nur für Einsteinmauerwerk und Druckfestigkeit der Steine $f_b < 15$ N/mm². Der K_{LM}-Wert in (N/mm²)^{0,35} weist je nach Trockendichte Werte zwischen 0,8 und 0,55 auf.

Bei der Berechnung des Mauerwerks wird die Zugfestigkeit vernachlässigt. Für den Mauerstein und die Mörtelfuge wird die Bruchhypothese von Mohr-Coulomb verwendet. Als Materialkennwert für den Mauerstein reicht somit die Nettodruckfestigkeit $f_{b,netto}$ aus. Zur Bemessung der Lagerfuge sind der Reibungswinkel φ und die Kohäsion c erforderlich.

Folgende Materialkennwerte für Mauersteine und Mörtelfuge können als Größenordnung verwendet werden:

f_{mx} = 14,0 N/mm²
f_{my} = 4,0 N/mm²
E_{mx} = 5500 N/mm²
c = 0,06 N/mm²
$\tan \varphi$ = 0,80 bzw. $\varphi = 38,7°$

Tragwände werden durch vertikale und durch horizontale Kräfte in der Scheibenebene beansprucht, was auch zu einer zweiachsigen Beanspruchung der Backsteine führt. Diese zweiachsige Beanspruchung wird im Mauerstein durch verschiedene Querschnittsteile übertragen. Die Bruttoquerschnittsfläche A setzt sich aus einachsig (A_x) und zweiachsig (A_{xy}) beanspruchten Querschnittsteilen sowie dem Lochanteil A_0 zusammen.

Unter der Berücksichtigung der Coulomb'schen Bruchhypothese kann die Nettodruckfestigkeit $f_{b,netto}$ auf die mittlere Druckfestigkeit f_m umgerechnet werden [6]:

$$f_{mx} = f_{b,netto} \left(\frac{A_{xy}}{A} + \frac{A_x}{A} \right) \tag{9.4}$$

$$f_{my} = f_{b,netto} \left(\frac{A_{xy}}{A} \right) \tag{9.5}$$

Da für den Mauerstein die Bruchhypothese von Mohr-Coulomb verwendet wird, darf die Druckspannung in beiden Hauptrichtungen die Bemessungsfestigkeit oder die zulässige

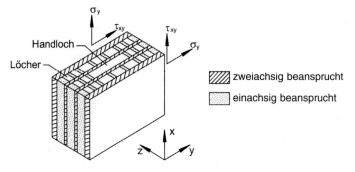

Bild 9.5 Querschnittsteile eines Mauersteins zur Abtragung zweiachsiger Belastung

einachsige Druckfestigkeit erreichen. Damit beeinflussen die Hauptspannungen die zulässigen Spannungen bzw. Festigkeiten nicht, sofern sie das gleiche Vorzeichen haben. Aus diesem Grund können die Spannungen der einachsig und zweiachsig beanspruchten Querschnittsteile einfach überlagert werden.

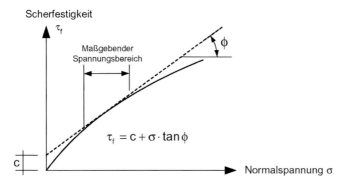

Bild 9.6   Bruchhypothese von Mohr-Coulomb

9.4   Bemessung von bewehrtem Mauerwerk

In einigen Ländern Europas (Italien, Schweiz, England, Belgien) hat das bewehrte Mauerwerk schon eine lange Tradition. Bemessung, Konstruktion und Ausführung ist im Eurocode 6 geregelt. Beim bewehrten Mauerwerk werden in den Lagerfugen Bewehrungsstäbe, Stahldrahtgeflechte, Streckmetallgitter oder andere Bewehrungselemente eingelegt [7]. Bei speziell ausgebildeten Mauersteinen können auch vertikale Bewehrungselemente in die Hochlochziegel eingeführt werden. Von Meyer [8] wurden Bemessungsgleichungen für bewehrtes Mauerwerk entwickelt. Die Zusammenhänge zwischen den Stahlspannungen der innen liegenden Bewehrung und den Rissbreiten im Mauerwerk werden basierend auf Meyer [8] kurz für Normalmörtel dargestellt:

$$w_m = \frac{\sigma_{sR}^{1,64} \cdot k_1 k_2 d_s^{0,81}}{0{,}22\, f_{mc}^{0,54} E_s} \tag{9.6}$$

f_{mc} Fugenmörtelfestigkeit

Bei Umformung dieser Gleichung kann der erforderliche, minimale Bewehrungsgehalt μ_{min} für eine bestimmte mittlere Rissbreite errechnet werden:

$$\mu_{min} = \frac{a f_{mt} d_s^{0,5}}{f_{mc}^{0,33}} \left(\frac{k_1 k_2}{0{,}22\, w_m E_s} \right)^{0,61} \tag{9.7}$$

Der Faktor „a" berücksichtigt die Art der Beanspruchung: für eine reine Zugbeanspruchung wird $a = 1{,}0$ und für eine Biegezugbeanspruchung $a = 0{,}4$ gesetzt.

Werden für die Faktoren $k_1 = 1{,}0$ (Mauersteinversagen) und $k_2 = 2{,}0$ (Streuungen der Rissbreite: Wert von 1,0 bis 2,0) gesetzt, und für den E-Modul des Bewehrungsstahles ein Wert von 205 GPa eingesetzt, kann die Gleichung noch vereinfacht werden.

$$\mu_{min} = 0{,}0022 \frac{af_{mt}d_s^{0,5}}{f_{mc}^{0,33} w_m^{0,61}} \tag{9.8}$$

f_{mt} Mauerwerkzugfestigkeit

Als Näherung für die Zugfestigkeit des Mauerwerks f_{mt} wird die Zugfestigkeit parallel zu den Lagerfugen f_{mjt} angesetzt. Dabei müssen die

a) Widerstände aus der Steinzugfestigkeit:

$$f_{mjt} = 0{,}5 f_{b,t} \left(\frac{1}{1 + d_f/h_b} \right) \tag{9.9}$$

b) Widerstände aus der Haftscherfestigkeit:

$$f_{mjt} = f_a \left(\frac{c}{d_f + h_b} \right) \tag{9.10}$$

mit

f_{mjt} Zugfestigkeit parallel zu den Lagerfugen
d_f Lagerfugendichte
h_b Steinhöhe
$f_{b,t}$ Steinzugfestigkeit
f_{mt} Zugfestigkeit
f_a Haftscherfestigkeit

unterschieden werden, wobei der kleinere Wert maßgebend ist.

Gerade bei bewehrtem Mauerwerk kann zur Einhaltung einer gewissen Rissbreite (z. B.: w < 0,5 mm) eine externe Verstärkung mit Kohlenstofffaser-Elementen wirksam angebracht werden.

9.5   Verstärkungsmaßnahmen von Mauerwerk

9.5.1   Verstärkung mit Kohlenstofffaser-Lamellen

Wichtig ist bei der Verstärkung von Mauerwerk die Einwirkungsart zu definieren und die spätere Funktion der Wand zu kennen. Bei einer Verwendung von Gewebe oder Gelege aus Aramidfasern, Kohlenstofffasern, Glasfasern, hochfestem Polyethylen in Kombination mit Epoxidharzklebern, wird die Verstärkung für eine flexible Rissüberbrückung zu steif. Bessere Ergebnisse erzielt man im Sinne eines duktilen Verhaltens mit einer Verstärkung aus einem weitmaschigen Polyestergewebe. Kohlenstofffaser-Verstärkungen eignen sich überall dort, wo die Tragfähigkeit der Wand gesteigert werden soll.

Die Verankerung von Kohlenstofffaser-Lamellen auf dem Mauerwerk ist nicht unproblematisch und muss spezifisch konstruiert werden. Anpressplatten an den Lamellenenden können das Verankerungsproblem nur teilweise befriedigend lösen. Es besteht die Gefahr, dass die Lamellen unter den Anpressplatten durchrutschen. Verbessert werden kann die

Verankerung, wenn die Lamellen in der Betonplatte (z. B. Decke) oben und unten verankert werden [9].

Im Falle einer Verstärkung von Mauerwerk in seismisch gefährdeten Zonen erzielt man die besten Ergebnisse, indem man eine Seite der Wand vollständig mit Polyestergewebe verstärkt und an den Enden der Wand beidseitig eine vertikale Kohlenstofffaser-Lamelle anordnet, die in der oberen und unteren Betonplatte verankert wird. Dadurch wird ein Abheben der Mauerwerksscheibe von der Betonplatte (infolge horizontaler Beanspruchung) verhindert.

Der Schubwiderstand der unverstärkten Wand und damit die Sicherheit bei Erdbebenbeanspruchung kann mit Kohlenstofffaser-Lamellen effizient gesteigert werden. Diese Steigerung wird primär durch eine erhöhte Duktilität erreicht.

Versuche an der EMPA Dübendorf mit einer konstanten vertikalen und einer zyklischen horizontalen Belastung haben ergeben, dass sich Wände, die mit Kohlenstofffaser-Lamellen verstärkt waren, bis ca. 60% der maximal aufnehmbaren Schubkraft elastisch [9] verhalten. Wird die Belastung weiter gesteigert, kommt es zu einer massiven Rissbildung im Mauerwerk und dadurch zum Ablösen der Lamellen im Wandbereich. Das Ablösen bewirkt, dass es zu größeren Verformungen kommt, ohne dass sich der Schubwiderstand ändert. Durch die Erhöhung der Duktilität wird auch der Widerstand gegen Erdbebeneinwirkungen erhöht, die ja als aufnehmbare Arbeit unter der Schubkraft-Verschiebungskurve interpretiert werden kann. Durch das elastische Materialverhalten der Kohlenstofffasern kehren die verstärkten Tragwände fast in den unbelasteten Ausgangszustand zurück. Das Rückstellvermögen bewirkt, dass die Schädigung des Mauerwerks gering gehalten werden kann.

Wird die Belastung weiter gesteigert, tritt der Bruch meist durch Überschreiten der Druckfestigkeit der Mauerwerkssteine ein. Die Zugfestigkeit der Kohlenstofffaser-Lamellen wird kaum erreicht.

Das Ablösen der Kohlenstofffaser-Lamellen vom Mauerwerk erfolgt durch einen Kohäsionsbruch im Mauerziegel, wobei die Festigkeit im Mauerziegel überschritten und nicht die Adhäsionsfestigkeit zwischen Lamelle, Kleber und Mauerziegel erreicht wird. Nach dem Ablösen werden die Kräfte der Kohlenstofffaser-Lamelle nur mehr über die Endverankerungen im Deckenbereich in das Bauteil eingeleitet. Die Lamellen wirken wie eine externe Bewehrung ohne Verbund. Solange die Endverankerungen die erforderlichen Kräfte übertragen können, bleibt der Schubwiderstand erhalten.

Wird die Endverankerung im Deckenbereich vorgenommen, kann man hohe Anpressdrücke aufbringen. Im Bereich der Mauerscheibe können diese Anpressdrücke nicht aufgebracht werden, da die Mauerziegel in ihrer schwachen Richtung (horizontale Richtung) unter diesen Anpressdrücken versagen würden.

Ordnet man die Verstärkungen in doppelter Dicke nur auf einer Seite der Wand an, ändern sich der Schubwiderstand und die Duktilität kaum. Dadurch ist es möglich, den Arbeitsaufwand beim Anbringen der Verstärkung wesentlich zu reduzieren. Es kommt zu unterschiedlichen Rissbildern auf beiden Seiten. Hieraus ist ersichtlich, dass die Wand in zwei Scheiben gespalten wird, von denen eine als verstärkte und die andere als unverstärkte Scheibe wirkt.

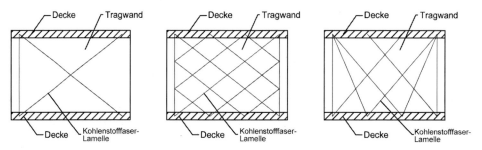

Bild 9.7 Beispielhafte Lamellenanordnungen

Die Lamellen sollten so angeordnet werden, dass es zu einem möglichst gleichmäßigen Rissbild kommt. Da Erdbeben- und Windbeanspruchungen in beiden Richtungen wirken, sind die Lamellen symmetrisch zur vertikalen Mittelachse am Bauteil anzuordnen. Je stärker die Lamellen gegen die Vertikale geneigt sind, um so geringer sind die Druckkräfte im Mauerwerk, die durch die Schubbeanspruchung entstehen.

Mehrgeschossige Tragwände sind in den oberen Geschossen vor allem durch große Schubkräfte (Erdbeben, Wind) und geringe Normalkraft beansprucht, in den unteren Geschossen durch ein Biegemoment mit großer Normalkräfte. Dementsprechend sind die Kohlenstofffaser-Lamellen in seismisch gefährdeten Zonen auf Mauerwerk anzuordnen: in den oberen Geschossen flach zur Aufnahme der Schubkräfte, in den unteren Geschossen vertikal zur Aufnahme des Biegemoments [10].

Die einfachste Variante einer Verstärkungsmaßnahme (Bild 9.7) sind zwei diagonale Lamellen zur Erhöhung des Schubwiderstandes, eventuell mit zwei vertikalen Lamellen am Scheibenrand, um den Biegewiderstand zu erhöhen. Ein homogenes Verhalten der Wandscheibe und eine gleichmäßige Risseverteilung können dadurch nicht erzielt werden, weil große Bereiche der Wand unverstärkt bleiben. Zusätzlich könnte man die Bereiche zwischen den Lamellen mit Polyestergewebe verstärken.

Die zweite Variante führt bereits zu einem gleichmäßigeren Rissbild. Problematisch sind die Lamellenverankerungen am Rand der Scheibe, weil die notwendigen Anpressdrücke dort nicht aufgebracht werden können.

Bei der dritten Variante werden alle Lamellen im Bereich der Deckenplatten verankert. Durch die gleichmäßige Verteilung wird auch ein gleichmäßiges Rissbild erzeugt. Um lokale Zerstörung im Mauerwerk zu vermeiden, können zusätzlich die unteren Ecken mit Polyestergewebe verstärkt werden. Durch diese Verstärkungsvariante kann die Tragfähigkeit der Schubwand am besten gesteigert werden.

9.5.2 Verstärkung mit Geweben und Gelegen

Verstärkungen mit Geweben und Gelegen führen zu zwei Problemen: Erstens kommt es nicht zu den gewünschten Ablösungen, die ein duktiles Bauteilverhalten ermöglichen würden, und zweitens bereitet die Verankerung im Deckenbereich Probleme. Wird die Verstärkung nur im Wandbereich ohne Verankerungen angeordnet, können keine zusätzlichen Kräfte zwischen der oberen und unteren Deckenplatte übertragen werden. Die Wand kippt in der Scheibenebene, und es kommt zu klaffenden Rissen im Anschlussbereich zu den Decken, welche die gesamte Energie der Erdbebenbelastung aufnimmt. Die klaffenden Risse stellen eine Schädigung des Bauwerks dar. Eine gleichmäßige Rissverteilung stellt keine Schädigung dar, solange die Rissbreiten nicht zu groß werden. Durch ein vollflächig, einseitig aufgeklebtes Polyestergewebe kann die Verformbarkeit in einem Mindestmaß gewährleistet werden, das gewünschte duktile Verhalten wird aber nicht erreicht. Das elastische Rückstellvermögen, das bei Kohlenstofffaser-Lamellen beobachtet wird, ist bei Polyestergeweben nicht sehr ausgeprägt, da sie sich plastisch verformen.

Verstärkungen mit Kohlenstofffaser-Geweben führen zu einem spröden Verhalten. Dadurch kann kaum Energie abgebaut werden. Schubwände, die mit Kohlenstofffaser-Geweben oder -Gelegen verstärkt werden, weisen bis ca. 80% ihrer Schubtragfähigkeit ein elastisches Verhalten auf.

Auch durch den Einsatz von elastischen Klebern an Stelle des sehr steifen Epoxidharzklebers könnte das Verhalten von gewebeverstärkten Schubwänden verbessert werden.

9.6 Berechnungsmethoden

Zur Ermittlung der Schnittgrößen und zum Nachweis von Mauerwerk können zwei Verfahren verwendet werden:

- Elastizitätstheorie,
- Plastizitätstheorie und Spannungsfelder.

Die erste Berechnungsmethode ist relativ aufwändig und kann zur Unterschätzung der Tragfähigkeit der Schubwand führen. Die Methode der Spannungsfelder erlaubt den Tragwiderstand des verstärkten Mauerwerks rationell und mit guter Genauigkeit abzuschätzen [11].

9.6.1 Elastizitätstheorie

Bei dieser Berechnungsmethode können die elastischen Schnittkräfte der Scheibe mittels der Finiten-Element-Methode (FEM) berechnet werden. Mit den Bruchbedingungen werden diese Schnittkräfte anschließend überprüft und für die Bemessungsnachweise herangezogen. Die Bruchbedingungen beschreiben das Verhalten von unverstärktem und verstärktem Mauerwerk unter zweiachsiger Beanspruchung.

Zusätzlich zu den Bruchbedingungen muss die Standsicherheit und Stabilität der Bauteile gewährleistet sein. Die Verstärkungen müssen am Scheibenrand verankert werden, damit sich die angenommenen Spannungen aufbauen können. Die Verankerungen im Beton oder im Mauerwerk müssen gesondert bemessen werden, wobei primär eine Querkraftbeanspruchung vorliegt (siehe Abschnitt 9.8).

Die Bruchbedingungen für unverstärktes Mauerwerk können nach Ganz [12] wie folgt angeschrieben werden:

$$\tau_{xy}^2 - \sigma_x \sigma_y \leq 0 \qquad \text{Zugversagen des Mauerziegels} \qquad (9.11)$$

$$\tau_{xy}^2 - (\sigma_x + f_{mx})(\sigma_y + f_{my}) \leq 0 \qquad \text{Druckversagen des Mauerziegels} \qquad (9.12)$$

$$\tau_{xy}^2 + \sigma_y(\sigma_y + f_{my}) \leq 0 \qquad \text{Druckversagen des Mauerziegels} \qquad (9.13)$$

$$\tau_{xy}^2 - (c - \sigma_x \tan \varphi)^2 \leq 0 \qquad \text{Gleiten der Lagerfuge} \qquad (9.14)$$

$$\tau_{xy}^2 + \sigma_x \left(\sigma_x + 2c \tan \left(\frac{\pi}{4} + \frac{\varphi}{2} \right) \right) \leq 0 \qquad \text{Zugversagen der Lagerfuge} \qquad (9.15)$$

9.6.1.1 Bruchbedingungen für verstärktes Mauerwerk

Wird Mauerwerk orthogonal verstärkt, können die am Scheibenelement angreifenden Bruttospannungen (n_x, n_y, n_{xy}) in Spannungsanteile, die auf das Mauerwerk wirken (σ_x, σ_y, τ_{xy}), und Spannungsanteile, die auf die Verstärkung wirken (z_x, z_y, z_{xy}), aufgeteilt werden. Diese beiden Komponenten können im elastischen Fall addiert werden:

$$n_x = \sigma_x + z_x \qquad (9.16)$$

$$n_y = \sigma_y + z_y \qquad (9.17)$$

$$n_{xy} = \tau_{xy} + z_{xy} \qquad (9.18)$$

Die Spannungsanteile, die der Verstärkung zugewiesen werden, müssen angenommen (z. B. 2 N/mm²) bzw. aus den Bruchbedingungen berechnet werden. Sie entsprechen einer flächenhaften Verstärkung (Gewebe, Gelege), die über die gesamte Scheibe oder über den entsprechenden Stellen angeordnet ist. Dabei ist zu beachten, dass eine gewisse Verankerungslänge notwendig ist, um die Spannung aufzubauen. Werden unidirektionale Lamellen verwendet, müssen auch die Spannungen vom Mauerwerk über einen gewissen Bereich in die Lamelle übertragen werden.

Wird die Verstärkung orthogonal angeordnet, so ergibt sich z_{xy} zu Null. Die Bruchbedingungen für diesen Fall sind von Schwegler [10] hergeleitet worden. An dieser Stelle wird der allgemeinere Fall betrachtet, in dem die Verstärkung orthogonal und zusätzlich unter 45° angeordnet ist (Bild 9.8). Der Spannungsanteil z_{xy} ist hier nicht mehr gleich Null.

Die Spannungsanteile der Verstärkungen ergeben sich für $Z_\xi = Z_\eta = Z_\zeta = 2$ N/mm² zu:

$$z_x = z_\xi + \frac{z_\eta}{2} \qquad (9.19)$$

$$z_y = z_\zeta + \frac{z_\eta}{2} \qquad (9.20)$$

$$z_{xy} = \frac{z_\eta}{2} \qquad (9.21)$$

Sollen andere Verstärkungsrichtungen (ψ-Richtung) berücksichtigt werden, so muss ihr Spannungsanteil, wie aus Bild 9.8b ersichtlich, um maximal $\beta = 22{,}5°$ gedreht werden, was zu einem vernachlässigbaren Fehler führt. Durch diese Vereinfachung ist es möglich,

9.6 Berechnungsmethoden

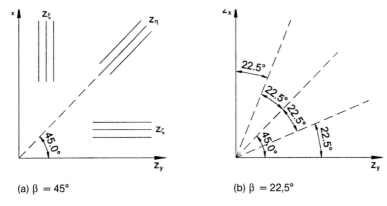

(a) β = 45°   (b) β = 22,5°

Bild 9.8 Verstärkungsrichtungen

die gleichen Bruchbedingungen zu verwenden. Die Reduktion auf die Richtung ξ, ζ oder η kann mit dem Reduktionswinkel β (β maximal = 22,5°) wird wie folgt berechnet werden:

$$z_{\xi,\zeta,\eta} = z_\psi (\cos \beta)^2 \qquad (9.22)$$

ψ Winkel der inneren Reibung in der Lagerfuge (Coulomb'sche Bruchbedingung)

Für verstärktes Mauerwerk ergeben sich folgende 13 Bruchbedingungen, die erfüllt sein müssen, um die Tragfähigkeit zu gewährleisten (aus Schwegler [10]):

$$\left(n_{xy} - \frac{z_\eta}{2}\right)^2 - \left(n_x - z_\xi - \frac{z_\eta}{2}\right)\left(n_y - z_\zeta - \frac{z_\eta}{2}\right) \leq 0 \qquad (9.23)$$

$$n_{xy}^2 - (n_x + f_{mx})(n_y + f_{my}) \leq 0 \qquad (9.24)$$

$$\left(n_{xy} - \frac{z_\eta}{2}\right)^2 + \left(n_y + \frac{f_{my}}{2} - \left(z_\zeta + \frac{z_\eta}{2}\right)\right)^2 - \left(\frac{f_{my}}{2}\right)^2 \leq 0 \qquad (9.25)$$

$$n_{xy}^2 + \left(n_y + \frac{f_{my}}{2}\right)^2 - \left(\frac{f_{my}}{2}\right)^2 \leq 0 \qquad (9.26)$$

$$\left(n_{xy} - \frac{z_\eta}{2}\right)^2 + \left(n_y + \left(\frac{f_{my}}{2} - \frac{z_\eta}{2}\right)\right)^2 - \left(\frac{f_{my}}{2}\right)^2 \leq 0 \qquad (9.27)$$

$$n_{xy} - n_y - \left(\frac{f_{my}}{2} + \frac{f_{my}}{\sqrt{2}}\right) \leq 0 \qquad (9.28)$$

$$\left(n_{xy} - \frac{z_\eta}{2}\right)^2 - \left(c - \left(n_x - z_\xi - \frac{z_\eta}{2}\right)\tan\psi\right)^2 \leq 0 \qquad (9.29)$$

$$n_{xy}^2 - \left(\frac{z_\eta}{2} + \frac{f_{my}}{2}\right)^2 \leq 0 \qquad (9.30)$$

$$n_{xy}^2 + \left(n_x + f_{mx} - \frac{f_{my}}{2}\right)^2 - \left(\frac{f_{my}}{2}\right)^2 \leq 0 \tag{9.31}$$

$$n_{xy} - n_x - f_{mx} + \left(\frac{f_{my}}{2} + \frac{f_{my}}{\sqrt{2}}\right) \leq 0 \tag{9.32}$$

$$\left(n_{xy} - \frac{z_\eta}{2}\right)^2 + \left(n_x + f_{mx} - \frac{f_{my}}{2} - \frac{z_\eta}{2}\right)^2 - \left(\frac{f_{my}}{2}\right)^2 \leq 0 \tag{9.33}$$

$$\left(n_{xy} - \frac{z_\eta}{2}\right)^2 + \left(n_x + \frac{f_{my}}{2} - \left(z_\xi + \frac{z_\eta}{2}\right)\right)^2 - \left(\frac{f_{my}}{2}\right)^2 \leq 0 \tag{9.34}$$

$$n_{xy} \leq \left(-(n_x + n_y - a_1 - b_1) \cdot 0{,}4082 - \sqrt{a_1^2 - \frac{1}{2}(a_1 - b_1 - n_x + n_y)^2}\, \frac{b_1}{a_1}\right) \cdot 1{,}2247 \tag{9.35}$$

Dabei wurden für den Neigungswinkel zwischen Zylinderlängsachse und n_{xy}-Achse 54,74°, für die Zylinderrotation im Gegenuhrzeigersinn um die n_{xy}-Achse 45° und für den Neigungswinkel zwischen Zylinderlängsachse und der n_x, n_y-Ebene 35,26° angenommen.

Die Gleichung (9.35) stellt die Bruchbedingung für die Verstärkungslage z_η (45°-Anordnung) dar. Sie muss für folgende Koeffizienten erfüllt sein:

$$a_1 = -\frac{f_{my}}{2} + z_\xi \quad \text{und} \quad b_1 = -\frac{f_{my}}{2} \tag{9.36}, (9.37)$$

$$a_1 = -f_{mx} + \frac{f_{my}}{2} \quad \text{und} \quad b_1 = -\frac{f_{my}}{2} + z_\zeta \tag{9.38}, (9.39)$$

$$a_1 = -f_{mx} + \frac{f_{my}}{2} \quad \text{und} \quad b_1 = -\frac{f_{my}}{2} \tag{9.40}, (9.41)$$

9.6.2 Plastizitätstheorie und Spannungsfelder

Die Methode der Spannungsfelder erlaubt es, den Tragwiderstand von unverstärktem und von verstärktem Mauerwerk rationell abzuschätzen. Diese Methode baut auf den Grundlagen der Plastizitätstheorie auf. Mit den Traglastsätzen der Plastizitätstheorie kann eine untere und eine obere Schranke für die Traglast bestimmt werden.

- **Statischer Traglastsatz:**
  Jede Beanspruchung, zu der sich ein stabiler, statisch zulässiger Spannungszustand angeben lässt, liegt tiefer als der Tragwiderstand. Statisch zulässige Spannungszustände sind solche, die an keiner Stelle die Bruchhypothesen verletzen.

- **Kinematischer Traglastsatz:**
  Jede Beanspruchung, zu der sich ein instabiler, kinematisch zulässiger Bewegungszustand angeben lässt, liegt höher als der Tragwiderstand.

9.6 Berechnungsmethoden

- **Verträglichkeitssatz:**
  Die Beanspruchung, zu der sich ein kinematisch zulässiger Bewegungszustand und ein damit verträglicher, statisch zulässiger und stabiler Spannungszustand angeben lässt, ist gleich dem Tragwiderstand.

Da der statische Traglastsatz eine untere Schranke für die Traglast liefert, verwendet man ihn, um die Tragfähigkeit von Mauerscheiben nach der Methode der Spannungsfelder nachzuweisen. Die Traglastsätze gehen von einem elastischen-idealplastischen oder von einem starr-plastischen Materialverhalten aus.

Bei der Erstellung der Spannungsfelder beginnt man mit einem möglichst einfachen Fachwerkmodell, dessen Stabkräfte anschließend in Spannungsbereiche, so genannte Spannungsfelder umgewandelt werden. Parallele Spannungsfelder weisen einen konstanten einachsigen Spannungsverlauf auf, während sich in fächerförmigen Spannungsfeldern die Spannung mit der Höhe ändert. Außerhalb der Spannungsfelder sind spannungsfreie Zonen. Die Begrenzungslinie zwischen den spannungsfreien Zonen und den Spannungsfeldern wird Diskontinuitätslinie genannt, da angenommen wird, dass die Spannungen parallel zur Diskontinuitätslinie plötzlich, das bedeutet diskontinuierlich, auf Null abfallen. Dies ist nur unter der Annahme eines starr-plastischen Materialverhaltens möglich. Das Kräftegleichgewicht senkrecht zu einer Diskontinuitätslinie muss erfüllt sein.

Setzt man das Kräftegleichgewicht senkrecht zur Diskontinuitätslinie an, ergeben sich folgende Gleichungen:

$$\sigma_{n1} = \sigma_{n2} \qquad (9.42)$$

$$\tau_{nt1} = \tau_{nt2} \qquad (9.43)$$

Durch das Öffnen bzw. Schließen von fächerförmigen Spannungsfeldern kann die Spannung an den Rändern des Fächers variiert werden. Meist verjüngen sich die Fächer vom oberen zum unteren Rand der Tragwand, was eine stärkere Beanspruchung der Scheibe am unteren Rand zur Folge hat. Die Spannungen müssen deshalb meist am unteren Rand überprüft werden. Das Variieren der Fächer kann außerdem dazu verwendet werden, eine möglichst gleichmäßige Beanspruchung am unteren Rand zu erzielen.

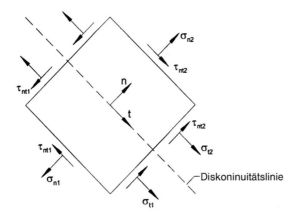

Bild 9.9 Element an der Diskontinuitätslinie

Werden Spannungsfelder für eine Mauerscheibe entwickelt, muss die Neigung α der Fächer gegen die Vertikale kleiner sein als der Reibungswinkel φ der Mörtelfuge, da es ansonsten zum Gleiten in der Fuge kommt. Als unterer Grenzwert dieses Reibungswinkels kann 30° (oder tan 30°=0,557) angenommen werden. Es muss gelten:

$$\alpha \leq \varphi \tag{9.44}$$

Parallel verlaufende, schräge Druckfelder werden nur durch Druckkräfte und nicht durch Schubkräfte beansprucht. In ihnen dürfen die Spannungen folgenden Wert nicht überschreiten:

$$\sigma_c \leq f_{mx} - f_{my} \tag{9.45}$$

9.7 Nachweise bei der Verstärkung von Mauerwerk

9.7.1 Unverstärkte Tragwand

Anhand einer einfachen, unverstärkten Tragwand (Bild 9.10) soll die Methode der Spannungsfelder im Folgenden erklärt werden:

Die Schubkraft wird über die Decke gleichmäßig in die Tragwand eingeleitet. Die Normalkraft wird zentrisch und gleichmäßig verteilt am oberen Rand der Tragwand angesetzt.

In Bild 9.10 ist nur ein möglicher Verlauf der Spannungsfelder dargestellt (siehe dazu [10]). Das erste Spannungsfeld ACDF trägt die Schubkraft V_y und einen Teil der Normalspannung σ_x ab. Damit es nicht zum Gleiten in der Fuge kommt, darf die Neigung des Spannungsfeldes α gegen die Vertikale nicht größer als der Reibungswinkel φ sein. In einem konkreten Fall heißt das, dass dieser Winkel kleiner als 30° sein muss. Im Spannungsfeld ABCG wird nur die Normalspannung σ_x der Strecke BC des oberen Randes abgetragen. In den zwei Spannungsfeldern herrschen einachsige Spannungszustände außer im Dreieck ACG, in dem ein zweiachsiger Spannungszustand besteht. Damit es nicht zum Versagen kommt, muss im Spannungsfeld ABCG die Spannung $\sigma_c \leq f_{mx} - f_{my}$ sein. Durch die Überlagerung mit dem schrägen Spannungsfeld herrscht dann im Bereich AG eine

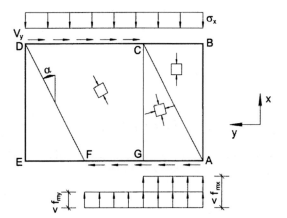

Bild 9.10 Unverstärkte Tragwand (siehe auch [9])

Spannung $\leq f_{mx}$. Die Spannung im schrägen Spannungsfeld wird deshalb mit der Spannung in der y-Richtung begrenzt, da sich dort die Schwachstelle, nämlich die Mauerwerksfuge (mit einer sehr geringen Zugfestigkeit parallel zur Fuge) befindet.

9.7.2 Verstärkte Tragwand

Nun wird die gleiche Tragwand wie vorher betrachtet, diesmal allerdings mit Kohlenstofffaser-Lamellen verstärkt. Es werden vier Lamellen angeordnet: zwei vertikal an den Scheibenrändern und zwei diagonal. Da Tragwände meist zyklischen Belastungen aus Erdbeben oder Wind unterworfen sind, sollen die Verstärkungen immer symmetrisch zur vertikalen Mittelachse angeordnet werden. Im Falle einer Berechnung ist es ausreichend, die Verstärkung für eine Belastungsrichtung zu untersuchen. Die Spannungen aus den Kohlenstofffaser-Lamellen sind mit jenen der Tragwand infolge äußerer Belastung zu überlagern.

Durch die Lamellen werden am oberen Scheibenrand zusätzliche vertikale Druckkräfte eingeleitet. Die Schubkraft wird von den Fächern FGKL, EFLM und DEMN und der diagonalen Kohlenstofffaser-Lamelle abgetragen. Die Fächer BCOA und CDNO sind frei von Schubkräften. Ihre Spannung darf den Wert $\sigma_c \leq f_{mx} - f_{my}$ nicht überschreiten. Am Scheibenrand AK kann durch Öffnen und Schließen der Fächer eine gleichmäßige Spannung erzeugt werden. Die Lamellen werden in der unteren Betonplatte verankert, wodurch das Entstehen zusätzlicher Spannungen in der Tragwand verhindert wird.

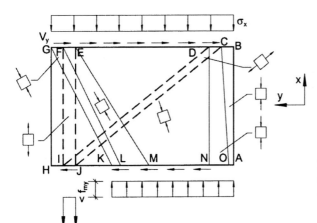

Bild 9.11 Tragwand mit Kohlenstofffaser-Lamellen verstärkt (siehe auch [9])

9.8 Endverankerung von Kohlenstofffaser-Lamellen

Zur Endverankerung von Kohlenstofffaser-Lamellen im Mauerwerk stehen mindestens zwei Befestigungssysteme zur Verfügung:

- Injektionsdübel und
- Kunststoffdübel.

Diese beiden Systeme weisen ein unterschiedliches Tragverhalten auf. Während Kunststoffdübel im Allgemeinen aus dem Ankergrund ausgezogen werden, versagen Injektionsdübel in Lochsteinen in der Regel durch Steinausbruch.

Werden Kohlenstofffaser-Lamellen mittels Endplatten verankert, wirken auf die Befestigungselemente hauptsächlich Querkräfte.

9.8.1 Injektionsdübel

Injektionsdübel für Verankerungen in Mauerwerk sind bisher nur in Hohlsteinen zugelassen. Es werden spezielle Injektionsdübel verwendet, deren Wirkungsprinzip auf einer Kombination von Stoff- und Formschluss basiert.

Das System gemäß Bild 9.12 besteht aus einer profilierten, galvanisch verzinkten Dübelhülse mit Innengewinde M8 bis M12 oder einer profilierten Dübelhülse aus Polyamid für Befestigungen mit Holzschrauben ∅ 6 mm, einer Kunststoffschutzhülse mit Dichtflansch sowie dem Injektionsmörtel auf Basis eines Schnellzementes bzw. Kunststoffmörtels. Die Dübelhülse wird in ein zylindrisches Bohrloch eingeführt. Anschließend wird im Bereich des Gewindes die Kunststoffschutzhülse aufgesetzt und der zuvor angerührte Zementmörtel mit Hilfe einer Handspritze eingepresst, bis sich der Dichtflansch am Ende der Hülse dunkel färbt. Diese Verfärbung ist das Kriterium für eine ausreichende Verfüllung.

Die erforderliche Mörtelmenge wird durch den Einsatz eines Netzes aus Polyamid minimiert, da die angeschnittenen Hohlräume nicht weitgehend ausgefüllt werden. Beim Einpressen des Injektionsmörtels spannt und verwölbt sich das Netz und passt sich dadurch den Hohlräumen im Mauerwerk an. Werden beim Bohren keine Hohlkammern angeschnit-

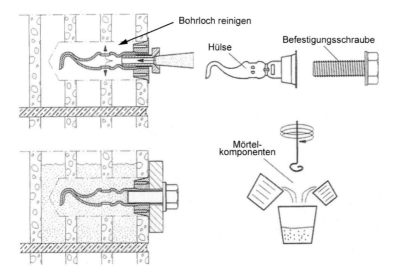

Bild 9.12 Injektionsdübel in Hohlmauerwerk (Montage mit Mörtelkomponenten) [13]

ten, z. B. in Stegen oder Mörtelfugen, tragen die Dübel ausschließlich durch Verbund zwischen Mörtel und Bohrlochwand. Da jedoch der durch die Maschen des Netzes gepresste Mörtel nur einen geringen Anteil an Feinststoffen (Feinsand, Zement) besitzt, ist dessen Festigkeit reduziert. Deshalb können in Stegen oder Mörtelfugen nur relativ niedrige Verbundkräfte übertragen werden. Laut Zulassung ist in diesen Fällen das Netz aufzuschneiden, um die Tragfähigkeit zu erhöhen. In Mörtelfugen ist eine gründliche Bohrlochreinigung durch Ausbürsten und Ausblasen wichtig.

Das in Bild 9.13 dargestellte System besteht aus einer Siebhülse, einer Gewindestange mit Mutter und Zentrierring bzw. einer Blechhülse mit Innengewinde, einer Unterlegscheibe sowie dem Injektionsmörtel auf Kunstharzbasis. Die Siebhülse wird in das zylindrische Bohrloch eingesetzt und anschließend das in Kartuschen gelieferte Harz mit Hilfe einer Auspresspistole eingepresst und die Gewindestange bzw. Blechhülse in die Siebhülse unter leichtem Drehen eingedrückt. Das Kunstharz wird durch die Maschen der Siebhülse in die angeschnittenen Hohlkammern des Ankergrundes gepresst und bildet somit ein formschlüssiges System.

Die Tragfähigkeit für das jeweilige System ist abhängig von der Steinfestigkeit und von der Dicke der Stege. Wird das Bohrloch mit Hammerbohrmaschinen bei eingeschalteter Schlagwirkung erstellt, nimmt die Tragfähigkeit ab, da der Stein durch die Schläge vorgeschädigt werden kann.

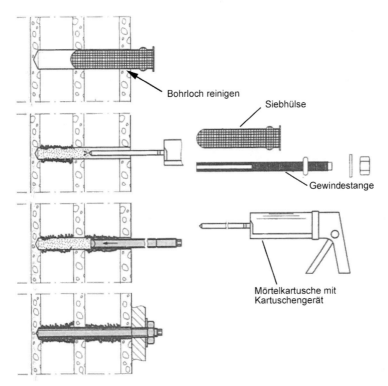

Bild 9.13 Injektionsdübel in Hohlmauerwerk (Montage mit Mörtelkartusche) [9]

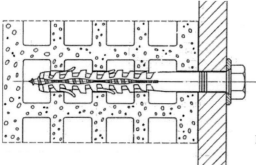

Bild 9.14 Kunststoffdübel in Lochstein [13]

9.8.2 Kunststoffdübel

Kunststoffdübel für Befestigungen in Mauerwerk bestehen aus einer Dübelhülse mit Spreizteil aus polymerem Werkstoff und einer Schraube. In Vollsteinen werden Zuglasten nur durch Reibung zwischen Hülse und Bohrlochwand übertragen, während in Lochsteinen zusätzlich ein geringer Anteil durch mechanische Verzahnung zwischen Dübelhülse und den Stegen eingeleitet wird (Bild 9.14). Die Ausbildung der Innenkonturen und des Spreizbereiches der Hülse und entsprechend das Gewinde der Schraube kann sehr unterschiedlich sein. Das Spreizteil der Dübel ist geschlitzt und besitzt Sperrelemente zur Sicherung gegen Mitdrehen bei der Montage.

Dübelhülse und zugehörige Spezialschraube dürfen nur als serienmäßig gelieferte Befestigungseinheit verwendet werden, um die erforderliche Einschraubtiefe und einen ausreichenden Anpressdruck zwischen Dübelhülse und Bohrlochwand zu gewährleisten. Handelsübliche Holzschrauben dürfen wegen ihrer unterschiedlichen Gewindeform und der relativ großen Abmessungstoleranzen nicht verwendet werden. Die Dübelhülse wird durch Eindrehen der Schraube verspreizt, wobei sich die Schraube wie ein Gewinde in den Kunststoff schneidet und gleichzeitig die Hülse an die Bohrlochwand presst. Kunststoffdübel reagieren empfindlich auf zu große Bohrlöcher, welche den Anpressdruck vermindern.

Beim Eindrehen der Schraube darf die Hülse nicht kälter als 0 °C sein, um einen Sprödbruch zu vermeiden. Die Schrauben sind bis zum Rand der Dübelhülse einzudrehen, so dass die Schraubenspitze die Dübelhülse durchdringt. Wenn nach dem vollen Eindrehen der Schraube weder ein Drehen der Dübelhülse auftritt, noch ein leichtes Weiterdrehen der Schraube möglich ist, so ist die Qualität der Verankerung als gut zu beurteilen. Einmal verwendete oder falsch gesetzte und ausgebaute Hülsen dürfen nicht wiederverwendet werden.

Die Bohrlöcher werden häufig mit Hammerbohrmaschinen bei Schlaggang erstellt, außer in Hochlochziegeln müssen die Löcher im Drehgang gebohrt werden.

9.8.3 Bemessung von Kunststoffdübeln durch Versuche am Bauwerk

Unter folgenden Bedingungen müssen zentrische Ausziehversuche von Befestigungen am Bauwerk durchgeführt werden:

9.8 Endverankerung von Kohlenstofffaser-Lamellen

- Steinfestigkeit weicht von Mindestwerten ab,
- Rohdichte weicht von Mindestwerten ab,
- Steine sind nicht nach einer Normenvorschrift geregelt,
- Kunststoffdübel werden planmäßig tiefer gesetzt.

Dabei sind die Last F_1 beim ersten Lastplateau und die Höchstlast F_2 zu messen (Bild 9.15). Die zulässige Last ergibt sich aus dem Mittelwert der 5 kleinsten Messwerte für F_1 und F_2 aus 15 Einzelversuchen:

$$\text{zul } F = \begin{cases} 0{,}25 \cdot F_{1m} \\ 0{,}15 \cdot F_{2m} \end{cases} \tag{9.46}$$

zul F   zulässige Last [kN]
        ≤0,5 kN für Betonsteine
        ≤0,6 kN für Hochlochziegel und Kalksandlochsteine
F_{1m} Mittelwert aus den 5 kleinsten Werten F_1 [kN]
F_{2m} Mittelwert aus den 5 kleinsten Werten F_2 [kN]

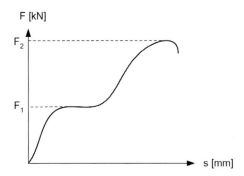

Bild 9.15 Auswertung der Last-Verschiebungskurven bei Versuchen am Bauwerk

Die maximal zulässige Belastung für Kunststoffdübel in Betonsteinen beträgt 0,5 kN. Es kann aber auch im Sinne der neuen Bemessungskonzepte auf der Widerstandsseite ein Bemessungswert von 0,70 kN angesetzt werden. Werden Kunststoffdübel in Hochlochziegeln oder Kalksandsteinen verwendet, beträgt die maximal zulässige Last 0,6 kN oder die des Bemessungswerts auf der Widerstandsseite 0,85 kN.

9.8.4 Bemessung nach den Zulassungsfaktoren

Im Rahmen von Zulassungsverfahren wird bei der Ableitung der zulässigen Lasten von Versuchsergebnissen für die Bemessung mit einem globalen Sicherheitsbeiwert γ gearbeitet:

$$\text{zul } F = \frac{F_{u,5\%}}{\gamma} \tag{9.47}$$

zul F   zulässige Last
$F_{u,5\%}$ 5%-Fraktile der Bruchlast bei Raumtemperatur von ordnungsgemäß montierten Dübeln
$\gamma = 3{,}0$ für Injektionsdübel
$\gamma = 5{,}0$ für Kunststoffdübel

Die zulässige Last gilt für alle Beanspruchungsrichtungen und ist gemeinsam mit den Achs- und Randabständen in Abhängigkeit von der Art und Festigkeit des Verankerungsgrundes in den Zulassungsbescheiden angegeben. Nach den Bemessungsgrundlagen in Deutschland muss bei Kunststoffdübeln eine ständig wirkende Zuglast mit der Dübelachse einen Winkel von mindestens 10° bilden. In künftigen europäischen Bestimmungen kann dieser Nachweis entfallen. Bei Injektionssystemen auf Kunstharzbasis darf die Temperatur im Bereich der Vermörtelung 50 °C und kurzfristig 80 °C nicht überschreiten.

In Deutschland zugelassene Kunststoffdübel mit einem Durchmesser von 8 mm sowie 10 mm und einer Verankerungstiefe $h_{ef} = 90$ mm dürfen bei Verankerung in Hochlochziegeln, Kalksandlochsteinen und Hohlblöcken aus Leichtbeton auch als Dübelpaar ausgeführt werden. Der Achsabstand darf auf $a = 10$ cm reduziert werden, wenn die zulässige Last halbiert wird. Für Achsabstände zwischen min $a = 10$ cm und dem Achsabstand gemäß Zulassung darf die zulässige Last linear interpoliert werden. Der lichte Abstand zwischen benachbarten Dübelpaaren bzw. zwischen einem Dübelpaar und einem Einzeldübel muss mindestens 25 cm betragen.

In Hochlochziegeln und Kalksandlochsteinen dürfen auch Gruppen mit zwei oder vier Injektionsdübeln in rechteckiger Anordnung ausgeführt werden, wobei der Achsabstand innerhalb einer Gruppe mindestens 5 cm betragen muss. Die zulässige Last pro Dübel ist dann folgendermaßen zu reduzieren:

$$\text{red. F} = \text{zul F} \cdot \kappa_{a1}$$

bei einer Gruppe mit zwei Dübeln und

$$\text{red. F} = \text{zul F} \cdot \kappa_{a1} \cdot \kappa_{a2}$$

bei einer Gruppe mit vier Dübeln, wobei

$$\kappa_{a1} = \left(1 + \frac{\text{red. } a_1}{a}\right) \cdot 0{,}5 \leq 1{,}0$$

$$\kappa_{a2} = \left(1 + \frac{\text{red. } a_2}{a}\right) \cdot 0{,}5 \leq 1{,}0$$

red. F   reduzierte zulässige Last eines Dübels [N]
zul F   zulässige Last [N]
red. a_1 Achsabstand in Richtung 1 [cm] ≥ 5 cm
red. a_2 Achsabstand in Richtung 2 [cm] ≥ 5 cm
a   Achsabstand nach Zulassung [cm]

Die sowohl experimentell als auch theoretisch ermittelten zulässigen Lasten oder Bemessungswerte gelten für alle Beanspruchungsrichtungen. Bie der Endverankerung von Kohlenstofffaser-Lamellen wirken hauptsächlich Querkräfte auf die Befestigungselemente, welche durch die Zugwirkung der Lamellen nahezu momentenfrei eingebracht werden.

9.9 Verstärkung von Mauerwerkspfeilern mit Kohlenstofffaser-Gelegen

Erste Untersuchungen zur Mauerwerksverstärkung mit Kohlenstofffasern wurden 1994 von Schwegler durchgeführt [14], wobei es um die Verbesserung der Scheibentragwirkung von Wänden durch unterschiedliche Gewebe- und Lamellenanordnungen ging. Die Versuchsergebnisse wurden zwei Jahre später bei der Sanierung eines Geschäftshauses in die Praxis umgesetzt [15]. Versuchsergebnisse über die Verstärkung von seismisch beanspruchten Mauerwerkswänden mit unterschiedlichen Geweben, Harzen und variierenden Applikationsbereichen sind bei Ehsani [16, 17], Saadatmanesh [18] und Velazquez-Dimas [19] zu finden. Laursen [20] untersuchte die Tragfähigkeit von Wänden, die zuvor geschädigt, dann teilweise erneuert und vollflächig mit Kohlenstofffaser-Gewebe verstärkt wurden. Mauerwerksverstärkung mit Kohlenstofffaser-Lamellen in horizontaler und vertikaler Anordnung sind bei Triantafillou [21] zu finden, wobei die Biege- und Scherbeanspruchung unter dem Einfluss vertikaler Belastung untersucht wurde. Seible [22] und Saadatmanesh [18] führten experimentelle Untersuchungen zur nachträglichen Umschnürung von Rahmenstielen und Stützen aus Stahlbeton durch.

Bieker, Seim, Häberle [23] führten Versuche zur nachträglichen Umschnürung von Mauerwerkspfeilern mit unidirektionalen Gelegen aus Kohlenstofffasern durch. Die Zugfestigkeit der Fasern betrug 3500 MPa und der E-Modul 230 000 MPa. Verklebt wurden die Fasern durch ein Imprägnierharz mit einer Zugfestigkeit von 30 MPa und einem Biege-E-Modul von 3800 MPa. Es wurden Pfeiler aus Vollziegeln (Mz 20/Mörtelgruppe I) mit einer Dichte von 2 kg/dm^3 und aus Hochlochziegeln (Hlz 12/Mörtelgruppe II) mit einer Dichte von 0,9 kg/dm^3 geprüft. Zur Vermeidung von Spannungskonzentrationen im Faserverbundwerkstoff wurden die Kanten der Vollziegelpfeiler entsprechend einem Ausrundungsradius von r = 3 cm ausgerundet, beim Pfeiler aus Hochlochziegeln erfolgte eine Vergrößerung bis zur Öffnung des ersten Hochloches. Mit jedem Mauerwerkstyp wurden eine oder zwei Gelegelagen geprüft, wobei in Umfangsrichtung des Pfeilers ein Überlappungsstoß von 10 cm, in Längsrichtung jedoch kein Überlappungsstoß angeordnet wurde.

Die Bruchlasten der unverstärkten Probekörper sind jenen der verstärkten gegenübergestellt. Während die Probekörper aus Vollziegeln infolge Überschreitung der Zugfestigkeit des Laminates versagten, trat bei den Pfeilern aus Hochlochziegeln ein Versagen des Steins auf.

Der verwendete Hochlochziegel erreicht aufgrund seines spezifischen Aufbaus je nach Anzahl der Lagen eine Laststeigerung von 30 bis 45%. Der Mauerziegel weist mit einer Erhöhung der Bruchlast von über 300% einen wesentlich höheren Verstärkungsgrad auf.

Tabelle 9.2 Bruchlasten für die unverstärkten und verstärkten Probekörper (aus [22])

Probekörper	unverstärkt [kN]	mit 1 Lage Kohlenstofffasern verstärkt [kN]	mit 2 Lagen Kohlenstofffasern verstärkt [kN]
Mz 20/I (Typ A) Vollziegel	240–360	760	848
Hlz 12/II (Typ B) Hochlochziegel	190–230	270	300

10 Konstruktive Anwendungen von Kohlenstofffaser-Elementen

Es gibt nichts praktischeres als eine gute Theorie.

Immanuel Kant (1724–1804)

In diesem Kapitel wird eine kurze Auswahl von Anwendungen und Fallbeispielen von Bauelementen, die mit Kohlenstofffasern verstärkt wurden, dargestellt. Es soll hauptsächlich die Vielfalt der Anwendungsmöglichkeiten aufgezeigt werden.

10.1 Ertüchtigung einer Bogenbrücke

Die Theaterbrücke in Meran, Südtirol, ist eine Bogenbrücke, die 1905 gebaut wurde. Sie weist zwei Felder von je 20,5 m lichter Weite auf. Der Bogenstich beträgt 1,5 m. Die Gesamtbreite setzt sich aus einer Fahrbahn mit 9,0 m und beidseitig liegenden Gehwegen von je 2,5 m Breite zusammen.

Die Bestandsaufnahme 1995 zeigte, dass die Brückenplatte zwar in Längsrichtung mit Rundstäben bewehrt war, allerdings fehlte die Querbewehrung. Bei der Erbauung stellte dieser Mangel noch kein Problem dar, da die Nutzlasten relativ gering waren. Im Laufe der Zeit jedoch wurde die Bogenbrücke in Querrichtung unterschiedlich stark belastet, was zu einem Längsriss in der Brückenplatte führte.

Bild 10.1 Theaterbrücke Meran

In einem Feld wies die Brücke einen klaffenden Längsriss mit einer Breite von 10 bis 20 mm auf. Der Riss lag ca. 4,0 m von der Außenkante des Bogens entfernt. Eine statische Nachrechnung des Bogens in Längsrichtung ergab eine ausreichende Tragfähigkeit. Im rechnerischen Bruchzustand ergaben sich unter Traglast plastische Fließgelenke im Scheitel und in den beiden Kämpfern [1]. Dieser Tragzustand kann allerdings nie erreicht werden. Die Betondruckzone war ausreichend tragfähig. Die Druckfestigkeit des Betons betrug ca. 30 N/mm². Als schlaffe Bewehrung wurde glatter Bewehrungsstahl mit einer Fließgrenze von 230 N/mm² und einer Zugfestigkeit von 320 N/mm² vorgefunden.

Als Ertüchtigungsmaßnahme wurde der klaffende Riss in Brückenlängsrichtung zuerst kraftschlüssig verpresst. Die Reprofilierungsarbeiten wurden mit Spritzbeton durchgeführt. Anschließend wurden in einem Abstand von ca. 70 cm auf die vorbereitete Betonoberfläche 1,2 mm starke, 80 mm breite und 14 m lange Kohlenstofffaser-Lamellen aufgeklebt.

Bild 10.2 Untersicht mit geklebten Kohlenstofffaser-Lamellen und aufgehängtem Gerüst

10.2 Ertüchtigung eines Beton-Fachwerkbinders

Im Rahmen von Erhaltungsarbeiten mussten an einem Rundgebäude in Bozen, Südtirol, die Fachwerkbinder verstärkt werden. Das Gebäude stammt aus der Zeit von 1932 und wurde als Betonrahmentragwerk mit einer Mauerwerksaussteifung erstellt. Das schalenförmige Dach besteht aus fachwerkförmigen Betonbindern, die einen mittleren Abstand von 3,5 m haben. Der sehr flach gekrümmte Obergurt weist einen Plattenbalkenquerschnitt auf, wobei die Druckgurtbreite 50 cm, die Balkenhöhe 30+20 cm (=Plattenhöhe) und die Zuggurtbreite 20 cm beträgt. Sowohl die vertikalen als auch die diagonalen Streben sowie der Untergurt weisen einen Betonquerschnitt von 20×20 cm auf. Quer zu diesen Hauptträgern befinden sich Sekundärträger, in welche Hochlochziegel eingelegt wurden. Damit entstand eine flach gekrümmte Hohlkörperdecke. Auf der gesamten Dachkuppel wurde eine dünne Ortbetonschicht und eine Blechabdeckung als Wetterschutz aufgebracht.

Eine statische Untersuchung ergab, dass nach dem heutigen Sicherheitskonzept und den aktuellen Schnee- und Windeinwirkungen die Tragsicherheit nicht mehr gegeben war. Die Versagenswahrscheinlichkeit wies gerade noch einen Wert von $\beta=3{,}2$ auf [2]. Auf Grund der Notwendigkeit, auch die bauphysikalischen Parameter des Daches zu verbessern, wurden eine verbesserte Wärmedämmung und eine neue Blecheindeckung geplant. Dadurch erhöhte sich die ständige Einwirkung um 16%. Als veränderliche Einwirkungen wurde eine Nutzlast von 0,5 kN/m² und eine Schneelast von 1,5 kN/m² angesetzt. Die einwirkende Größe betrug damit 25,4 kN/m. Die rechnerische Spannweite der Fachwerkbinder wurde mit 15,55 m angenommen.

Bild 10.3 Umwicklung einer vertikalen Strebe des Betonfachwerkes mit Kohlenstofffaser-Gelegen

Auf Grund der ungenügenden Kenntnis der vorhandenen glatten Stahlbewehrung in den Zugstreben wurde folgende Annahme getroffen: Nach Abtragen der vorhandenen Blechdeckung trägt die vorhandene Konstruktion nur das Eigengewicht; die gesamte veränderliche Einwirkung einschließlich der neu aufzubringenden Wärmedämmung und auch der Dacheindeckung wird von der Verstärkung aufgenommen.

Als Verstärkungsmaßnahme wurde eine kombinierte Anwendung von Lamellen und Gelegen aus Kohlenstofffasern ausgeführt. In den Knotenbereichen wurden eigene Schablonen gefertigt, nach welchen dann ganze Knotenbereiche maßgetreu aus überkreuzten Gelegen und Lamellen gefertigt und seitlich aufgeklebt wurden. Die Untergurte und die Zugdiagonalen wurden beidseitig mit Lamellen verstärkt. Die Druckdiagonalen und die vertikalen Streben wurden mit Gelegen umwickelt. Der damit erreichte Verstärkungsgrad errechnete sich zu

$$\frac{454{,}7 \text{ kN}}{242{,}2 \text{ kN}} = 1{,}9$$

Bild 10.4 Betonfachwerk mit teilweise aufgeklebten Kohlenstofffaser-Lamellen

Nach erfolgter Klebung der Lamellen und Gelegen wurden an neun Punkten Haftzugprüfungen durchgeführt. Dabei ergaben sich ein Mittelwert von 4,26 N/mm², eine Standardabweichung von 0,38 N/mm² sowie eine 5%-Fraktile von 3,25 N/mm².

10.3 Ertüchtigung eines Kirchengewölbes

Im Rahmen von Erhaltungsarbeiten wurden im Scheitelbereich der Kapuzinerkirche in Meran, Südtirol, beträchtliche Risse festgestellt. Nach einer genauen Inspektion und einer Vermessung stellte sich heraus, dass das ca. 20 cm starke Gewölbe aus Mauerziegeln, verstärkt mit hochgestellten Ziegelrippen, bis zu 35 cm von der Stützlinie abwich. Als Schadensursache konnten eine Schwächung der Holztragkonstruktion infolge Hausschwamm und große Einwirkungen durch Schnee festgestellt werden. Daher setzte sich der Hauptdachbinder an den Bogenrippen und bildete zuerst im Scheitel ein Bruchgelenk. Durch die Umlagerung der Schnittkräfte im Bogen entstanden in den Viertelspunkten weitere Risszonen, die sich bei zusätzlich erhöhter Belastung zu plastischen Gelenken ausbilden könnten.

Als Erhaltungsmaßnahme wurde ein teilweiser Abbruch des durchhängenden Gewölbes und ein Neuaufbau vorgenommen. Anschließend wurden Kohlenstofffaser-Gelege auf die reprofilierten Rippenflächen aufgeklebt [1].

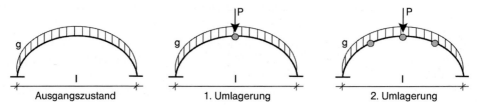

Bild 10.5 Mechanische Modellierung der Bruchvorgänge

10.4 Vorgespannte Kohlenstofffaser-Lamellen zur Verstärkung einer Hochbaudecke

Eine Deckenplatte aus Stahlbeton aus dem Jahr 1982 sollte um 12,0 m erweitert und konstruktiv verstärkt werden. Dazu wurden mehrere Ertüchtigungsvarianten analysiert, von denen sich die Vorspannung mittels extern angeordneter Kohlenstofffaser-Lamellen als geeignet erwies [3]. Der charakteristische Wert der Betonfestigkeit betrug $f_{ck} = 16$ N/mm² und die Haftzugfestigkeit $f_{ct} > 2$ N/mm². Die Wahl fiel auf 80 mm lange und 1,2 mm starke Kohlenstofffaser-Lamellen, die im Abstand von 0,4 m aufgebracht wurden. Daraus ergibt sich ein externer Bewehrungsquerschnitt von 240 mm²/m.

10.4 Vorgespannte Kohlenstofffaser-Lamellen zur Verstärkung einer Hochbaudecke

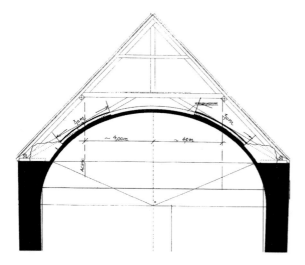

Bild 10.6 Verstärkungsmaßnahme an der Gewölbeaußenseite mit Kohlenstofffaser-Gelegen: Querschnitt durch das Gewölbe und Ansicht der Kirche

Bild 10.7 Aufbringen des Kohlenstofffaser-Geleges

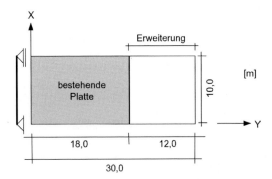

Bild 10.8 Grundriss der Deckenplatte

10.4.1 Einwirkungen, Geometrie und Dehnungsverhältnisse

Die vorhandene Bewehrung weist folgende Werte auf:

Hauptbewehrung: $\varnothing$ 14, a = 30 cm + $\varnothing$ 18, a = 30 cm $\quad A_{Sx} = 1361$ mm^2/m
(x-Richtung) $\quad \rho_{Sx} = 0{,}41\%$

Verteilbewehrung: $\varnothing$ 14, a = 20 cm $\quad A_{Sy} = 770$ mm^2/m
(y-Richtung) $\quad \rho_{Sx} = 0{,}24\%$

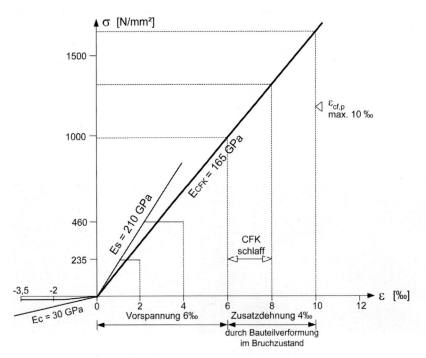

Bild 10.9 Spannungs-Dehnungs-Diagramm von Beton und Betonstahl

10.4 Vorgespannte Kohlenstofffaser-Lamellen zur Verstärkung einer Hochbaudecke

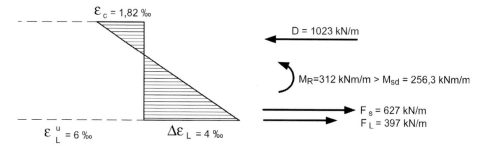

Bild 10.10 Darstellung der Dehnungsverhältnisse

Nachfolgend werden die konstruktive Durchbildung und der Montageablauf der angebrachten Vorspannung dargestellt.

Als obere Grenze für den Bemessungswert der Dehnung der Kohlenstofffaser-Lamelle soll 1% angenommen werden.

10.4.2 Konstruktive Details

Es gibt einige Anforderungen an den Untergrund. So muss die Haftzugfestigkeit mindestens 1,5 N/mm² betragen und die Unebenheiten müssen kleiner als 1/500 bzw. kleiner als 5 mm sein. Der Untergrund darf außerdem keine Wölbung (konvex) aufweisen, da sonst die Kräfte nicht in den Betonkörper eingeleitet werden können.

Auch die Stahlplatten müssen sandgestrahlt und vor ihrem Einbau mit einem systemgeprüften Haft- und Korrosionsschutzmittel versehen werden.

Das Vorspannsystem wird nachfolgend kurz beschrieben und die einzelnen Verankerungssysteme dargestellt.

1. Feste Verankerung: Die Kohlenstofffaser-Lamelle wurde unter eine Stahlplatte geklebt und mit den Dübeln festgehalten.

Bild 10.11 Prüfen der Haftzugfestigkeit des Untergrundes (links) und Sandstrahlen des Untergrundes (rechts)

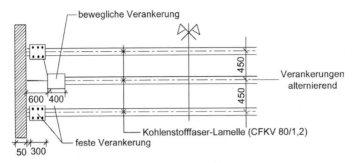

Bild 10.12 Anordnung der vorgespannten Kohlenstofffaser-Lamellen

Bild 10.13 Einbau der Kohlenstofffaser-Lamelle

Bild 10.14 Einbau des Spannsystems

2. Bewegliche Verankerung/Sandwichplatte: Die bewegliche Verankerung besteht aus zwei gegeneinander verschraubten Stahlplatten, zwischen denen die Kohlenstofffaser-Lamelle verankert wird.

3. Vorspannsystem: Auf die Betonoberfläche wurde eine Stahlplatte aufgedübelt, worauf sich der Hydraulikzylinder zum Vorspannen der Lamelle befindet.

Der Vorspannablauf muss sorgfältig geplant werden, wobei die Innenbewehrung zwecks Anbringung der Dübel genau gekennzeichnet werden muss (z. B. durch ein Bewehrungssuchgerät).

Die Kohlenstofffaser-Lamelle sollte einen sichtbaren Überstand von 2 cm hinter der festen Verankerungsplatte haben. Diese Verankerungsplatte wird dann mit Dübeln (risstaugliche Dübel: kraftkontrollierte Metallspreizdübel, Hinterschnittdübel, Verbundanker) am Untergrund befestigt und angepresst. Anschließend wird das Spannsystem auf der Montageplatte befestigt, ausgerichtet und mit der beweglichen Stahlplatte verschraubt.

Das Vorspannen erfolgte in verschiedenen Spannstufen nach der Spannvorlage mit Wartezeiten von etwa 20 Sekunden.

Nach Beendigung der Vorspannung und der Aushärtezeit des Klebers kann die bewegliche Stahlplatte entfernt werden.

10.5 Koppelfugensanierung einer Durchlaufträgerbrücke

Die Körschtalbrücke bei Stuttgart im Zuge der Bundesstraße 27 aus dem Jahr 1964 ist ein 7-feldriger Durchlaufträger, welcher abschnittsweise in insgesamt drei Betonierabschnitten auf Lehrgerüst hergestellt wurde. Die 2-stegigen, längs- und quer-vorgespannten Plattenbalkenquerschnitte je Überbau besitzen somit zwei Koppelfugen, in denen Längsspannglieder gekoppelt wurden. Als Spannverfahren zur Längsvorspannung wurde damals von der ausführenden Firma Karl Kübler AG, Stuttgart, das BBRV IV-Verfahren mit je 44 Drähten, d=6 mm aus kaltgezogenem Spannstahl St 150/170 und zul. $V_0 = 116{,}3$ t ange-

Bild 10.15 Ansicht Körschtalbrücke bei Stuttgart (links), Ansicht Ertüchtigungsbereich (rechts)

wandt. Die Fahrbahntafel wurde mit dem Leoba S33-Verfahren quer vorgespannt. Alle vier Koppelfugenquerschnitte zeigten ein ausgeprägtes Rissbild.

Den tatsächlich vorhandenen Spannungsverhältnissen an diesen Koppelfugen wurde zu Beginn des Spannbeton-Brückenbaus nur unzureichend Rechnung getragen. Dies hatte zur Folge, dass sich die rechnerische Druckvorspannung im Koppelfugenquerschnitt nicht einstellte.

Im gerissenen Querschnitt steigen die im Rissbereich auftretenden Spannungsänderungen im Spannstahl (Schwingweiten) aus Verkehrsbelastung entsprechend an und können zu Schäden führen.

10.5.1 Nachweis der Schwingweite in Koppelfugen

Abhängig von der anliegenden Grundbeanspruchung des Querschnittes (Grundmoment M_0) und der um diesen Wert schwankenden Amplitude des Lastwechselmomentes ΔM_p (u. a. aus Verkehr und Temperaturbeanspruchungen) lässt sich die vorhandene Schwingweite der Spannstahlspannungen $\Delta \sigma_Z$ in der den Riss kreuzenden kritischen Spanngliedlage anhand des Momenten-Spannstahl-Spannungsdiagrammes ermitteln [4]. Diese auftretende Schwingweite wird im ausgeprägten Zustand II (Querschnitt voll gerissen) maximal ($\Delta \sigma_Z^{II}$) und ist bei noch im Zustand I befindlichen Querschnitten auf die n-fachen Betonspannungen begrenzt. Im Übergangsbereich zwischen Dekompressionsmoment und ausgeprägtem Zustand II liegt die vorhandene Schwingweite zwischen diesen beiden Werten.

Wenn die so ermittelte Schwingweite den im Ermüdungsversuch ermittelten Wert (zul. $\Delta \sigma_Z$) erreicht, so ist die Spanngliedlage auf eine Restnutzungsdauer bis zum Ermüdungsbruch zu untersuchen und die Koppelfuge zu ertüchtigen. Die „Handlungsanweisung zur Beurteilung der Dauerhaftigkeit vorgespannter Bewehrung von älteren Spannbetonüberbauten" [4], herausgegeben von der Bundesanstalt für Straßenwesen, beinhaltet ein detailliertes Ablaufschema eines abgestuften Begutachtungsverfahrens, anhand dessen der mit der Untersuchung beauftragte Ingenieur stufenweise seine Rechenansätze im Laufe der Bearbeitung präzisieren kann. Am Ende der Untersuchung steht fest, ob nur ein Dauerhaftigkeitsproblem vorliegt, für das bei gerissenem Querschnitt Korrosionsschutzmaßnahmen erforderlich werden, oder ob tatsächlich ein Dauerfestigkeitsproblem mit Ermüdungsbruchgefahr für die untersuchte Spanngliedlage im Rissquerschnitt besteht. In letzterem Fall ist die bisher eingetretene Schädigung, der Schädigungsfortschritt und die Restnutzungsdauer abzuschätzen. Im Fall der Körschtalbrücke wurde auf Grund dieser Untersuchung eine Verstärkung des betroffenen Querschnitts erforderlich.

10.5.2 Koppelfugensanierung mittels Kohlenstofffaser-Oberflächenvorspannung

Die Instandsetzung der Koppelfugenrisse mittels externer Oberflächenvorspannung durch Kohlenstofffaser-Lamellenspannglieder wurde als Pilotanwendung in enger Abstimmung mit den beteiligten Behörden durchgeführt.

10.5 Koppelfugensanierung einer Durchlaufträgerbrücke

Bild 10.16 Koppelfuge ertüchtigt, schlaffe Überstände noch nicht verklebt (links), Maßnahme fertiggestellt, Oberflächenschutzsystem aufgebracht (rechts)

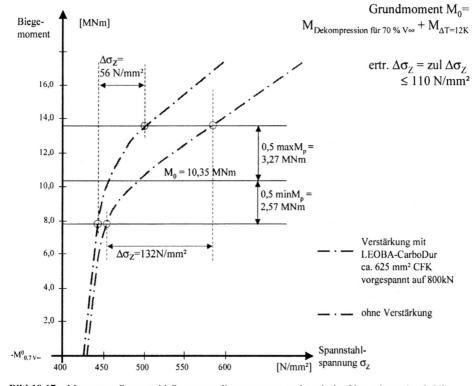

Bild 10.17 Momenten-Spannstahl-Spannungsdiagramm vor und nach der Verstärkung (nach [4])

Im Fall der Körschtalbrücke konnte die Schwingweite durch die lokal angeordnete externe Vorspannung mit in Klebeverbund liegenden 5 Leoba-CarboDur Oberflächenspanngliedern von $\Delta\sigma_Z = 132$ N/mm² auf $\Delta\sigma_Z = 56$ N/mm² reduziert werden (siehe Bild 10.17). Die Lamellen wurden dazu mit einer Vorspannkraft von $V_0 = 165$ kN je Kohlenstofffaser-Lamelle bei einer Vordehnung von $\varepsilon_L = 7{,}50\text{‰}$ vorgespannt. Der zulässige Wert für die im Koppelfugenquerschnitt vorhandenen Kopplungselemente lag bei $\Delta\sigma_Z = 110$ N/mm².

Für die zur Verfügung gestellten Texte und Bilder dieses Beispiels sei Herrn Dr.-Ing. Mayer vom Büro Leonhardt, Andrä und Partner herzlich gedankt.

10.6 Internet-Adressen von Herstellern und Anwendern

In der Praxis begegnet man häufig der Frage nach Anbietern und Herstellern von Produkten aus Kohlenstofffasern. Neben den Lamellen, Gelegen, Geweben und Kabeln interessieren aber auch die Ausgleich- und Reparaturmörtel, Kleber und die Befestigungselemente, damit gerade bei der Bauteilertüchtigung die notwendigen Werkstoffe ausgewählt werden können. Tabelle 10.1 nennt eine Auswahl von Firmennamen und Internet-Adressen:

Tabelle 10.1 Kontaktadressen

Name	Kontaktadresse	Auswahl der Produkte/ Anwendungen
ACC	www.acc-club.jp	CFK-Produkte
Ashland Südchemie	www.ashspec.com	Kohlenstofffasern
BASF	www.basf.com	Kohlenstofffasern
Bilfinger Berger	www.bilfingerberger.de	Verstärkungen mit CFK-Produkten
BP Italia SpA	www.amoco.com	Kohlenstofffasern
Composite Retrofit International	www.tyfosfibrwrap.com	CFK-Gelege
Creative Pultrusions	www.pultrude.com	CFK-Produkte
degussa	www.mac-mbt.com	CFK-Produkte
Devold AMT AS	www.amt.no	CFK-Produkte
Dipl.-Ing. R. Laumer GmbH & Co-Bautechnik	+49/034297 484 00	CFK-Verstärkungen
Edyl composites technology	+39/071/7211314	CFK-Verstärkungen
FIB	www.fib.be	CFK-Produkte
fischer	www.fischer.de	Befestigungselemente für CFK-Verstärkungen
Formosa Plastics Co.	www.fpg.com.tw	Kohlenstofffasern
Fortafil Fibres	www.fortafil.com	Kohlenstofffasern
FTS fibre e tessuti speciali	www.betontex.it	CFK-Produkte
Fyfe Co.	www.fyfeco.com	CFK-Produkte
Grafil Inc.	www.grafil.com	Kohlenstofffasern
Haufler	www.haufler.com	Kohlenstofffasern
Hercules	www.herc.com	Kohlenstofffasern
HILTI	www.hilti.de	Mörtel und Befestigungselemente für CFK-Verstärkungen
Interbau Milano	www.interbau-srl.it	CFK-Produkte

Tabelle 10.1 (Fortsetzung)

Name	Kontaktadresse	Auswahl der Produkte/ Anwendungen
ISIS Canada	www.isiscanada.com	CFK-Produkte
Kajima Corporation	www.kajima.co.jp	CFK-Produkte
Klebearmierung Ludwig Freytag GmbH	+49/0441/97 04 0	CFK-Verstärkungen
Kureha Chemical	www.kureha.co.jp	Kohlenstofffasern
Laumer Bautechnik	+49/(0)8724/88-0	Verstärken durch CFK-Lamellen und CFK-Folien
Leonhardt Andrä und Partner	www.lap-consult.com	Verstärkungen mit CFK-Produkten
Ludwig Freytag	+49/(0)441/9704-0	Klebearmierung mit CFK-Lamellen
Mapei	www.mapei.it	CFK-Gelege
Martin Marietta Composites	www.martinmarietta.com	CFK-Produkte
Maunsell Structural Plastics	www.maunsell.co.uk	Verstärkungen mit CFK-Produkten
Mbrace: Master Builders Technologies	+43/3855/2371-0	Verstärkungen mit CFK-Produkten
Nedri spanstaal	www.nedri.nl	CFK-Produkte
Osaka Gas Chemicals	www.ogc.co.jp	Kohlenstofffasern
Quadflieg	www.gquadflieg.de	Klebearmierung durch CFK-Lamellen
RK Carbon Fibres Inc.	www.rkgruppen.se	Kohlenstofffasern
Roxeler Betonsanierungsgesellschaft	+49/(0)2534/6200-0	Tragwerksverstärkung durch CFK-Lamellen
S&P Reinforcement	www.sp-reinforcement.de	CFK-Lamellen, Bemessungssoftware
S&P Scherer & Partner	+41/41/825 00 70	Tragwerksverstärkung durch CFK-Lamellen
Scadock & Hofmann	scadock.hofmann@t-online.de	Statische Verstärkungen mit CFK-Lamellen
SGL Carbon	www.sglcarbon.com	Kohlenstofffasern
Shimizu Corp.	www.shimz.co.jp/english	CFK-Produkte
SIKA AG	www.sika.ch	CFK-Produkte
SIKA Chemie AG	www.sika.de	CFK-Produkte
SIKA Plastiment GmbH	www.sika.at	CFK-Produkte
Soficar	www.soficar-carbon.com	Kohlenstofffasern
Stress Head AG	+41/368/4646	Vorspannsystem für CFK-Lamellen
STW	www.stw-faser.de	Kohlenstofffasern
Tecnochem	www.tecnochem.it	CFK-Verstärkungen
Tenax Fibers	www.tenax-fibers.com/deutsch.html	Kohlenstofffasern
Toho Rayon Co Ltd	www.tenax-fibers.com	Kohlenstofffasern
Tokyo Rope	www.tokyorope.co.jp/english/	CFK-Produkte
VSL International	www.vsl-intl.com	Verstärkungen mit CFK-Produkten
Würth Befestigungstechnik	www.wuerth.de	Befestigungselemente für CFK-Verstärkungen
XXsys Technologies	www.xxsys.com/	CFK-Verstärkungen
Zoltek	www.zoltek.com	Kohlenstofffasern

Literaturverzeichnis

Literatur zu Kap. 1

[1] Bergmeister, K.: „Bewerten, Instandsetzen und Überwachen von Brücken an der Brennerautobahn". In: Sonderpublikation Bauingenieur – Massivbauseminar 2001, München; Hrsg.: Zilch, K., 2001
[2] Meier, U.; Winistörfer, A.; Stöcklin, I.: „CFK Zugelemente". In: Kolloquium „Geklebte und vorgespannte CFK-Lamellenbewehrung." ETH Zürich, 27.11.2001
[3] Bassetti, A.; Liechti, P.; Nussbaumer, A.: „Fatigue resistance and repairs of riveted bridge members". Fatigue design, Conference proceedings VTT, Espoo 1998
[4] Deutsches Institut für Bautechnik: „Richtlinie für das Verstärken von Stahlbetonbauteilen durch schubfest aufgeklebte Kohlefaserlamellen (CFK-Lamellen)"; Anlage A zum Zulassungsbescheid Nr. Z-36.12-54. Berlin 1998
[5] Vogel, Th.: „Vornorm SIA 166 Klebebewehrung". In: Kolloquium „Geklebte und vorgespannte CFK-Lamellenbewehrung". ETH Zürich, 27.11.2001
[6] Fib (CEB-FIP): „Externally bonded FRP reinforcement for RC structures". TG 9.3, Lausanne 07/2001
[7] Nachträgliche Verstärkung von Bauwerken mit geklebter Bewehrung. Österreichische Vereinigung für Beton und Bautechnik, Dezember 2002
[8] JSCE: Recommendation for design and construction of concrete structures using continuous fibre reinforcing materials. In: Concrete Engineering Series 23, ed. A. Machida, Japan Society of Civil Engineers. Tokyo, S. 325, 1997
[9] Fischer, L.: „Das neue Sicherheitskonzept im Bauwesen". Bautechnik Spezial. Ernst & Sohn, Berlin, S. 152–169, 2001
[10] Stoffel, Ph.: „Zur Beurteilung der Tragsicherheit bestehender Stahlbetonbauten". IBK ETH Zürich. Bericht Nr. 251, 07/2000
[11] Joint Committee on Structural Safety: „Probabilistic Model Code", 12th draft, 10/11/2000
[12] Santa, U.; Bergmeister, K.; Strauss, A.: Guaranteeing Structural Service Life Through Monitoring. Proceedings fib OSAKA 10/2002
[13] Spaethe, G.: „Die Sicherheit tragender Baukonstruktionen". Springer, Wien 1992
[14] Ellingwood, B.: Toward Load and Resistance Factor Design for Fiber-Reinforced Polymer Composite Structures. In: Journal of Structural Engineering, ASCE, 04/2003, S. 449–458
[15] Strauss, A.: „Numerische Modellierung in der Betonerhaltung". Dissertation, Institut für Konstruktiven Ingenieurbau, BOKU, Wien 2003
[16] Al-Harthy, A.S.; Frangopol, D.M.: „Reliability assessment of prestressed concrete beams". Journal of Structural Engineering, ASCE, Vol. 120, No. 1, S. 180–199, 1994
[17] Chalk, P.L.; Corotis, R.B.: Probability Model for Design Live Loads. Journal of the Structural Division, S. 2017–2033, 1980
[18] Actions on Structures, Self-Weight Loads. CIB-Report, Publication 115, June 1989
[19] Peir, J.C.; Cornell, C.A.: Spatial and Temporal Variability of Live Loads. Journal of the Structural Div., S. 903–922, 1973
[20] Corotis, R.B.; Tsay, W.Y.: Probabilistic Load Duration Model for Live Loads. Journal of Structural Engineering, S. 859–874, 1983

[21] Mancini, G.: Non Linear Analysis and Safety Format for Practice. In: fib Proceedings on the first fib congress 2002, Vol. 2, S. 13.11–13.12. Osaka 10/2002
[22] Schueller, G.: „Tragwerkszuverlässigkeit". Der Ingenieurbau. Ernst & Sohn, Berlin
[23] Bogath, J.: „Verkehrslastmodelle für Straßenbrücken". Dissertation am Institut für Konstruktiven Ingenieurbau, BOKU, Wien 1997
[24] Ablinger, W.: „Einwirkungen auf Brückentragwerke – Achslastmessungen und stochastische Modelle". Diplomarbeit am Institut für Konstruktiven Ingenieurbau, BOKU, Wien 1996
[25] Bogath, J.; Bergmeister, K.: Neues Lastmodell für Straßenbrücken. Bauingenieur 6, S. 270–277, 1999

Literatur zu Kap. 2

[1] Meier, U.; Winistörfer, A.; Stöcklin, I.: CFK Zugelemente. In: Kolloquium „Geklebte und vorgespannte CFK-Lamellenbewehrung". ETH Zürich, 27.11.2001
[2] Isler, H.: Kunststoffe für tragende Bauteile; Entwicklungen, Anwendungen und Langzeituntersuchungen. SIA Studientagung 17/18.10.1975, Zürich, Dübendorf. SIA Publikation Nr. 21, S. 10 ff, 1975
[3] Meier, U.; Müller, R.; Puck, A.: CFK-Biegeträger unter quasistatischer und schwingender Beanspruchung. Internationale Tagung über Verstärkte Kunststoffe, Freudenstadt, 5.–7.10.1982, S. 35–1 bis 35–7
[4] Meier, U.: Brückensanierungen mit Hochleistungs-Faserverbundwerkstoffen. Material und Technik, 15, S. 125–128, 1987
[5] Rehm, G.; Franke, L.; Patzak, M.: Kunstharzgebundene Glasfaserstäbe als Bewehrung im Betonbau. Zur Frage der Krafteinleitung in Kunstharzgebundene Glasfaserstäbe. DafStb. Heft 304
[6] Deußer, St.: Anwendung von Faserverbundkunststoffen im Konstruktiven Ingenieurbau. In: Kreative Ingenieurleistungen. Seminarband TU Darmstadt, BOKU, Wien 1998
[7] Meier, H.; Meier, U.; Brönnimann, R.: Zwei CFK-Kabel für die Storchenbrücke. Schweizer Ingenieur und Architekt, Nr. 44, S. 980–985, 24.10.1996
[8] Schurter, U.; Meier, B.: Storchenbrücke Winterthur. Schweizer Ingenieur und Architekt, Nr. 44, S. 976–979, 24.10.1996
[9] Bergmeister, K.: Sanierungsarbeiten an der Zwischendecke im Präsidiumsgebäude der Autonomen Provinz Bozen. Ingenieurteam Bergmeister, Brixen 1997, unveröffentlicht
[10] Brönnimann, R.; Anderegg, P.; Nellen, P.M.: Monitoring der CFK-Kabel der Brücke über die kleine Emme. Schweizer Ingenieur und Architekt, S. 350–354, 1999
[11] Guidotti, N.; Keller, T.; Como, G.; Haldemann, C.: Konzentriert umgelenkte Karbonkabel – erstmaliger Einsatz. Schweizer Ingenieur und Architekt, S. 342–346, 1999
[12] Grace, N.; Navarre, F.; Nacey, R.; Bonus, W.; Covallino, L.: Design-Construction of Street Bridge – First CFRP Bridges in the United States. In: pci-Journal, Vol. 47, No. 5, S. 20–35, 09/10/2002
[13] Wulhorst, B.; Becker, G.: Carbonfasern – Faserstofftabellen nach P.-A. Koch. Deutscher Fachverlag, Frankfurt a. M. 1989
[14] Moser, K.: Der Ingenieurbau – Bemessung von Tragwerken aus Faser-Kunststoff-Verbund, Mehlhorn, G. (Hrsg.). Ernst & Sohn, Berlin 1998
[15] Bergmeister, K.: Kleben im Betonbau. In: Beton- und Stahlbetonbau, Heft 10. Ernst & Sohn, Berlin, S. 625–633, 2001
[16] Meier, H.: Grundlagen und Systeme für den Einsatz von Faserverbundwerkstoffen im Bauingenieurwesen. In: Nachträgliche statische Verstärkung von Bauteilen mit Kohlefaserprodukten. Seminar BOKU, Wien, S. 13–31, 18.02.2002

[17]   Domininghaus, H.: Die Kunststoffe und ihre Eigenschaften. Springer, Berlin – Heidelberg – New York, 1293 Seiten, 1998
[18]   Habenicht, G.: Kleben – Grundlagen, Technologie, Anwendungen, 3. Auflage. Springer, Berlin – Heidelberg – New York 1997
[19]   Schremser, R.: Kleben im Konstruktiven Ingenieurbau. Diplomarbeit am Institut für Konstruktiven Ingenieurbau, BOKU 2001
[20]   Wiedemann, G.: Laserbearbeitung von Naturstein; Laserstrahlreinigung von Holzoberflächen am Beispiel der mittelalterlichen Bohlenstube im Tetzelhaus in Pirna. Informationen vom Fraunhofer Institut für Werkstoff- und Strahltechnik, 2002
[21]   DIN 4762 – Oberflächenrauheit, Begriffe, Oberfläche und ihre Kenngröße, Januar 1989
[22]   DIN 4768 – Ermittlung der Rauheitskenngrößen Ra, Rz, Rmax, Mai 1990
[23]   ZTV – SIB 90: Zusätzliche Technische Vorschriften und Richtlinien für Schutz und Instandsetzung von Betonbauteilen. Anhang: 4. Technische Vorschriften für die Bestimmung der Rauhtiefe mit dem Sandflächenverfahren, 1990
[24]   Randl, N.; Wicke, M.: Schubübertragung zwischen Alt- und Neubeton. In: Beton- und Stahlbetonbau, Heft 8. Ernst & Sohn, Berlin, S. 461–473, 2000
[25]   Guggenberger, A.: Carbon Fiber Reinforcement in Structural Engineering. Dissertation, Veröffentlichung des Instituts für Konstruktiven Ingenieurbau, BOKU, Wien, Heft 48, 06/2001
[26]   Trausch, J.-L.; Wittmann, F.H.: Surface Roughness and Adhesion. In: 5th International Workshop on Material Properties and Design, Weimar, S. 191–204, 10/1998
[27]   Moser, K.: Faser-Kunststoff-Verbund. Entwurfs- und Berechnungsgrundlagen. Düsseldorf 1992
[28]   Grasnek, B.: Natürlicher Beton. Diplomarbeit am Institut für Konstruktiven Ingenieurbau. BOKU, Wien 1999
[29]   Bergmann, H.W.: Konstruktionsgrundlagen für Faserverbundbauteile. Springer, Berlin – Heidelberg – New York 1992
[30]   Flemming, M.; Ziegmann, G.; Roth, S.: Faserverbundbauweise. Springer, Berlin Heidelberg New York 1995
[31]   Deuring, M.: Verstärken von Stahlbeton mit gespannten Faserverbundwerkstoffen. EMPA Dissertation Bericht Nr. 224, ETH Zürich 1993
[32]   Penzo, M.: Elementi in cemento armato ripristinati mediante placcaggio con rinforzi esterni in compositi fibrosi: caratteristiche meccaniche e durabilità. Tesi di laurea – Diplomarbeit. Università degli Studi Bologna 1999/2000
[33]   Rahman, A.; Kingsley, C.; Crimi, J.: Behavior of FRP Grid Reinforcement for concrete under sustained load. In: Non-Metallic (FRP) Reinforcement for Concrete Structures. Proceedings of the International Symposium, Vol. 2, Sapporo, S. 90–99, 10/1997
[34]   Bergmeister, K.; Guggenberger, A.; Weingartner, E.: Karbonfaserbewehrung im Fertigteilbau. In: Beton- und Stahlbetonbau, Heft 1. Ernst & Sohn, Berlin, S. 36–42, 2002
[35]   Kaiser, H.-P.: Bewehren von Stahlbeton mit kohlenstofffaserverstärkten Epoxidharzen. EMPA Dissertation Nr. 8918, ETH Zürich 1989
[36]   Meier, U.; Deuring, M.: The application of fiber composites in bridge repair. In: Straße und Verkehr, S. 534–535, 9/1991
[37]   Niedermeier, R.: Zugkraftdeckung bei klebearmierten Bauteilen. Dissertation, TU München 2001
[38]   Andrä, H.-P.; Maier, M.: Zukunftsweisende Entwicklung für Bauteilverstärkung und Ertüchtigung. Leoba-Carbo Dur als Oberflächenspannglied. IBK-Fachtagung 241, Darmstadt 1999
[39]   Andrä, H.-P.; König, G.; Maier, M.: Einsatz vorgespannter Kohlefaser-Lamellen als Oberflächenspannglieder am Beispiel einer Koppelfugensanierung. In: Beton- und Stahlbetonbau, Heft 12. Ernst & Sohn, Berlin 2001
[40]   Meier, U.; Winistörfer, A.; Stöcklin, I.: CFK Zugelemente. In: Kolloquium „Geklebte und vorgespannte CFK-Lamellenbewehrung". ETH Zürich, 27.11.2001

[41] Bossart, R.: Vorgespannte CFK-Lamellen System AVENIT zur Verstärkung von Bauwerken. In: Kolloquium „Geklebte und vorgespannte CFK-Lamellenbewehrung". ETH Zürich, 27.11.2001

[42] Suter, R.; Jungo, D.: Vorgespannte CFK-Lamellen zur Verstärkung von Bauwerken. In: Beton- und Stahlbetonbau, Heft 5. Ernst & Sohn, Berlin 2001

[43] Schwegler, G.; Berset, T.; Glaus, P.: Einsatz von gespannten CFK-Lamellen. In: Kolloquium „Geklebte und vorgespannte CFK-Lamellenbewehrung". ETH Zürich, 27.11.2001

[44] Meier, U.: Carbon Fiber-Reinforced Polymers: Modern Materials in Bridge Engineering. In: Structural Engineering International, No. 1, 1992

[45] Meier, U.: Proposal for a carbon fibre reinforced composite bridge across the Strait of Gibraltar at its narrowest site. Proc. Inst. Mech. Engrs. Vol. 201, ImechE., S. 73–78, 1987

[46] Bergmeister, K.: Vorgespannte Faserverbundkabel. In: Kreative Ingenieurleistungen, TU Darmstadt und BOKU, Wien 1998

[47] Ohta, T.; Yamaguchi, K.; Ohta, A.: Low life cycle cost but high performance reinforcement of new carbon fiber cable for concrete structures. In: Proceedings of the first fib congress Osaka: Concrete Structures in the 21st Century, Vol. 2, S. 77–78

[48] Harada, T.; Kimura, H.; Enomoto, T.; Khin, M.; Soeda, M.: Development of HEM Anchorage System for Cable Stayer Bridge using multiple CFRP Strands. In: Proceedings of the first fib congress Osaka: Concrete Structures in the 21st Century, Vol. 2, S. 73–84

[49] Meier, U.; Meier, H.; Kim, P.: United States Patent 5713,169, 02/1998

[50] Meier, U.: Spannglieder aus CFK. In: Massivbau 2000. Sonderpublikation Bauingenieur. Hrsg. Zilch, Konrad, TU München, Springer 2000

[51] Vervuurt, A.; Kaptijn, N.; Grundlehner, W.: Carbon-based tendous in the Dintelhouen Bridge, the Netherlands. In: Journal of the fib. Structural Concrete, Vol. 4, 2003, S. 1–11

[52] Minami, Z.; Ishikawa, T.; Uku, M.; Sakaki, I.: Development of Carbon Fiber Cable. In: Proceedings of the first fib congress Osaka: Concrete Structures in the 21st Century, Vol. 2, S. 75–76

[53] Windisch, A.: Zug-/Spannglieder aus Kohlenstofffaser-Kunststoff-Verbunden für das Bauwesen. Neue Werkstoffe in Bayern. München 2000

[54] Gaubinger, B.; Bahr, G.; Hampel, G.; Kollegger, J.: Innovative Anchorage System for CFRP-Tendons. In: Proceedings of the first fib congress Osaka: Concrete Structures in the 21st Century, Vol. 2, S. 79–80

[55] Klein, P.; Rahman, A.; Winkler, N.: Small and economic anchorage for carbon fiber reinforced polymer rods. In: Proceedings of the first fib congress Osaka: Concrete Structures in the 21st Century, Vol. 2, S. 81–82

[56] Meier, U.: CFK-Schubverstärkungselemente. SI+A, Heft 43, 1998

[57] Czaderski, C.: Nachträgliche Schubverstärkung mit CFK-Winkeln. In: Nachträgliche statische Verstärkung von Bauteilen mit Kohlefaserprodukten. Seminar BOKU, Wien, S. 45–53, 18.02.2002

[58] Czaderski, C.: Shear Strengthening with prefabricated CFRP L-shaped Plates. In: Proceedings of the first fib congress Osaka: Concrete Structures in the 21st Century, Vol. 2, S. 71–72

[59] Winistörfer, A.: Development of non-laminated advanced composite straps for civil engineering applications. Thesis University Warwick, 05/1999

[60] Winistörfer, A., Meier, U.: Externe Vorspannung mit CFK Lamellen. In: Nachträglich statische Verstärkung mit Kohlefaserprodukten – Fachtagung am 18.02.2002. BOKU, Wien 2002

[61] Stark, B.: Beispiel für den Nachweis der ausreichenden Tragfähigkeit von CFK-verstärkten Betonbauteilen im Brandfall. In: Bautechnik 80 (2003), Heft 6, S. 393–399. Ernst & Sohn, Berlin 2003

[62] Nationales Anwenwendungsdokument: Richtlinie zur Anwendung von DIN V ENV 1992-1-2, 1997

[63] Blontrock, H.; Taerwe, L.; Vandevelde, P.: Fire Tests on Concrete Beams strengthened with Fibre Composite Laminates. In: 3th International PhD Symposium in Civil Engineering, Vol. 2, BOKU, Wien 2000
[64] ICBO Evaluation: Acceptance Criteria for Concrete and Reinforced and Unreinforced Masonry Strengthening Using Fiber – Reinforced Polymer (FRP), Composite Systems. Whittier, California 2001
[65] ISO 14129: Fiber-reinforced plastic composites – Determination of the in-plane shear stress/ shear strain response, including the in-plane shear modulus and strength, by the ±45° tension test method. Genf 1997
[66] Bastianini, F.: Non-destructive Techniques for Quality Assessment and Monitoring of Composite Strengthenings. In: 4th International PH.D. Symposium, München 19.–21.09.2002, Springer-Verlag
[67] Di Tommaso, A.; Bastianini, F.: Ultrasonic and Thermographic non-destructive Techniques for Bonding Evaluation. In external FRP Structural Strengthenings. Proc. of ACMBS III, Ottawa, Canada, S. 37–44, 2000
[68] Bastianini, F.; Di Tommaso, A.; Pascale, G.: Ultrasonic non-destructive assessment of bonding defects in composite structural strengthenings. In: Composite Structures, Vol. 53, No. 4, S. 463–467, 2001
[69] Bonfiglioli, B.; Manfroni, O.; Pascale, G.: Fibre Optic Sensors: Improvement of the Application in FRP monitoring. Proceedings of the 3th International Conference on Advanced Composite Materials in Bridges and Structures, S. 127–134, 08/2000
[70] Bastianini, F.: Sistemi di monitoraggio con sensori distruttivi a fibre ottiche. Materiali compositi adattivi „smart-composites". Università di Venezia 2002
[71] Czaderski, Ch.; Motavalli, M.: Formgedächtnislegierungen im Bauingenieurwesen – eine Vision. In: tec 21, Zürich 19/2003, S. 10–13
[72] Infoblatt Nr. 4. Memory Metalle GmbH, Weil am Rhein. www.memory-metalle.de
[73] Metodologie di indagine per la valutazione della qualità dei rinforzi in FRP applicati a strutture in calcestruzzo e altri materiali. In: XXIX Convegno Nazionale dell'Associazione Italiana per l'Analisi delle Sollecitazioni. Lucca, 6–9/09/2000
[74] Pascale, G.; Bonfiglioli, B.: Shear Transfer Assessment with Fiber Optic Sensors. 3. World Congress on Monitoring. Como, 03/2002
[75] Strauss, A.: „Numerische Modellierung in der Betonerhaltung". Dissertation, Institut für Konstruktiven Ingenieurbau, BOKU, Wien 2003
[76] Yuan, L.; Zhou, L.; Wu, J.: „Investigation of coated optical fiber strain sensor embedded in a linear strain matrix material"; Optics and Lasers in Engineering 35:251–260, 2001
[77] Nellen, P.; Frank, A.; Brönnimann, F.; Meier, U.; Sennhauser, U.: Fiber optical bragg grating sensors embedded in CFRP Wires. In: SPIE, 6th Annual Int. Symposium on Smart Structures and Materials. Newport Beach, 1–5/03/1999
[78] Bastianiri, F.; Di Tommoso, A.; Cargnelutti, M.; Toffanin, M.; Parente, M.: Applicazioni sperimentoli di tecnologia Brillouin di estersimetria distribuita a fibre ottiche per il controllo ed il monitoraggio di elementi strutturoli in materiale composito. In: 10th National Conference on NDT and MD. Ravenna, 2–4/04/2003
[79] Bastianini, F.; Di Tommaso A.; Borri, A.; Corradi, M.: Composite Strengthening for seismic retrofit and repair and advanced fiber optic monitoring on a real scale masonry structure. In: Composite in Construction intl. Conference. Cosenza, 16–19/09/2003
[80] Prušnik, T.: Kohlenstofffasern in der Architektur, Diplomarbeit am Institut für Baustofflehre, Bauphysik und Brandschutz, TU Wien 1999
[81] Graubner, C.A.; Renner, A.: Bauloop – Ein Softwaretool für die Nachhaltigkeitsanalyse von Gebäuden. In: Darmstädter Nachhaltigkeitssymposium, 17.–18. Juli 2003, Technische Universität Darmstadt, S. XXI-1–XXI-15

Literatur zu Kap. 3

[1] Holschemacher, K.; Dehn, F.: Faserbeton – ein innovativer Baustoff auf dem Weg in die Zukunft. In: Faserbeton – Innovationen im Bauwesen. Beiträge aus Praxis und Wissenschaft. Hrsg. König, Holschemacher, Dehn. Bauwerk Verlag, Berlin 2002, S. 1–17
[2] Guggenberger, A.: „Carbon Fiber Reinforcement in Structural Engineering – Analysis and Applications". Dissertation am Institut für Konstruktiven Ingenieurbau, Universität für Bodenkultur, Wien 2001
[3] Bergmeister, K.: Verwendung von Kohlenstofffasern im Betonbau. In: Faserbeton – Innovationen im Bauwesen. Beiträge aus Praxis und Wissenschaft. Hrsg. König, Holschemacher, Dehn. Bauwerk Verlag, Berlin 2002, S. 221–235
[4] Ding, Y.; Kusterle, W.: Bemessungsmodell für Stahlfaserbeton. In: Beton- und Stahlbetonbau, Heft 4, S. 225–231, Berlin 2000
[5] Ritter, D.: Stahlfaserbeton – Festigkeitsuntersuchungen und Computermodellierungen. Diplomarbeit, Institut für Konstruktiven Ingenieurbau, BOKU, Wien 1999
[6] Schönlin, K.: Ermittlung der Orientierung, Menge und Verteilung der Fasern in faserbewehrtem Beton. In: Beton- und Stahlbetonbau, Heft 83, S. 168–172, 1988
[7] Brameshuber, W.; Banhölzer, B.; Brümmer, G.: Ansatz für eine vereinfachte Auswertung von Faser-Ausziehversuchen. In: Beton- und Stahlbetonbau, Heft 12, S. 702–706, 2000
[8] Kim, J.-K.; Mai, Y.-W.: Engineered Interfaces in Fiber Reinforced Composites. Elsevier, Amsterdam 1998
[9] Marti, P.: Empfehlungen für Stahlfaserbeton. In: Festschrift zum 60. Geburtstag von Prof. Falkner. Betonbau – Forschung, Entwicklung und Anwendung. Schriftenreihe des iBMB, TU Braunschweig, Heft 142, 1999
[10] Falkner, H.; Teutsch, M.; Rosenbusch, J.: Stahlfaserbeton- und stahlfaserverstärkte Stahlbetonbauteile. In: Beton- und Stahlbetonbau, Heft 8, S. 409–414, 2002
[11] Falkner, H.; Teutsch, M.; Rosenbusch, J.; Klinkert, H.: Einfluß des Dauerstandsverhaltens und der Bauteildicke auf die Biegefestigkeit von Stahlfaserbeton. Abschlussbericht des Forschungsvorhabens DBV 223 DBBV. TU Braunschweig 06/2002
[12] DBV Merkblatt für Stahlfaserbeton. Deutscher Beton- und Bautechnikverein, Berlin 10/2001
[13] Martin, Schwarzkopf, Schießl, P.: Berechnungsverfahren für Rissbreiten aus Lastbeanspruchung. In: Forschung Straßenbau und Straßenverkehrstechnik, Heft 309, München 1980
[14] Teutsch, M.: Leistungsklassen des Stahlfaserbetons. Braunschweiger Bauseminar, Heft 141, iBMB TU Braunschweig 1998
[15] Bölcskey, E.; Zajicek, P.: Vereinfachter Tragfähigkeitsnachweis für Stahlfaserbeton-Rechteckquerschnitte. In: ÖIAZ, 129 Jhg., Wien, S. 301–304, 1984
[16] Bölcskey, E.: Beitrag zum vereinfachten Tragfähigkeitsnachweis für bewehrte Stahlfaserbeton-Rechteckquerschnitte. In: ÖIAZ, 133 Jhg., Wien, S. 53–55, 1988
[17] Rahman, A.H.; Kingsley, C.Y.; Crimi, J.: Behaviour of FRP Grid Reinforcement for concrete under sustained load. Non-Metallic (FRP) Reinforcement for Concrete Structures. Proceedings of the International Symposium, Vol. 2, Sapporo, S. 90–99, 10/1997
[18] ACC – Advanced Composite Cables: Lieferprogramm und technische Richtlinien. ACC – Japan, 2002: www.acc.com
[19] Bergmeister, K.; Guggenberger, A.; Weingartner, E.: Karbonfaserbewehrung im Fertigteilbau. In: Beton- und Stahlbetonbau, Heft 1, S. 36–42, 2002
[20] Maissen, A.: Spannbeton mit Spanngliedern aus CFK-Litzen. In: Schweizer Ingenieur und Architekt, Nr. 29, Zürich, S. 576–580, 1997
[21] EMPA-Untersuchungsberichte Nr. 147399/7–8–10–11. Dübendorf 1995

[22] Maissen, A.; De Smet, C.A.M.: Comparison of concrete beams prestressed with carbon fibre reinforced plastic and steel strands. In: Non-Metallic (FRP) Reinforcement for Concrete Structures. 2nd International RILEM Symposium, ed. by L. Taerwe, Ghent, S. 430–439, 1995

[23] Abdelrahman, A.; Rizkalla, S.: Serviceability of concrete beams prestressed by carbon fibre plastic rods (leadline products d = 8 mm – Mitsubishi Kasei Corporation). In: Non-Metallic (FRP) Reinforcement for Concrete Structures. 2nd International RILEM Symposium, ed. by L. Taerwe, Ghent, S. 403–412, 1995

[24] Jerrett, C.V.; Ahmad, S.H.: Bond tests of carbon fiber reinforced plastic (CFRP) rods (leadline products d = 8 mm – Mitsubishi Kasei Corporation). In: Non-Metallic (FRP) Reinforcement for Concrete Structures. 2nd International RILEM Symposium, ed. by L. Taerwe, Ghent, S. 180–191, 1995

[25] Cosenza, E.; Manfredi, G.; Realfonzo, R.: Analytical modelling of bond between FRP reinforcing bars and concrete. In: Non-Metallic (FRP) Reinforcement for Concrete Structures. 2nd International RILEM Symposium, ed. by L. Taerwe, Ghent, pp. 164–171, 1995

[26] Naaman, A.; Jeong, S.: Structural ductility of concrete beams prestressed with FRP tendons. In: Non-Metallic (FRP) Reinforcement for Concrete Structures. 2nd International RILEM Symposium, ed. by L. Taerwe. Ghent, S. 379–386, 1995

[27] Lankard, D.R.: Slurry Infiltrated Fiber Concrete (SIFCON). In: Concrete International, Vol. 6, No. 12, 1984

[28] Hauser, St.; Materschläger, A.; Bergmeister, K.: Innovativer Faserbeton. In: Kreative Ingenieurleistungen. Seminarband TU Darmstadt, BOKU, Wien 1998

[29] Wight, R.; Green, M.; Erki, M.: Post-strengthening concrete beams with prestressed FRP sheets. In: Non-Metallic (FRP) Reinforcement for Concrete Structures. 2nd International RILEM Symposium, ed. by L. Taerwe, Ghent S. 568–575, 1995

[30] Grace, N.; Navarre, F.; Nacey, R.; Bonus, W.; Covallino, L.: Design-Construction of Street Bridge – First CFRP Bridges in the United States. In: pci-Journal, Vol. 47, No. 5, S. 20–23, 09/10/2002

[31] Terrasi, G.P.: Mit Kohlenstofffasern vorgespannte Schleuderbetonrohre. EMPA Bericht Nr. 240, Dübendorf 1998

[32] Terrasi, G.P.: CFK-vorgespannte Tragwerkselemente aus Hochleistungsbeton. In: CFK im Bauwesen – heute Realität! Festschrift zum 60. Geburtstag von Prof. Urs Meier, EMPA Januar 2003

[33] Triantafillou, T.C.; Kim, P.; Meier, U.: Optimization of Hybrid Aluminium/CFRP Box Beams. In: Int. J. Mech. Sci. Vol. 33, No. 9, S. 729–739, 1991

[34] Motavalli, M.; Terrasi, G.; Meier, U.: On the behavior of hybrid aluminium/CFRP box beams at low temperatures. In: Composite Part A, 28A. Elsevier Science Limited, S. 121–129, 1997

[35] Deskovic, N.; Meier, U.; Triantafillou, T.: Innovative Design of FRP Combined with Concrete: Long-Term Behavior. In: Journal of Structural Engineering, S. 1079–1089, 07/1995

[36] Keller, Th.: Use of Fibre Reinforced Polymers in Bridge Construction. Structural Engineering Documents 7. IABSE-AIPC-IVBH, Zürich 2003

Literatur zu Kap. 4

[1] Stenger, F.: Tragverhalten von Stahlbetonscheiben mit vorgespannter externer Kohlenstofffaser-Schubbewehrung. Dissertation IBK Bericht Nr. 262, ETH Zürich, 03/2001

[2] Montella, G.: Atti del Convegno – La qualità nel Costruire. In: Quaderni Tecnici, Vol. 2, Università di Napoli, Facoltà di Ingegneria, 09/1997

[3] Weber, J.W.: Empirische Formeln zur Beschreibung der Festigkeitsentwicklung und der Entwicklung des E-Moduls von Beton. In: Betonwerk+Fertigteil-Technik, 1979, Heft 12, S. 753–756

[4] Technical Report Nr. 11. Concrete Society, London 1979
[5] Röhling, St.; Eifert, H.; Kaden, R.: Betonbau – Planung und Ausführung. Verlag Bauwesen, Berlin, 2000, S. 206–209
[6] Hilleborg, A.: Analysis of a Single Crack. Fracture Mechanics of Concrete, ed. by Wittmann, F. H. Elsevier Science Publisher, Amsterdam, 1983, S. 223–249
[7] Sigrist, V.; Marti, P.: Ductility of Structural Concrete, Workshop, Development of EN 1992 in Relation to New Research Results and to the CEB-FIP Model Code 1990. Proceedings, Czech Technical University, 1994, S. 211–223
[8] Alvarez, M.: Einfluß des Verbundverhaltens auf das Verformungsvermögen von Stahlbeton. IBK Bericht Nr. 236, ETH Zürich, 1998
[9] Naaman, A. E.; Jeong, S. M.: Structural Ductility of Concrete Beams Prestressed with FRP Tendons. Proceedings 2nd Intern. Symposium on Non-Metallic Reinforcement for Concrete Structures, ed. by Taerwe, L., RILEM Proceedings 29, London, 1995, S. 379–386
[10] Bergmeister, K.: Vorspannung von Kabeln und Lamellen aus Kohlenstofffasern. In: Bauen mit Textilien, Heft 2. Ernst & Sohn, Berlin, 06/1999
[11] Kaiser, H.-P.: Bewehren von Stahlbeton mit kohlenstoffaserverstärkten Epoxidharzen. EMPA. Dissertation Nr. 8918, ETH Zürich 1989
[12] Bergmeister, K.: Kleben im Betonbau. In: Beton- und Stahlbetonbau. Ernst & Sohn, Berlin. Heft 10, 2001, S. 625–633
[13] Niedermeier, R.: Zugkraftdeckung bei klebearmierten Biegeträgern. In: 38. Forschungskolloquium des DAfSt. 2–3/03/2000. TU München
[14] Bergmeister, K.: Optimierung der Betondeckung bei Brückenstützen. In: Beton- und Stahlbetonbau. Ernst & Sohn, Berlin
[15] Hasler, H.: Ertüchtigung von Biegebalken durch Kohlenstofffasern: Versuche und nichtlineare FE-Analysen. Diplomarbeit Universität Innsbruck, Institut für Massivbau 2000
[16] Bizindavyi, L.; Neale, K.: Transfer lengths and bond strengths for composite laminates bonded to concrete. In: Journal of Composites for Construction 3, 1999, S. 153–160
[17] Bisby, L.; Green, M.; Beaudoin, Y.; Labossière, P.: FRP Plates and sheets bonded to reinforced concrete beams. In: Advanced composite materials in bridges and structures. 3rd International Conference. Ed. Humar, J.; Razaqpur, A., Ottawa, 08/2000, S. 209–216
[18] Bachmann, H.: Kopien der Vorlesungsunterlagen aus Stahlbeton II, ETH Zürich 1975
[19] Bresson, J.: Nouvelles recherches et applications concernant l'utilisation des collages dans les structures. Béton claque. Annales de l'ITBTP, No. 278, 1971, S. 22–55
[20] Unterweger, R.; Bergmeister, K.: Experimentelle und numerische Untersuchungen von Injektionsankern. In: Beton- und Stahlbetonbau 94 (1999), Heft 12. Ernst & Sohn, Berlin, S. 524–536
[21] Ranisch, E.-H.: Zur Tragfähigkeit von Verklebungen zwischen Bauteil und Beton – Geklebte Bewehrung. Dissertation, Institut für Baustoffe, Massivbau und Brandschutz. TU Braunschweig 1982
[22] Van Gemert, D.; Van den Bosch, M.: Dimensionering van gelijmde wapeningen bij op buiging belaste elementen. In: Tijdschrift der Openbare Werken van Belgie, No. 1, 02/1982, S. 7–24
[23] Wicke, M.; Pichler, D.: Geklebte Bewehrung – Endverankerung mit und ohne Anpressdruck – Bemessungskonzept. HILTI – Forschung 1991
[24] Holzenkämpfer, P.: Ingenieurmodelle des Verbunds geklebter Bewehrung für Betonbauteile. Dissertation, Institut für Baustoffe, Massivbau und Brandschutz. TU Braunschweig 1993
[25] Volkersen, O.: Recherches sur la théorie des assemblages colles. In: Construction métallique, No. 4, 1964, S. 3–13
[26] Rostasy, F. S.; Holzenkämpfer, P.; Hankers, C.: Geklebte Bewehrung für die Verstärkung von Betonbauteilen. In: Beton-Kalender, Teil 2. Ernst & Sohn, Berlin, 1996, S. 547–576

[27] Täljsten, B.: Plate Bonding, Strengthening of existing concrete structures with epoxy bonded plates of steel or fibre reinforced plastics. Dissertation Luleà University of Technology, Luleà 1994

[28] Yin, J.; Wu, Z.: Interface crack propagation in fiber reinforced polymer-strengthened concrete using nonlinear fracture mechanics. 4th International Symposium on Fiber Reinforced Polymer Reinforcement for Concrete Structures. ACI, Baltimore, 1999, S. 1035–1047

[29] Blaschko, M.; Niedermaier, R.; Zilch, K.: Bond failure modes of flaurol members strengthening FRP. In: International Conference on Composite in Infrastructure. Tucson, 01/1998

[30] Matthys, St.: Structural Behaviour and Design of Concrete Members strengthened with externally bonded FRP Reinforcement. Dissertation Ghent University, Ghent 2000

[31] Neubauer, U.: Verbundtragverhalten geklebter Lamellen aus Kohlenstoffaser – Verbundwerkstoff zur Verstärkung von Betonbauteilen. Dissertation, Institut für Baustoffe, Massivbau und Brandschutz. TU Braunschweig 2000

[32] Niedermeier, R.: Zugkraftdeckung bei klebearmierten Bauteilen. Dissertation, TU München 2001

[33] MC 90: CEB-FIP Model Code 1990. Comité Euro-International du Béton (jetzt fib). Lausanne 1993

[34] Manfroni, O.; Di Tommaso, A.; Bergmeister, K.: Full scale bendino tests up to collapse of PC beams strengthened with bonded FRP. In: Advanced composite materials in bridges and structures. 3rd International Conference, eds. Humar, J.; Razaqpur, A., Ottawa, 08/2000, S. 233–240

[35] Jansze, W.: Strengthening of Reinforced Concrete Members in Bending by Externally Bonded Steel Plates – Design for Beam Shear and Plate Anchorage. Dissertation, TU Delft 1997

[36] CEB-Dokument Nr. 158-E: Cracking and Deformations. Comité Euro-International du Béton (jetzt fib). Lausanne 1985

[37] Lambotte, H.; Taerwe, L.: Deflection and Cracking of High-Strength Concrete Beams and Slabs. In: Proceedings of the High-Strength Concrete. 2nd International Symposium. Ed. Hester, W.T.: ACI SP-121. ACI Detroit, 1990, S. 109–128

[38] Fib TG 9.3: Externally bonded FRP reinforcement for RC Structures. Convenor Tirantafillou, Th., 07/2001

[39] Blaschko, M.; Zilch, K.: Verstärken mit eingeschlitzten Kohlenstofffaser-Lamellen. In: Konstruktive Ingenieurleistungen, TU Darmstadt und BOKU, Wien 1998

[40] Blaschko, M.: Zum Tragverhalten von Betonbauteilen mit in Schlitze eingeklebten CFK-Lamellen. Dissertation Technische Universität München, 27. Juni 2001

[41] Deuring, M.: Verstärken von Stahlbeton mit gespannten Faserverbundwerkstoffen. EMPA Bericht Nr. 224, Dübendorf 1993

[42] Ulaga, T.; Meier, U.; Vogel, T.: Analytical Analysis of Simply Supported and Continuous Beams Strengthened with CFRP Laminates. In: 3rd International PhD Symposium in Civil Engineering. Vol. 2, ed. Bergmeister, K., BOKU, Wien 2000

[43] Reineck, K.-H.: Ein mechanisches Modell für den Querkraftbereich von Stahlbetonbauteilen. Dissertation Universität Stuttgart 1990

[44] Khalifa, A.; De Lorenzis, L.; Nanni, A.: FRP Composites for shear strengthening of RC beams. In: Advanced composite materials in bridges and structures. 3rd International Conference, eds. Humar, J.; Razaqpur, A., Ottawa, 08/2000, S. 137–144

[45] Rehm, G.; Franke, L.; Patzak, M.: Kunstharzgebundene Glasfaserstäbe als Bewehrung im Betonbau. Zur Frage der Krafteinleitung in Kunstharzgebundene Glasfaserstäbe. DafStb. Heft 304

[46] Winistörfer, A.: Development of non-laminated advanced composite straps for civil engineering applications. PhD Thesis, University of Warwick, 1999

[47] Triantafillou, T.C.: Seismic Retrofitting using Externally Bonded Fibre Reinforced Polymers (FRP). In: fib-course, 4–5 May 2003, Athens

[48] Deniaud, C.; Roger, J.: Evaluation of shear design methods of reinforced concrete beams strengthened with FRP sheets. In: Advanced composite materials in bridges and structures. 3rd International Conference. Eds. Humar, J.; Razaqpur, A., Ottawa, 08/2000, S. 307–314
[49] Chaallal, O.; Nollet, M.-J.; Perraton, D.: Strengthening of reinforced concrete beams with externally bonded fiber-reinforced-plastic plates. Design Guidelines for Shear and Flexure. In: Canadian Journal of Civil Engineering, No. 25, 1998, S. 692–704
[50] CSA-S806: Design and Construction of Building Components with Fiber Reinforced Polymers. Canadian Standard Association, 2000
[51] Loov, R.: Review of A23.3-94 Simplified method for shear design and comparison with results using shear friction. In: Canadian Journal of Civil Engineering, No. 25, 1998, S. 437–450
[52] Deniaud, C.; Cheng, J.: Shear rehabilitation of type G-girders in Alberta using FRP sheets. In: Canadian Journal of Civil Engineering, No. 26, 1999
[53] Jansze, W.: Strengthening of reinforced concrete members in bending by externally bonded steel plates. PhD Thesis, Delft, 1997
[54] Deutsches Institut für Bautechnik: Bemessungsverfahren für Dübel zur Verankerung in Beton, Berlin 1993
[55] Eligehausen, R.; Mallée, R.: Befestigungstechnik im Beton- und Mauerwerksbau. Ernst & Sohn Verlag, Berlin 2000
[56] Fuchs, W.; Eligehausen, R.: Das CC-Verfahren für die Berechnung der Betonausbruchslast von Verankerungen. In: Beton- und Stahlbetonbau 1995, Ernst & Sohn, Berlin, Heft 1, S. 6–9; Heft 2, S. 38–44; Heft 3, S. 73–76
[57] Woschitz, R.; Guggenberger, A.: Sanierung denkmalgeschützter Balkone. In: Beton- und Stahlbetonbau 98, Heft 6, Ernst & Sohn, Berlin, 2003, S. 375–376

Literatur zu Kap. 5

[1] Mörsch, E.: Der Eisenbetonbau, seine Theorie und Anwendungen, 3. Auflage. Stuttgart 1908
[2] Kupfer, H.: „Erweiterung der Mörsch'schen Fachwerkanalogie mit Hilfe des Prinzips vom Minimum der Formänderungsarbeit". Comité Euro-International du Bèton, Bulletin d'Information, Nr. 40, Paris, S. 44–57, 1964
[3] Baumann, T.: „Zur Frage der Netzbewehrung von Flächentragwerken". In: Bauingenieur, Vol. 47, Nr. 10, S. 367–377, 1972
[4] Nielsen, M. P.: „On the strength of reinforced concrete discs". Acta Polytechnica Scandinavia, Civil Engineering and Building Constructions Series, Nr. 70, Copenhagen 1971
[5] Mitchell, D.; Collins, M. P.: „Diagonal Compression Field Theorie – A Rational Model for Structural Concrete in Pure Torsion". In: ACI Journal, Vol. 71, Nr. 8, S. 396–408, 1974
[6] Collins, M. P.: „Towards a Rational Theory for RC Members in Shear". Journal of the Structural Division, ASCE, Vol. 104, Nr. ST4, S. 649–666, 1978
[7] Müller, P.: „Plastische Berechnung von Stahlbetonscheiben und Balken". Institut für Baustatik und Konstruktion, ETH Zürich, IBK Bericht Nr. 83. Birkhäuser, Basel 1978
[8] Marti, P.: „Zur plastischen Berechnung von Stahlbeton". Institut für Baustatik und Konstruktion, ETH Zürich, IBK Bericht Nr. 104. Birkhäuser, Basel 1980
[9] Maier, J.; Thürlimann, B.: „Bruchversuche an Stahlbetonscheiben". Institut für Baustatik und Konstruktion, ETH Zürich, Bericht Nr. 8003-1. Birkhäuser, Basel 1985
[10] Veccio, F. J.; Collins, M.: „The Modified Compression Field Theorie for Reinforced Concrete Elements Subjected to Shear". In: ACI Journal, Vol. 83, Nr. 2, S. 219–231, 1986
[11] Muttoni, A.; Schwartz, J.; Thürlimann, B.: Bemessung von Betontragwerken mit Spannungsfeldern. Birkhäuser, Basel 1996

[12] Hsu, T.T.C.: „Softened Truss Model Theory for Shear and Torsion". ACI Structural Journal, Vol. 85, Nr. 6, S. 624–635, 1988
[13] Schlaich, J.; Schäfer, K.; Jennewein, M.: Toward a Consistent Design of Structural Concrete. In: Journal of the Prestressed Concrete Institute, Vol. 32, No. 3, 5–6/1987
[14] Bergmeister, K.; Breen, J.E.; Jirsa, J.O.; Kreger, M.E.: Research Report 1127-3F. Center For Transportation Research, University of Texas at Austin, May 1993
[15] Kaufmann, W.: „Strength and Deformations of Structural Concrete Subjected to In-Plane Shear and Normal Forces", Institut für Baustatik und Konstruktion, ETH Zürich, IBK Bericht Nr. 234. Birkhäuser, Basel 1998
[16] Kaufmann, W.; Marti, P.: „Structural Concrete: Cracked Membrane Model". In: Journal of Structural Engineering, ASCE, Vol. 124, Nr. 12, S. 1467–1475, 1998
[17] Stenger, F.: Tragverhalten von Stahlbetonscheiben mit vorgespannter externer Kohlenstofffaser-Schubbewehrung. IBK Bericht Nr. 262. Birkhäuser, Basel 03/2001
[18] Alvarez, M.: Einfluß des Verbundverhaltens auf das Verformungsvermögen von Stahlbeton. In: IBK Bericht Nr. 236, ETH Zürich, Binkhäuser, Basel 1998
[19] Schlaich, J.; Schäfer, K.: Konstruieren im Stahlbetonbau. In: Beton-Kalender, Teil 1, Hrsg. Eibl. Ernst & Sohn, Berlin, S. 721–890, 1998
[20] Hartmann, D.: „Modellierung von CFK-Verstärkungsmaßnahmen an Betonscheiben: Spannungsfeldtheorie und nichtlineare FE-Untersuchung". Diplomarbeit am Institut für konstruktiven Ingenieurbau. Universität für Bodenkultur, Wien 2000
[21] Bergmeister, K.: Modellbildung im Betonbau – Verstärkung von Betonscheiben und D-Bereichen mit Kohlenstofffasern. In: Festschrift zum 60. Geburtstag von Lutz Sparowitz. Institut für Betonbau, TU Graz 2000
[22] Cervenka, V.; Bergmeister, K.: „Nichtlineare Berechnung von Stahlbetonkonstruktionen – Finite-Element-Simulation unter Bemessungsbedingungen". In: Beton- und Stahlbetonbau, Heft 10, S. 413–419, 1999
[23] König, G.; Ahner, C.: „Sicherheits- und Nachweiskonzept der nichtlinearen Berechnungen im Stahl- und Spannbetonbau". In: Sicherheit und Risiko im Bauwesen. Darmstädter Statik-Seminar, S. 1–25, 2000
[24] Mancini, G.: Non linear analysis and safety format for practice. In: Concrete structures in the 21st century. Vol. 2, fib congress 2002, Osaka, S. 13.11–13.12
[25] Cervenka, V.; Jendele, L.; Cervenka, J.: „ATENA Program Documentation". Cervenka Consulting, Prag 2000

Literatur zu Kap. 6

[1] CEB-FIB: TG 9.3: Externally bonded FRP reinforcement for RC structures. Bulletin 14, Lausanne, 07/2001
[2] Audenaert, K.; Taerwe, L.; Matthys, S.: Confinement of Axially Loaded Concrete Columns with FRP Wrapping. In: 3th International PhD Symposium in Civil Engineering, Vol. 2. BOKU, Wien 2000
[3] Bergmeister, K.: Stützenverstärkungen mit externer Bewehrung – Folien und Lamellen aus CFK und Stahl. In: Beton- und Stahlbetonbau, 95. Jhg., Heft 1, S. 45–46, 2000
[4] Capozucca, R.; Cerri, M.: Alcune considerazioni sulla stabilità di barre di armature in elementi in c.a., sottoposti a processi di corrosione. In: l'industria del Cemento, Rom 1993
[5] Monti, G.; Spoelstra, M.: FRP-confined concrete model. Journal of Composites for Construction, ASCE, Aug., S. 143–150, 1999
[6] Mirmiran, A.; Samaan, M.: Model of Concrete confined by fiber composites. ASCE, Journal of Structural Engineering, Sept., S. 1025–1031, 1998

[7] Toutanji, H.A.: Stress-Strain characteristics of concrete columns externally confined with advanced fiber composite sheets. ACI Materials Journal, S. 397–404, 1999
[8] CEB-FIB Model Code 90, S. 101–106, 1990
[9] Mander, J.B.; Priestley, M.J.N.; Park, R.: Theoretical stress-strain model for confined concrete. In: Journal of Structural Engineering, ASCE 114, S. 1804–1826, 1998
[10] Seiber, F.; Pristley, M.J.; Innamorato, D.: Earthquake retrofit of bridge columns with continuous fiber jackets. In: Design guidelines – Advanced composite technology transfer consortium. 2. Report, No. ACTT-95/08. University of California, San Diego 1995
[11] Bergmeister, K.: Vorgespannte Aramidbänder – Umwicklung eines Brückenpfeilers. In: Beton- und Stahlbetonbau, Heft 11, 2002
[12] Suter, R.; Duc, J.; Pinzelli, R.: Reinforcement de colonnes par confinement en matériaux composites. Revue Chantiers, No. 6/2001

Literatur zu Kap. 7

[1] Aicher, S.: Berechnungen zum Spannungs-Verzerrungsverhalten von Brettschichtholzträgern mit aufgeklebten Bau-Furniersperrholz-Platten bei Klimabeanspruchungen. In: Holz als Roh- und Werkstoff. Springer, Düsseldorf, S. 53–59, 1990
[2] Ehlbeck, J.; Görlacher, R.: „Erste Ergebnisse von Festigkeitsuntersuchungen an altem Konstruktionsholz". In: Erhalten historisch bedeutsamer Bauwerke, Hrsg. Wenzel, F. Sonderforschungsauftrag 315, Universität Karlsruhe, Ernst & Sohn, Berlin 1987, S. 235–247
[3] Asbjorn, A.: „Short time capacities and stiffness of prestressed glulam beams with or without reinforcement". Proceedings of the International Wood Engineering Conference, New Orleans, USA, Vol. 1, 411–419, 1996
[4] Bergmeister, K.: „Vorspannung von Kabeln und Lamellen aus Kohlenstofffasern". Beton- und Stahlbetonbau 94, Heft 1, 20–26, 1999
[5] Biblis, E.J.: Analysis of wood-fiberglass composite beams within and beyond the elastic region. In: Forest Product Journal, S. 82–88, 02/1965
[6] Mair, J.: Anwendung ebener Faser-Kunststoff-Verbunde im Holzbau. Diplomarbeit am Institut für Baustatik und verstärkte Kunststoffe. Universität Innsbruck 1987
[7] Plevris, N.; Triantafillou, T.C.: Creep behavior of FRP-reinforced wood members. In: Journal of Structural Engineering, Vol. 121, No. 2, S. 174–186, 1995
[8] Hollinsky, K.H.: In: Brettschichtholz eingeklebte Stabelemente, Haftspannungsverlauf unter axialer Stabzuglast für Buchenholzstab, Gewindestab, Betonstahl und Glasfaserstäbe. Holzforschung und Holzverwertung Nr. 1/1993, S. 6–11. Springer, Berlin 1993
[9] Lang, W.: Innovative Bewehrung im Holzbau. Universität für Bodenkultur, Diplomarbeit, Wien 2000
[10] Luggin, W.: „Die Applikation vorgespannter Kohlenstoff-Lamellen auf Brettschichtholzträger – Experimentelle und rechnerische Untersuchungen". Dissertation, BOKU, Wien 2000
[11] Peterson, J.: „Wood beams prestressed with bonded tension elements". Journal of the Structural Division, Proceedings of the American Society of Civil Engineers, Vol. 91, Nr. ST1, February, 103–119, 1965
[12] Riedlbauer, A.: „Vorgespannte Holzkonstruktionen". Dissertation, TU Graz 1978
[13] Genähr, G.: „Zur Vorspannung von Brettschichtholz". Bauen mit Holz, 670–672, 11/1988
[14] Rug, W.: „Höherveredelung von Holzkonstruktionen durch Anwendung neuer Erkenntnisse der Grundlagenforschung". Bauplanung-Bautechnik, 40. Jg., Heft 2, S. 68–71, Feb. 1986
[15] Rug, W.; Pötke, W.: „Vorspannung von Holzträgern". Bauplanung – Bautechnik, 42. Jg., Heft 6, 252–257, Juni 1988

[16] Triantafillou, T.C.; Deskovic, N.: „Innovative prestressing with FRP-sheets: Mechanics of short-term behavior". Journal of Engineering Mechanics, Vol. 117, Nr. 7, 1652–1672, July 1991
[17] Triantafillou, T.C.; Deskovic, N.: „Prestressed FRP-sheets as external reinforcement of wood members". Journal of Structural Engineering, Vol. 118, Nr. 5, 1270–1284, May 1992
[18] Dolan, C.W.; Galloway, T.L.: „Prestressed Glued-Laminated Timber Beam – Pilot Study". Journal of Composites for Construction, 10–16, February 1997
[19] Galloway, T.L.; Fogstad, C.; Dolan, C.W.; Puckett, J.A.: „Initial tests of Kelvar prestressed timber beams". FPL-GTR-94: National conference on wood transportation structures, 215–224, 1996
[20] Luggin, W.; Bergmeister, K.: „Carbon-Fiber Reinforced and Prestressed Timber Beams", Proceedings of the 2nd International PhD Symposium 26–28 August, Budapest, 398–404, 1998
[21] Malhotra, S.; Bazan, J.: Ultimate bending strength theory for timber beams. In: Wood Science, No. 13, 1980
[22] Trummer, A.: Verstärkung von Brettschichtholz durch schräg zur Faserrichtung aufgeklebte Glasfasergelege. Universität für Bodenkultur, Dissertation, Wien 2002
[23] Suenson, E.: „Die Lage der Nullinie in gebogenen Holzbalken". In: Holz als Roh- und Werkstoff, Bd. 4, S. 305, 1941
[24] Kollmann, F.: „Technologie des Holzes und der Holzwerkstoffe", Bd. 1, 2. Auflage. Springer, Düsseldorf 1951
[25] Volkersen, O.: „Die Schubkraftverteilung in Leim-, Niet- und Bolzenverbindungen". Energie und Technik, 68–71, März 1953
[26] Volkersen, O.: „Die Schubkraftverteilung in Leim-, Niet- und Bolzenverbindungen". Energie und Technik, 150-1, Juli 1953

Literatur zu Kap. 8

[1] Ramberger, G.: Stahlbau. Manz, Wien 1998
[2] Bucak, Ö.; Käpplein, R.; Mang, F.: Ermüdungsuntersuchungen an einem Brückenbauwerk aus dem Jahre 1878. In: Erhalten historisch bedeutsamer Bauwerke. Hrsg. Wenzel, F., Sonderforschungsbereich 315. Univ. Karlsruhe, Ernst & Sohn, Berlin, S. 193–203, 1988
[3] Gregor, A.: Der praktische Eisenhochbau. Hermann Meusser, Berlin, S. 58, 1923
[4] Käpplein, R.: Die gusseisernen Säulen der Klosterkaserne in Konstanz. In: Erhalten historisch bedeutsamer Bauwerke. Hrsg. Wenzel, F., Sonderforschungsbereich 315. Univ. Karlsruhe, Ernst & Sohn, Berlin, S. 247–255, 1989
[5] Sen, R.; Liby, L.: Repair of steel composite bridge sections using carbon fiber reinforced plastic laminates. FDOT 510616. Univ. Florida, Dept. of Transportation, 1994
[6] Mertz, D.; Gillespie, J.: Rehabilitation of steel bridge girders through the application of advanced composite material. NCHRP, Transportation Research Board, Washington D.C., S. 1–20, 1996
[7] Tavakkolizadeh, M.; Saadatmanesh, H.: Galvanic corrosion of carbon and steel in aggressive environments. In: Composite Construction, S. 200–210, 2001
[8] Tavakkolizadeh, M.; Saadatmanesh, H.: Strengthening of Steel-Concrete Composite Girders Using Carbon Fiber Reinforced Polymers Sheets. In: Journal of Structural Engineering, S. 30–39, 01/2003

Literatur zu Kap. 9

[1] Riechers, H.-J.: Mauermörtel, Putzmörtel und Estrichmörtel. In: Mauerwerk-Kalender. Ernst & Sohn, Berlin, S. 175–204, 2000

[2] Egermann, R.; Mayer, K.: Die Entwicklung der Ziegelherstellung und ihr Einfluss auf die mechanischen Eigenschaften von Mauerziegeln. In: Erhalten historischer Bauwerke, Sonderforschungsauftrag 315, Universität Karlsruhe, Ernst & Sohn, Berlin 1987, S. 107–130

[3] Grätz, R.: Quantitative Erfassung der Texturen in keramischen Körpern. In: Die Ziegelindustrie Heft 9/10, 1969

[4] Rech, H.: Bemessung von Mauerwerk – Beispiele nach DIN 1053-1 und Eurocode 6. In: Mauerwerk-Kalender. Ernst & Sohn, Berlin, S. 455–520, 2000

[5] Schubert, P.: Eigenschaftswerte von Mauerwerk, Mauersteinen und Mauermörtel. In: Mauerwerk-Kalender. Ernst & Sohn, Berlin, S. 5–22, 2000

[6] Ganz, H.R.: Mauerwerksscheiben unter Normalkraft und Schub. Dissertation ETH Zürich, Bericht Nr. 148. Birkhäuser Basel 1985

[7] Caballero Gonzalez, A.; Schubert, P.; Krechting, A.: Bewehrtes Mauerwerk. In: Mauerwerk-Kalender. Ernst & Sohn, Berlin, S. 319–332, 2000

[8] Meyer, H.: Zur Rissbreienbeschränkung durch Lagerfugenbewehrung in Mauerwerkbauteilen. Dissertation RWTH Aachen, Aachener Beiträge zur Bauforschung Nr. 06, 1996

[9] Schwegler, G.: Verstärken von Mauerwerkbauten mit CFK-Lamellen. In: Schweizer Ingenieur und Architekt Nr. 44, S. 986–988, Zürich, 10/1996

[10] Schwegler, G.: Verstärken von Mauerwerk mit Faserverbundwerkstoffen in seismisch gefährdeten Zonen. Dissertation, Bericht Nr. 229. EMPA, Dübendorf 1994

[11] Muttoni, A.: Die Anwendbarkeit der Plastizitätstheorie in der Bemessung von Stahlbeton. Institut für Baustatik und Konstruktion. ETH Zürich, Dissertation, ETH Nr. 8906. Birkhäuser, Basel 1989

[12] Ganz, H.R.: Mauerwerkscheiben unter Normalkraft und Schub. Institut für Baustatik und Konstruktion, ETH Zürich, Bericht Nr. 148 (Dissertation), Birkhäuser, Basel 1985

[13] Laternser, K.: Dübel mit allgemeiner bauaufsichtlicher Zulassung und mit europäischer technischer Zulassung. Mauerwerk-Kalender 2000

[14] Schwegler, G.: Verstärken von Mauerwerk mit Faserverbundwerkstoffen in seismisch gefährdeten Zonen. Eidgenössische Material- und Forschungsanstalt, Nr. 229, 1994

[15] Schwegler, G.: Verstärkung von Mauerwerksbauten mit CFK-Lamellen. Sonderdruck aus „Schweizer Ingenieur und Architekt", Nr. 44, 1996

[16] Ehsani, M.R.: Strengthening of Earthquake Damaged Masonry Structures with Composite Material, Proceedings of the Second International RILEM Symposium (FRPRCS-2), Ghent, S. 680–687, 1995

[17] Ehsani, M.R.; Saadatmanesh, H.: Seismic retrofit of URM Walls with Fiber Composites. The Masonry Society Journal 14, No. 2, S. 63–72, 1996

[18] Saadatmanesh, H.: Extended service life of concrete and masonry structures with fiber composites. Construction and Building Materials 11, Nos. 5–6, S. 327–335, 1997

[19] Velazquez-Dimas, J.; Ehsani, M.R.; Saadatmanesh, H.: Out-of-Plane Behaviour of Brick Masonry Walls Strengthened with Fiber Composites. ACI Structural Journal

[20] Laursen, P.T.; Seible, F.; Hegemier, A.G.; Innamorato, D.: Seismic Retrofit and Repair of Masonry Walls with Carbon Overlays. Proceedings of the Second International RILEM, Ghent, S. 616–623, 1995

[21] Triantafillou, T.C.: Strengthening of Masonry Structures using Epoxy-Bonded FRP Laminates. Journal of Composites and Construction, S. 96–104, 1998

[22] Seible, F.; Priestley, M.J.; Hegemier, A.G.; Innamorato, D.: Seismic Retrofit of RC Columns with continuous Carbon Fiber Jackets. Journal of Composites and Construction, S. 52–62, 1997

[23] Bieker, C.; Seim, W.; Häberle, J.: Nachträgliche Verstärkung von Mauerwerkspfeilern mit Faserverbundwerkstoffen, Universität Kassel, 2002

Literatur zu Kap. 10

[1] Bergmeister, K.: Kohlenstofffaser-Elemente in der Konstruktionspraxis. In: Nachträgliche statische Verstärkung von Bauteilen mit Kohlefaserprodukten. Institut für Konstruktiven Ingenieurbau, Universität für Bodenkultur, Wien 2002

[2] Bergmeister, K.: Verstärkung von Fachwerkbindern – Lamellen und Folien aus Kohlenstofffasern. In: Beton- und Stahlbetonbau, Berlin, 95. Jahrgang, Heft 4, S. 315–316, 2000

[3] Scherer, J.: S & P Reinforcement: Anwendungsmöglichkeiten von Faserverbundwerkstoffen in der Bauwerkverstärkung. In: Zusätzliche Beanspruchung für bestehende Bauwerke: Verstärken mit Lamellen und durch Querschnittsvergrößerung. Fachveranstaltung TFB Wildegg/CH

[4] Bundesanstalt für Straßenwesen, Abteilung Brücken- und Ingenieurbau: Handlungsanweisung zur Beurteilung der Dauerhaftigkeit vorgespannter Bewehrung von älteren Spannbetonüberbauten, Ausgabe 1998

[5] Niedermeier, R.: Verbundtragfähigkeit aufgeklebter Bewehrung. Massivbauseminar 3.99, München

[6] Neubauer, U.: Verbundtragverhalten geklebter Lamellen aus Kohlenstofffasern. IBMB, Braunschweig 2000

Stichwortverzeichnis

Abfälle, Wiederverwendung 85
Ablöseeffekte 126
Ablösekräfte 127
Abreißtests 74
Abschäleffekte 178
Abscher-Zugversuche 238
Absorption 29
Acrylharze 25
Adhäsionsbruch 126
Adsorption 29
– chemische 29
– physikalische 29
Anpressdrücke 56
Anwendungen 293 ff.
Aramidfasern (Kevlar) 41
Aushärtungsphase 58
Ausziehversuche 88 f.

Basisvariablen 3
Baustoffeigenschaften
– im Holzbau 4
– im Stahl und Verbundbau 4
– Konstruktionsbeton 4
Bauwerke, Lebensdauer 2
Bauwerksertüchtigung 57
Befestigungssysteme 168
Bemessung 164 ff.
– elastische 233, 263 ff.
– plastische 233, 265
Bemessungsbeispiele 173 ff., 249 ff.
Bemessungsgleichungen 150
Bemessungsnachweis 203
Bemessungswerte 173
Berechnung
– linear-elastische 252 ff., 263 ff.
– plastische 254 ff.
Beschichtung 37
Betonausbruch 169 ff.
Betonbrücke 106
Beton-Fachwerkbinder 294 ff.
Betonkantenbruch 169

Betonscheiben 183 ff.
Betonstahl 124
Betonzugkapazität 128
Bewehrungskabel 1 ff.
Bewehrungsstäbe 1 ff., 63
Biegebemessung 246 ff.
Biegedruckfaser 247
Biegeschubrisse 128
Biegeträger 140 f.
– Bemessung 140 f.
– Nachweise 175 ff.
Biegetragfähigkeit 99 ff.
Biegeverstärkung 126 ff., 131
Biegezugbewehrung 2
Biegezugfaser 247
Biegezugfestigkeit 98
Bogenbrücke 293 f.
Borfäden 41
Borfasern 35
Brandeinwirkungen 72 ff.
Brandschutzverkleidung 73
Brettschichtholz 222
Brillouin-Sensoren 84
Bruch 125
Bruchbedingungen 280
Bruchenergie 121
Bruchfestigkeit 8

carbonfiber-reinforced plastics (CFRP) 41
Coulomb'sche Bruchhypothese 274

Dauerfestigkeit 160
D-Bereiche 187
Dehnfähigkeit 92
Dehnungsduktilität 16
Dehnungsverhältnis 81
Diskontinuitätslinie 190, 283
Druckbruch 118
Druckfeldmodell 184 ff.
Druckfestigkeit 8, 118 ff., 213 ff., 223 f.
– wirksame 205

Druckspannungs-Dehnungs-
  Beziehung 186
Druckspannungs-Dehnungs-
  Verhalten 118
Druckstrebenneigung 187
Dübelpaare 290
Duktilität 125, 209 ff., 277
Duktilitätsindex 105 f.
Durchbiegung 153 f.
Durchlaufträgerbrücke 301 ff.
Duromere 22 ff.
Duroplaste 22 ff.

Einleitungslänge 64
Einwirkungen
– ständige 9 ff.
– veränderliche 9 ff.
Elastizitätstheorie 279
Elastomere 22 ff.
Epoxidharze 24
– zweikomponentige 28
Epoxidharzkleber 55
Erdbebenbelastung 15
Erdbebenkräfte 17
Erdbebenwände 18
Erdbebenwiderstand 17 f.
Erdöl 85
Ermüdungsfestigkeit 47
Ermüdungsverhalten 40, 46
Erstriss 96
Ertüchtigungsmethoden 1

Fabry-Pérot-Interferometer 81
Fachwerkmodelle 183 ff., 187
Fahrzeugklassen 12 f.
Faser
– Durchmesser 94
– Zugfestigkeit 94
Faserausrichtung 218
Faserbeton 95
Faserbewehrung 87 ff.
Faser-Bragg-Grating-Sensoren 82
Faserlänge, kritische 94
Fasermischung 92
faseroptische Sensoren 75
Faserorientierung 46
Faserrichtung 229

Faserspritzverfahren 44
Faserverbundwerkstoffe 22 ff., 41 ff.
fiber-reinforced polymers (FRP) 41
Finite-Elemente-Methode 192 ff.
Flächenmoment 2. Ordnung 151

Gebrauchslast 160
Gebrauchsspannungen 153
Gebrauchstauglichkeit 1 f., 113, 152 ff.,
  248
gerissener Zustand 146 ff., 150
Gesamtdurchbiegung 248
Gewebeverstärkungen 18
Glasfasern 35, 41
Glasfasersensoren 77, 81
Glasübergangstemperatur 23 ff., 28
Gleichgewichtsbedingungen 255
Gradientenverfahren 58, 68
Graphitierung 36 f.
Grenzverformung 212 f.

Haftverbund 97
Haftzugfestigkeit 55
Handlaminierverfahren 43
Hochbaudecke 296 ff.
Holzbau 221 ff.
– Brettschichtholz 222
– Konstruktionsholz 221 ff.
– Vollholz 222
Holzkonstruktionen 225
Holzträger
– ausgeklinkte 229
– vorgespannte 226
Holzwerkstoffe 221
Hybridbauteil 115

Injektionsdübel 286
Injektionsmörtel 286
Injektionssysteme 168
Injektionsverfahren 44
intelligente Werkstoffe 75
interlaminarer Drahtbruch 110

Kirchengewölbe 296
Klebe-Klemmverankerung 57
Klebemörtel 59

Kleber 73
Klebeschichtdicke 32
Klebeverbund 126 ff.
Klebstoffe 27 ff.
Knotentragfähigkeit 189
Kohäsionsbruch 126
Kohlenstofffasern (Carbonfasern) 1 ff.,
 35 ff., 41
– Bänder 1 ff.
– Bewehrung 124 ff.
– Bündel 71
– Drähte 61, 68 f., 70, 110
– Elemente, vorgespannte 266
– Faserbündel 49
– Garne 49
– Gelege 1 ff., 28, 52, 131, 139, 163 f.,
 291
– – Biegeverstärkung 131
– – Zugdehnung 6
– – Zugfestigkeit 6
– gemahlene Fasern 49
– Gewebe 1 ff., 28 f., 50, 278
– Kabel 61 ff., 102 ff.
– – eingeschlitzte 73
– – Zugdehnung 6
– – Zugfestigkeit 6
– Verankerungssysteme 65 ff.
– Kurzfasermatten 52
– Lamellen 1 ff., 53, 126 ff., 139, 208,
 238 ff., 276 ff.
– – aufgeklebte 229
– – bauaufsichtliche
  Zulassung 170 ff.
– – Biegeverstärkung 65 ff.
– – eingeschlitzte 73, 155 ff.
– – Endverankerung 285 ff.
– – Verkleben 55 ff.
– – Zugdehnung 6
– – Zugfestigkeit 5
– Matten 53, 101
– physikalische Eigenschaften 38
– Schlaufen 163 ff.
– Spanndrähte 64
– Stäbe 162
– Stränge 49
– Strangschlaufen 72
– Taue 49

– unidirektionale Bänder 50
– Verstärkungen 117 ff., 149, 183 ff.,
 209 ff., 229
– – Befestigung 167 ff.
– – Nachweise 246 ff.
– – von Mauerwerk 267 ff.
– Vliese 53
– zerhackte Kurzfaserbündel 49
– zerhackte Plättchen und Stäbe 50
kohlenstofffaserverstärkte
 Kunststoffe 117
Konstruktionsholz 221 ff.
Koppelfugensanierung 301 ff.
Kräftegleichgewicht 148
Kriechen 27, 64
Kriechneigung 28
Krümmung 140
Kunststoffdübel 288 ff.
Kunststoffe 19 ff., 22 ff.
– Bruchdehnung 26
– Eigenschaften 25 ff.
– Dichte 26
– E-Modul 26
– Kerbschlagzähigkeit 26
– kohlenstofffaserverstärkte 19
– mechanische Eigenschaften 25 ff.
– Spannungs-Dehnungs-
  Verhalten 25 ff.
– Zugfestigkeit 26

Lamellen
– extern aufgeklebte 157
– intern eingeschlitzte 157
– Verankerungssysteme 56
Lamellenanordnungen 278
Lamellenzugkraft 171
Lasteinleitungen, konzentrierte 231
Leichtmauerwerk 269
Lichtwellenleiter 81
linear-elastische Berechnung 252 ff.
Litzen 62
Litzenspannglieder 106

Materialverhalten
– linear-elastisches 16
– nichtlineares 16
Mattenbewehrung 101 f., 106

Mauerwerk 15, 267 ff.
- bewehrtes 275 f.
- unbewehrtes 273
Mauerwerk, Verstärkung
- Nachweise 284 f.
Mauerwerksbauten 267
Mauerwerksdruckfestigkeit 273
Mauerwerkzugfestigkeit 276
Mauerziegel, historische 271 ff.
- Kennwerte 271 ff.
mechanische Modellierung 117
Mess- und Überwachungs-
    methoden 75 ff.
Microbending-Verformungssensoren 83
Mischregel 46
Modellierung 201 ff.
Momentengleichgewicht 149
Momentenumlagerungen 141

nichtlineare Berechnungen 8
nichtlineares Materialverhalten 192
Nutzungsdauer 2

Oberflächenbehandlung 37
- chemische 31
Oberflächenrauigkeit 31 f.
Oberflächenzugfestigkeit 170
Ökobilanz 85

PAN/Polyacrylnitril 36
Paralleldrahtbündel 62
Phenolharze 24
Phenolharzklebstoffe 27
plastische Bemessung 233, 265
plastische Berechnung 254 ff.
Plastizitätstheorie 184, 189, 282 ff.
Plastomere 22 ff.
Polyacrylnitril (PAN) 36
Polyamidharze 24
Polycarbonate 23
Polyesterharze 25
Precursors 36
Prepreg- und Autoklavenverfahren 44
Pressverfahren 44
Probabilistik 2
Prüfmethoden 74 f.
Prüfstandards, internationale 74

Pultrusionsverfahren 44, 53 ff., 61
Pyrolyse 37

Qualitätskontrolle 7
Querkraft 181
Querkraftverstärkung 161 ff., 164 ff., 220 f.
Querschnittsklassen 260

Rahmenknoten 164
Rautiefe 32
Reissverschlusseffekt 132
Relaxation 27, 64
Relaxationsverluste 64
Reprofilierungsmörtel 55
Rissabstand, mittlerer 155
Rissbildung 121
- abgeschlossene 96
Rissbreite 95, 154 f.
Rissentwicklung 95
Rissfortschritt 130, 146
Rissüberbrückung 129
Rohdichte 224
Rotationsfähigkeit 140
Rovings 34

Scheiben 183
Scheibenmodell 185 f.
Schleuderbetonrohre 108 ff.
Schlupf 91
Schnittgrößen 174
Schubbemessung 247
Schubbruch 151
Schubfestigkeit 133
Schubkraft, übertragbare 156
Schubmodell, Kleber 6
Schubspannung 91, 245
Schubtragfähigkeit 166
Schwinden 64
Sensoren
- faseroptische 75
- Glasfasersensoren 77, 81
- optische 77
Sicherheitsaspekte 3 ff.
Sicherheitsbeiwert, globaler 193
Sicherheitsindex 2
Sicherheitskonzept 3

Stichwortverzeichnis

SOFOR-Sensoren 83
Sorption 29
Spannbett-Schleuderverfahren 108
Spannelemente 58
Spannkopf 60
Spannkraftverlust 112
Spannstahl 124
Spannungsblöcke 236
Spannungs-Dehnungs-Beziehung 89
Spannungs-Dehnungs-Linie 141
Spannungsfelder 187, 190, 204 ff., 282 ff.
Spannungsinkrement 148, 178
Spannungsverlauf 264
Spannungsverteilung 206, 246
spezifische Festigkeit 40
spezifische Steifigkeit 40
Stabilitätskriterien 211 ff.
Stabwerke, Modellierung 188, 201 ff.
Stahlbau 259 ff.
Stahlbezeichnungen 261
Stahlfaserbeton 95
Stahlprofile 262
Stahlprofilsorten 259
Stahlversagen 168
statisches Moment 145
Steifigkeit der Bauteile 15
Steifigkeit K 15
Strangschlaufen 1 ff.
Stützen 209 ff., 220 ff.
Stützenform 218
Systemtraglast 193

Teilsicherheitsbeiwert 160
Teilsicherheitsfaktoren 3 ff.
Telekommunikationsmasten 114
Thermoplaste 22 ff.
Torsionsbemessung 167
Torsionswiderstand 167
Träger
– ausgeklinkte 198
– gekrümmte 230
Trägerdurchbrüche 230
Tragfähigkeit 209 ff.
Tragsicherheit 246 ff.
Tragwand, verstärkte 285

Übertragungslänge 64
Ultraschallprüfung 47
Ummantelungen 215
Umwelt 85
Umwicklung 209 ff., 216
ungerissener Zustand 145 ff.
UV-Beständigkeit 26
UV-Bestrahlung 47
UV-Licht 26

Vakuumsackverfahren 43
Verankerungskraft 59
Verankerungslänge 64, 182
Verankerungsmanschette 66 ff.
Verankerungssysteme 68
– von Kohlenstofffaser-Kabeln 65 ff.
– von Lamellen 56
Verbund 238 ff.
Verbundbau 259 ff.
Verbundbruchkraft 55, 135 ff.
Verbundfestigkeit 131 ff.
Verbundgesetz 135 ff.
Verbundkoeffizient 134, 148 f.
Verbundlängen 137
Verbundparameter 155
Verbund-Schlupf-Beziehung 89
Verbund-Schubfestigkeit 6
Verbundschubspannungs-Schlupf-Beziehung 122
Verbundspannung 88, 94, 131, 134, 157, 239
Verbundspannungs-Schlupf-Gesetz 64
Verbundverhalten 89 ff.
Verbundwerkstoffe 92 ff.
Verformung 125
Verkehrslasten 10 ff.
Verklebesteifigkeit, fiktive 239
Verklebung 2, 32 f.
Verkokung 35 ff.
Versagensarten 266
Versagenswahrscheinlichkeit 3
verstärkter Querschnitt 252 ff.
Verstärkungsmaterialien 194 ff.
Verstärkungsrichtungen 280
Verstärkungsvariante 199
Verteilungsfunktionen 7 f.
Vinylesterharze 25

Vollholz 222
Vorspannen 60
Vorspannkabel 104
Vorspannkräfte 241
Vorspannlamelle 245
Vorspannung 56
– externe 107

Wandscheiben 194 f., 196 ff.
– aus Beton 15
– mit Öffnung 197
Wechselbeanspruchungen 47
Wickelverfahren 44
Widerstände von Konstruktionen 16
Wirksamkeitskoeffizient 218 f.

Zeitstandfestigkeit 27
Zugdehnung 159
Zugfestigkeit 92, 103, 159
Zuggurtmodell 186
Zugkraftdeckung 2
Zugspannung 138
– verankerbare 148
Zugspannungsinkrement 180
Zugstrebentragfähigkeit 189
Zugverankerung 138 f.
Zylinderdruckfestigkeit 120